G. Schmidt

Grundlagen der Regelungstechnik

Analyse und Entwurf linearer
und einfacher nichtlinearer Regelungen
sowie diskreter Steuerungen

Mit 164 Abbildungen, 26 Tabellen und 65 Beispielen

Zweite, überarbeitete und erweiterte Auflage

Springer-Verlag
Berlin Heidelberg NewYork
London Paris Tokyo 1987

Professor Dr.-Ing. GÜNTHER SCHMIDT, Ordinarius

Lehrstuhl für Steuerungs- und Regelungstechnik
Technische Universität München

ISBN 3-540-17112-6 2. Aufl. Springer-Verlag Berlin Heidelberg NewYork
ISBN 0-387-17112-6 2nd ed. Springer-Verlag NewYork Heidelberg Berlin

ISBN 3-540-11086-2 1. Aufl. Springer-Verlag Berlin Heidelberg NewYork
ISBN 0-387-11068-2 1st ed. Springer-Verlag NewYork Heidelberg Berlin

CIP-Kurztitelaufnahme der Deutschen Bibliothek
Schmidt, Günther:
Grundlagen der Regelungstechnik:
Analyse u. Entwurf linearer u. einfacher nichtlinearer Regelungen
sowie diskreter Steuerungen / G. Schmidt.
2., überarb. u. erw. Aufl.
Berlin; Heidelberg; NewYork; London; Paris; Tokyo: Springer, 1987.
(Hochschultext)
ISBN 3-540-17112-6 (Berlin ...)
ISBN 0-387-17112-6 (NewYork ...)

Druck: Color-Druck, G. Baucke, Berlin; Bindearbeiten: Lüderitz & Bauer, Berlin
2362/3020-543210

Vorwort zur zweiten Auflage

Während die Kapitel 1 bis 6 gegenüber der 1. Auflage weitgehend unverändert blieben, erfuhr der Inhalt des Buches durch Hinzufügen eines 7. Kapitels zum Thema "Diskrete Steuerungen" eine deutliche Erweiterung. Mit diesem Schritt wird der wachsenden Bedeutung von Verknüpfungs- und Ablaufsteuerungen bei der Lösung von Automatisierungsaufgaben Rechnung getragen und gleichzeitig der Inhalt des Buches an den aktuellen Stoff meiner Vorlesung "Grundlagen der Regelungstechnik" angepaßt.

Gerne nehme ich die Gelegenheit wahr, meinen Mitarbeitern und Studenten herzlich zu danken für vielfältige Vorschläge, Hinweise und Hilfen, die wesentlich zur Gestaltung dieser 2. Auflage beitrugen.

München, im August 1986 G. Schmidt

Aus dem Vorwort zur ersten Auflage

Während des zurückliegenden Jahrzehnts wurde die Regelungstechnik als ingenieurwissenschaftliche Grundlagendisziplin in nahezu alle Studiengänge der Elektrotechnik, des Maschinenbaus und verwandter Gebiete der Technik und Naturwissenschaften aufgenommen. Diese positive Entwicklung ist nicht zuletzt darauf zurückzuführen, daß sich die auf das Erkennen funktioneller Wirkungsstrukturen und die Behandlung systemdynamischer Eigenschaften ausgerichtete regelungstechnische Betrachtungsweise in Theorie und Praxis vielfältig bewährt hat.

Obwohl sich das äußere Erscheinungsbild regelungstechnischer Gerätesysteme über die Jahre hinweg durch Einbeziehen neuer Entwicklungen der Digital- und Rechnertechnik erheblich veränderte, erwies sich die regelungstechnische Methodenlehre demgegenüber als weitgehend unabhängig. Bedingt durch die überwiegend der Klasse der kontinuierlichen und analogen Systeme zuzurechnenden, regelungstechnisch zu beherrschenden Objekte und Prozesse dominiert auch weiterhin im Bereich der Grundlagen die kontinuierliche gegenüber der zeitdiskreten Betrachtungsweise.

In diesem Sinne versucht das vorliegende Buch systematisch in Prinzipien und methodische Grundlagen der Regelungstechnik einzuführen. Der Stoffumfang entspricht in etwa einer seit 10 Jahren an der Technischen Universität München für Studenten der Elektrotechnik und des Maschinenwesens im 5. Semester durchgeführten Einführungsvorlesung. Insgesamt trägt das Buch mehr den Charakter eines Lern- denn eines Lehrbuches, was nicht zuletzt unterstrichen wird durch das beispielhafte Vorgehen bei der Vermittlung bestimmter theoretischer Sachverhalte, durch die zahlreichen Abbildungen zur Veranschaulichung abstrakter Zusammenhänge und die vielfältig eingestreuten Zahlenbeispiele.

Ausgehend von phänomenologischen Betrachtungen über Steuerungen und Regelungen in Kapitel 1 werden in Kapitel 2 grundlegende Verfahren der mathematischen Systembeschreibung von Regelkreisgliedern behandelt. Dabei wird versucht, Ingenieurstudenten der verschiedensten Fachrichtungen über den Weg der Analogiebetrachtungen einen einheitlichen Zugang zur regelungstechnischen Modellbildung zu vermitteln. Kapitel 3 geht auf grundsätzliche Eigenschaften der signalmäßigen Rückführungs- und Kreisstruktur ein. Aufbauend auf diesem Wissen werden das prinzipielle Verhalten linearer Regelkreise und die Prinzipien zur gerätetechnischen Verwirklichung analoger und digitaler Standardregler erläutert. Kapitel 4 ist der zentralen Frage der Stabilität linearer Regelungssysteme gewidmet und leitet damit zu Kapitel 5 über, das verschiedene Ansatzmöglichkeiten für Regler- und Regelkreisentwurf behandelt. Kapitel 6 rundet schließlich mit grundlegenden Ausführungen über eine wichtige Klasse nichtlinearer Regelungssysteme die überwiegend auf zeitinvariante, lineare Systeme ausgerichteten Betrachtungen des Buches ab.

München, im Herbst 1981 G. Schmidt

Inhaltsverzeichnis

Verzeichnis wichtiger Formelzeichen und Abkürzungen

$A(\omega) = \lvert F(j\omega) \rvert$	Amplitudengang von $F(j\omega)$
$f\{.\}$	Funktionalbeziehung
$f(.)$	Funktion
$F(p)$	Übertragungsfunktion
$F_1F_2F_3(p)$	abgekürzte Schreibweise für $F_1(p)\cdot F_2(p)\cdot F_3(p)$
$F(j\omega)$	Frequenzgangfunktion
$F_1F_2F_3(j\omega)$	abgekürzte Schreibweise für $F_1(j\omega)\cdot F_2(j\omega)\cdot F_3(j\omega)$
$\underline{F}$, $\underline{p}$, $\underline{\lambda}$	komplexe F-, p- oder λ-Ebene
Im	Imaginärteil
$j = \sqrt{-1}$	imaginäre Einheit
L-	kennzeichnet die Laplace-Transformation
$n(.)$	nichtlineare statische Funktion
$N(.)$	Beschreibungsfunktion
$p = \sigma + j\omega$	komplexe Variable der L-Transformation
p_i	Polstelle i
$p_i = \lvert p_i \rvert \cdot e^{j\cdot \mathrm{arc}\, p_i}$	Zeiger p_i in polarer Darstellung
q_j	Nullstelle j
Re	Realteil
$x(t_\nu) = x_\nu$	Wert von $x(t)$ zum Zeitpunkt t_ν
$\{x_\nu\}$	zeitdiskrete Folge der Signalwerte x_ν
$\underline{x}$	(Spalten-)Vektor mit Elementen x_i, $i=1,2,\ldots n$
$\underline{x}^T = [x_1,\ldots,x_n]$	transponierter Spaltenvektor=Zeilenvektor

$\dot{x} = dx/dt$	erste zeitliche Ableitung von x(t)
$\overset{(n)}{x} = d^n x/dt^n$	n-te zeitliche Ableitung von x(t)
$\varphi(\omega) = \underline{/F(j\omega)} = \text{arc } F(j\omega)$	Phasengang von $F(j\omega)$
λ_i	Eigenwert i
$\omega = 2\pi f = 2\pi/T$	Kreisfrequenz
$\ldots \overset{?}{=} \ldots$	Ist ...=... ein wahrer Ausdruck?
$:=$	Ergibt-Zeichen in Algorithmen
$\overline{a}$	Negation der logischen Variablen a
$\vee$	logische ODER-Verknüpfung
$\wedge$	logische UND-Verknüpfung
t_j	Übergang j im Petri-Netz
z_i	Zustand i im Petri-Netz

Verzeichnis der Tabellen

1 Einführung

1.1 Was ist Regelungstechnik?

Regelungstechnik ist die Wissenschaft von der gezielten Beeinflussung dynamischer Prozesse während des Prozeßablaufes (unabhängig von der speziellen Natur der den Prozessen zugrundeliegenden Systemen) und von der Anwendung der hierzu entwickelten Methoden zur Systembeschreibung und -untersuchung [2].

Diese Definition bezieht sich primär auf die uns hier beschäftigende regelungstechnische Methodenlehre und weniger auf Fragen der gerätetechnischen Verwirklichung und Ausgestaltung von Regelungssystemen. Sie bedarf verschiedener Erläuterungen. Dynamische, d.h. einer zeitlichen Entwicklung unterworfene Prozesse laufen in Systemen unterschiedlichster Natur ab: So handelt es sich bei der Bewegung eines Fahrzeuges im Raum oder bei der Erzeugung von elektrischer Energie in einem Kraftwerk um technische Prozesse. Dem periodischen Wachsen der Flora oder dem vom Herzen erzeugten Druck, der das Blut durch das Blutgefäßsystem treibt, liegen biologische Prozesse zugrunde, während es sich bei dem, dem Ausgleich von Angebot und Nachfrage dienenden Vorgang der Preisbildung eines Marktes um einen sozio-ökonomischen Prozeß handelt. Jede gezielte Beeinflussung eines Prozesses verlangt hinreichend genaue Kenntnis der ihm zugrundeliegenden physikalischen, biologischen oder sonstigen Gesetzmäßigkeiten und Systemzusammenhänge. Diese Kenntnisse müssen sich in einer geeignet aufbereiteten Systembeschreibung niederschlagen. Abschnitt 1.3 befaßt sich mit der Frage, wie wir eine für regelungstechnische Zwecke brauchbare Beschreibung technischer Systeme und der darin ablaufenden dynamischen Prozesse entwickeln. Zuvor wollen wir jedoch kurz auf die Entwicklungsgeschichte [7,9] der Regelungstechnik eingehen.

1.2 Historische Entwicklung der Regelungstechnik

Erst in jüngerer Zeit wurde bekannt, daß bereits im Altertum - vermutlich unbewußt - von einem wesentlichen regelungstechnischen Prinzip zum Beeinflussen dynamischer Prozesse, nämlich dem Rückführungs- oder Regelkreisprinzip Gebrauch gemacht wurde. So basierte die Wasseruhr des Ktesibios (Alexandria, ca. 300 v. Chr.) auf einem ähnlichen Mechanismus wie die Schwimmerregelung konventioneller Vergaser von Ottomotoren. Auch Leonardo da Vinci erfand im 15. Jhd. verschiedene raffinierte technische Einrichtungen, deren Funktion, wie eine genauere Analyse zeigt, auf einer Rückführungsstruktur beruhte. Offenbar erkannte aber auch er noch nicht die grundsätzliche Bedeutung des von ihm angewandten Prinzips. James Watt, dem fälschlicherweise die Erfindung der Dampfmaschine zugeschrieben wird, scheint einer der ersten gewesen zu sein, der das Rückführungsprinzip gezielt einsetzte. 1798 beschreibt er den nach ihm benannten Zentrifugalregler für die Drehzahlregelung der Dampfmaschine. Er bestand aus einem im Mühlenbau bereits bekannten Fliehkraftpendel sowie einer damit mechanisch gekoppelten Drosselklappe im Dampfrohr. Das von der Schwungradwelle angetriebene bewegliche Pendel verstellte über die Drosselklappe die Dampfzufuhr so, daß dem Zylinder bei zu hoher Drehzahl weniger und bei zu geringer Drehzahl mehr Dampf zugeführt wurde. Auf diese Weise gelang es, den Lauf der Maschine zu vergleichmäßigen und insbesondere ihr Durchgehen bei plötzlicher Entlastung automatisch zu verhindern. Dies war bis zu Watts Erfindung nur durch menschliche Aufmerksamkeit, also ständiges Überwachen und geeignete manuelle Eingriffe zu vermeiden.

Vielfältige regelungstechnische Anstöße folgten im 19. Jahrhundert, insbesondere aber auch erste Bemühungen zur Begründung einer Regelungslehre, d.h. theoretischer Grundlagen zum besseren Verstehen dynamischer Regelvorgänge. Etwa um 1920 wird dann bei Elektronenröhrenverstärkern das Rückführungsprinzip - dort negative Rückkopplung oder Gegenkopplung genannt - zur Verbesserung des statischen und dynamischen Verstärkerverhaltens angewandt. Auf der Grundlage einer sich schnell entwickelnden umfangreichen Regelungstheorie und in engem Zusammenhang mit den Fortschritten der Elektrotechnik und Elektronik begann dann ab 1940 ein rapide wachsender Einsatz von Methoden und Geräten der Regelungstechnik in allen Bereichen der Technik. Das bedeutendste Ergebnis dieser Entwicklung stellt sicher die umfassende technische und industrielle Automatisierung in der Nachkriegszeit dar.

Erst lange nach ihrer gezielten Anwendung in technischen Systemen entdeckte man in den zwanziger Jahren auch Rückführungsstrukturen in natürlichen Organismen und erkannte in der Folge ihre außerordentliche Bedeutung für viele Vorgänge und Erscheinungen in den verschiedensten Zweigen der Wissenschaften. Einer von Hermann Schmidt eingeleiteten Aufsatzserie aus dem Jahre 1941 [11] ist es wohl zu verdanken, daß die Universalität des Regelkreisprinzips sehr viel klarer erkannt und weiteren Kreisen bekannt gemacht wurde. Norbert Wiener unternahm schließlich um 1948 den Versuch, die Probleme der Regelung, Nachrichtenübertragung und statistischen Mechanik zu einem theoretischen Gebäude zusammenzufassen, das er "Kybernetik" nannte. Sie sollte Schlüssel zum Verständnis gleichartiger Phänomene, unabhängig von der speziellen Natur der Systeme (z.B. technische, physiologische, ökonomische) werden. Wenn dieser Ansatz auch nicht in allen Fällen die erwarteten Ergebnisse lieferte - was bei der Komplexität speziell nicht-technischer Systeme auch kaum zu erwarten war - so gingen doch von ihm wichtige Denkanstöße für gewisse grundlegende Gemeinsamkeiten unterschiedlicher Wissensgebiete wie der Natur-, Ingenieur- und Geisteswissenschaften aus.

Seit 1950 erhielt die Regelungstechnik entscheidende Impulse zunächst von der analogen, später von der digitalen Rechnertechnik. Nur auf der Grundlage rechnerorientierter Methoden und Verfahren gelingt es heute und in Zukunft, die durch Vermaschung und Vernetzung von "Kleinsystemen" zu großen und komplexen technischen Wirkungsstrukturen anwachsenden Prozesse regelungstechnisch zu beherrschen. Typische Aufgabenstellungen dieser Art erwachsen u.a. bei der optimalen Führung, Steuerung und Regelung von Systemen der Energieerzeugung und -verteilung, der industriellen Fertigung und Produktion sowie Systemen aus den Bereichen Transport und (Straßen-) Verkehr.

1.3 Systematik der Entwicklung regelungstechnischer Systembeschreibungen

Die Herstellung technischer Systeme erfordert u.a. Konstruktionszeichnungen, Modelle, Bau- oder Schaltpläne. Diese Art der Systembeschreibung, wir nennen sie verallgemeinernd Gerätebild, ist die unterste, 1. Stufe einer Folge möglicher Systembeschreibungsformen. Da Gerätebilder in der Regel lediglich konstruktive und nicht die für die Regelungstechnik wichtigeren funktionellen Zusammenhänge erkennen lassen, sind sie zum Verständnis der im jeweiligen System ablaufenden dynamischen Vorgänge und Prozesse nur wenig geeignet.

Der Wirkschaltplan eines technischen Systems, die 2. Stufe der Systembeschreibung, gibt dagegen bereits über wirkungsmäßige Verknüpfungen der Systemteile im Rahmen einer Gesamtsystemfunktion Auskunft. So zeigt Bild 1.1/2 den vereinfachten, unter teilweiser Verwendung genormter Symbole entwickelten Wirkschaltplan der in Bild 1.1/1 skizzierten steuerbaren Seilwinde: Aus einem Gleichspannungsnetz wird über den Stellwiderstand R als Steuerorgan ein fremderregter Gleichstrommotor

Stufe	Art der System-beschreibung	Zweck der Darstellung	Beispiele
1	Gerätebild	Vermittlung von Konstruktions-details etc.	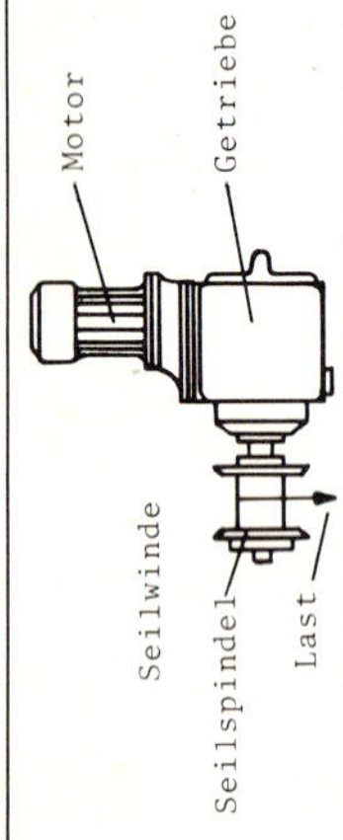
2	Wirkschaltplan	Erklärung der Wirkung	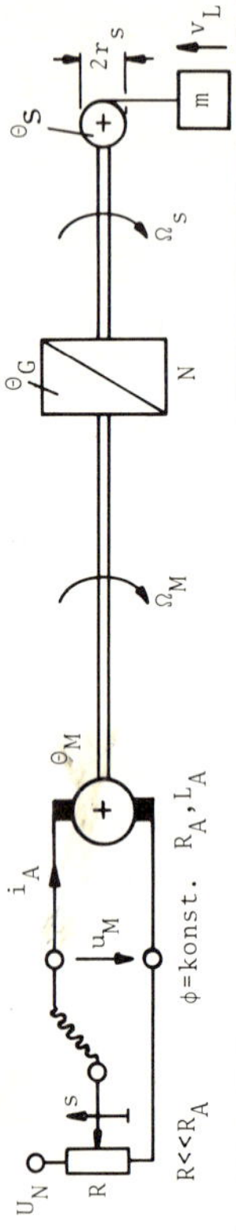
3	Geräte-Blockschaltplan	Kennzeichnung der kausalen Verknüpfungen	
4	Mathematischer Blockschaltplan	Erkennen aller signalmäßigen Verknüpfungen innerhalb der Teilsysteme	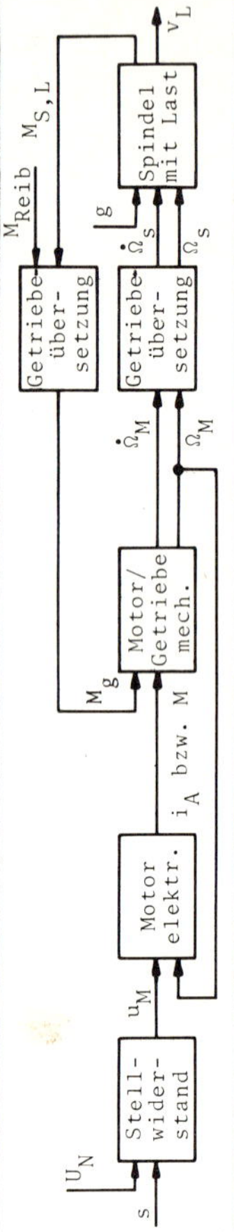
5	Signalflußplan -bild oder -graph	Grundlagen für mathematische Analyse und Simulation	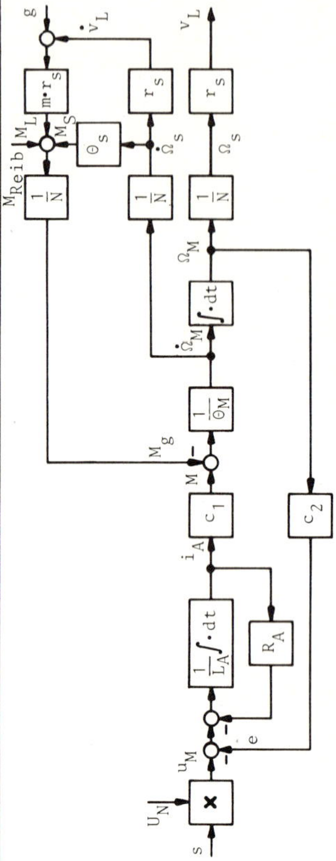

Bild 1.1: Entwicklung regelungstechnischer Systembeschreibungen erläutert am Beispiel einer steuerbaren Seilwinde

gespeist; dieser bewegt über ein Getriebe und die damit starr verbundene Seilspindel eine Last in vertikaler Richtung.

Sehr viel deutlicher wird diese verbal beschriebene Abfolge von Einzelfunktionen, wenn wir den einzelnen Kausal-(Ursache/Wirkungs-) Zusammenhängen bestimmte, sinnvoll abgrenzbare Teilsysteme zuordnen, diese - wie in Bild 1.2 erläutert - durch wirkungsmäßig gerichtete Blocksymbole deuten und sie kausal miteinander verknüpfen. Bild 1.1/3 zeigt den auf diese Weise als 3. Stufe der Systembeschreibung entstandenen Geräte-Blockschaltplan für das Beispiel Seilwinde. Er stellt einen weiteren Schritt der Abstraktion hin zu einer primär auf die Funktion zugeschnittenen Beschreibung eines technischen Systems dar.

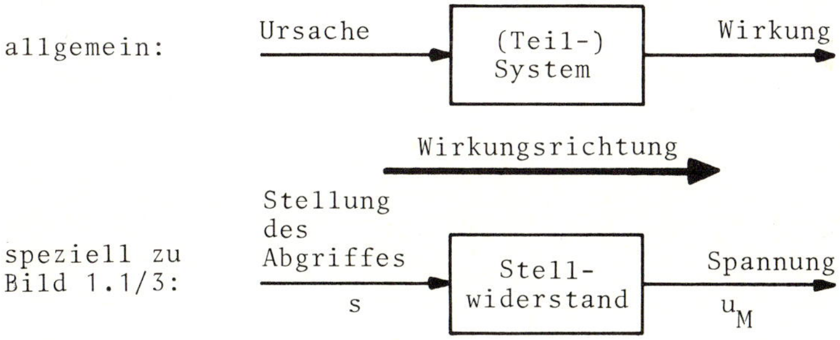

Bild 1.2: Darstellung allgemeiner Kausalzusammenhänge durch Blocksymbole

Eine Untersuchung des Prozeßablaufes und der Systemdynamik mit Hilfe regelungstechnischer Methoden bedarf jedoch über die qualitative Erfassung der Kausalzusammenhänge hinaus auch deren möglichst genaue quantitative Beschreibung. Zu diesem Zweck entwickeln wir für die durch die Teilsysteme des Geräte-Blockschaltplanes grob umrissenen funktionellen Komponenten mathematische Modelle. Sie umfassen Funktionalbeziehungen zwischen Ursachen und Wirkungen, die wir allerdings nun spezifischer als Ein- und Ausgangssignale $\underline{x}_e(t)$ bzw. $\underline{x}_a(t)$ bezeichnen wollen. Bild 1.3 zeigt sowohl die allgemeine Blocksymbol-Darstellung für Funktionalzusammenhänge der Art

$$\underline{x}_a(t) = \underline{f}\{\underline{x}_e(t)\} \tag{1.1}$$

als auch ein dem Bild 1.1/4 entnommenes spezielles Beispiel für den Ankerstromkreis des Gleichstrommotors, nämlich

$$i_A(t) = f\{u_M(t),\ e(t)\}\ . \tag{1.2}$$

Anmerkung: Die geschweifte Klammer "{}" kennzeichnet eine allgemeine, zwischen Ein- und Ausgangssignalen bestehende Funktionalbeziehung, während die runde Klammer "()" der Kennzeichnung von Funktionszusammenhängen vorbehalten bleibt.

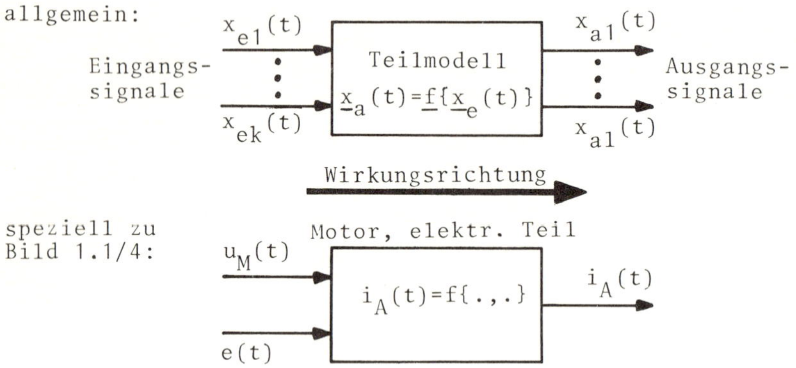

Bild 1.3: Darstellung von Funktionalzusammenhängen durch Blocksymbole

Ein Vergleich zwischen der Charakterisierung des Gleichstrommotors in Bild 1.1/3 und 1.1/4 macht deutlich, daß wir bei der mathematisch modellhaften Beschreibung eines Teilsystems sehr viel detaillierter vorgehen müssen. So läßt der noch weitgehend an der gerätemäßigen Anordnung orientierte Geräte-Blockschaltplan nicht ohne weiteres alle inneren physikalisch/technischen und rechnerischen Signalzusammenhänge, wie etwa signalmäßige Rückwirkungen, erkennen. Der die Teilsysteme "Gleichstrommotor" und "Getriebe" betreffende Ausschnitt des Blockschaltplanes, Bild 1.1/3, verbirgt u.a. die Tatsache, daß neben der unmittelbar plausiblen kausal "vorwärts" gerichteten Wirkung zwischen den Teilsystemen auch eine dazu rückläufige vom mechanischen auf den elektrischen Teil des Motors besteht: Wie auch Bild 1.3 bereits zeigte, wirkt nämlich im Motor-Ankerkreis zusätzlich zur Steuerspannung $u_M(t)$ die infolge der Rotordrehung mit Ω_M induzierte EMK $e(t)$. Eine korrekte mathematische Beschreibung des Systemverhaltens erfordert somit die Berücksichtigung dieser wie anderer Rückwirkungen, aber auch parasitärer Effekte, wie sie z.B. beim Teilsystem "Stellwiderstand" durch unvorhersehbare Veränderungen der Netzspannung U_N verursacht werden können.

Unser Bemühen muß also darauf gerichtet sein, die Gesamtsystembeschreibung aus in sich rückwirkungsfreien Teilsystemen aufzubauen, also mathematischen Blöcken der Art von Bild 1.3. Diese Teilsysteme müssen durch geeignete Abgrenzung aus ihrer "systemmäßigen Umgebung" geschaffen werden und alle für die quantitative Beschreibung ihrer Wirkungsweise im Gesamtsystem notwendigen Ein- und Ausgangssignale sowie deren Funktionalbeziehungen umfassen.

So gelingt es z.B. nicht, den Gleichstrommotor als ein einziges rückwirkungsfreies Teilsystem zu beschreiben, vielmehr ist, wie Bild 1.1/4 zeigt, eine Aufteilung in wesentlich kleinere Subsysteme, wie solche zur Beschreibung der elektrischen und mechanischen Eigenschaften des Motorankers, ggf. aber auch der elektrischen und magnetischen Vorgänge im Erregerkreis, erforderlich.

Als Faustregeln können wir festhalten, daß - im Hinblick auf die rückwirkungsfreie Zerlegung eines technischen Systems in Teilsysteme - geeignete Teilsystemgrenzen gegenüber der Umgebung häufig an denjenigen Stellen eines Wirkschaltplans gezogen werden können, wo entweder

- ein Übergang von hohem auf niedriges Energieniveau oder das Umgekehrte stattfindet (z.B. an der Übergangsstelle zwischen einem Drehgeschwindigkeitsmesser für Ω_s und der Getriebewelle, Bild 1.1/2),
- ein signalmäßiger Übergang von einer physikalischen Größe zu einer anderen stattfindet (z.B. Übergang Ankerstrom i_A in Drehmoment M) oder
- Geräte eingesetzt werden, die aufgrund ihres Aufbaues bereits ein hohes Maß an Rückwirkungsfreiheit besitzen (z.B. Stellwiderstand mit $R \ll R_A$ in Bild 1.1/2).

Damit haben wir aber die allgemeinen Grundlagen für die Entwicklung eines <u>mathematischen Blockschaltplans,</u> als 4. Stufe der Systembeschreibung, gelegt, in dem die Blöcke und Pfeile nun sehr viel fester umrissene Bedeutungen erhalten. Ein Block, den wir in Zukunft etwas spezifischer als (Signal-) Übertragungsglied bezeichnen,

- beinhaltet die modellhafte mathematische Beschreibung der funktionalen Verknüpfungen zwischen allen Eingangssignalen $\underline{x}_e(t)$ und allen Ausgangssignalen $\underline{x}_a(t)$,

- ist rückwirkungsfrei, d.h. er basiert auf einer rückwirkungsfreien Modellierung des zugrundeliegenden Teilsystems im Rahmen des Gesamtsystems,

- erhält, bedingt durch die jeweils als Pfeile an den Block gezeichneten Ein- und Ausgangssignale, einen gerichteten Wirkungssinn.

Diese Eigenschaften ermöglichen es, die Wirkungsstruktur eines technischen Systems durch signalmäßiges Verknüpfen von Einzelblöcken, die die entsprechenden mathematischen Teilmodelle der Übertragungsglieder beinhalten, zu beschreiben. Bild 1.1/4 zeigt dies für die Seilwinde, wobei die zu den Teilsystemen gehörenden Funktionalbeziehungen in Tabelle 1.1 zusammengestellt wurden.

Tabelle 1.1: Funktionalbeziehungen zur Beschreibung des Systems Seilwinde

Funktionalbeziehungen	Teilsysteme/-vorgänge
$u_M = s \cdot U_N$, da $R \ll R_A$	Stellwiderstand
	Gleichstrommotor
$i_A = \frac{1}{L_A} \int (u_M - e - R_A \cdot i_A) dt$	- Ankerstromkreis des Motors
$e = c_2 \cdot \Omega_M$	- Motor-EMK bei konst. Erregung ϕ
$M = c_1 \cdot i_A$	- Motordrehmoment bei konst. Erregung ϕ
$\dot{\Omega}_M = \frac{1}{\Theta_M}(M - M_g)$	- Drehbeschleunigung motorseitig (Θ_M=Trägheitsmoment von Motor und Getriebe)
$\Omega_M = \int \dot{\Omega}_M dt$	- Drehgeschwindigkeit motorseitig
	Getriebe
$\Omega_s = \Omega_M / N$, $\dot{\Omega}_s = \dot{\Omega}_M / N$	- Übersetzungen
	Spindel mit Last
$\dot{v}_L = r_s \cdot \dot{\Omega}_s$	- Hubbeschleunigung Last
$v_L = r_s \cdot \Omega_s$	- Hubgeschwindigkeit Last
$M_g = [M_{Reib} + (g + \dot{v}_L) \cdot m \cdot r_s + \dot{\Omega}_s \cdot \Theta_s] / N$	- Belastungsmomentensumme motorseitig

Lösen wir schließlich kompliziertere Modelle eines Blockes in mathematische Grundfunktionen auf, für die bestimmte speziellere Symbole definiert sind (siehe Tabelle 1.2), so entsteht als 5. Stufe der Systembeschreibung ein Signalflußplan, -bild oder -graph. In der Regel ist jedoch der Übergang vom mathematischen Blockschaltplan zum Signalflußplan fließend und wird vom jeweils notwendigen Detaillierungsgrad bestimmt.

Abschließend sei angemerkt, daß nicht in jedem Falle die Entwicklung einer regelungstechnischen Systembeschreibung jede der fünf genannten Stufen konsequent durchlaufen muß. In einfacheren Fällen gelingt es bereits, ohne weitere Zwischenschritte aus dem Wirkschaltplan einen Signalflußplan herzuleiten.

Tabelle 1.2: Elemente des Signalflußplanes und ihre Bedeutung

Symbol	Bedeutung
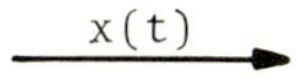	Signal x(t) mit gerichtetem Wirkungssinn (Argument "t" wird in der Regel nicht explizit angegeben)
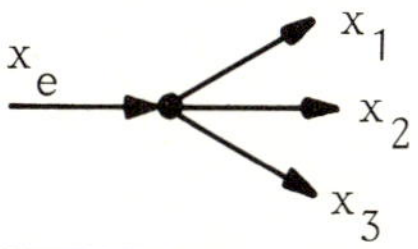	Verzweigungsstelle des Signals x_e $x_1 = x_2 = x_3 = x_e$
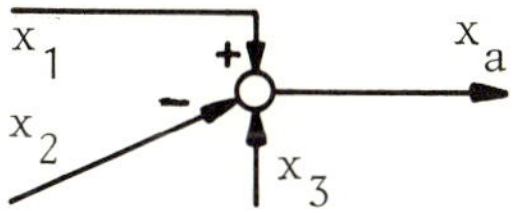	Additions-, Summationsstelle $x_a = x_1 - x_2 + x_3$ (kein Vorzeichen: "+" gilt als vereinbart)
	Signalumkehr (Sonderfall einer Additionsstelle) $x_a = - x_e$
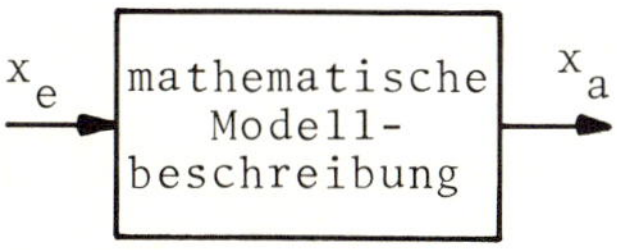	gerichtetes, rückwirkungsfreies, <u>lineares</u> Übertragungsglied, das Ausgangs- und Eingangssignal x_a bzw. x_e über eine Funktionalbeziehung verknüpft
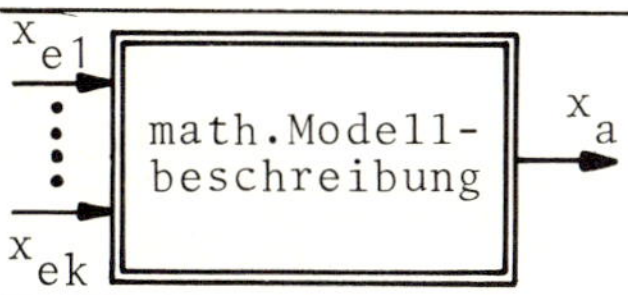	allgemeines, gerichtetes, rückwirkungsfreies, <u>nichtlineares</u> Übertragungsglied
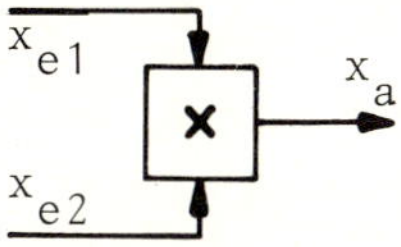	Signalmultiplikation $x_a = x_{e1} \cdot x_{e2}$
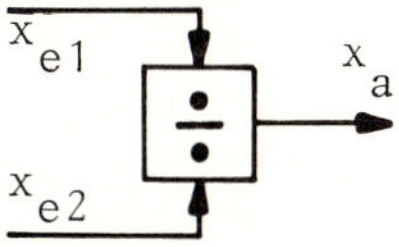	Signaldivision $x_a = \frac{x_{e1}}{x_{e2}}$

1.4 Elemente des Signalflußplanes

Die wichtigsten Elemente eines Signalflußplanes und die Bedeutung der zugehörigen Symbole gehen aus Tabelle 1.2 hervor. Bild 1.1/5 zeigt den damit auf der Grundlage des mathematischen Blockschaltplanes und der Funktionalbeziehungen aus Tabelle 1.1 entwickelten Signalflußplan der Seilwinde. Obwohl die Umsetzung der Modellansätze in das Signalflußbild für den Leser an dieser Stelle noch nicht in allen Einzelheiten verständlich sein wird, ist die wesentlich größere Aussagekraft des Signalflußgraphen im Hinblick auf die Funktion der technischen Anordnung sowie ihrer qualitativen und quantitativen Signalzusammenhänge offensichtlich.

1.5 Grundsätzlicher Aufbau und Signalfluß von Steuerungen und Regelungen

Im Zusammenhang mit der aus Bild 1.1 bekannten Seilwinde und der von ihr bewegten Last m wollen wir nun folgende einfache Steuer- bzw. Regelaufgabe behandeln: Es bestehe die Forderung, vor oder während eines Hebevorganges an der Winde beliebige Hubgeschwindigkeiten v_L gezielt einstellen zu können und sicherzustellen, daß diese während des gesamten Bewegungsvorganges möglichst genau eingehalten werden. Zur Lösung dieser Aufgabe bedarf es eines äußeren Eingriffes in den Signalfluß der technischen Anlage, der hier zweckmäßigerweise über eine Positionierung des Abgriffes s am Stellwiderstand erfolgt. Dieser Eingriff kann grundsätzlich auf zweierlei Weise ausgestaltet werden, als Steuerung oder Regelung der Geschwindigkeit v_L.

1.5.1 Geschwindigkeitssteuerung

Sind die Netzspannung U_N und das Reibmoment M_{Reib} konstante Signalgrößen, so äußert sich die Einstellung einer bestimmten Abgriffsposition s am Stellwiderstand nach Eintreten eines Beharrungszustandes, in einem von s abhängigen festen Geschwindigkeitswert. Den Zusammenhang zwischen Geschwindigkeit v_L und Abgriffstellung s gibt eine statische Kennlinie oder Funktion

$$v_L = v_L(s) \tag{1.3}$$

wieder, wie sie in Bild 1.4 skizziert ist; sie kann entweder vorausberechnet oder einmalig bei Inbetriebnahme der Anlage ermittelt werden.

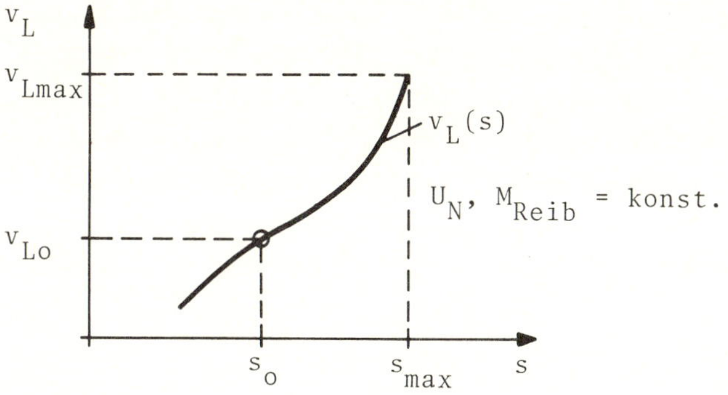

Bild 1.4: Statische Kennlinie des Teilsystems Stellwiderstand

Für eine gewünschte Hubgeschwindigkeit v_{Lo} liest der Bedienmann aus dieser Kennlinie, die im Hinblick auf die gestellte Aufgabe eine Steuervorschrift (Steuergesetz) darstellt, die jeweils erforderliche Steuergröße s_o ab und stellt sie an der Skala des Abgriffs ein. Die Geschwindigkeit v_L wird also, wie Bild 1.5 zeigt, von v_{Lo} aus in einer Wirkungskettenstruktur, auch Steuerkette genannt, beeinflußt, wobei der Bedienmann jedoch nicht kontrolliert, ob sich die Aufgabengröße, nämlich die Geschwindigkeit v_L, tatsächlich dem gewünschten Wert v_{Lo} entsprechend einstellt.

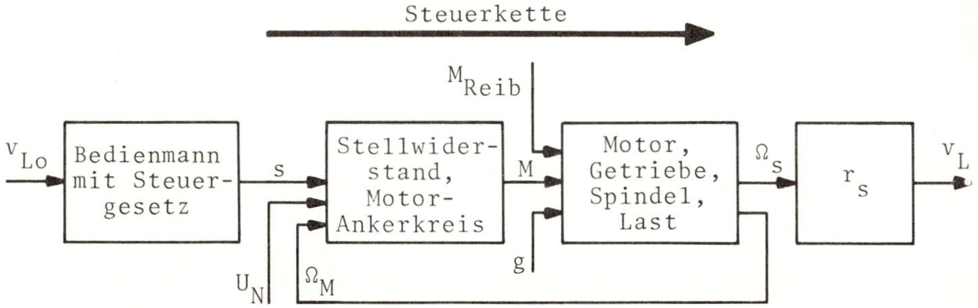

Bild 1.5: Blockschaltplan der gesteuerten Seilwinde

Allgemein erfolgt also bei einer Steuerung die Einflußnahme auf das zu steuernde System gemäß einem Steuergesetz und im Rahmen einer Wirkungskette. Die Aufgabengröße wird nicht kontrolliert.

1.5.2 Geschwindigkeits- (bzw. Drehfrequenz-) regelung

Häufig sind die im Zusammenhang mit der Geschwindigkeitssteuerung getroffenen Voraussetzungen eines konstanten U_N und M_{Reib} nicht erfüllt. Aus Bild 1.1/5 läßt sich bereits ablesen, daß sich auch bei fester Abgriffstellung s die Spannung $u_M(t)$ als Folge eines zeitlich schwankenden $U_N(t)$ verändern wird. Andererseits beeinflussen Änderungen von M_{Reib} oder unterschiedliche Massen m das Belastungsmoment M_g, was sich auf das zur Beschleunigung der rotierenden Teile zur Verfügung stehende Differenzmoment $M-M_g$ und damit auf die Drehkreisfrequenz Ω_M bzw. in der Folge auf v_L auswirkt. Dies bedeutet aber, daß die Zuordnung zwischen s und v_L nicht mehr alleine von der Steuergröße s bestimmt wird, sondern von zusätzlichen, üblicherweise nicht vorhersehbaren, zeitabhängigen Störgrößen wie $U_N(t)$, $M_{Reib}(t)$ oder Parametern wie etwa m. Es gilt also folgende allgemeinere Funktionalbeziehung

$$\underset{\text{Aufgaben-größe}}{v_L(t)} = f\{\underset{\text{Steuer-größe}}{s(t)},\ \underbrace{U_N(t),\ M_{Reib}(t)}_{\text{Stör-größen}};\ \underset{\text{Parameter}}{m}\}\ . \qquad (1.4)$$

Zeitabhängige Störgrößen sind häufig nur schwer oder gar nicht meßtechnisch erfaßbar, was zur Folge hat, daß sich aus Gl. (1.4) kein explizites Steuergesetz zum gezielten Einstellen einer vorgebbaren Geschwindigkeit v_{Lo} ableiten läßt. Die Lösung der ursprünglich gestellten Aufgabe macht also im Hinblick auf die zusätzliche Beherrschung von Störeinflüssen eine andere Struktur, nämlich die einer Regelung notwendig.

1.5.2.1 Manuelle Regelung

Bild 1.6 zeigt das Schema einer manuellen Regelung; ihr wesentliches Kennzeichen ist eine gerätemäßige Erweiterung der ursprünglichen Anordnung um einen Fliehpendel-Drehfrequenzmesser, der ersatzweise für

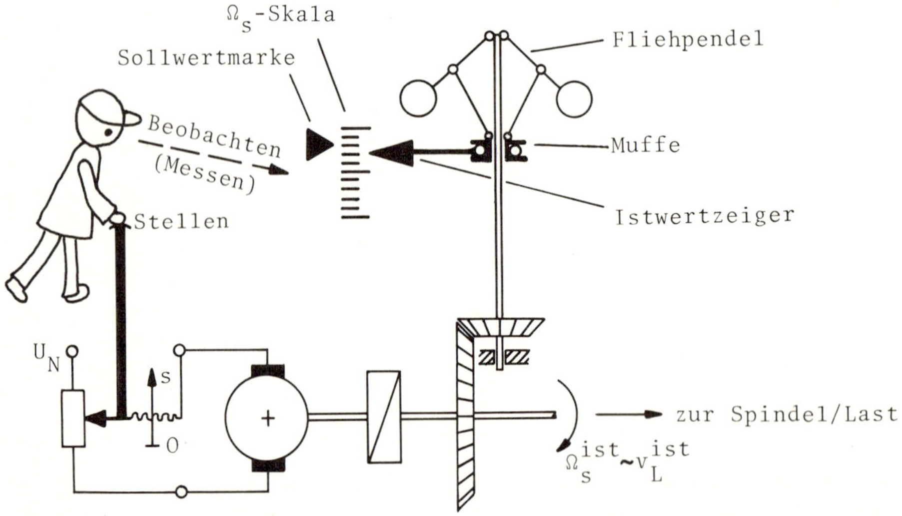

Bild 1.6: Manuelle Regelung

die Geschwindigkeit v_L (=Aufgabengröße) die ihr proportionale und leichter meßbare Drehkreisfrequenz Ω_s (=Regelgröße) erfaßt. Der Bedienmann beobachtet laufend den Istwertzeiger des Drehfrequenzmessers, der sich abhängig von der momentanen Ist-Drehfrequenz Ω_s^{ist} entlang einer Skala nach oben oder unten verschiebt. Er vergleicht die Zeigerposition mit der einer voreingestellten Sollwertmarke, deren Position der gewünschten Soll-Drehfrequenz $\Omega_s^{soll} \sim v_L^{soll}$ entspricht und stellt dabei momentane Regeldifferenzen

$$\Omega_s^d(t) = \Omega_s^{soll} - \Omega_s^{ist}(t) \tag{1.5}$$

fest. Daraus bildet er schließlich geeignete Stellsignale, die er so in entsprechende Abgriffstellungen s umsetzt, daß die Drehfrequenz-Abweichung Ω_s^d allmählich bleibend verschwindet. Dieser Zustand entspricht dem gewünschten Regelziel, daß nämlich

$$\Omega_s^d(t) = 0 \quad \text{bzw.} \quad \Omega_s^{ist}(t) = \Omega_s^{soll} \quad . \tag{1.6}$$

Durch fortlaufendes Überwachen des Istwertes der Regelgröße und entsprechendes Ändern der Position des Stellabgriffs stellt der Bedienmann sicher, daß dieser Zustand trotz gewisser Störungen - verursacht durch Änderungen der Netzspannung, Lastverhältnisse etc. - weitgehend erhalten bleibt.

Die Regelung erfolgt also im Gegensatz zur Steuerung in einem Wirkungskreislauf, dem Regelkreis, wie ihn Bild 1.7 zeigt. Sie erlaubt, den Einfluß unvorhersehbarer Störungen und Parameteränderungen auf den gewünschten Signalzusammenhang zwischen Ist- und Sollwert der Regelgröße weitgehend auszuschalten.

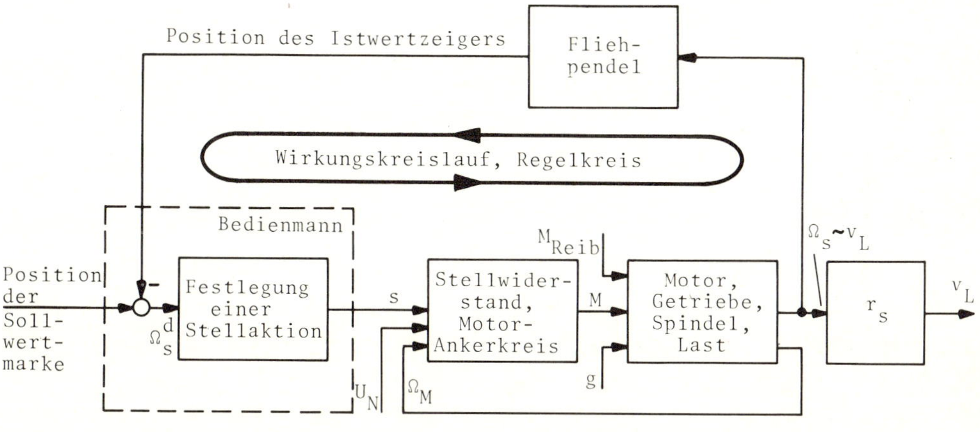

Bild 1.7: Blockschaltplan der manuell geregelten Seilwinde

1.5.2.2 Automatische Regelung

Eine einfache Regelung, wie sie oben beschrieben wurde, wird natürlich nicht manuell verwirklicht. Manuelle Regelungen finden wir heute nur noch da vor, wo nach einem einmaligen Einregelvorgang praktisch kein weiteres Nachregeln notwendig ist, weil die Störgrößen konstant sind oder sich nur geringfügig ändern (z.B. Einregeln der Temperatur des Duschwassers) oder da, wo der zu regelnde Prozeß die Aufmerksamkeit des Bedienenden (z.B. aus Gründen der Sicherheit) wachhalten soll und schließlich in solchen Fällen, wo die Automatisierung des Regelvorganges technisch oder wirtschaftlich zu aufwendig ist (z.B. "Steuern" eines Kraftfahrzeuges). In den meisten Fällen übertreffen selbsttätige (automatische) Regelungen bei geeigneter Auslegung die Regelung durch einen Menschen in Bezug auf Regelgenauigkeit, Regelgeschwindigkeit und Zuverlässigkeit.

Die befriedigende Funktion einer automatischen Regelung verlangt jedoch bereits in der Entwurfsphase die Beachtung für die Regelkreisstruktur typischer Phänomene, wie z.B. das der Stabilität. Dies wollen wir anhand der in Bild 1.8a skizzierten einfachen gerätetechnischen Anordnung einer Geschwindigkeits- bzw. Drehfrequenzregelung, erläutern. Bei einem plötzlichen Anstieg der Drehfrequenz, d.h. $\Omega_s^{ist}(t) > \Omega_s^{soll}$ bzw. $\Omega_s^d(t) < 0$, ziehen die Gewichte das Fliehpendel weiter nach außen und damit die untere bewegliche Muffe mit dem Zeiger nach oben; über den Hebel, der die Aufgabe eines einfachen Reglers wahrnimmt, wird der Abgriff ein wenig nach unten geschoben ($\Delta s(t) < 0$) und dadurch die Spannung um Δu_M reduziert (Gegenkopplung). Der Motor verlangsamt seinen Lauf, die Regeldifferenz $\Omega_s^d(t)$ nimmt ab und verschwindet allmählich. Durch die bewegliche obere Muffe mit Klemmschraube läßt sich im übrigen das Fliehpendel in der Höhe verstellen und damit leicht eine Änderung des Drehfrequenzsollwertes Ω_s^{soll} vornehmen.

In Bild 1.8b ist die Lagerung des das Fliehpendel und den Abgriff verbindenden Hebels nun so abgeändert, daß eine Regeldifferenz $\Omega_s^d(t) < 0$ eine Vergrößerung von s um $\Delta s(t) > 0$ bewirkt (Mitkopplung); dies führt zu einer Spannungserhöhung $\Delta u_M(t) > 0$, was im Wirkungskreislauf jedoch eine weitere Drehfrequenzerhöhung zur Folge hat. Diese Anordnung ist offenbar für Regelungszwecke aus strukturellen Gründen ungeeignet, da sie zwischen der Bewegung der unteren Fliehpendelmuffe und der Bewegungsrichtung des Abgriffes einen "falschen" Wirkungszusammenhang herstellt. Er führt zur Instabilität des Regelkreises, d.h. zum unbegrenzten Anwachsen der Drehfrequenz des Motor/Spindelsatzes und damit möglicherweise zu dessen Zerstörung.

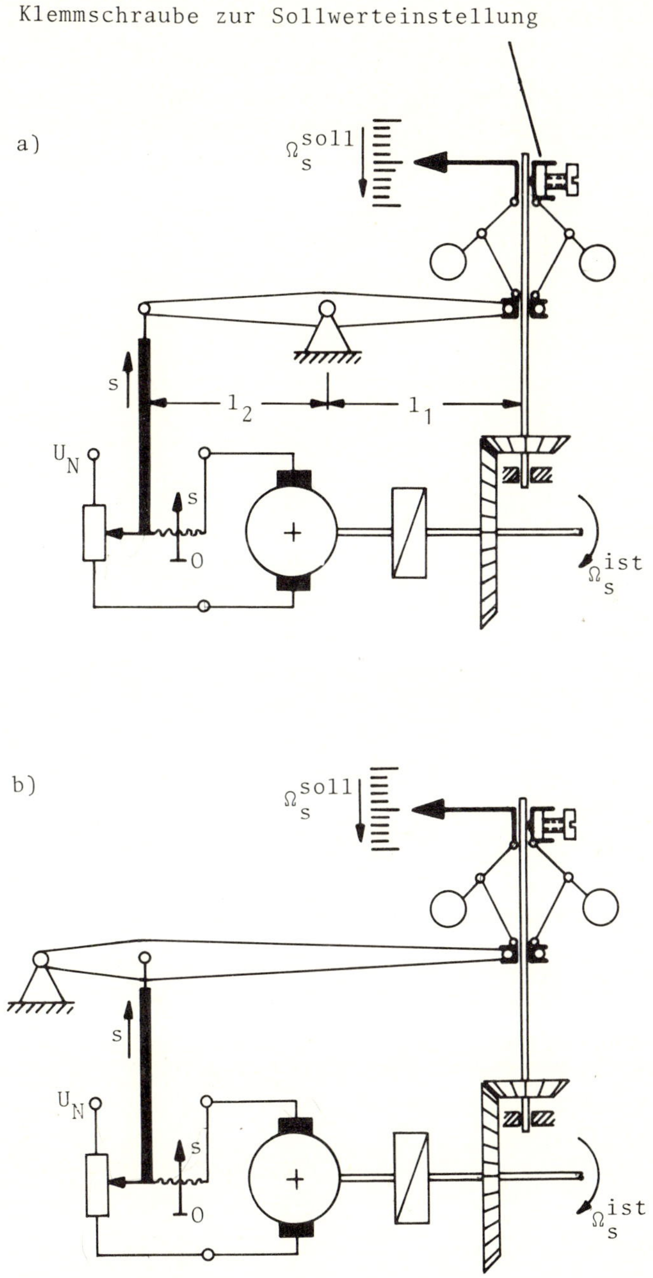

Bild 1.8: Selbsttätige Regelung
a) korrekter Wirkungssinn b) falscher Wirkungssinn

Instabiles Verhalten kann aber auch in der Anordnung nach Bild 1.8a - trotz korrekten Wirkungssinns im Sinne unserer obigen, quasi-statischen Betrachtungsweise - bedingt durch dynamische Effekte zustande kommen. So führt bei der ungeregelten bzw. gesteuerten Anlage eine sprunghafte Änderung der Abgriffstellung um Δs, wie in Bild 1.9 gezeigt, wegen der Massenträgheiten der Seilwinde sowie anderer Effekte stets zu einer zeitlich verzögerten Reaktion des Drehfrequenzverlaufs $\Omega_s^{ist}(t)$. Tritt nun etwa in der gemäß Bild 1.8a geregelten Anlage eine Laststörung durch Änderungen von $M_{Reib}(t)$ auf oder wird der gewünschte Sollwert Ω_s^{soll}, wie in Bild 1.10 gezeigt, sprunghaft angehoben, so erhalten wir abhängig vom Hebelübersetzungsverhältnis l_2/l_1 sehr verschiedenartige Einschwingvorgänge der Ist-Drehfrequenz auf den neuen, dem Sollwert entsprechenden Beharrungswert von Ω_s^{ist}. Bei ungünstiger Auslegung oder Dimensionierung des Reglers (l_2/l_1 groß) können sich sogar im Regelkreis aufklingende Schwingungen ausbilden. Die Ursache für diese Art der Instabilität liegt in dem auch innerhalb des Regelkreises dynamisch verzögerten Reagieren des Motor/Spindelsatzes auf Stellgrößenänderungen sowie in einer durch das Hebelübersetzungsverhältnis bedingten, vergleichsweise zu großen Stellgrößenänderung bezogen auf die Amplitude einer anfänglichen Regeldifferenz $\Omega_s^d(t)$.

Somit kommt der Auslegung und Dimensionierung von Regelungen im Hinblick auf ein an die jeweilige Aufgabenstellung angepaßtes Einschwingen und stationäres Verhalten (Beharrungszustand) des Regelkreises entscheidende Bedeutung zu.

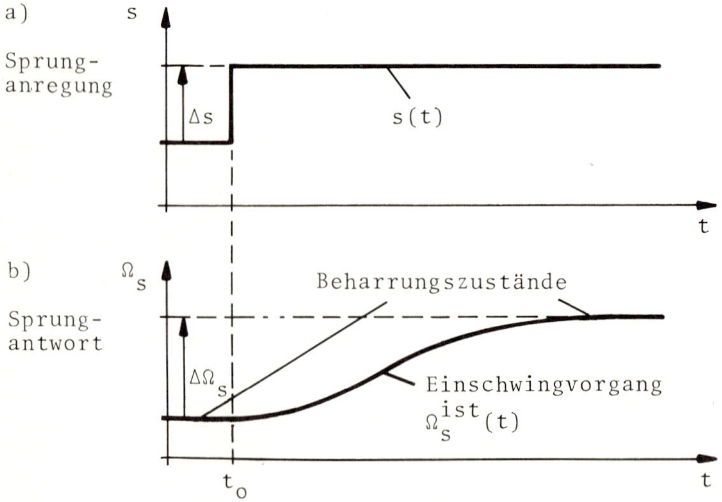

Bild 1.9: Zeitlich verzögerte Reaktion des ungeregelten Motors bei sprunghafter Änderung der Abgriffstellung s

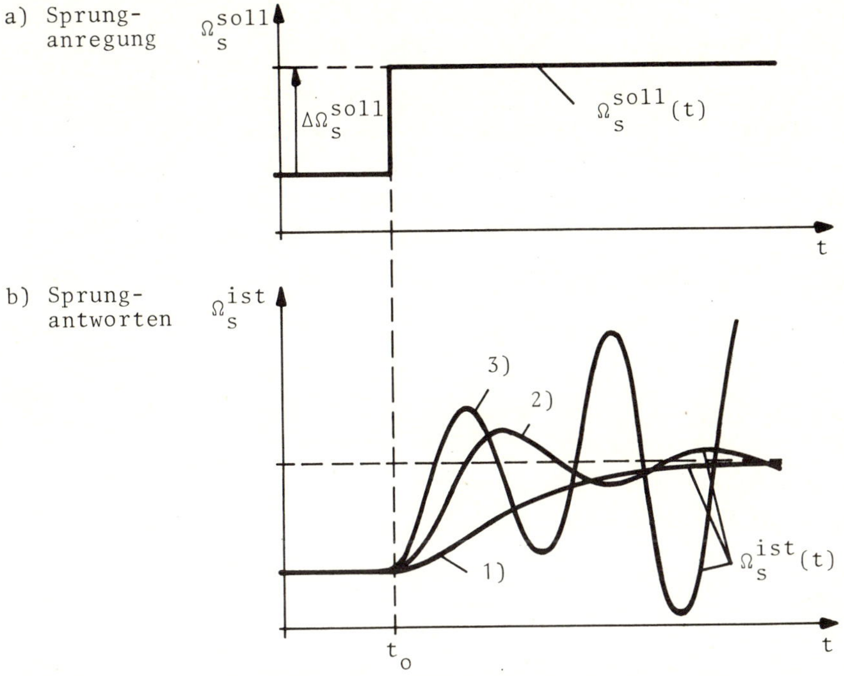

Bild 1.10: Einschwingvorgänge im Regelkreis
1) kriechend einschwingend, stabil
2) oszillierend einschwingend, stabil
3) oszillierend aufklingend, instabil

Im Gegensatz zur Steuerung erfordert also eine Regelung besondere Aufmerksamkeit beim Herstellen des richtigen Wirkungssinnes innerhalb des Regelkreises sowie beim Vermeiden von Stabilitätsproblemen.

Im folgenden Abschnitt werden wir die bisher an Hand eines Beispieles eingeführten Begriffe und Benennungen für Steuerungen und Regelungen in allgemeiner Form zusammenstellen.

1.6 Begriffe der Steuerungs- und Regelungstechnik

Die hier verwendete Terminologie lehnt sich an das einschlägige Normblatt DIN 19226 an.

1.6.1 Steuerung, Steuerkette

- <u>Bezeichnung der Glieder einer Steuerkette:</u> siehe Bild 1.11
- <u>Signalgrößen in einer Steuerkette:</u>

  w Führungsgröße: Größe, der die Aufgabengröße folgen soll; sie wird dem Steuergerät von außen zugeführt.

x_A Aufgabengröße: Größe, deren gezielte Beeinflussung Aufgabe der Steuerung ist.

y Stellgröße: Größe, durch die die Steuereinrichtung gezielt auf die Strecke einwirkt.

z Störgröße: Größe, die in unbeabsichtigter Weise von außen auf die Strecke und damit auf die Aufgabengröße einwirkt.

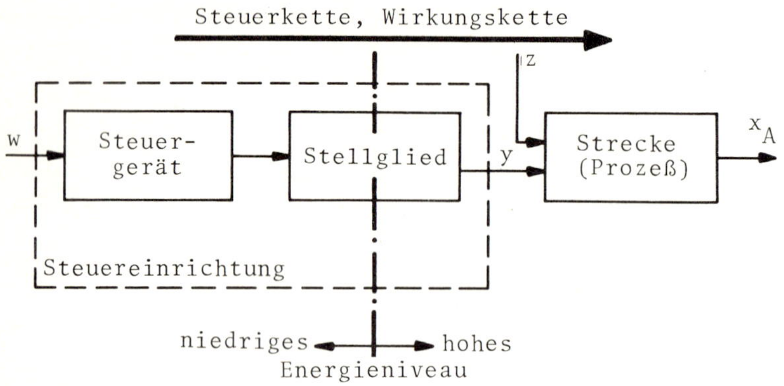

Bild 1.11: Allgemeiner Blockschaltplan einer Steuerung

- Arten von Steuerungen

  Führungs- (Folge-) steuerung

  Bei dieser Art von Steuerung wird beim Fehlen von Störgrößen zwischen Führungs- und Aufgabengröße zumindest im Beharrungszustand ein gewünschter Signalzusammenhang hergestellt.

  Programmsteuerung

  • bei einer Zeitplansteuerung wird die Führungsgröße zeitabhängig von einem Programmgeber oder -speicher (z.B. Schrittschaltwerk für Verkehrsampeln) geliefert,
  • bei einer Wegplansteuerung stellen die Führungsgrößen Wege oder Positionen dar (z.B. Bilden der Führungsgrößen durch Abtasten eines Modells beim Kopierfräsen),
  • bei einer Ablaufsteuerung werden die physikalischen Vorgänge in ihrem zeitlichen Ablauf durch Schaltsysteme nach Programm abhängig von erreichten Systemzuständen gesteuert (z.B. Aufzugsteuerung).

1.6.2 Regelung, einschleifiger Regelkreis

- Bezeichnung der Glieder eines Regelkreises: siehe Bild 1.12
- Signalgrößen im Regelkreis:

  w Führungsgröße: Größe, deren Wert (=Sollwert) die Aufgabengröße unter festgelegten Bedingungen annehmen soll; sie wird der Regeleinrichtung von außen, z.B. über einen Sollwertsteller, zugeführt.

x_A Aufgabengröße: siehe unter 1.6.1 Steuerung, Steuerkette.

x Regelgröße: Größe innerhalb der Regelstrecke, deren Wert (=Istwert) zum Zwecke des Regelns erfaßt und über der Regeleinrichtung zugeführt wird.

x' Signalgröße, in die die Meßeinrichtung die Regelgröße x umformt.

$x_d = w - x'$ Regeldifferenz: sie wird durch die Vergleichsstelle gebildet.

y Stellgröße: siehe unter 1.6.1 Steuerung, Steuerkette.

y_R, y_H Signalgrößen, die vom Regler bzw. beim Anfahrvorgang von Hand dem Stellglied zugeführt werden.

z_i Störgrößen: siehe unter 1.6.1 Steuerung, Steuerkette.

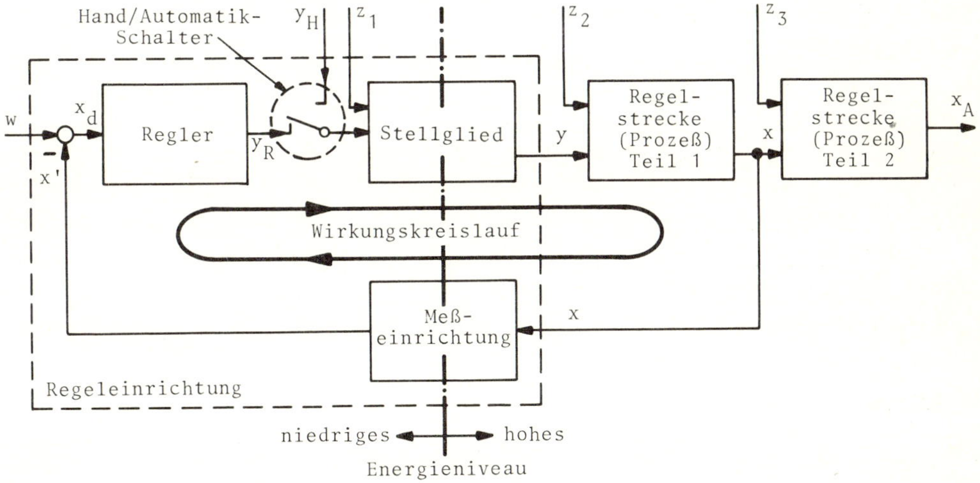

Bild 1.12: Allgemeiner Blockschaltplan des einschleifigen Regelkreises

- Arten von Regelungen

Festwertregelung

Der Wert der Führungsgröße (=Sollwert) bleibt während des Regelvorganges fest eingestellt, d.h. $w = w_o = \text{konst.}$ Der Wert der Regelgröße (=Istwert) soll auch beim Vorhandensein von Störgrößen möglichst nahe beim Sollwert gehalten werden, so daß $x(t) \approx w_o$ gilt (z.B. Temperatur- oder Spannungsregelung).

Folgeregelung

Der Wert der Regelgröße folgt auch bei vorhandenen Störungen dem sich ändernden Sollwert, $w = w(t)$, in jedem Augenblick möglichst exakt nach, so daß $x(t) \approx w(t)$ gilt (z.B. Nachführen einer auf einen Satelliten gerichteten Bodenantenne).

1.7 Weitere Gesichtspunkte beim Lösen technischer Regelungsaufgaben

Wie wir gesehen haben, erfordert das Lösen einer Regelungsaufgabe in erster Linie ein Verständnis der Funktion des gezielt zu beeinflussenden technischen Systems und weniger die Kenntnis seiner Konstruktionsdetails. Den in Signalen verkörperten Informationsflüssen innerhalb eines Systems kommt dabei größere Bedeutung zu als den, das Prozeßgeschehen primär kennzeichnenden Material- und Energieflüssen.

Als wesentliche Voraussetzung zum Bearbeiten einer technischen Regelaufgabe ist deshalb das Erkennen von Wirkungsstrukturen in einfachen und komplexen technischen Systemen sowie ihre Beschreibung durch mathematische Modelle und Signalflußstrukturen (Steuerketten, Regelkreise u.a.) zu nennen. Beispielhaft und auf schematisierte Weise ist eine derartige Strukturierung der Informationsflüsse für ein automatisiertes Großsystem wie ein Kraftwerk, in Bild 1.13 durchgeführt. Dieses Bild zeigt, daß dabei dem Messen von Prozeßvariablen eine grundlegende Bedeutung zukommt. Diese Prozeßgrößen

- können von verschiedenster physikalischer Natur sein,
- treten auf unterschiedlichen Energieniveaus auf und
- werden als zeitlich kontinuierliche oder diskrete,
- analoge oder digitale Signale
- linear oder nichtlinear erzeugt und weiterverarbeitet.

Gemessen an der Funktion der einzelnen Wirkungsstrukturen im Prozeß ist die Art der Signalverarbeitung jedoch nur von sekundärer Bedeutung. Auch für das Stellen, d.h. das Einwirken des Informationsflusses auf Material- bzw. Energiefluß, trifft entsprechendes zu.

Eine in Ebenen gegliederte, hierarchische Struktur moderner Automatisierungssysteme ermöglicht nach "oben" hin die Prozeßinformationen auf jene Daten zu reduzieren, die für dispositive (z.B. betriebswirtschaftliche) Entscheidungen notwendig sind. Nach unten, zum Prozeß hin, ist bei räumlich ausgedehnten Anlagen häufig eine Dezentralisierung der Automatisierungseinrichtungen (z.B. verschiedene Leitstände für verschiedene Anlagenteile) üblich. In allen Ebenen werden interessierende Informationen aufgezeichnet und Signale angezeigt; für die Beeinflussung des Prozesses sind geeignete Bedienelemente vorhanden. Alle diese Aufgaben werden weitgehend durch Rechner unterstützt oder teilweise vollständig von diesen übernommen.

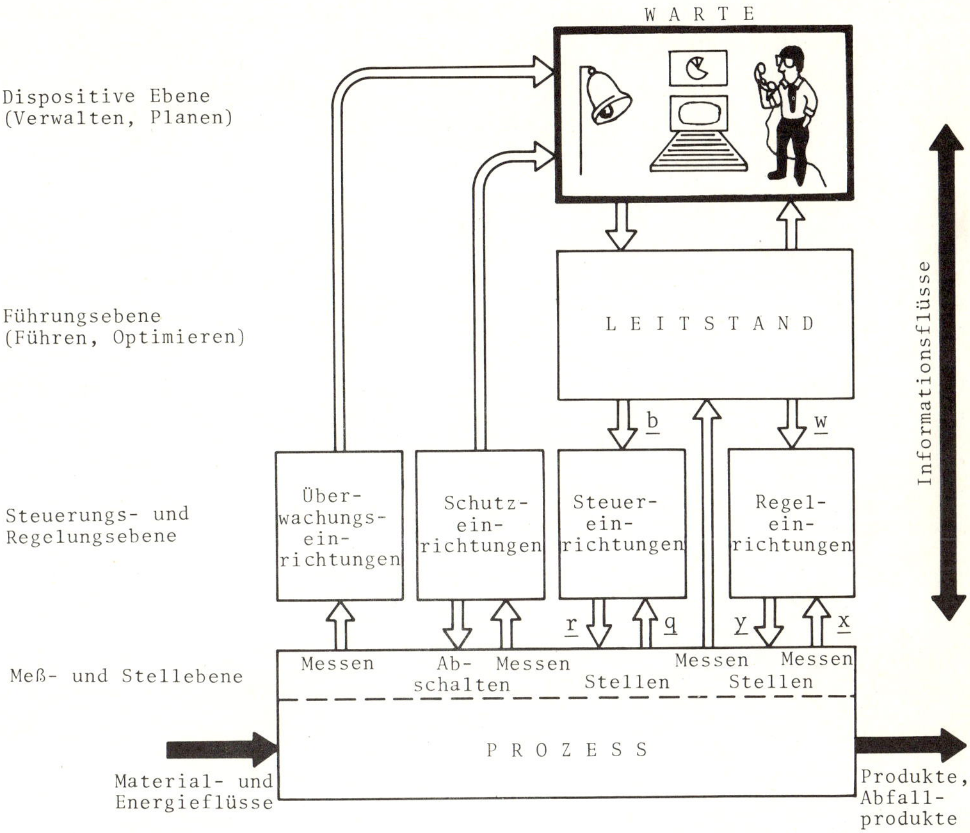

Bild 1.13: Informationsflüsse in einem automatisierten Prozeß wie z.B. einem Kraftwerk

Diese Einführung in die Regelungstechnik geht zunächst auf die verwikkeltste der in Bild 1.13 dargestellten Wirkungsstrukturen, den Regelkreis, ein. Dabei werden wir von den in Tabelle 1.3 zusammengestellten Teilproblemen bei der Lösung einer Regelaufgabe insbesondere die Methoden zur Bearbeitung der Schritte 1 bis 3 behandeln. Unsere Untersuchungsmethoden beziehen sich schwerpunktsmäßig auf sog. Eingrößenregelungen, d.h. auf die Lösung isolierter Einzelregelaufgaben, wie etwa im Falle der Spannungsregelung eines elektrischen Generators. Über den technischen Prozeß bzw. die Regelstrecke vermaschte Regelungen, wie sie z.B. bei der gleichzeitigen Spannungs-/Frequenzregelung eines Generators auftreten, lassen sich mit den in diesem Buch erörterten Methoden insoweit bearbeiten, wie die Regelaufgabe zumindest näherungsweise in entkoppelte Teilaufgaben zerlegbar ist. Ist dies nicht gegeben, bedürfen die hier dargestellten Grundlagen sinngemäßer Erweiterungen z.B. im Hinblick auf Mehrgrößenregelungen oder höherwertige Regelverfahren.

Tabelle 1.3: Teilprobleme bei der Lösung einer technischen Regelaufgabe

Lösungsschritt	Teilaufgaben
1	Mathematische Beschreibung (Modellbildung) von Regelkreisgliedern wie Regelstrecke, Regler usw. durch - Anwenden der beschreibenden Naturgesetze, - experimentelle (Kennwertermittlungs-, Identifikations-)Verfahren
2	Analyse der Regelstrecke und Regelaufgabe aufgrund der in Schritt 1 erstellten Modelle
3	Entwurf (Synthese) des geeigneten Regler- und Regelkreisverhaltens
4	Gerätetechnische Verwirklichung der Regeleinrichtung (Meßeinrichtung, Regler, Stellglied)
5	Untersuchung des kompletten Regelkreises durch Experimente und Simulation mit Rechnern
6	Inbetriebnahme vor Ort

Als ersten Schritt zur Lösung von Regelaufgaben gehen wir im Kapitel 2 auf Methoden zur mathematischen Beschreibung einfacher Teilsysteme von Steuerketten und Regelkreisen ein. Die Ergebnisse dieser Vorarbeit versetzen uns später in die Lage, das spezifische Verhalten komplexerer Strukturen, wie etwa von Regelkreisen, schnell und systematisch zu untersuchen.

Neben kontinuierlichen Steuerungen und Regelungen spielen bei der Automatisierung von Prozessen diskrete Steuerungen eine wachsende Rolle. Sie haben dabei teilweise eigenständige Aufgaben, wie etwa im Rahmen der im Bild 1.13 gezeigten Überwachungs- und Schutzeinrichtungen. Sie können aber auch parallel oder alternativ zu Regelungen Aufgaben der Prozeßbeeinflussung übernehmen, was die beiden rechten Blöcke der Steuerungs- und Regelungsebene andeuten. Schließlich üben diskrete Steuerungen in der Führungsebene eines Automatisierungssystems häufig wichtige koordinierende Funktionen für unterlagerte Steuerungen und Regelungen aus. Die Analyse und Synthese dieser grob in Verknüpfungs- und Ablaufsteuerungen untergliederbaren Anordnungen erfordert spezifische methodische Grundlagen, die wir zusammenfassend in Kapitel 7 behandeln wollen.

2 Mathematische Beschreibung von Regelkreisgliedern

2.1 Klassifizierung von Systemen

Da wir es in der Regelungstechnik mit den verschiedensten physikalischen oder technischen Systemen zu tun haben, benötigen wir von der Prozeßnatur unabhängige Formen der Systembeschreibung. Nur so gelingt es, einheitliche regelungstechnische Untersuchungsmethoden zu entwikkeln und anzuwenden. Wir klassifizieren deshalb Systeme

- gemäß der Art der über die entsprechenden Übertragungsglieder verknüpften Signale oder
- gemäß der Art der den Übertragungsgliedern zugrundeliegenden mathematischen Beschreibung.

2.1.1 Einteilung von Systemen gemäß der Signalart

Wir sprechen von kontinuierlichen Systemen, wenn die Amplituden der Signalvariablen innerhalb gegebener physikalischer Grenzen jeden beliebigen Wert annehmen können. Die Veränderung dieser Werte kann sowohl zeitkontinuierlich als auch zeitdiskret erfolgen. Bild 2.1 zeigt als Beispiel eine Signalfunktion $y(t)$ und eine Signalfolge $\{y_i\}$.

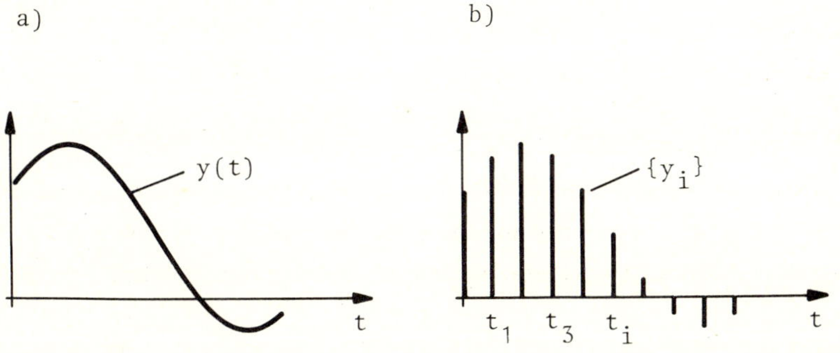

Bild 2.1: Signalfunktion und -folge bei einem kontinuierlichen System

Bei diskreten Systemen nehmen die Signalvariablen dagegen nur endlich viele diskrete Amplitudenwerte an, wobei sich Veränderungen auch hier wieder zeitkontinuierlich oder -diskret vollziehen können. Digital arbeitende Systeme gehören z.B. in diese Systemklasse.

Beispiel 2.1: Die Folge der an einer Ampelkreuzung ankommenden Fahrzeuge sowie die Länge (=Anzahl der wartenden Fahrzeuge) der sich vor der Ampel bildenden Warteschlange l kann nur diskrete Werte annehmen, Bild 2.2. Dieses Signalverhalten ist typisch für alle sog. Stückgutprozesse, wie sie u.a. im Bereich der industriellen Fertigung oder beim Transport auftreten.

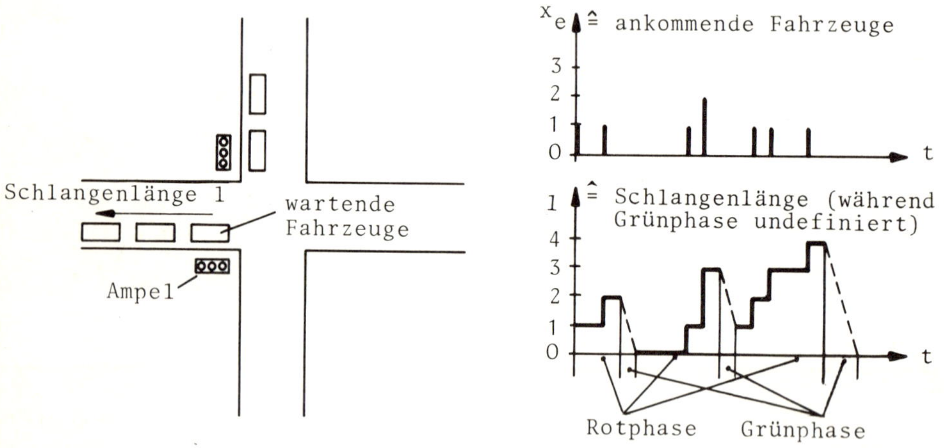

Bild 2.2: Ampelkreuzung als Beispiel für ein diskretes System

Unsere weiteren Ausführungen betreffen zunächst kontinuierliche Systeme und Prozesse. Diskrete Systeme werden hier nur insoweit behandelt, wie sie durch kontinuierliche annäherbar sind. Das ist u.a. dann der Fall, wenn hinter dem interessierenden makroskopischen Verhalten eines Systems (z.B. dem Verkehr auf einer Straße) das mikroskopische Verhalten des diskreten Einzelprozesses (z.B. Bewegungsdynamik des einzelnen Fahrzeuges) praktisch verschwindet. Diese Betrachtungsweise ist in gewisser Weise vergleichbar mit der in der Elektrotechnik üblichen, wo wir die elektrische Stromstärke in der Regel als kontinuierliche Signalgröße behandeln, obwohl wir aus der Physik sehr wohl wissen, daß der Begriff Strom nur stellvertretend für die Wirkung vieler diskreter Ladungsträger steht.

2.1.2 Einteilung kontinuierlicher Systeme gemäß ihrer mathematischen Beschreibung

Die Beschreibung der uns in der Folge primär interessierenden (amplituden/zeit-)kontinuierlichen Systeme beruht für den Fall statischer, also nur von Augenblickswerten der Signalvariablen abhängiger Signalzusammenhänge auf algebraischen Beziehungen, für den Fall dynamischer, also auch von der Vorgeschichte beeinflußter Vorgänge auf gewöhnlichen oder partiellen Differentialgleichungen (=Dgln.). Entsprechend unterscheiden wir statische und dynamische Übertragungsglieder.

Im allgemeinen führt die Anwendung von Erhaltungssätzen der Physik, wie solche für Masse, Impuls, Ladung, Energie etc. oder auch davon abgeleiteter, stärker zugeschnittener Sätze wie etwa die von Newton, Euler oder Kirchhoff zu den ein dynamisches System oder das zugehörige Übertragungsglied beschreibenden mathematischen Gleichungen. Dabei charakterisieren gewöhnliche Dgln. immer solche (Teil-)Systeme, deren Parameter oder Elemente (z.B. Masse, elektrischer Widerstand) punktkonzentriert (z.B. als Punktmasse oder punktförmiger Widerstand) angenommen werden dürfen. Partielle Dgln. treten dagegen im Zusammenhang mit physikalischen Systemen auf, die durch räumlich verteilte Parameter oder Elemente (z.B. Massen- oder Widerstandsbelag) gekennzeichnet sind.

Wichtige Unterscheidungsmerkmale für die verschiedensten statischen und dynamischen Systeme bzw. die entsprechenden Übertragungsglieder sind die Eigenschaften der Linearität oder Nichtlinearität, Zeitvarianz oder Zeitinvarianz der jeweiligen Signalverknüpfungen, Bild 2.3. Charakteri-

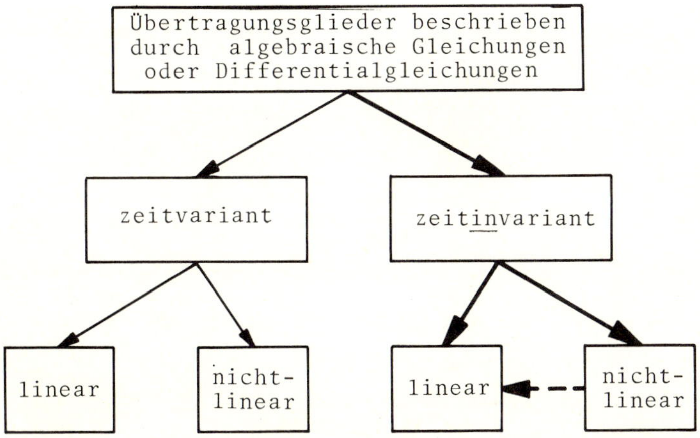

Bild 2.3: Klassifikation kontinuierlicher Systeme

sieren wir die Verknüpfung zwischen einem Ein- und einem Ausgangssignal $x_e(t)$ und $x_a(t)$ ganz allgemein durch die bereits in Gl. (1.1) eingeführte Operatorbeziehung

$$x_a(t) = f\{x_e(t)\} \tag{2.1}$$

bzw. durch das bekannte Blocksymbol des mathematischen Blockschaltplans,

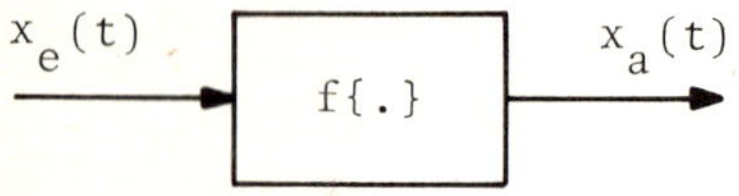

Bild 2.4: Symbol eines allgemeinen Übertragungsgliedes mit einem Ein- und Ausgangssignal

Bild 2.4, so können wir in Anlehnung an die Mathematik unter Zugrundelegen eines stetigen Operators $f\{.\}$ folgende Sätze formulieren:

(1) Ein Übertragungsglied wird als <u>zeitinvariant</u> bezeichnet, wenn es die Verschiebungseigenschaft besitzt, d.h., daß für beliebige (stückweise stetige) $x_e(t)$ sowie feste, aber beliebige Verschiebungszeiten t_o und alle Zeitpunkte t gilt

$$f\{x_e(t-t_o)\} = x_a(t-t_o) \; . \tag{2.2}$$

(2) Ein Übertragungsglied wird als <u>linear</u> bezeichnet, wenn es für beliebige (stückweise stetige) $x_e(t)$ und für alle Zeiten t die beiden folgenden Eigenschaften aufweist:

- Verstärkungseigenschaft (Homogenität)

$$f\{c\cdot x_e(t)\} = c\cdot f\{x_e(t)\} \; , \tag{2.3}$$

wobei c eine beliebige Konstante ist.

- Überlagerungs-(Superpositions-)Eigenschaft (Additivität)

$$f\{x_e'(t)+x_e''(t)\} = f\{x_e'(t)\} + f\{x_e''(t)\} \; , \tag{2.4}$$

wobei $x_e'(t)$ und $x_e''(t)$ beliebige Signale sein dürfen.

<u>Beispiel 2.2:</u> Wir überprüfen die Eigenschaften der in Bild 2.5 skizzierten Übertragungsglieder auf Linearität und Zeitinvarianz.

a) Konstanten-Multiplikation: $x_a(t) = K\cdot x_e(t)$

gemäß Gl. (2.2): $f\{x_e(t-t_o)\}=K\cdot x_e(t-t_o)\stackrel{?}{=}x_a(t-t_o)=K\cdot x_e(t-t_o)$

$\rightarrow$ zeitinvariant

gemäß Gl. (2.3): $f\{c\cdot x_e(t)\}=K\cdot c\cdot x_e(t)\stackrel{?}{=}c\cdot f\{x_e(t)\}=c\cdot K\cdot x_e(t)$

gemäß Gl. (2.4): $f\{x_e'(t)+x_e''(t)\}=K(x_e'(t)+x_e''(t))\stackrel{?}{=}$

$f\{x_e'(t)\}+f\{x_e''(t)\}=K\cdot x_e'(t)+K\cdot x_e''$

$\rightarrow$ linear

b) Signalintegration: $x_a(t) = \int x_e(t)dt$

gemäß Gl. (2.2): $f\{x_e(t-t_o)\} = \int x_e(t-t_o)dt \stackrel{?}{=} x_a(t-t_o) = \int x_e(t-t_o)dt$

$\rightarrow$ zeitinvariant

gemäß Gl. (2.3): $f\{c \cdot x_e(t)\} = \int c \cdot x_e(t)dt \stackrel{?}{=} c \cdot f\{x_e(t)\} = c\int x_e(t)dt$

gemäß Gl. (2.4): $f\{x_e'(t)+x_e''(t)\} = \int (x_e'(t)+x_e''(t))dt \stackrel{?}{=}$

$f\{x_e'(t)\}+f\{x_e''(t)\} = \int x_e'(t)dt + \int x_e''(t)dt$

$\rightarrow$ linear

Beide Übertragungsglieder sind also linear und zeitinvariant.

c) Signalmultiplikation $x_a(t) = x_{e1}(t) \cdot x_{e2}(t)$

Verallgmeinern wir obige Beziehungen auf Übertragungsglieder mit mehreren Eingangsgrößen, dann gilt:

gemäß Gl. (2.2): $$f\left\{\begin{bmatrix} x_{e1}(t-t_o) \\ x_{e2}(t-t_o) \end{bmatrix}\right\} = x_{e1}(t-t_o) \cdot x_{e2}(t-t_o) \stackrel{?}{=}$$

$$x_a(t-t_o) = x_{e1}(t-t_o) \cdot x_{e2}(t-t_o)$$

$\rightarrow$ zeitinvariant

gemäß Gl. (2.3): $$f\left\{c \cdot \begin{bmatrix} x_{e1}(t) \\ x_{e2}(t) \end{bmatrix}\right\} = c \cdot x_{e1}(t) \cdot c \cdot x_{e2}(t) \stackrel{?}{=}$$

$$c \cdot f\left\{\begin{bmatrix} x_{e1}(t) \\ x_{e2}(t) \end{bmatrix}\right\} = c \cdot x_{e1}(t) \cdot x_{e2}(t)$$

gemäß Gl. (2.4): $$f\left\{\begin{bmatrix} x_{e1}'(t)+x_{e1}''(t) \\ x_{e2}'(t)+x_{e2}''(t) \end{bmatrix}\right\} = (x_{e1}'(t)+x_{e1}''(t)) \cdot$$

$$(x_{e2}'(t)+x_{e2}''(t)) \stackrel{?}{=} f\left\{\begin{bmatrix} x_{e1}'(t) \\ x_{e2}'(t) \end{bmatrix}\right\} + f\left\{\begin{bmatrix} x_{e1}''(t) \\ x_{e2}''(t) \end{bmatrix}\right\} =$$

$$x_{e1}'(t) \cdot x_{e2}'(t) + x_{e1}''(t) \cdot x_{e2}''(t)$$

$\rightarrow$ nichtlinear

Damit liegt ein zeitinvariantes, aber nichtlineares Übertragungsglied vor.

d) Multiplikation eines Signales mit der Zeit: $x_a(t) = t \cdot x_e(t)$

Analytisch oder anhand von Bild 2.6 überzeugen wir uns leicht davon, daß hier die Verschiebungseigenschaft nicht vorliegt, jedoch die für Linearität erforderlichen Kriterien erfüllt werden, so daß der gestrichelt gezeichnete Block ein zeitvariantes, lineares Übertragungsglied symbolisiert.

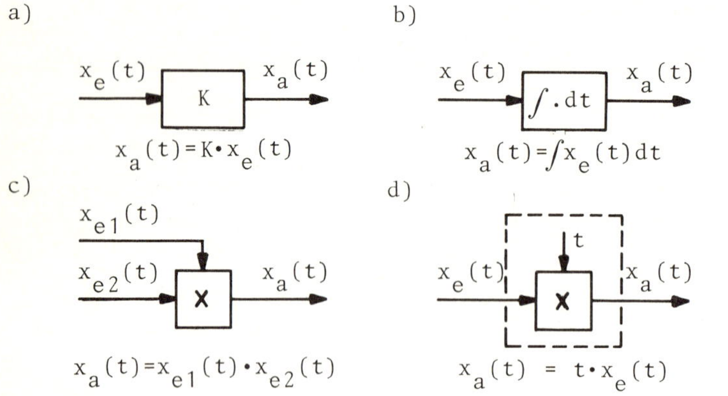

Bild 2.5: Verschiedene einfache Übertragungsglieder

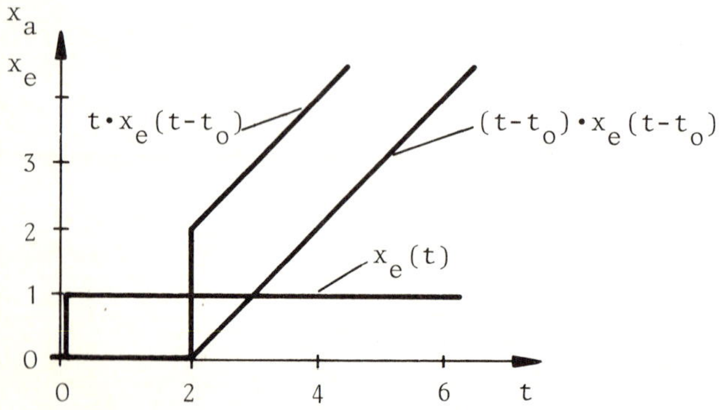

Bild 2.6: Zum Nachweis der Zeitvarianz des Übertragungsgliedes in Bild 2.5d

Insbesondere die Linearität eines Systems oder Übertragungsgliedes hat weittragende Folgen für dessen theoretische Behandlung; wir werden später darauf zurückkommen. Im Augenblick wollen wir nur festhalten, daß unser Hauptaugenmerk im weiteren auf zeitinvariante, lineare Übertragungsglieder (dicke Linien in Bild 2.3) gerichtet sein wird, wobei nichtlineare Systeme häufig durch Linearisierung (gestrichelte Linie in Bild 2.3) einer linearen Betrachtung zugänglich gemacht werden können.

2.2 Beschreibung von Systemen mit konzentrierten Parametern

Zur Konkretisierung unserer Ausführungen betrachten wir den in Bild 2.7 durch einen Wirkschaltplan beschriebenen steuerbaren, fremderregten Gleichstrommotor. Unser Ziel ist es, eine mathematische Systembeschreibung für die signalmäßige Verknüpfung zwischen den manipulierbaren Eingangsgrößen: eingeprägte Motorspannung $u_M(t)$ und eingeprägter Erregerstrom $i_E(t)$ sowie der zu beeinflussenden Ausgangsgröße: Motordrehgeschwindigkeit $\Omega(t)$ zu entwickeln und diese in einen Signalflußplan umzusetzen. Wir beginnen den Beschreibungsprozeß damit, daß wir in der technischen Anordnung gemäß Bild 2.7 einzelne, miteinander wirkungsmäßig verkoppelte Teilsysteme abgrenzen, für die wir dann unter gewissen

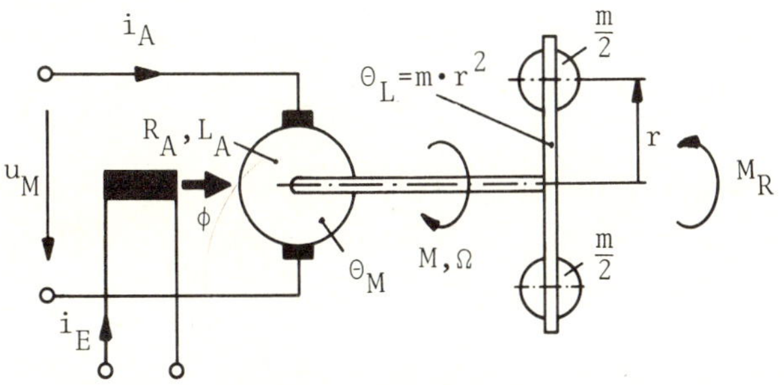

Bild 2.7: Wirkschaltplan eines fremderregten Gleichstrommotors mit Last

vereinfachenden Annahmen eine mathematische Beschreibung suchen. In diesem Sinne lassen sich die elektrischen Vorgänge im Teilsystem "Ankerstromkreis des Gleichstrommotors" durch die Dgl.

$$L_A \cdot \dot{i}_A + R_A \cdot i_A = u_M - e \tag{2.5}$$

erfassen. Für die induzierte EMK e gilt die aus der Theorie der Gleichstrommaschine bekannte Beziehung

$$e = c_1 \cdot \phi \cdot \Omega \tag{2.6}$$

mit ϕ als dem über die nichtlineare Magnetisierungskennlinie vom Erregerstrom i_E abhängigen Fluß

$$\phi = \phi(i_E) \ . \tag{2.7}$$

Ebenfalls aus der Theorie der Gleichstrommaschine folgt für die Verknüpfung zwischen elektrischen und mechanischen Vorgängen der das Motormoment M bestimmende Zusammenhang

$$M = c_2 \cdot \phi \cdot i_A \; . \tag{2.8}$$

Zur Beschreibung der Drehbewegung des Motorrotors und der damit starr gekoppelten Last, die die gemeinsame Drehmasse $\Theta = \Theta_M + \Theta_L$ haben, ziehen wir den Drallsatz heran, d.h.

$$\frac{d(\Theta \cdot \Omega)}{dt} = M - M_R \; , \tag{2.9a}$$

wobei

$$M_R = d \cdot \Omega \cdot |\Omega| \tag{2.9b}$$

ein vom Quadrat der Drehgeschwindigkeit abhängiges Last- oder Luftreibungsmoment ist. Haben die beiden Punktmassen m/2 einen zeitveränderlichen Abstand r(t) zur Drehachse, was einer zeitvariablen Drehmasse $\Theta(t)$ entspricht, so gewinnen wir aus den Gln. (2.9) die Dgl.

$$\Theta \cdot \dot{\Omega} + \dot{\Theta} \cdot \Omega + d \cdot \Omega \cdot |\Omega| = M \; . \tag{2.10}$$

Mit den Dgln. (2.5) und (2.10) und den algebraischen Beziehungen (2.6) bis (2.8) liegt zwar die vollständige mathematische Systembeschreibung des Gleichstrommotors aus Bild 2.7 vor; eine Vorstellung von den uns eigentlich interessierenden Ursache/Wirkungsbeziehungen gewinnen wir allerdings erst dann, wenn wir die mathematischen Gleichungen schrittweise in einen mathematischen Blockschaltplan oder besser noch in einen Signalflußplan umsetzen. Dazu deuten wir jede der fünf Beziehungen als signalverknüpfendes Übertragungsglied, dem wir nach Festlegen entsprechender Ein- und Ausgangssignale ein Blocksymbol zuordnen. Bild 2.8a zeigt dies für das Teilsystem "Ankerstromkreis" mit den Eingangssignalen u_M und e und dem Ausgangssignal i_A. Obwohl u_M und e bezogen auf das Teilsystem als gleichwertige Signale erscheinen, müssen wir uns doch über wesentliche Unterschiede klar werden. Während es sich bei u_M nämlich um eine <u>exogene</u>, also dem Gesamtsystem von außen eingeprägte Eingangsgröße handelt, ist e eine <u>endogene</u>, also mit anderen Signalen im "Inneren" des Gesamtsystems ursächlich verknüpfte Größe.

Wir gehen nun einen Schritt weiter zur detaillierteren Signalfluß-Darstellung des Teilsystems in Bild 2.8a. Dazu lösen wir die Dgl. (2.5) zweckmäßigerweise nach der höchsten Ableitung des Ausgangssignals, hier $\dot{i}_A$ auf, integrieren einmal und erhalten das Ergebnis

$$i_A = \frac{1}{L_A} \int (u_M - e - R_A i_A) dt \; . \tag{2.11}$$

Auf der Grundlage von (2.11) entwickeln wir nun unter Verwendung der Symbole aus Tabelle 1.2 den zugehörigen Signalflußgraphen. Zweckmäßigerweise beginnen wir dabei auf der rechten Gleichungsseite und erzeugen zunächst, wie in Bild 2.8b gezeigt, mit Hilfe einer oder zweier Summationsstellen die Summe der Signale unter dem Integralzeichen. Das Summensignal führen wir dann einem Block zu, der die kombinierte Konstantenmultiplikation und Integration zu i_A wahrnimmt. Da wir beide Operationen bereits vorher als zeitinvariant und linear erkannt hatten, verwenden wir zur symbolischen Darstellung das einfach umrahmte Blocksymbol. Das Ausgangssignal dieses Blockes, i_A, verbinden wir über den Block R_A mit dem noch offenen Eingang der zweiten Summationsstelle. Die auf diese Weise zwangsläufig entstehende Signalschleife ist, wie ein Blick auf Gl. (2.11) beweist, physikalisch und systembedingt. Sie darf also nicht mit einer zum Zwecke der Regelung absichtlich gebildeten Rückführschleife des Regelkreises aus Bild 1.12 verwechselt werden, mit dem sie im Grunde nichts außer der Kreisstruktur gemein hat. Die Tatsache, daß in Bild 2.8b nur zeitinvariante, lineare Elementaroperationen auftreten, zeigt uns, daß das behandelte Übertragungsglied insgesamt als linear und zeitinvariant zu bezeichnen ist.

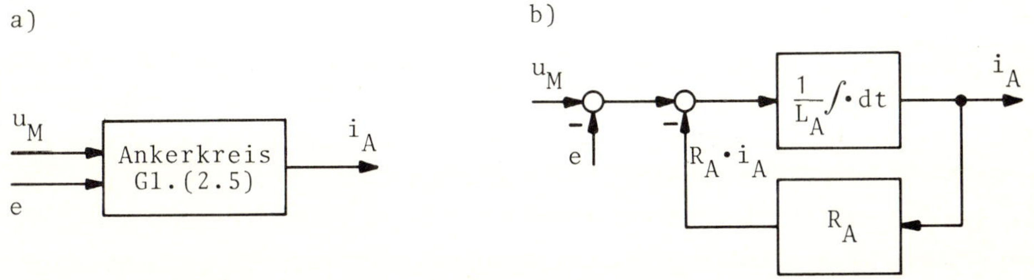

Bild 2.8: Mathematischer Blockschaltplan (a) und Signalflußplan (b) des Teilsystems "Ankerstromkreis"

Wenden wir uns als nächstes der signalflußmäßigen Deutung der durch Gl. (2.10) beschriebenen mechanischen Vorgänge im Motor zu. Im Hinblick auf die Funktion des Gleichstrommotors fassen wir sinnvollerweise das Motormoment M als Eingangs- und Ω als Ausgangssignal auf. Wenden wir nun auf Gl. (2.10) das gleiche bereits oben praktizierte Verfahren an, dann erhalten wir

$$\Omega = \int \frac{1}{\Theta(t)} (M - d \cdot \Omega \cdot |\Omega| - \dot{\Theta} \cdot \Omega) dt \; . \tag{2.12}$$

Bedingt durch eine zeitvariante ($1/\Theta(t)$) und nichtlineare ($\Omega\cdot|\Omega|$) Verknüpfung zwischen Ein- und Ausgangssignal liegt ein zeitvariantes, nichtlineares Übertragungsglied vor. Für den Sonderfall Θ=konst., den wir hier weiterbehandeln wollen, reduziert sich Gl. (2.12) jedoch auf

$$\Omega = \frac{1}{\Theta}\int(M - d\cdot\Omega\cdot|\Omega|)dt \ . \tag{2.13}$$

Den Signalflußplan dieses zeitinvarianten, nichtlinearen Übertragungsgliedes finden wir in Bild 2.9. Verknüpfen wir nun die Signalflußpläne der beiden dynamischen Teilsysteme aus Bild 2.8b und 2.9 über die den algebraischen Beziehungen (2.6) bis (2.8) entsprechenden Signalflußplanelemente, so entsteht der in Bild 2.10 skizzierte Signalflußplan des Gesamtsystems.

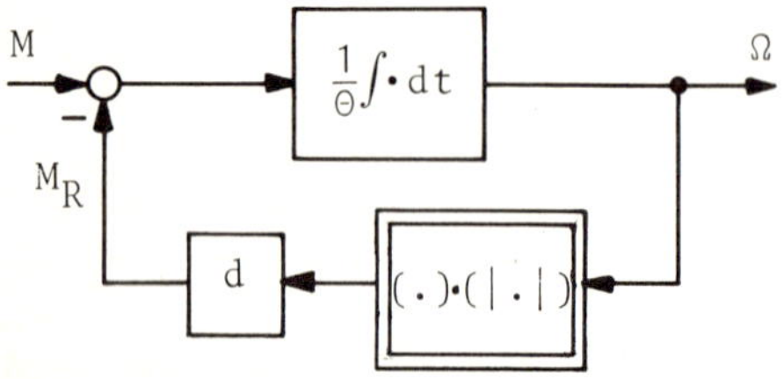

Bild 2.9: Signalflußplan des mechanischen Teilsystems

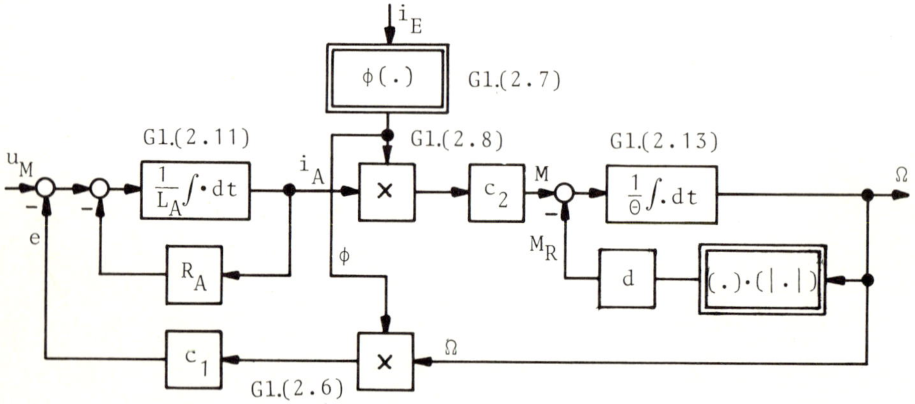

Bild 2.10: Gesamt-Signalflußplan des Gleichstrommotors gemäß Bild 2.7

Gegenüber den mathematischen Systemgleichungen besitzt ein solcher Signalflußplan eine Reihe von Vorteilen, wie etwa

- einen hervorragenden Einblick in die Ursache/Wirkungszusammenhänge des betrachteten technischen Systems zu gewähren,
- Möglichkeiten der aufgabenorientierten Vereinfachung der Beschreibung, wie z.B. durch Linearisieren nichtlinearer Signalzusammenhänge (siehe Abschnitt 2.4) aufzuzeigen und

- die Umsetzung der mathematischen Systembeschreibung in eine für die Systemsimulation mit analogen oder digitalen Rechnern geeignete Form zu unterstützen [10].

Bevor wir diesen Abschnitt beschließen, wollen wir noch zeigen, daß das Umsetzen einer mathematischen Beschreibung für ein und dasselbe (Teil-) System zu unterschiedlichen Signalflußstrukturen führen kann. Betrachten wir noch einmal das durch Gl. (2.5) beschriebene Übertragungsglied, so ist im Prinzip auch ein Umstellen in die Form

$$i_A = \frac{1}{R_A} (u_M - e - L_A \dot{i}_A) \qquad (2.14)$$

mit einem Signalflußplan gemäß Bild 2.11 denkbar. Ein Vergleich mit

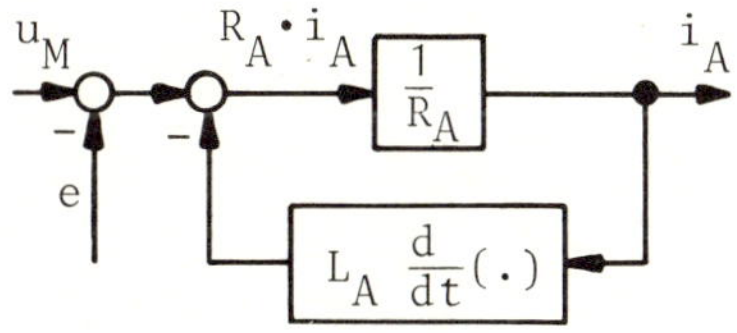

Bild 2.11: Alternative jedoch unzweckmäßige Signalfluß-Darstellung zu Bild 2.8a

Bild 2.8b zeigt uns, daß der wesentliche Unterschied dieser scheinbar äquivalenten Signalflußpläne in der Verwendung der zeitinvarianten, linearen Operationen des Integrierens bzw. Differenzierens besteht. Aus systemtheoretischen Erwägungen und im Hinblick auf die Bedeutung von Signalflußplänen für die Systemsimulation bevorzugen wir jedoch beim Aufstellen von Signalflußplänen immer die Variante, die alleine mit der Integrationsoperation auskommt. Wir werden automatisch auf diese Variante geführt, wenn wir zur Entwicklung des Signalflußplanes eines dynamischen Teilsystems das bereits oben erfolgreich praktizierte Vorgehen beibehalten und die

- beschreibende Dgl. n-ter Ordnung nach der höchsten, also n-ten zeitlichen Ableitung des Ausgangssignals auflösen,
- die entstehende Beziehung n-mal integrieren und
- die darin definierten Teiloperationen auf der rechten Gleichungsseite beginnend in einen Signalflußplan umsetzen.

<u>Beispiel 2.3:</u> Für die in Bild 1.1/2 dargestellte Seilwinde sollen nach dem gleichen oben skizzierten Schema die vollständige mathematische Systembeschreibung und daraus ein Signalflußplan entwickelt werden. Die Endergebnisse können Tabelle 1.1 und Bild 1.1/5 entnommen werden.

2.3 Beschreibung von Systemen mit verteilten Parametern

Spielen in einem technischen System Transport(von Energie und Massen)- oder Wellenausbreitungsvorgänge eine Rolle, so sind die zugehörigen Signalgrößen im allgemeinen zeit- und ortsabhängig. Wir sprechen in diesem Falle auch von Prozessen oder Systemen mit verteilten Parametern, die mathematisch durch partielle (zeit- und ortsabhängige) Dgln. beschrieben werden. Die Behandlung derartiger Systeme, die für die Praxis zunehmend an Bedeutung gewinnen, ist schwieriger als die konzentriert-parametrischer Systeme. Wir wollen uns deshalb nur mit einem auch für viele einfachere regelungstechnische Aufgabenstellungen wichtigen Spezialfall eines verteilt-parametrischen Systems beschäftigen, das zu einem als Totzeitglied bezeichneten Übertragungsglied führt.

Wir betrachten dazu das in Bild 2.12 dargestellte einfache (Massen-) Transportproblem mittels eines Förderbandes. Die Massenkontinuität verlangt, daß die in einen ortsfesten Kontrollraum (Bild 2.12) einströmende Masse, die proportional der Beleghöhe $z(x,t)$ ist, gleich ist der ausströmenden Masse. Bei infinitesimal kleinen zeitlichen (dt) und örtlichen (dx) Änderungen gilt für die ausströmende Masse $z(x,t)+dz(x,t)$, wobei $dz(x,t)$ das totale Differential bedeutet.

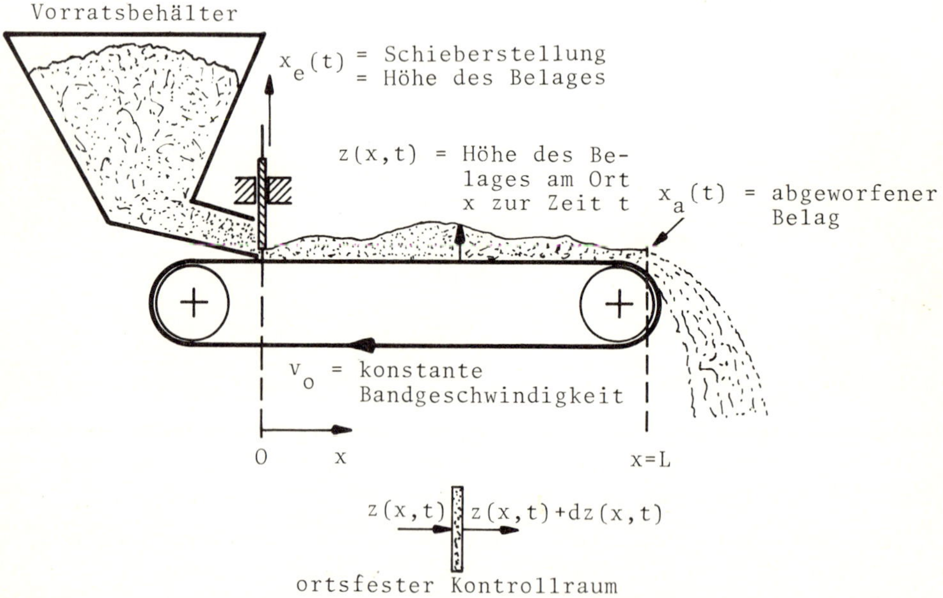

Bild 2.12: Materialtransport mit Förderband

Damit können wir für den Kontrollraum folgende Bilanzgleichung anschreiben

$$z(x,t) - (z(x,t) + dz(x,t)) = 0 \qquad (2.15)$$

bzw.

$$z(x,t) = z(x,t) + \frac{\partial z(x,t)}{\partial x}dx + \frac{\partial z(x,t)}{\partial t}dt \ .$$

Wir erhalten daraus nach Einführen der konstanten Transportgeschwindigkeit $v_o=dx/dt$ als Endergebnis die sog. (Massen-) Kontinuitätsgleichung

$$\frac{\partial z(x,t)}{\partial t} + v_o \cdot \frac{\partial z(x,t)}{\partial x} = 0 \qquad (2.16)$$

mit folgenden Randbedingungen am Bandanfang und -ende:

$$z(0,t) = x_e(t)$$

$$z(L,t) = x_a(t) \ . \qquad (2.17)$$

Da wir bei vorliegender technischer Anordnung nur am Schieber ($x_e(t)$) eingreifen können und primär der abgeworfene Belag $x_a(t)$ für uns von Interesse ist, können wir leicht zeigen, daß der Lösungsansatz

$$z(x,t) = x_e(t-\frac{x}{v_o}) \qquad (2.18)$$

die partielle Dgl. (2.16) erfüllt und nach Einarbeiten der Randbedingungen zur expliziten Signalbeziehung

$$x_a(t) = x_e(t-T_t) \qquad (2.19)$$

führt. Dabei bezeichnen wir $T_t=L/v_o$ als Laufzeit oder Totzeit; es ist die Zeit, die der Transport eines Belegelementes von x=0 nach x=L benötigt. Im Signalflußplan stellen wir ein solches Totzeitübertragungsglied, das für konstantes T_t die Eigenschaften der Zeitinvarianz und Linearität aufweist, durch ein Blocksymbol in der Art von Bild 2.13a dar. Seine prinzipielle Wirkung verdeutlichen die in Bild 2.13b skizzierten Zeitverläufe von Ein- und Ausgangsgröße.

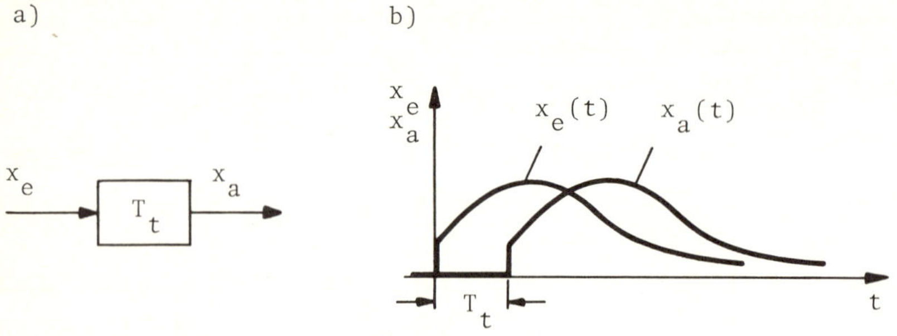

Bild 2.13: Totzeit-Übertragungsglied (a) und typische Signalverläufe (b)

2.4 Beschreibung von Systemen in und um einen Betriebspunkt

Unsere bisherigen Überlegungen zur Systembeschreibung betrafen die Beschreibung der Signalzusammenhänge im gesamten technisch sinnvollen Arbeitsbereich; wir interessierten uns also für das sog. Großsignal-Verhalten. Nun wissen wir aber, daß die meisten technischen Systeme in festen Betriebs- oder Arbeitspunkten betrieben werden, z.B. bei einer festen Nenndrehgeschwindigkeit Ω oder einer bestimmten Spannung u_{Mo}. Aufgabe einer vernünftig dimensionierten Regelung ist es aber nun gerade, bestimmte Signalvariablen eines Systems auch beim Auftreten von Störgrößen in der Nähe eines Betriebspunktes zu halten. Damit genügt aber häufig für regelungstechnische Zwecke die Beschreibung des statischen und dynamischen Systemverhaltens in der Nähe eines Betriebspunktes, also des sog. Kleinsignal-Verhaltens. Unter gewissen Voraussetzungen führt eine solche technisch sinnvolle Beschränkung darüber hinaus dazu, daß ein nichtlineares Übertragungsglied näherungsweise durch ein lineares ersetzt werden kann.

2.4.1 Beschreibung linearer dynamischer Übertragungsglieder

Wir betrachten dazu als Beispiel den Gleichstrommotor aus Bild 2.7 und konzentrieren uns auf das den Motorankerkreis betreffende Teilsystem, das durch Gl. (2.5) bzw. den entsprechenden Ausschnitt des Signalflußplanes in Bild 2.10 bzw. 2.8b beschrieben wird. Alle dort auftretenden Signalgrößen $u_M(t)$, $i_A(t)$, $\dot{i}_A(t)$ und $e(t)$ lassen sich jeweils in einen konstanten, durch den Betriebspunkt festgelegten Signalwert (z.B. u_{Mo}) und zeitabhängige Änderungen um diesen Betriebspunkt (z.B. $\Delta u_M(t)$) aufspalten. Wir können also schreiben

$$u_M(t) = u_{Mo} + \Delta u_M(t) \qquad (2.20)$$

$$i_A(t) = i_{Ao} + \Delta i_A(t) \; .$$

Mit diesen Ersetzungen erhält die Dgl. (2.5) die Form

$$L_A \cdot (\dot{i}_{Ao} + \Delta\dot{i}_A(t)) + R_A \cdot (i_{Ao} + \Delta i_A(t)) + e_o + \Delta e(t) = u_{Mo} + \Delta u_M(t) \ . \tag{2.21}$$

Eine solche Beziehung läßt sich, wie auch der Signalflußplan in Bild 2.14 anschaulich zeigt, in zwei Teilbeziehungen aufspalten. So gilt im vorliegenden Fall für die Verhältnisse <u>im</u> Betriebspunkt

$$L_A \cdot \dot{i}_{Ao} + R_A \cdot i_{Ao} + e_o = u_{Mo} \ . \tag{2.22}$$

Wählen wir für diesen Betriebspunkt den Beharrungszustand (Ruhelage) der Dgl. (2.5), also den Zustand, in dem bei festem u_{Mo} das Ausgangssignal i_{Ao} des Teilsystems verharrt, d.h. $\dot{i}_{Ao} \equiv 0$, so wird der Betriebspunkt durch die einfachere statische Beziehung

$$R_A \cdot i_{Ao} + e_o = u_{Mo} \tag{2.23}$$

definiert. In den restlichen Termen der Gl. (2.21) spiegelt sich dagegen nur noch der Zusammenhang zwischen Kleinsignalgrößen (= Änderungen <u>um</u> den Betriebspunkt) wieder und es gilt

$$L_A \Delta\dot{i}_A(t) + R_A \cdot \Delta i_A(t) + \Delta e(t) = \Delta u_M(t) \ . \tag{2.24}$$

Wegen der Linearität des betrachteten Übertragungsgliedes unterscheidet sich diese Beziehung in ihrem Aufbau nicht von Gl. (2.5), mit Ausnahme der Tatsache, daß sie statt Groß- nun Kleinsignalgrößen beinhaltet. Gl. (2.24) ist es, die wir den weiteren, das dynamische Verhalten des Gesamtsystems betreffenden Betrachtungen zugrundelegen werden.

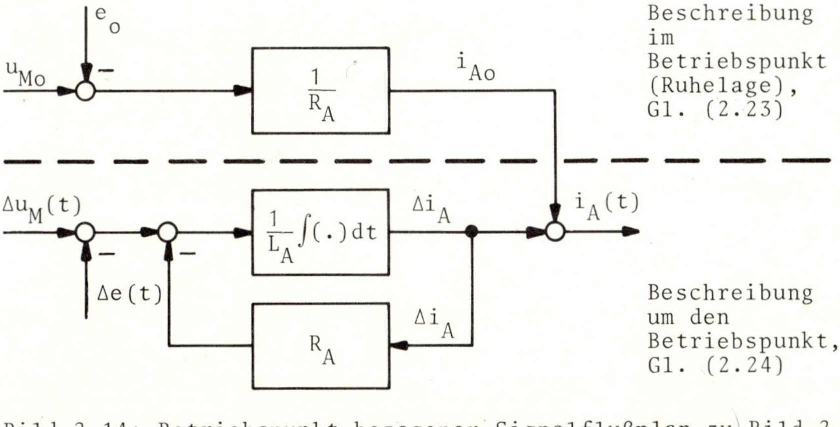

Bild 2.14: Betriebspunkt-bezogener Signalflußplan zu Bild 2.8b

2.4.2 Beschreibung nichtlinearer dynamischer Übertragungsglieder und Linearisierung

Liegt für ein Übertragungsglied eine nichtlineare Dgl. vor, so können wir grundsätzlich wie vorher verfahren. Wir betrachten dazu als Beispiel das durch Gl. (2.10) charakterisierte mechanische Teilsystem und ersetzen auch hier wieder alle Signalgrößen durch einen den Betriebspunkt betreffenden Anteil sowie kleine Signalabweichungen um diesen.

Unter Bezugnahme auf Gl. (2.10) und für die bereits früher eingeführte vereinfachende Annahme Θ=konst. erhalten wir dann

$$\Theta\cdot(\dot{\Omega}_o+\Delta\dot{\Omega}(t)) + d\cdot(\Omega_o+\Delta\Omega(t))\cdot|\Omega_o+\Delta\Omega(t)| = M_o+\Delta M(t) \ . \qquad (2.25)$$

Beschränken wir unsere Betrachtung auf einen Betriebspunkt $\Omega_o >> 0$, also auf einen in positiver Richtung drehenden Motor, so folgt aus (2.25) für die Signalwerte im Betriebspunkt allgemein

$$\Theta\cdot\dot{\Omega}_o + d\cdot\Omega_o^2 = M_o \qquad (2.26)$$

und für ein festes Ω_o

$$d\cdot\Omega_o^2 = M_o \ . \qquad (2.27)$$

Für die Änderungen gilt

$$\Theta\cdot\Delta\dot{\Omega}(t) + 2d\Omega_o\cdot\Delta\Omega(t) + d\cdot(\Delta\Omega(t))^2 = \Delta M(t) \ . \qquad (2.28)$$

Diese Beziehung stellt nach wie vor einen nichtlinearen Signalzusammenhang dar, der jedoch linearisiert werden kann, wenn wir ihn ausschließlich auf Kleinsignale $|\Delta\Omega(t)| << \Omega_o$ anwenden. In diesem Fall dürfen wir auf der linken Gleichungsseite den in $\Delta\Omega$ quadratischen Term gegenüber dem linearen vernachlässigen, womit wir aus (2.28) die Beziehung

$$\Theta\Delta\dot{\Omega} + 2d\Omega_o\cdot\Delta\Omega = \Delta M(t), \qquad (2.29)$$

für $|\Delta\Omega(t)| << \Omega_o$

erhalten. Diese Dgl. ist nun linear; sie gilt allerdings nur im jeweiligen Arbeitspunkt, da der Koeffizient der Signalvariablen $\Delta\Omega$, d.h. $2d\Omega_o$, vom jeweiligen Betriebspunkt Ω_o bestimmt wird.

Bild 2.15 zeigt noch einmal in Signalflußdarstellung die vorgenommene Aufspaltung sowie die sich daran anschließende Linearisierung. Auch von diesem Teilsystem wird uns für die weiteren Betrachtungen nur noch der die Kleinsignalgrößen betreffende untere Teil des Bildes 2.15 interessieren. Darüber hinaus werden wir uns - unter Beachtung der Voraussetzung $|\Delta\Omega(t)| \ll \Omega_o$ - mit der vereinfachten linearisierten Darstellung zufrieden geben.

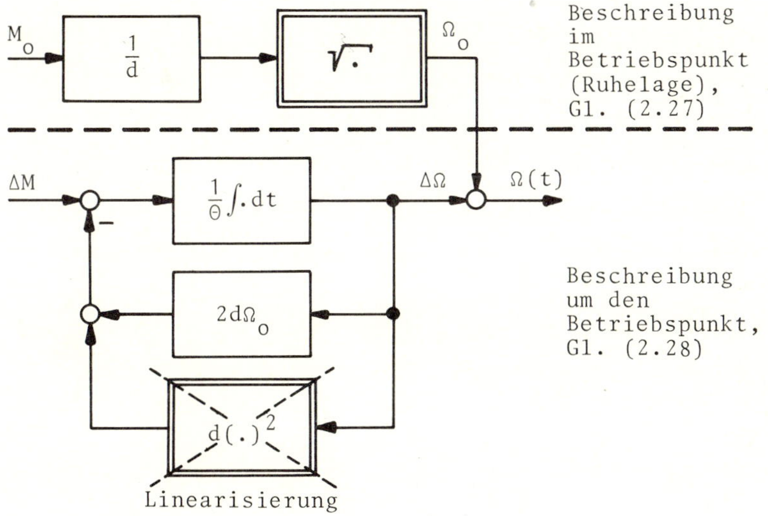

Bild 2.15: Betriebspunkt-bezogener und linearisierter Signalflußplan zu Bild 2.9

Die häufig einfachere und durchsichtigere Vorgehensweise bei der Linearisierung nichtlinearer Übertragungsglieder besteht darin, den einzelnen nichtlinearen Term in einer Dgl. oder den zugehörigen nichtlinearen Block des Signalflußplanes zu linearisieren; dies wollen wir als nächstes zeigen.

2.4.3 Linearisieren statischer Signalzusammenhänge

Liegt ein statischer Signalzusammenhang in analytischer Form vor, d.h.

$$x_a(t) = f(x_{e1}(t), x_{e2}(t), \ldots) , \tag{2.30}$$

so können wir diesen im Betriebspunkt x_{ao} in eine Taylorreihe entwikkeln, d.h.

$$x_{ao} + \Delta x_a(t) = f(x_{e1o}, x_{e2o}, \ldots) + \\ + \left.\frac{\partial f}{\partial x_{e1}}\right|_{\underline{x}_{eo}} \cdot \Delta x_{e1} + \left.\frac{\partial f}{\partial x_{e2}}\right|_{\underline{x}_{eo}} \cdot \Delta x_{e2} + \ldots \tag{2.31}$$

mit $\underline{x}_{eo} = [x_{e1o}, x_{e2o} \ldots]^T$.

Für den Betriebspunkt entnehmen wir daraus die Beziehung

$$x_{ao} = f(x_{e1o}, x_{e2o}, \ldots) \tag{2.32}$$

und um den Betriebspunkt gilt - unter Vernachlässigung der nichtlinearen Terme - für das Kleinsignalverhalten

$$\Delta x_a(t) = \sum_i \left.\frac{\partial f}{\partial x_{ei}}\right|_{\underline{x}_{eo}} \cdot \Delta x_{ei}(t) \ . \tag{2.33}$$

Gl. (2.33) entspricht für infinitesimal kleine Signale dem totalen Differential der Funktion (2.30). Die Anwendung dieser Beziehung zum Zwekke der Linearisierung nichtlinearer Operationen des Signalflußplanes sei beispielhaft erläutert.

Beispiel 2.4: Der aus Gl. (2.8) bzw. dem Signalflußbild 2.10 bekannte nichtlineare Signalzusammenhang

$$M(t) = c_2 \cdot \phi(t) \cdot i_A(t) \tag{2.34}$$

soll linearisiert werden. Gemäß Gl. (2.33) erhalten wir dafür im Betriebspunkt die lineare Beziehung

$$\Delta M(t) = c_2 i_{Ao} \cdot \Delta\phi(t) + c_2 \phi_o \cdot \Delta i_A(t) \ . \tag{2.35}$$

Ergänzend dazu zeigt Bild 2.16 den Linearisierungsvorgang im Signalflußbild.

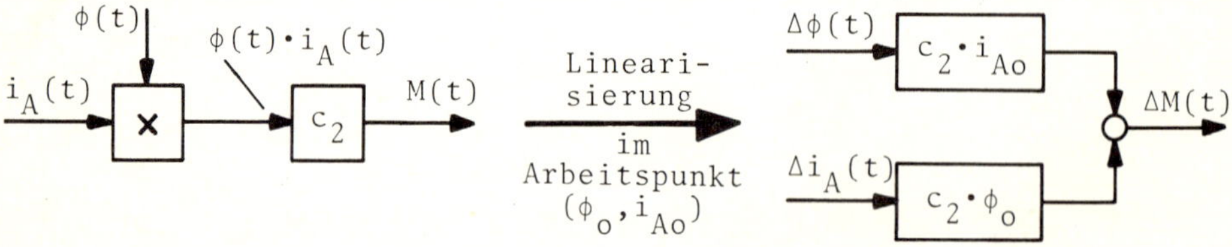

Bild 2.16: Linearisierung einer Signalmultiplikationsstelle aus Bild 2.10

Dieses spezielle Ergebnis läßt die allgemeinere Schlußfolgerung zu, daß nach Bezugnahme auf einen festen Betriebspunkt und Linearisierung die Signalmultiplikation durch eine gewichtete Addition der Kleinsignale ersetzt wird.

Häufig liegen im Zusammenhang mit Regelaufgaben nichtlineare Signalzusammenhänge nur in grafischer Form, so z.B. als gemessene Kurven oder Kennlinienfelder, vor. In diesen Fällen müssen wir Gl. (2.33) sinngemäß anwenden und die entsprechenden partiellen Ableitungen näherungsweise aus den vorhandenen Unterlagen bestimmen.

Beispiel 2.5: Im Falle der Magnetisierungskennlinie (hier ohne Hysterese angenommen) gemäß Gl. (2.7) und Bild 2.17 erhalten wir nach Anlegen der Tangente im Betriebspunkt ϕ_o, i_{Eo} und näherungsweisem Bestimmen des Differentialquotienten

$$\left.\frac{\partial\phi}{\partial i_E}\right|_{i_{Eo}} = \left.\frac{\Delta\phi}{\Delta i_E}\right|_{i_{Eo}} = k_\phi \;. \tag{2.36}$$

Um einen festen Arbeitspunkt gilt damit die lineare Kleinsignalbeziehung

$$\Delta\phi(t) = k_\phi \cdot \Delta i_E(t) \;, \tag{2.37}$$

wobei $k_\phi = k(i_{Eo})$ eine arbeitspunktabhängige Konstante darstellt.

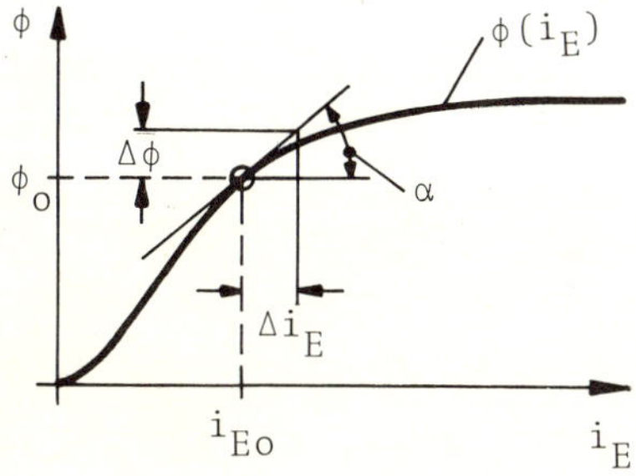

Bild 2.17: Linearisierung der Magnetisierungskennlinie

Entsprechend entnehmen wir aus einem Kennlinienfeld $x_a = f(x_{e1}, x_{e2})$, wie in Bild 2.18 beispielhaft gezeigt, Werte für die arbeitspunktabhängigen Steigungsmaße k_1 und k_2, d.h.

$$\begin{aligned} k_1 &= \left.\frac{\partial x_a}{\partial x_{e1}}\right|_{\underline{x}_{eo}} = \frac{\Delta x_a}{\Delta x_{e1}} \\ k_2 &= \left.\frac{\partial x_a}{\partial x_{e2}}\right|_{\underline{x}_{eo}} \approx \frac{2\Delta x_a}{2\Delta x_{e2}} \;. \end{aligned} \tag{2.38}$$

Gemäß Gl. (2.33) gilt folglich im Arbeitspunkt $\underline{x}_{eo}$ die lineare Beziehung

$$\Delta x_a(t) = k_1 \cdot \Delta x_{e1}(t) + k_2 \cdot \Delta x_{e2}(t) \; . \qquad (2.39)$$

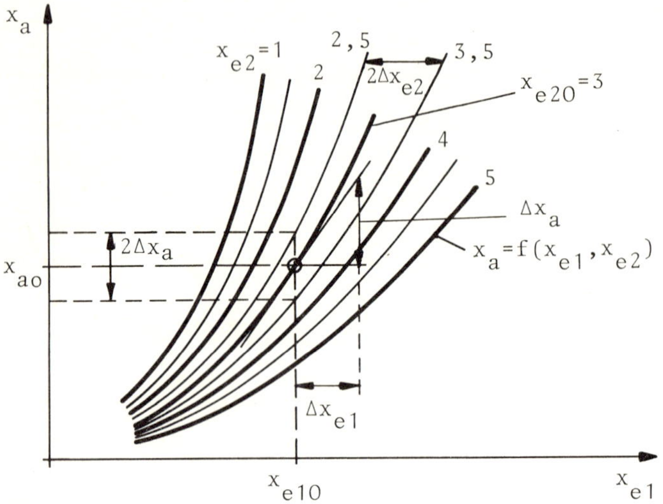

Bild 2.18: Linearisierung einer Signalbeziehung $x_a=f(x_{e1}, x_{e2})$ im Kennlinienfeld

Abschließend wollen wir festhalten, daß nicht jede nichtlineare Signalbeziehung oder jede Kennlinie im Sinne der Analysis linearisierbar ist. So zeigt Bild 2.19 die Kennlinie eines Dreipunktschalters oder -reglers, auf den wir in Kapitel 6 genauer eingehen werden. Eine Linearisierung dieses unstetigen Kennlinienverlaufes ist selbstverständlich nicht möglich.

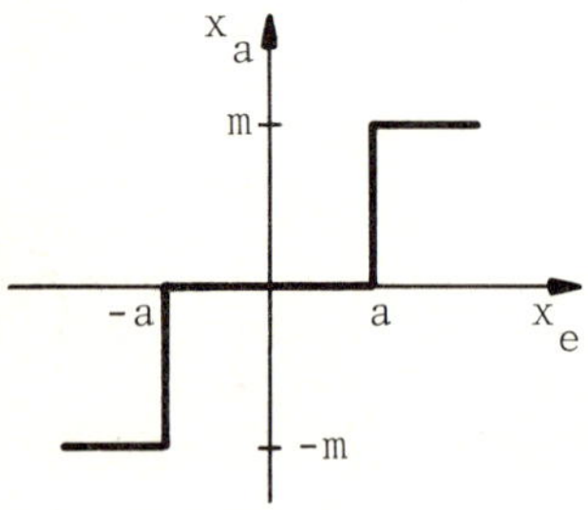

Bild 2.19: Dreipunktschalter, unstetiger Kennlinienverlauf

2.4.4 Systembeschreibung und Signalflußplan für das Kleinsignalverhalten

Bei der weiteren methodischen Behandlung von Regelaufgaben werden wir fast ausnahmslos das Kleinsignalverhalten der entsprechenden Systeme und Teilsysteme betrachten, d.h. die Signalzusammenhänge der Variablen $\Delta u_M(t)$, $\Delta i_A(t)$ etc. um vorgegebene feste Betriebspunkte u_{Mo}, i_{Ao} etc.

Dementsprechend treffen wir hier folgende Vereinbarungen:

- Soweit möglich und zulässig werden wir uns nicht nur auf das Kleinsignalverhalten schlechthin beziehen, sondern von entsprechenden, linearisierten mathematischen Signalbeziehungen und Signalflußzusammenhängen Gebrauch machen.
- Die für feste Betriebspunkte gültigen statischen Beziehungen werden wir dabei nicht mehr explizit ausweisen, uns jedoch stets bewußt sein, daß die linearisierten, im allgemeinen dynamischen Kleinsignalbeziehungen sich stets auf bestimmte Betriebspunkte der betrachteten technischen Gesamtanordnung beziehen.
- Anstelle der Schreibweise $\Delta u_M(t)$, $\Delta i_A(t)$ etc. für die Kleinsignalgrößen schreiben wir vereinfachend wieder u_M, i_A etc., wobei wir uns aber darüber im klaren sind, daß es sich hierbei um zeitveränderliche Kleinsignale und ihre Signalverknüpfungen handelt.

<u>Beispiel 2.6:</u> Bild 2.20 zeigt den aus Bild 2.10 durch Bezugnahme auf einen festen Betriebspunkt und Linearisierung entwickelten linearisierten Signalflußplan für den aus Bild 2.7 bekannten steuerbaren Gleichstrommotor.

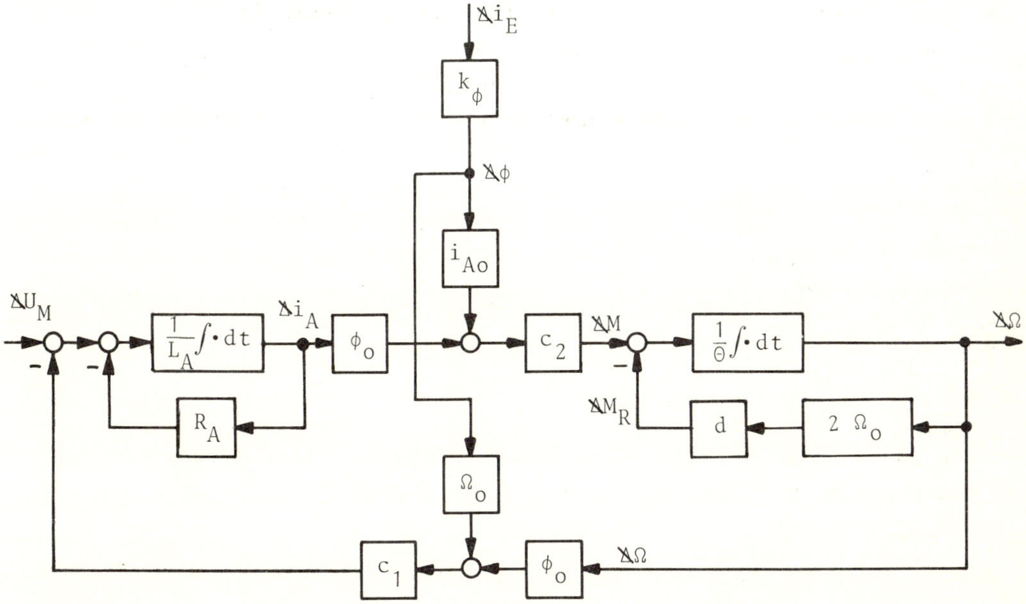

Bild 2.20: Linearisierter Signalflußplan des Gleichstrommotors

2.5 Modellbildung mit Hilfe physikalischer Analogien

2.5.1 Vorüberlegungen

Zur mathematischen Beschreibung der in einem Teilsystem ablaufenden dynamischen Vorgänge (Modellbildung) haben wir uns bislang auf die jeweils zutreffenden physikalischen Grundgesetze abgestützt. Diese sind uns für elektrische und mechanische Systeme geläufig; weniger vertraut sind wir dagegen mit den teilweise auch komplizierteren Gesetzmäßigkeiten hydraulischer, pneumatischer oder thermischer Systeme. Deshalb liegt es nahe, nach Methoden Ausschau zu halten, die es gestatten, den Modellbildungsvorgang zu vereinfachen, möglicherweise sogar zu formalisieren. Der Schlüssel zu einer derartigen Methodik liegt in der Analogie des dynamischen Verhaltens von Prozessen unterschiedlicher physikalischer Natur aber gleichartiger dynamischer Struktur.

<u>Beispiel 2.7:</u> Bild 2.21 zeigt ein mechanisches Dämpfer-Masse-System und parallel dazu ein elektrisches RC-Netzwerk. Beiden Teilbildern entnehmen wir durch Anwenden bekannter physikalischer Grundgesetze die folgenden Beziehungen:

$$\begin{aligned} F_m(t) &= m\cdot\dot{v}_2(t) & i_C(t) &= C\cdot\dot{u}_2(t) \\ F_d(t) &= d\cdot(v_1(t)-v_2(t)) & i_R(t) &= \frac{1}{R}\cdot(u_1(t)-u_2(t)) \\ F_d(t) &= F_m(t) & i_R(t) &= i_C(t)\ . \end{aligned} \tag{2.40}$$

Durch Einsetzen erhalten wir daraus die zwischen dem jeweils interessierenden Ein- und Ausgangssignal, hier den Geschwindigkeiten v_1 und v_2 bzw. den Spannungen u_1 und u_2, geltende Systembeschreibung

$$m\cdot\dot{v}_2+d\cdot v_2 = d\cdot v_1(t) \qquad C\cdot\dot{u}_2+\frac{1}{R}\cdot u_2 = \frac{1}{R}\cdot u_1(t)\ . \tag{2.41}$$

Beide Dgln. besitzen nicht nur die allgemeine Bauform

$$b_1\cdot\dot{x}_a + b_o\cdot x_a = a_o\cdot x_e(t)\ ; \tag{2.42}$$

sie zeigen neben einer strukturellen Ähnlichkeit auch eine bis ins einzelne gehende Korrespondenz zwischen mechanischen und elektrischen Größen (= physikalische Analogie).

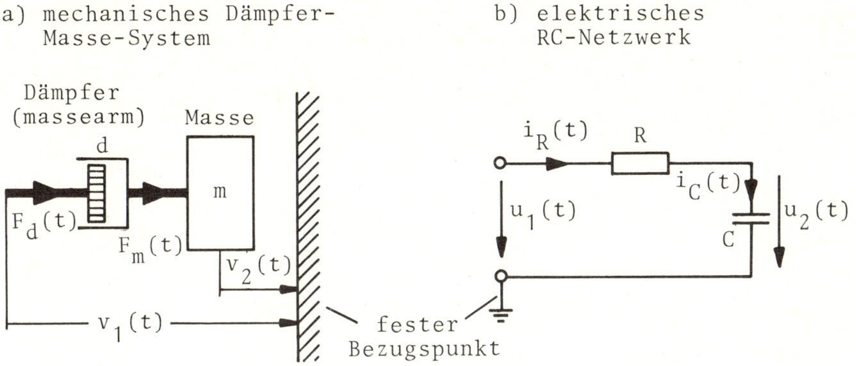

Bild 2.21: Analoges mechanisches und elektrisches System

Diese, anhand des Beispiels gemachte Erfahrung läßt den vorsichtigen Schluß zu, daß es unter gewissen Bedingungen möglich sein muß, auch nicht-elektrische Systeme als Netzwerke systemspezifischer Grundbausteine zu verstehen. Gelingt es uns aber, für ein vorgelegtes technisches System einen Netzwerkgraphen zu entwickeln, so liegen damit auch die Voraussetzungen für die Anwendung der bei elektrischen Netzwerken bewährten Methoden für das Aufstellen von Netzwerkgleichungen vor.

Zur Systematisierung dieses zweistufigen Vorgehens der Systembeschreibung - Entwickeln eines Netzwerkgraphen und Aufstellen der Netzwerkgleichungen - ist es zweckmäßig, eine an elektrischen Netzwerken orientierte, aber dennoch von speziellen physikalischen Gegebenheiten unabhängige Definition sog. verallgemeinerter oder abstrakter Netzwerke und ihrer Kenngrößen einzuführen.

2.5.2 Kenngrößen verallgemeinerter oder abstrakter Netzwerke

2.5.2.1 Verallgemeinerte Netzwerkvariable

Netzwerke bestehen aus energieverzehrenden und energiespeichernden Elementen sowie aus starren Quellen. Energieverzehr und -speicherung in einem Netzwerkelement hängen von den an ihm wirksamen komplementären Netzwerkvariablen ab. Diese bezeichnen wir als

- Quergröße (Zweipunktgröße) e(t)
- Durchgröße (Einpunktgröße) f(t).

Beide haben ihren Ursprung in den als starr angenommenen und in Bild 2.22 symbolisch definierten Quer- und Durchgrößenquellen.

a) starre Quergrößenquelle $\tilde{R}_i = 0$

b) starre Durchgrößenquelle $\tilde{R}_i = \infty$

Bild 2.22: Symbole der Quellen in verallgemeinerten Netzwerken

Welche der Komplementärvariablen eines speziellen physikalischen Systems als Quer- oder Durchgrößen betrachtet werden, steht zunächst frei. Im folgenden legen wir jedoch die bereits für die Begriffsbildung maßgebende "Bewegungsanalogie" zugrunde. Dabei ordnen wir die verallgemeinerten Netzwerkvariablen den jeweiligen physikalischen Komplementärvariablen so zu, daß physikalische Systeme mit gleicher mathematischer Beschreibungsstruktur auch zu Netzwerken gleicher Topologie führen.

Bezogen auf unser Beispiel in Bild 2.21 bedeutet dies:
Wählen wir die Geschwindigkeiten v(t) als Quer- und die Kräfte F(t) als Durchgrößen, so erhalten wir für das Dämpfer-Masse-System ebenso wie für das RC-Glied mit u(t) und i(t) als Quer- bzw. Durchgröße den gleichen Netzwerkgraphen, nämlich eine Reihenschaltung zweier Netzwerkelemente. Bei umgekehrter Wahl (Kräfte $\hat{=}$ Quergrößen, Geschwindigkeiten $\hat{=}$ Durchgrößen) ergäbe sich dagegen als Netzwerkgraph des mechanischen Systems eine Parallelschaltung beider Elemente.

2.5.2.2 Verallgemeinerte Netzwerkelemente

Der energiespeichernde oder energieverzehrende Charakter eines Netzwerkelementes kommt, wie Bild 2.23 zeigt, in der Verknüpfung von Quer- und Durchgrößen am Element selbst zum Ausdruck. Wir unterscheiden die verallgemeinerten Netzwerkelemente von den bekannten elektrischen Elementen durch Anbringen der Tilde, verwenden aber im übrigen die in der Elektrotechnik üblichen Symbole. Beschränken wir uns hier auf die Fälle, wo $\tilde{R}$, $\tilde{L}$ und $\tilde{C}$ als konstante und örtlich konzentrierte Elemente angenommen werden können, so handelt es sich bei den Gln. (2.43) bis (2.45) um lineare, zeitinvariante Verknüpfungen.

Nachfolgend wollen wir im einzelnen darlegen, welche Variablen und Bauelemente in den verschiedensten physikalisch/technischen Systemen den verallgemeinerten Netzwerkvariablen und -elementen entsprechen.

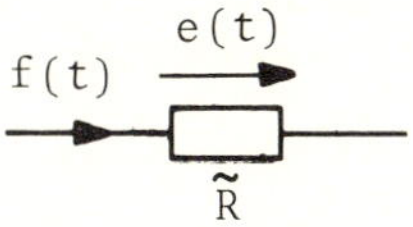

energieverzehrendes Element,
Widerstand $\tilde{R}$

$$e(t) = \tilde{R} \cdot f(t) \qquad (2.43)$$

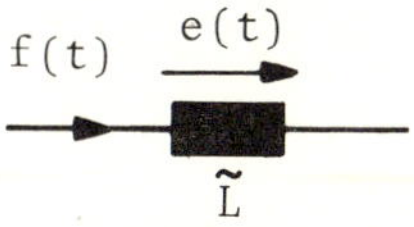

(kinetische) Energie speicherndes Element,
Induktivität $\tilde{L}$

$$f(t) = \frac{1}{\tilde{L}} \int e(t)dt \qquad (2.44)$$

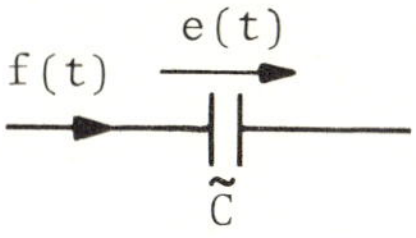

(potentielle) Energie speicherndes Element,
Kapazität $\tilde{C}$

$$e(t) = \frac{1}{\tilde{C}} \int f(t)dt \qquad (2.45)$$

Bild 2.23: Verallgemeinerte Netzwerkelemente

2.5.3 Kenngrößen elektrischer Systeme

Komplementärvariable

Spannung	$u(t)$	$\hat{=}\ e(t)$
Stromstärke	$i(t)$	$\hat{=}\ f(t)$

Elemente

Die Zuordnung zwischen den verallgemeinerten und den speziellen elektrischen Netzwerkelementen liegt auf der Hand und kann Tabelle 2.1 entnommen werden.

2.5.4 Kenngrößen hydraulischer Systeme

Komplementärvariable

Druck	$p(t)$	$\hat{=}\ e(t)$
Volumenstrom	$q(t)$	$\hat{=}\ f(t)$

Elemente

Sie können näherungsweise als konstant und konzentriert angenommen werden, wenn

- die Flüssigkeit imkompressibel ist;
- die Strömungsgeschwindigkeit klein und die Strömung laminar ist;

- das Netz aus langen Rohrleitungen und großen Speichervolumina besteht.

a) Hydraulischer Widerstand, Bild 2.24a

Bedingt durch Wandreibung oder eine punktuelle Einschnürung der Strömung in einem Rohr (z.B. durch eine Blende oder Drosselstelle) besteht zwischen der Druckdifferenz an den Rohrenden und der Strömung durch ein Rohr näherungsweise eine proportionale Beziehung

$$p_1(t) - p_2(t) \sim q(t) \ . \tag{2.46}$$

Ein Vergleich mit Gl. (2.43) zeigt, daß die Proportionalitätskonstante der Rohrwiderstand $\tilde{R}$ sein muß, der durch Messung aus $\tilde{R} = (p_1 - p_2)/q$ oder Rechnung bestimmt werden kann. Z.B. gilt für Wandreibung einer laminaren Strömung die Formel

$$\tilde{R} = \frac{8 \cdot l \cdot \eta}{\pi \cdot r^4} \ , \qquad \eta = \text{Zähigkeitskonstante} \ . \tag{2.47}$$

b) Hydraulische Induktivität, Bild 2.24b

Für die Bewegung der Flüssigkeitsmasse im Rohr gilt aufgrund des Impulssatzes

$$\underbrace{(p_1(t) - p_2(t)) \cdot \pi \cdot r^2}_{\text{Kraft}} = \underbrace{\rho \cdot l \cdot \pi \cdot r^2}_{\text{Masse}} \cdot \underbrace{\frac{d(q/\pi \cdot r^2)}{dt}}_{\text{Beschleunigung}} \tag{2.48}$$

so daß aus Vergleich mit Gl. (2.44) für die verallgemeinerte Induktivität der Wert

$$\tilde{L} = \frac{\rho \cdot l}{\pi \cdot r^2} \ , \qquad \rho = \text{Dichte} \tag{2.49}$$

folgt.

c) Hydraulische Kapazität, Bild 2.24c

Der Druck am Boden eines Behälters mit der Grundfläche A errechnet sich aus

$$p(t) = \frac{\rho \cdot g}{A} \int (q_e(t) - q_a(t))dt, \quad g = \text{Erdbeschleunigung} \tag{2.50}$$

und der Vergleich mit Gl. (2.45) führt zur Kapazität

$$\tilde{C} = \frac{A}{\rho \cdot g} \ . \tag{2.51}$$

Für eine einfache hydraulische Anordnung wollen wir nun einen Netzwerkgraphen herleiten.

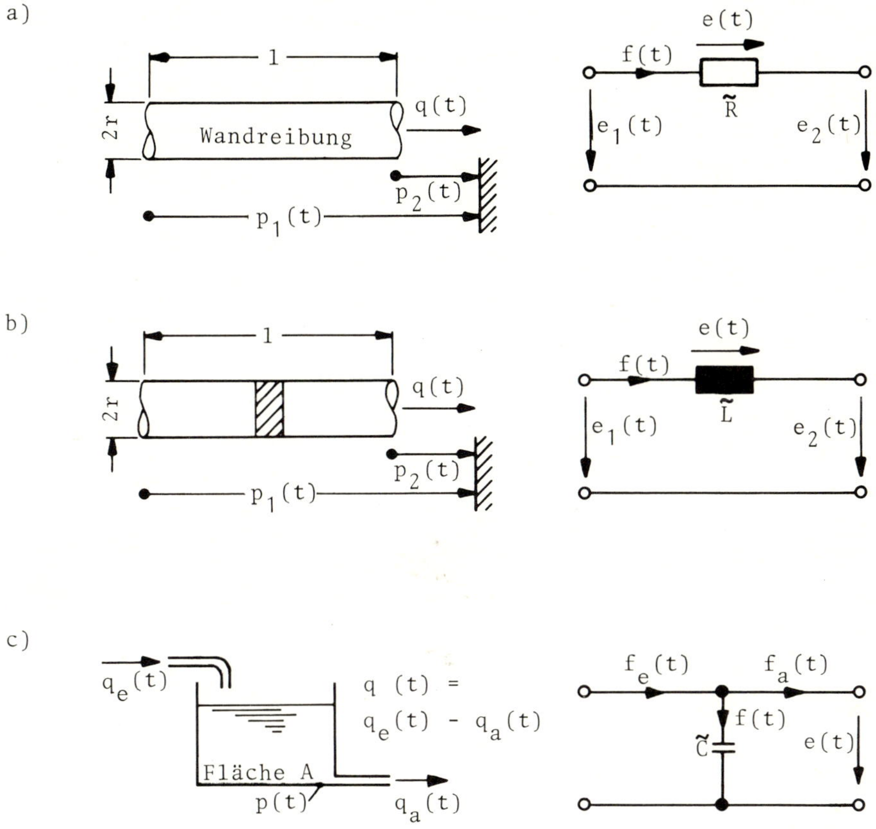

Bild 2.24: Hydraulischer Widerstand (a), Induktivität (b) und Kapazität (c)

<u>Beispiel 2.8:</u> Ein Wasserspeicher werde, wie in Bild 2.25a skizziert, über eine lange Zuleitung mit starrer Druckeinspeisung $p_z(t)$ gefüllt; es werde nichts entnommen, d.h. $q_a(t) = 0$. Den Netzwerkgraphen gewinnen wir, indem wir die speziellen hydraulischen Elemente durch die aus Bild 2.24 bekannten Netzwerkelemente ersetzen. Die topologische Zuordnung der Elemente ergibt sich zwanglos, wenn wir konsequent die an den Elementen wirksamen Quer- und Durchgrößen berücksichtigen. Bild 2.25b zeigt das Ergebnis, wobei der Anschaulichkeit halber statt der abstrakten Komplementärvariablen die entsprechenden physikalischen Variablen eingetragen wurden.

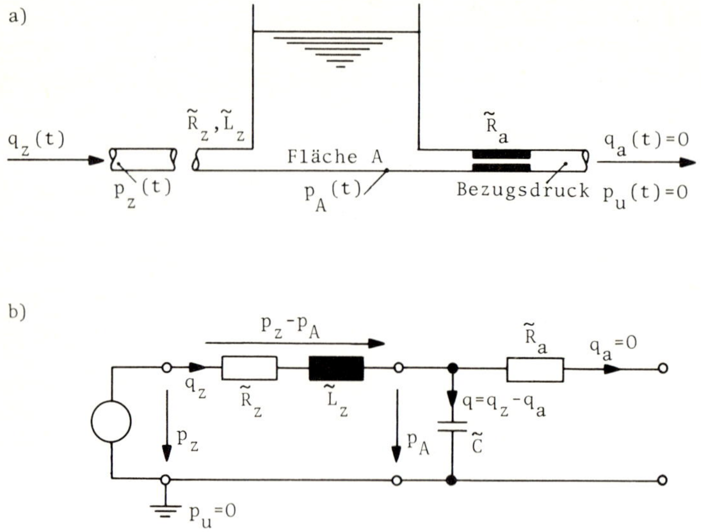

Bild 2.25: Wasserspeicher (a) und zugehöriges Netzwerk (b)

2.5.5 Kenngrößen pneumatischer Systeme

Komplementärvariable

Druck	$p(t) \hat{=} e(t)$
Massenstrom	$\dot{m}(t) \hat{=} f(t)$

Wegen der Kompressibilität von Gasen und der damit einhergehenden Druckabhängigkeit der Dichte, d.h. $\rho=\rho(p)$, empfiehlt sich hier die Verwendung des Massenstroms anstelle des Volumenstroms.

Elemente

Sie können nur dann als näherungsweise konstant und konzentriert angenommen werden, wenn

- ein Netz aus langen Rohren und großen Speichervolumina vorliegt;
- die Strömungsgeschwindigkeit klein ist;
- der Druck p(t) nur wenig um einen mittleren Betriebspunkt p_0 (im Niederdruckbereich) schwankt, so daß eine linearisierte Betrachtung zulässig ist.

a) Pneumatischer Widerstand
Ähnlich wie beim hydraulischen Widerstand gilt hier für den Fall des Rohrwiderstandes infolge Wandreibung

$$\tilde{R} = \frac{8 \cdot l \cdot \eta}{\pi \cdot r^4 \cdot \rho} \qquad (2.52)$$

b) Pneumatische Induktivität

Die Rohrinduktivität ist wegen der Kompressibilität von Gasen im allgemeinen eng mit der Rohrkapazität verwoben. Letztere kann jedoch im Niederdruckbereich vernachlässigt werden, so daß auch hier, ähnlich wie für die hydraulische Induktivität, die Beziehung gilt

$$\tilde{L} = \frac{1}{\pi \cdot r^2} \,. \tag{2.53}$$

c) Pneumatische Kapazität

Im stationären Fall genügt das in einem großen Speicher mit Volumen V komprimierte Gas, Bild 2.26, der Zustandsgleichung

$$p \cdot V = m \cdot R^* \cdot T \,. \tag{2.54}$$

Für kleine Änderungen Δp und Δm um p_o gilt z.B. für den Fall isothermer Kompression (T=konst.)

$$\Delta p(t) = \frac{R^* \cdot T}{V} \cdot \Delta m(t) = \frac{R^* \cdot T}{V} \int (\dot{m}_e(t) - \dot{m}_a(t))\,dt \,, \tag{2.55}$$

so daß ein Vergleich mit Gl. (2.45) zur konstanten aber arbeitspunktabhängigen pneumatischen Kapazität

$$\tilde{C} = \frac{V}{R^* \cdot T} = \frac{m_o}{p_o} \tag{2.56}$$

führt. Sie ist im Gegensatz zur hydraulischen Kapazität eine arbeitspunktabhängige (m_o, p_o) Konstante.

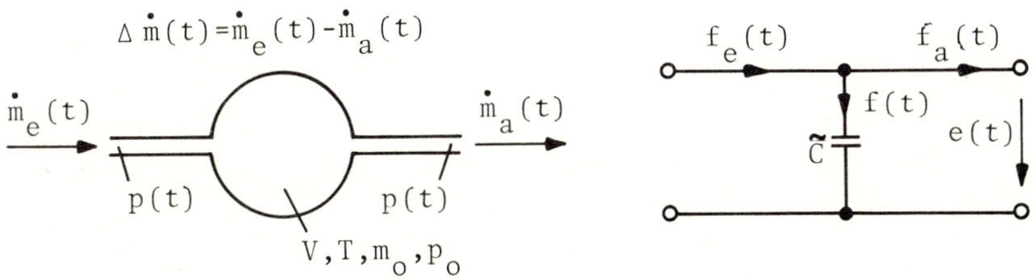

Bild 2.26: Pneumatische Kapazität eines großen Speichers

2.5.6 Kenngrößen thermischer Systeme

Komplementärvariable

Temperatur $\vartheta(t) \mathrel{\hat{=}} e(t)$

Wärmestrom $\phi(t) \mathrel{\hat{=}} f(t)$

Wir verwenden hier, wie bei technischen Systemen üblich, als Komplementärvariable f(t), den Wärmestrom $\phi(t)$ statt des Entropiestromes.

Elemente

Für die nachfolgenden Betrachtungen nehmen wir an, daß die in der Regel örtlich verteilten Netzelemente durch äquivalente punktförmige Elemente angenähert werden können.

a) Thermische Widerstände, Bild 2.27
Wärmestrom und Temperaturdifferenz werden durch eine proportionale Beziehung der Art

$$\vartheta_1(t) - \vartheta_2(t) = \phi(t) \cdot \tilde{R} \tag{2.57}$$

beschrieben, wobei die Proportionalitätskonstante einen Widerstand $\tilde{R}$ bedeutet, der entsprechend den unterschiedlichen physikalischen Wirkungsmechanismen wie folgt berechnet werden kann:

Wärmeleitungswiderstand, Bild 2.27a

$$\tilde{R}_{Leit} = \frac{1}{\lambda \cdot A}, \qquad \lambda = \text{Wärmeleitfähigkeit} \tag{2.58a}$$

Wärmeübergangswiderstand (fest $\leftrightarrow$ flüssig oder gasförmig), Bild 2.27b

$$\tilde{R}_{Über} = \frac{1}{\alpha \cdot A}, \qquad \alpha = \text{Wärmeübergangszahl} \tag{2.58b}$$

Wärmetransportwiderstand (erzwungene Konvektion durch konstanten Flüssigkeitsstrom $\dot{m}$), Bild 2.27c

$$\tilde{R}_{Konv} = \frac{1}{\dot{m} \cdot c}, \qquad c = \text{spezifische Wärme} \tag{2.58c}$$

b) Thermische Induktivität existiert nicht

c) Thermische Kapazität, Bild 2.28
Die Wärmespeicherung ohne Verrichtung mechanischer Arbeit erfolgt nach der Beziehung

$$\vartheta(t) = \frac{1}{m \cdot c} \int (\phi_e(t) - \phi_a(t))\,dt\,, \tag{2.59}$$

so daß nach Vergleich mit Gl. (2.45) für die Wärmekapazität folgt

$$\tilde{C} = m \cdot c\,. \tag{2.60}$$

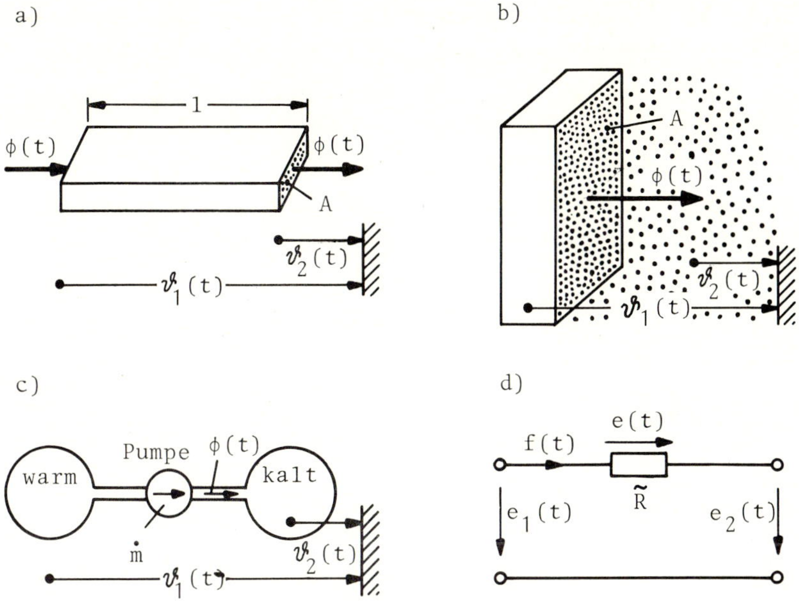

Bild 2.27: Verschiedene thermische Widerstände

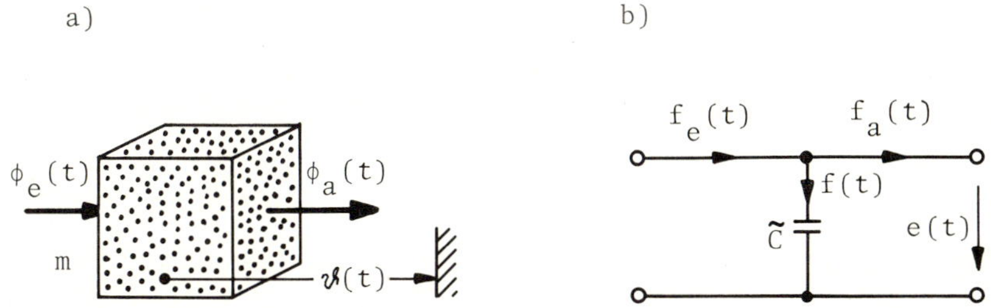

Bild 2.28: Thermische Kapazität

2.5.7 Kenngrößen mechanisch-translatorischer Systeme

Komplementärvariable

Geschwindigkeit in festem Bezugssystem	$v(t) \mathrel{\hat{=}} e(t)$
Kraft	$F(t) \mathrel{\hat{=}} f(t)$

Bei mechanischen Systemen ist der Zusammenhang mit den verallgemeinerten Variablen nicht so unmittelbar einleuchtend wie etwa bei hydraulischen oder pneumatischen Systemen. Dennoch befriedigt die oben gewählte Zuordnung von Geschwindigkeit zur Quergröße und Kraft zur Durchgröße die Eigenschaften der Bewegungsanalogie.

Elemente

a) Mechanisch-translatorischer Widerstand, Bild 2.29a
Unter der Annahme geschwindigkeitsproportionaler Dämpfung mit dem Dämpfungswert d gilt

$$v_1(t) - v_2(t) = \frac{1}{d} \cdot F(t) \tag{2.61}$$

und somit nach Gl. (2.43)

$$\tilde{R} = \frac{1}{d}$$

b) Mechanisch-translatorische Induktivität, Bild 2.29b
Gemäß dem Hookeschen Gesetz gilt mit c als Federkonstante

$$F(t) = c \cdot \Delta x(t) = c \cdot \int (v_1(t) - v_2(t))dt \tag{2.62}$$

und damit nach Gl. (2.44)

$$\tilde{L} = \frac{1}{c} \tag{2.63}$$

c) Mechanisch-translatorische Kapazität, Bild 2.29c
Für die träge Masse m gilt nach Newton

$$F(t) = m \cdot \frac{dv}{dt} \tag{2.64}$$

und damit nach Gl. (2.45)

$$\tilde{C} = m \; . \tag{2.65}$$

2.5.8 Kenngrößen mechanisch-rotatorischer Systeme

Komplementärvariable

Winkelgeschwindigkeit in festem Bezugssystem	$\Omega(t) \hat{=} e(t)$
Drehmoment	$M(t) \hat{=} f(t)$

Elemente

Analog zu den Elementen mechanisch-translatorischer Systeme bestimmen die Eigenschaften von Torsionsdämpfer (d_ϕ), -feder (c_ϕ) und Drehmasse (Θ) die Werte der verallgemeinerten Elemente $\tilde{R}$, $\tilde{L}$ und $\tilde{C}$.

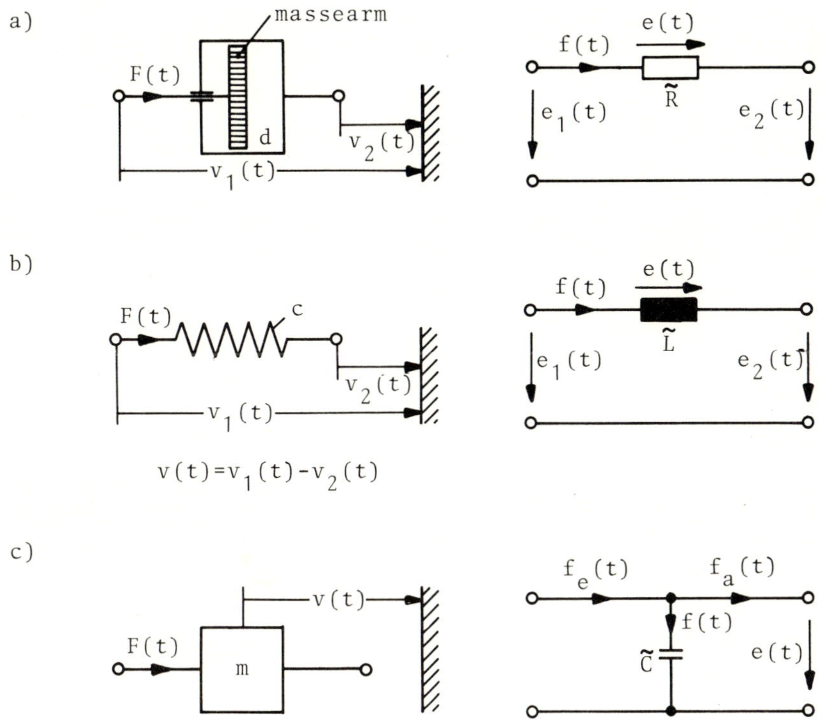

Bild 2.29: Netzwerkelemente mechanischer Systeme

In Tabelle 2.1 sind alle bisher behandelten Kenngrößen noch einmal übersichtlich zusammengestellt.

2.5.9 Kenngrößen bestimmter nicht-technischer Systeme

Ausgehend von unseren bisherigen Betrachtungen über Analogien zwischen verschiedenen physikalischen Systemen können wir dieses für eine einheitliche Systembeschreibung nützliche Konzept auch auf bestimmte nicht-technische Systeme und Prozesse übertragen. Allerdings sind in diesem Zusammenhang physikalische Begriffe wie Energie u.ä. nicht mehr brauchbar, so daß Analogien nur in dem für die Regelungstechnik wichtigen wirkungsmäßigen, nicht aber im physikalischen Sinne bestehen.

Tabelle 2.1: Übersicht über Kenngrößen verallgemeinerter Netzwerke

Verallgem. Kenngröße / Physikal. System	Quervariable $e(t)$	Durchvariable $f(t)$	energieverzehrendes Element: Widerstand $\tilde{R}$ $e(t) = \tilde{R} \cdot f(t)$	Speicherelemente: Kapazität $\tilde{C}$ $e(t) = \frac{1}{\tilde{C}} \int f(t)dt$	Speicherelemente: Induktivität $\tilde{L}$ $f(t) = \frac{1}{\tilde{L}} \int e(t)dt$
Elektrisch	Spannung u	Stromstärke i	elektrischer Widerstand R	elektrische Kapazität C	elektrische Induktivität L
Hydraulisch	Druck p	(Durchfluß) Volumenstrom q	Strömungswiderstand $\frac{8\ l\ \eta}{\pi\ r^4}$	hydraulische Kapazität $\frac{A}{\rho\ g}$	Trägheit $\frac{\rho\ l}{\pi\ r^2}$
Pneumatisch	Druck p	(Durchfluß) Massenstrom $\dot{m}$	Strömungswiderstand $\frac{8\ l\ \eta}{\pi\ r^4\ \rho}$	pneumatische Kapazität $\frac{m_o}{p_o} = \frac{V}{R^*T}$	Trägheit $\frac{l}{\pi\ r^2}$
Thermisch	Temperatur ϑ	Wärmestrom ϕ	Wärmewiderstand $\tilde{R}_{Leit} = \frac{1}{\lambda\ A}$ $\tilde{R}_{Über} = \frac{1}{\alpha\ A}$ $\tilde{R}_{Konv} = \frac{1}{\dot{m}\ c}$	Wärmekapazität $m\ c$	existiert nicht
Mechanisch: Translation	Geschwindigkeit v	Kraft F	$(\text{Dämpfungsbeiwert})^{-1}$ d^{-1}	Masse m	$(\text{Federkonstante})^{-1}$ c^{-1}
Mechanisch: Rotation	Winkelgeschwindigkeit ω	Moment M	$(\text{Dämpfungsbeiwert})^{-1}$ d_ϕ^{-1}	Drehmasse Θ	$(\text{Federkonstante})^{-1}$ c_ϕ^{-1}

η = Zähigkeitskonstante
ρ = Dichte
c = spezifische Wärme
R^* = Gaskonstante
T = absolute Temperatur
λ = Wärmeleitfähigkeit
α = Wärmeübergangszahl

Mit Vorteil lassen sich die Analogiebetrachtungen z.B. im Zusammenhang mit Problemen der Lagerhaltung, der Produktion, des Vertriebes aber auch auf Systeme wie den (Arbeits-) Markt etc. anwenden. Obwohl es sich bei diesen Anwendungen häufig um diskrete Systeme im Sinne von Abschnitt 2.1.1 handelt, wollen wir hier im Rahmen einer makroskopischen Betrachtungsweise die Systemvariablen vereinfachend als zeit- und amplitudenkontinuierliche Größen annehmen.

Komplementärvariable

$$\text{Bestand}(t) \mathrel{\hat{=}} e(t)$$
$$\text{Rate}(t) \mathrel{\hat{=}} f(t)$$

Die Quer- und Durchgröße stellen hier allgemein gesprochen einen "Bestand" wie z.B. Lagerbestand, Bestand an unerledigten Aufträgen, Anzahl der Beschäftigten sowie die Änderungsgeschwindigkeit des Bestandes, auch "Rate" genannt, wie etwa Bestellrate, Lieferrate, Produktionsrate, Einstellungsrate dar.

Elemente

a) Widerstand
Zwischen Rate und Bestand besteht häufig ein proportionaler Zusammenhang wie etwa:

Produktionsrate ~ Anzahl der Beschäftigten,
Lieferrate ~ Bestand von unerledigten Aufträgen.

Dies entspricht allgemein einer Beziehung zwischen Quer- und Durchgröße der Art

$$\text{Rate}(t) = k_1^{-1} \cdot \text{Bestand}(t), \tag{2.66}$$

so daß aus Vergleich mit Gl. (2.43) folgt

$$\tilde{R} = k_1 . \tag{2.67}$$

Die Dimension von k_1 ist grundsätzlich eine Zeit.

b) Induktivität existiert nicht

c) Kapazität
Integrierte Raten bilden die Bestände eines Lagers, so daß wir formelmäßig schreiben können

$$\text{Bestand}(t) = k_2 \cdot \int \text{Rate}(t) \cdot dt \tag{2.68}$$

und damit gemäß Gl. (2.45) schließen, daß

$$\tilde{C} = \frac{1}{k_2} , \tag{2.69}$$

wobei k_2 eine konstante, dimensionslose Größe ist, die einen von der Dimension der Bestände und Raten abhängigen Wert hat.

Mit dem folgenden Beispiel wollen wir diese Sachverhalte illustrieren.

Beispiel 2.9: Betrachten wir die Auftragsabwicklung in einer Firma, wobei die Auslieferungsrate $f_A(t)$ [Stück/Zeiteinheit] näherungsweise proportional dem Auftragsbestand $e_B(t)$ [Stück] ist, also

$$f_A(t) = \tilde{R}^{-1} \cdot e_B(t) . \tag{2.70}$$

Der Auftragsbestand $e_B(t)$ wiederum sei abhängig von Bestell- und Auslieferungsrate, also

$$e_B(t) = \frac{1}{\tilde{C}} \int (f_B(t) - f_A(t))dt . \tag{2.71}$$

Der Widerstand $\tilde{R} = k_1$ [Zeiteinheit] kann offenbar als mittlere Lieferverzögerung interpretiert werden. Wegen der Dimensionen des Bestandes $e_B(t)$ und der Raten $f_A(t)$, $f_B(t)$ hat die Kapazität hier den dimensionslosen Wert $\tilde{C} = 1$.

Den Netzwerkgraphen und das daraus bzw. aus den Gln. (2.70) und (2.71) hergeleitete Signalflußbild mit der Bestellrate als Eingangsgröße und der Auslieferungsrate als die hier interessierende Ausgangsgröße zeigt Bild 2.30.

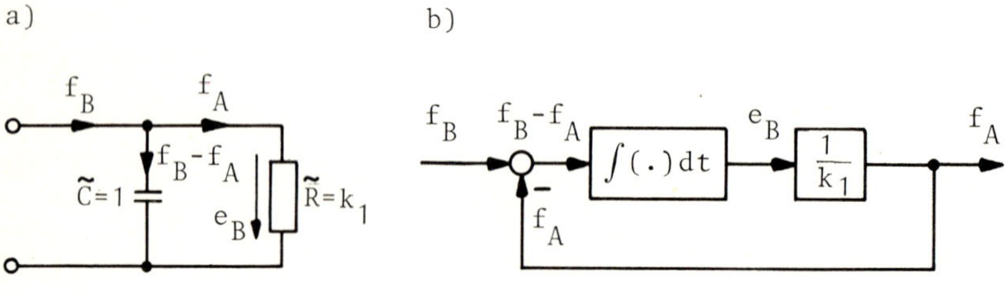

Bild 2.30: Netzwerk (a) und Signalflußplan (b) des Systems Auftragsabwicklung

2.5.10 Beispielhafte Entwicklung von Systembeschreibungen

Abschließend wollen wir anhand einiger technischer Systeme zeigen, wie wir über den zugehörigen Netzwerkgraphen zu den Netzwerkgleichungen und damit zur mathematischen Systembeschreibung und deren Ausdeutung im Signalflußbild gelangen. Wir betrachten dazu die in Bild 2.31 skizzierten Wirkschaltpläne fünf verschiedener technischer Anordnungen, denen jedoch, wie wir mit Hilfe der oben entwickelten Methodik schnell

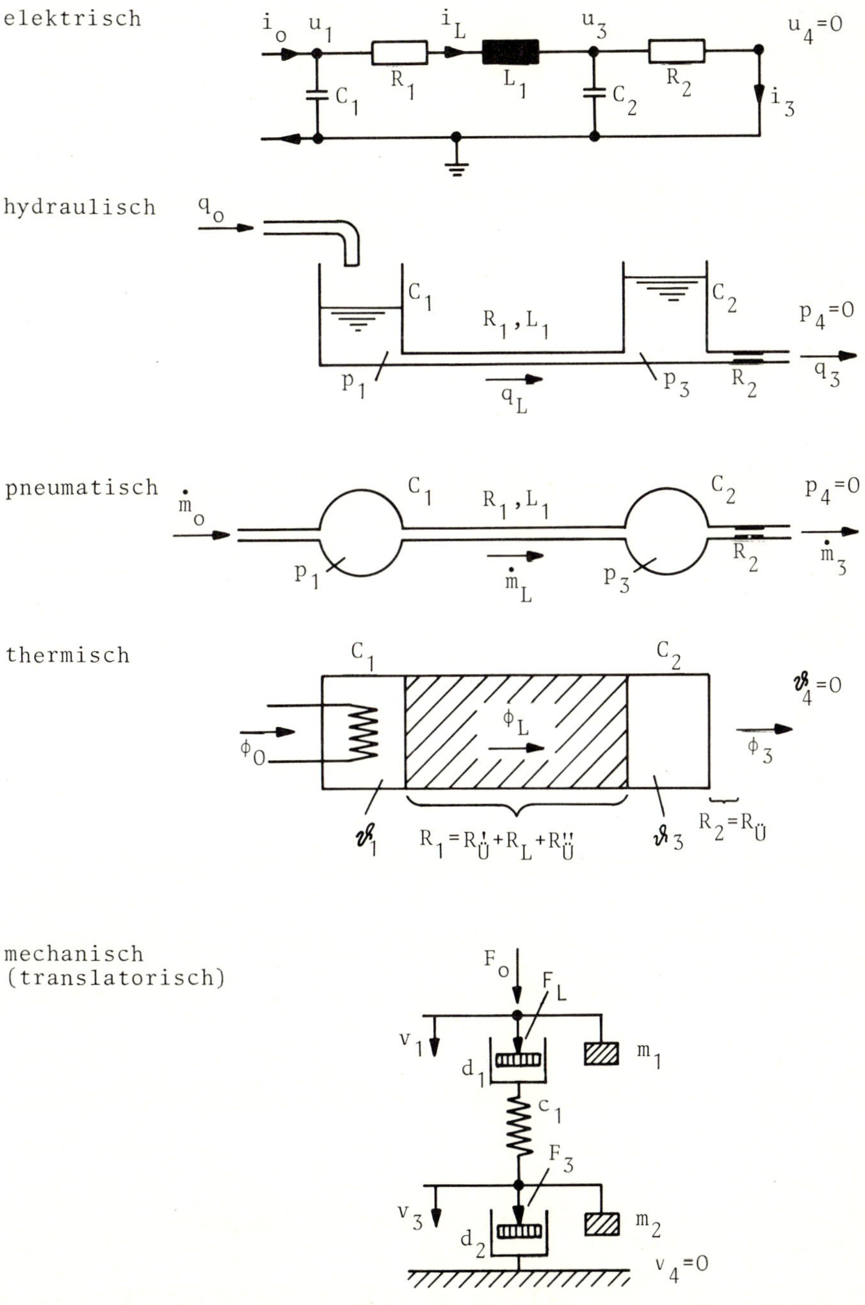

Bild 2.31: Wirkschaltpläne verschiedener technischer Systeme

feststellen, allen die gleiche verallgemeinerte Netzwerkstruktur zugrundeliegt. Sie gleicht im Prinzip der der elektrischen Anordnung mit Ausnahme der Tatsache, daß die Elemente dort allgemeiner mit der Tilde gekennzeichnet werden und die jeweiligen Variablen u und i durch die verallgemeinerten Variablen e und f zu ersetzen sind, Bild 2.32a. Eine Sonderstellung nimmt dabei die thermische Anordnung ein, in der eine Induktivität nicht existiert, so daß im zugehörigen Netzwerk, Bild 2.32a, in diesem Fall $\tilde{L}_1$ den Wert Null annimmt.

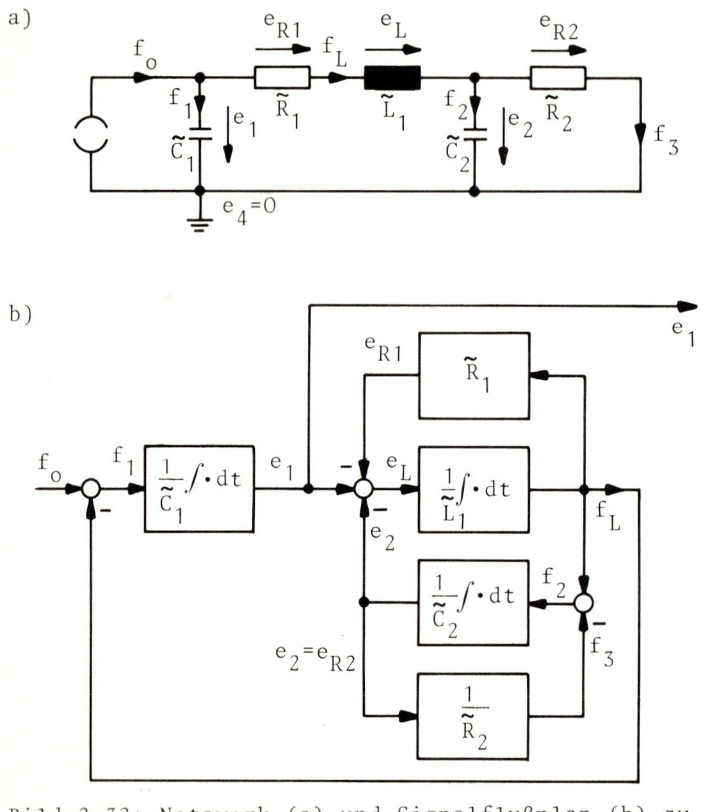

Bild 2.32: Netzwerk (a) und Signalflußplan (b) zu den Systemen aus Bild 2.31

Wir wollen nun die hydraulische Anordnung in Bild 2.31 als Regelstrekke - mit q_o als Steuergröße und dem dem Druck p_1 proportionalen Füllstand h_1 als Aufgabengröße - auffassen. Zur Herleitung einer mathematischen Beziehung zwischen q_o und p_1 analysieren wir sodann im zugehörigen Netzwerk, Bild 2.32a, den entsprechenden Signalzusammenhang zwischen der starren Einspeisung f_o und der Quergröße e_1. Dazu wenden wir - wie aus der Elektrotechnik bekannt - auf die Netzwerkknoten und -maschen die Kirchhoffschen Gleichungen an, d.h.

$$\text{Knotengleichungen:} \quad \sum_i f_i(t) = 0 \ , \tag{2.72a}$$

Maschengleichung: $\sum_j e_j(t) = 0,$ (2.72b)

und stellen die die einzelnen Netzwerkelemente definierenden Beziehungen gemäß den Gln. (2.43) bis (2.45) zusammen. Im vorliegenden Fall erhalten wir damit

$$f_o - f_1 - f_L = 0, \qquad f_L - f_2 - f_3 = 0$$

$$e_1 - e_2 - e_L - e_{R1} = 0, \qquad e_2 - e_{R2} = 0 \qquad (2.73a)$$

$$e_1 = \frac{1}{\tilde{C}_1}\int f_1 dt, \qquad e_2 = \frac{1}{\tilde{C}_2}\int f_2 dt, \qquad f_L = \frac{1}{\tilde{L}_1}\int e_L dt \qquad (2.73b)$$

$$e_{R1} = \tilde{R}_1 \cdot f_L, \qquad e_{R2} = \tilde{R}_2 \cdot f_3 \; . \qquad (2.73c)$$

Ausgehend von diesen neun Beziehungen lassen sich nun verschiedene Formen der Systembeschreibung entwickeln.

2.5.10.1 Signalflußplan-Darstellung

Bild 2.32b zeigt einen, den Gln. (2.73) und der interessierenden Ein- und Ausgangsgröße entsprechenden Signalflußgraphen.

2.5.10.2 Eingangs/Ausgangsbeschreibung durch Systemdifferentialgleichung

Durch schrittweise Elimination aller Variablen in den Gln. (2.73), die nicht Ein- oder Ausgangsgröße bzw. deren Ableitungen sind, gewinnen wir die Dgl.

$$T_L T_1 T_2 \cdot \dddot{e}_1 + (T_1 T_2 + T_L T_1) \cdot \ddot{e}_1 + (T_1 + T_2 + T_3) \cdot \dot{e}_1 + e_1 =$$

$$= (\tilde{R}_1 + \tilde{R}_2) \cdot f_o + R_1 (T_2 + T_L) \cdot \dot{f}_o + R_1 T_2 T_L \cdot \ddot{f}_o \qquad (2.74)$$

mit den Zeitkonstanten

$$T_L = \tilde{L}_1/\tilde{R}_1, \qquad T_1 = \tilde{R}_1 \tilde{C}_1, \qquad T_2 = \tilde{R}_2 \tilde{C}_2, \qquad T_3 = \tilde{R}_2 \tilde{C}_1 \; . \qquad (2.75)$$

Die Herleitung (Eliminationsvorgang etc.) einer solchen, die Verknüpfung der Ein- und Ausgangsgröße beschreibenden linearen, zeitinvarianten Dgl. 3. (im allgemeinen n-ter) Ordnung aus den Kirchhoffschen- und Elemente-Gleichungen ist in der Regel ein außerordentlich mühsames Unterfangen. Wir werden später Methoden kennenlernen, die diesen Vorgang vereinfachen, wobei sich ein Signalflußplan als nützliches Hilfsmittel erweisen wird.

2.5.10.3 Zustandsbeschreibung

Wesentlich leichter gelangen wir zu einer anderen Art der Systembeschreibung, die wir als Zustandsbeschreibung bezeichnen. Wir gehen dazu von den Dgln. 1. Ordnung aus, die für die Verknüpfung von Quer- und Durchgrößen an den energiespeichernden Elementen $\tilde{C}_i$ und $\tilde{L}_j$ eines Netzwerkes gelten. Bezeichnen wir im Fall der Kapazität die zugehörige Quergröße, im Falle der Induktivität die Durchgröße jeweils als <u>Zustandsgröße oder -variable</u>, so beschreiben deren zeitliche Entwicklung eindeutig alle dynamischen Abläufe in einem Netzwerk.
Im vorliegenden Beispiel gelangen wir zu diesen Dgln. durch Differentiation der Gln. (2.73b), d.h.

$$\begin{aligned} \dot{e}_1 &= \tilde{C}_1^{-1} \cdot f_1 \\ \dot{e}_2 &= \tilde{C}_2^{-1} \cdot f_2 \\ \dot{f}_L &= \tilde{L}_1^{-1} \cdot e_1 \end{aligned} \tag{2.76}$$

Mit Hilfe der restlichen rein algebraischen Gln. (2.73a) und (2.73c) gelingt es dann leicht, auf den rechten Seiten der Dgln. (2.76) alle Variablen, die nicht Zustandsvariablen sind, durch die Eingangsgröße f_o und die Zustandsgrößen e_1, e_2 und f_L zu ersetzen, so daß aus (2.76) das sog. <u>Zustandsdgl.-System</u>

$$\begin{aligned} \dot{e}_1 &= -(\tilde{R}_1/T_1) \cdot f_L + (\tilde{R}_1/T_1) \cdot f_o \\ \dot{e}_2 &= -(1/T_2) \cdot e_2 + (\tilde{R}_2/T_2) \cdot f_L \\ \dot{f}_L &= (1/\tilde{R}_1 T_L) \cdot e_1 - (1/\tilde{R}_1 T_L) \cdot e_2 - (1/T_L) \cdot f_L \end{aligned} \tag{2.77}$$

entsteht mit T_1, T_2 und T_L wie in Gl. (2.75).

Verwenden wir für die Niederschrift dieser Zustandsdgln. die Matrizenschreibweise, so erhalten wir

$$\begin{bmatrix} \dot{e}_1 \\ \dot{e}_2 \\ \dot{f}_L \end{bmatrix} = \underbrace{\begin{bmatrix} 0 & 0 & -\tilde{R}_1/T_1 \\ 0 & -1/T_2 & \tilde{R}_2/T_2 \\ 1/\tilde{R}_1 T_L & -1/\tilde{R}_1 T_L & -1/T_L \end{bmatrix}}_{A} \cdot \begin{bmatrix} e_1 \\ e_2 \\ f_L \end{bmatrix} + \underbrace{\begin{bmatrix} \tilde{R}_1/T_1 \\ 0 \\ 0 \end{bmatrix}}_{B} \cdot f_o \ . \tag{2.78a}$$

Die interessierende Ausgangsgröße e_1 kann formal durch den Zustandsvektor ausgedrücktwerden als

$$e_1 = \underbrace{[1\ 0\ 0]}_{C} \begin{bmatrix} e_1 \\ e_2 \\ f_L \end{bmatrix} \quad . \tag{2.78b}$$

Die mit den Gln. (2.78) vorliegende Art der Beschreibung eines Netzwerkes oder technischen Systems bezeichnen wir als Zustandsbeschreibung. Im Schrifttum sind für Zustandsdarstellungen folgende allgemeine Bezeichnungen und Abkürzungen üblich:

- für den sog. Zustandsvektor

$$\underline{x} = \begin{bmatrix} e_1 \\ e_2 \\ f_L \end{bmatrix} \tag{2.79a}$$

- für den sog. Steuer- oder Eingangsgrößenvektor, der im Beispiel ein Skalar ist,

$$\underline{u} = [-f_0] \tag{2.79b}$$

- für den sog. Ausgangsgrößenvektor, der ebenfalls hier als skalare Größe auftritt

$$\underline{y} = [e_1]. \tag{2.79c}$$

Führen wir schließlich noch die sog. Systemmatrix A, die Steuermatrix B und die Ausgangsmatrix C ein, dann lassen sich die Gln. (2.78) schließlich in die allgemeine und kompakte Zustandsdarstellung linearer Systeme überführen, die da lautet

$$\begin{aligned} \dot{\underline{x}} &= A \cdot \underline{x} + B \cdot \underline{u} \\ \underline{y} &= C \cdot \underline{x} \ . \end{aligned} \tag{2.80}$$

Die Gln. (2.78) bzw. (2.80) zeigen sehr viel durchsichtiger als eine Eingangs/Ausgangsbeschreibung in der Art von Gl. (2.74) innere Zusammenhänge der Systemvariablen, wie der Zustandsvariablen (endogene Variable) untereinander, ihre Verknüpfung mit den Eingangsgrößen (exogene Variablen $\underline{u}$) und die Beziehung zwischen den interessierenden Ausgangsgrößen

$\underline{y}$ und den Zustandsgrößen $\underline{x}$. Diese und andere Eigenschaften qualifizieren eine Zustandsbeschreibung zu sehr viel detaillierteren und weitergehenden regelungstechnischen Untersuchungen, als wir sie im Rahmen dieses Grundkurses durchführen wollen und können. Dennoch ist es nützlich, bereits hier die Vielfalt und unterschiedliche Qualität möglicher Systembeschreibungen kennenzulernen, deren jede im Zusammenhang mit bestimmten Fragestellungen ihre spezifische Bedeutung hat.

2.6 Normieren der Systembeschreibung

Unsere bisherigen Betrachtungen zur Systembeschreibung führten uns jeweils auf dimensionsbehaftete mathematische Beziehungen. Für eine einheitliche regelungstechnische Behandlung von Systemen oder für die Simulation ihres dynamischen Verhaltens mittels Rechnern empfiehlt es sich jedoch häufig, die physikalische dimensionsbehaftete Systembeschreibung zu normieren, d.h. sie in eine allgemeinere dimensionslose Form umzuwandeln.

Die Variablen, d.h. die Signalvariablen, wie etwa u(t), i(t) - ebenso wie die unabhängige Zeitvariable t - werden zu diesem Zweck zu konstanten Bezugsgrößen (u_o, i_o, t_o) ins Verhältnis gesetzt, so daß wir es im Endeffekt nur noch mit dimensionslosen, bezogenen Variablen $\bar{u}$, $\bar{i}$, $\bar{t}$ zu tun haben. Als Bezugsgrößen wählen wir entweder SI-Einheiten wie z.B. 1V, 1A, 1s oder geeignete Vielfache davon oder, wie für regelungstechnische Belange meistens zweckmäßiger, die Arbeits- oder Betriebspunktgrößen der betreffenden Signalvariablen.

<u>Beispiel 2.10:</u> Für den Ankerkreis des Gleichstrommotors mit gebremstem, nichtrotierendem Anker ($e \equiv 0$) gilt gemäß Gl. (2.5)

$$L \cdot \frac{di}{dt} + R \cdot i = u(t) \tag{2.81}$$

bzw. nach Division mit R und Einführen der Zeitkonstante $T' = L/R$ als Abkürzung

$$T' \cdot \frac{di}{dt} + i = \frac{1}{R}\, u(t) \; . \tag{2.82}$$

Mit den Bezugsgrößen i_o, u_o, t_o folgt aus dieser physikalischen Beziehung die in den Variablen und Koeffizienten dimensionslose Dgl.

$$T \cdot \frac{d\bar{i}}{d\bar{t}} + \bar{i} = K \cdot \bar{u}(\bar{t}) \; , \tag{2.83}$$

wobei die Konstanten

$T = T'/t_o$ = dimensionslose Zeitkonstante

$K = u_o/i_o R$ = dimensionsloser (proportionaler) Verstärkungsfaktor

bedeuten. Führen wir ferner die üblichen Bezeichnungen für die dimensionslosen Ein- und Ausgangsvariablen x_e und x_a an Stelle von $\bar{u}$ und $\bar{i}$ ein, so erhalten wir die normierte Form der Dgl. (2.82)

$$T\cdot\frac{dx_a}{d\bar{t}} + x_a = K\cdot x_e(\bar{t}) \ . \tag{2.84}$$

Im folgenden werden wir jedoch vereinfachend statt $\bar{t}$ wieder das Symbol t (nunmehr aber im Sinne einer dimensionslosen Variablen) verwenden.

Durch Umkehren des oben beschriebenen Normierungsvorganges gelingt es jederzeit, von der normierten zur speziellen physikalischen Systembeschreibung zurückzukehren. Wir werden bei unseren weiteren Betrachtungen jedoch die allgemeine, dimensionslose Form der Systembeschreibung bevorzugen, da sie uns u.a. in die Lage versetzt, alle (Teil-) Systeme, die von der gleichen normierten Beschreibung erfaßt werden, einheitlich und einmalig zu behandeln. In diesem Sinne werden wir in der Folge häufiger statt von physikalischen Teilsystemen von den entsprechenden (Signal-)Übertragungsgliedern sprechen, deren (Eingangs/Ausgangs-Signal-) Übertragungsverhalten von dimensionslosen Beziehungen ähnlich wie in Gl. (2.84) charakterisiert werden.

2.7 Übertragungsverhalten linearer, zeitinvarianter Übertragungsglieder

Unter Übertragungsverhalten verstehen wir allgemein typische Merkmale in der Systemantwort, d.h. in der Reaktion des Ausgangssignals $x_a(t)$ eines Übertragungsgliedes, Bild 2.33, bei Anregung durch definierte zeitabhängige Eingangs-(Test-)signale.

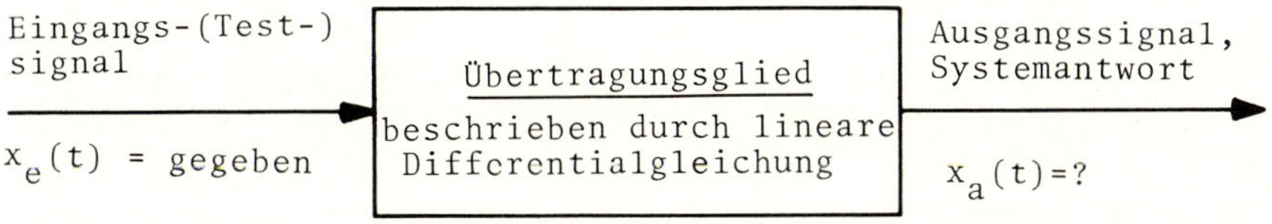

Bild 2.33: Übertragungsglied

2.7.1 Bestimmung der Systemantwort

Die Systemantwort kann experimentell oder rechnerisch als Lösung der zum Übertragungsglied gehörenden Dgl. bestimmt werden. Die allgemeine lineare Dgl. n-ter Ordnung mit zeitinvarianten, reellen Koeffizienten lautet

$$b_n \cdot \overset{(n)}{x}_a + \ldots + b_2 \cdot \ddot{x}_a + b_1 \cdot \dot{x}_a + b_o \cdot x_a = \\ = a_o \cdot x_e(t) + a_1 \cdot \dot{x}_e(t) + a_2 \cdot \ddot{x}_e(t) + \ldots + a_m \cdot \overset{(m)}{x}_e(t) \, , \tag{2.85}$$

wobei wegen der eingeschränkten "Sprungfähigkeit" physikalisch-technischer Systeme für die Ordnung der Ableitungen auf der linken und rechten Seite die Bedingung

$$n \geq m \geq 0 \tag{2.86}$$

gilt. Die Lösung dieser Dgl. setzt sich additiv (Superpositionseigenschaft linearer Systeme) aus zwei Anteilen

$$x_a(t) = x_{ah}(t) + x_{ap}(t) \tag{2.87}$$

zusammen, wobei $x_{ah}(t)$ das <u>Eigenverhalten</u> beschreibt, während $x_{ap}(t)$ die <u>erzwungene Bewegung</u> oder den <u>eingeschwungenen Zustand</u> in der Systemantwort charakterisiert.

Das Eigenverhalten wird bekanntlich als Lösung der homogenen Dgl.

$$b_n \overset{(n)}{x}_a + \ldots + b_2 \ddot{x}_a + b_1 \dot{x}_a + b_o x_a = 0 \tag{2.88}$$

ermittelt und kann als Summe von Exponentialfunktionen

$$x_{ah}(t) = \sum_{i=1}^{n} k_i \cdot e^{\lambda_i t} \tag{2.89}$$

mit beliebigen Konstanten k_i angeschrieben werden. Wir betrachten hier der Einfachheit halber nur den wichtigen Fall, daß die im allgemeinen reellen oder konjugiert komplexen Eigenwerte

$$\lambda_i = \sigma_i + j\omega_i \, , \tag{2.90}$$

die sich als die n Wurzeln des sog. <u>charakteristischen Polynoms</u> $P(\lambda)$ bzw. der charakteristischen Gleichung

$$P(\lambda) = b_n \lambda^n + \ldots + b_2 \lambda^2 + b_1 \lambda + b_o = 0 \tag{2.91}$$

ergeben, voneinander verschieden und ungleich Null sind. Da die rechte Seite der Dgl. (2.85) zur Bestimmung dieses Lösungsteils zu Null gesetzt wurde, also keine Anregungssignale wirksam sind, beschreibt $x_{ah}(t)$ das Eigenverhalten eines Übertragungsgliedes, wie es sich z.B. ausgehend von vorgegebenen Anfangswerten $x_a(0)$, $\dot{x}_a(0)$, ... , $x_a^{(n-1)}(0)$, die dann die Werte von k_i bestimmen, entwickeln.

Zur Bestimmung von $x_{ap}(t)$, der Partikularlösung der Dgl. (2.85) gibt es verschiedene Methoden, so z.B. die "Methode der Variation der Konstanten", d.h. Verifikation eines Lösungsansatzes der Art von Gl. (2.89) allerdings mit allgemeinen, zeitvariablen Konstanten $k_i(t)$. Ein für unsere Zwecke nützlicheres Vorgehen besteht darin, einen Ansatz vom "Typ der Anregung" auf der rechten Seite der Dgl. (2.85) zu verwenden. Diese Methode macht von der bereits erwähnten Tatsache Gebrauch, daß sich in $x_{ap}(t)$ eine vom Eingangssignal $x_e(t)$ erzwungene Bewegung widerspiegelt. Die gesamte Systemantwort entsteht schließlich, indem wir die Teilergebnisse gemäß Gl. (2.87) zusammenfassen und die vorgegebenen Anfangswerte, die bei uns häufig identisch Null sein werden, einarbeiten.

Zur detaillierteren Charakterisierung des Übertragungsverhaltens verwenden wir die in Tabelle 2.2 aufgelisteten Testsignale einschließlich der zugehörigen Systemantworten. Tabelle 2.3, linke Spalte, zeigt den zeitlichen Verlauf der deterministischen Testsignale. Dazu wollen wir an-

Tabelle 2.2: Bezeichnung von Testsignalen und zugehörigen Systemantworten

Testsignal $x_e(t)$		Systemantwort $x_a(t)$ für $x_a(-0)=\dot{x}_a(-0)=\ldots=x_a^{(n-1)}(-0)=0$	
deterministisch:			
Impulsfunktion	$\delta(t)$	Gewichtsfunktion	$g_1(t)$
Sprungfunktion	$\sigma(t)$	Übergangsfunktion	$g_2(t)$
Rampenfunktion	$t \cdot \sigma(t)$	Rampenantwort	$g_3(t)$
Sinusfunktion	$\sin\omega t \cdot \sigma(t)$	stationäre Sinusantwort Frequenzgangfunktion $F(j\omega)$)	
stochastisch:			
weißes Rauschen		(Spektrale Leistungsdichte $\lvert F(j\omega)\rvert^2$)	

Tabelle 2.3: Testsignale und Systemantworten für das Übertragungsglied $T \cdot \dot{x}_a + x_a = K \cdot x_e$

Testsignale, Anregungsfunktionen $x_e(t)$	Systemantworten, Antwortfunktionen $x_a(t)$	Mathematische Zusammenhänge
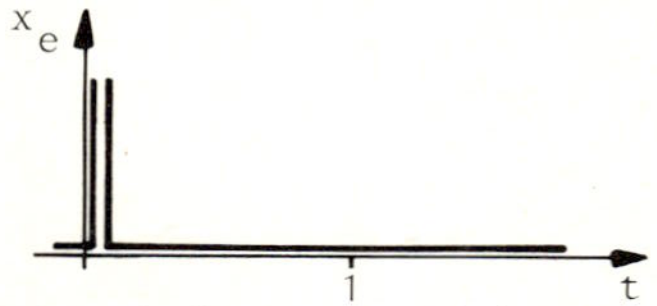 Impulsfunktion $\delta(t)$	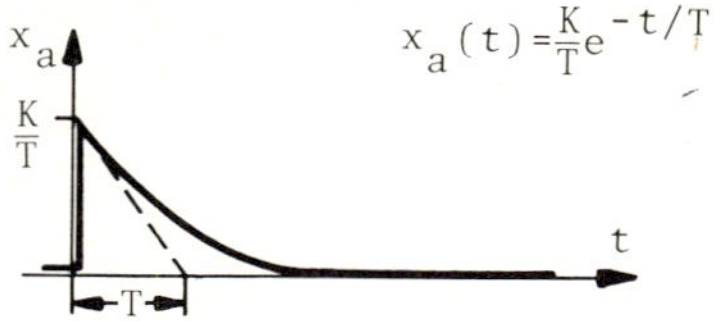 Gewichtsfunktion $g_1(t)$	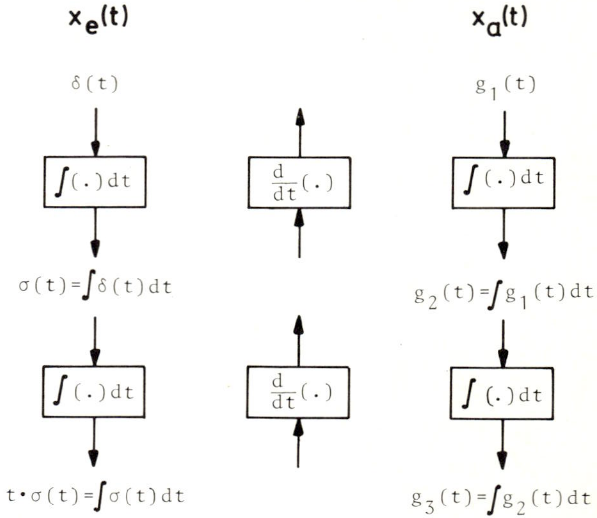
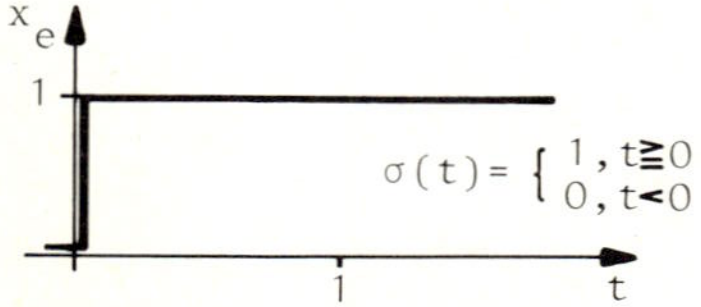 Sprungfunktion $\sigma(t)$	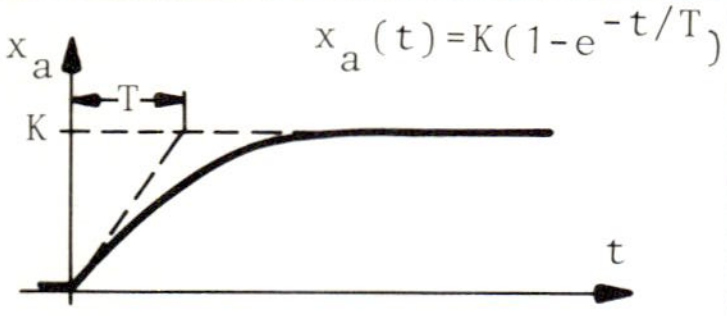 Übergangsfunktion $g_2(t)$	
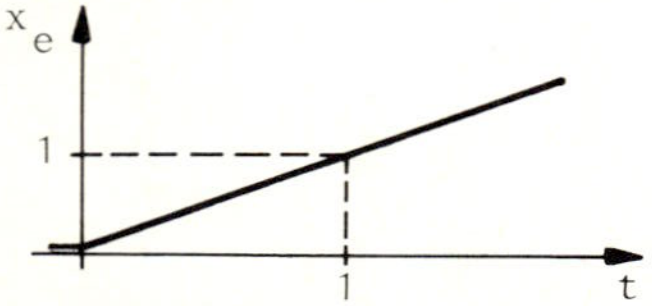 Rampenfunktion $t \cdot \sigma(t)$	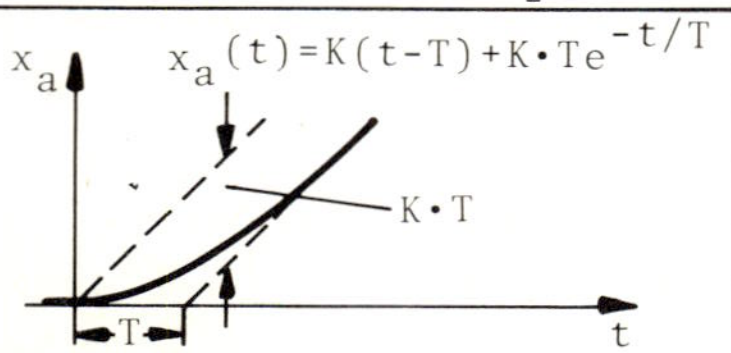 Rampenantwort $g_3(t)$	
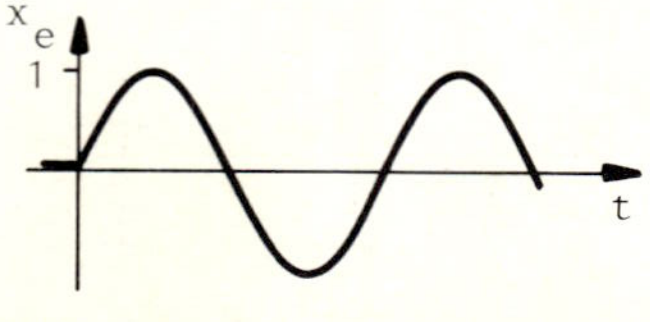 Sinusfunktion $\sin \omega t \cdot \sigma(t)$	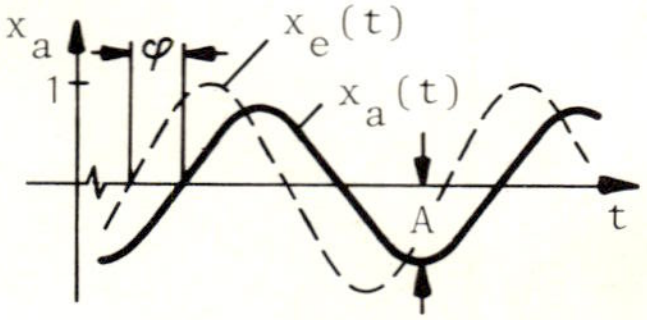 stationäre Sinusantwort	Frequenzgangfunktion $F(j\omega) = A(\omega) \cdot e^{j\varphi(\omega)} = \frac{K}{1+j\omega T}$ $A(\omega) = \lvert F(j\omega) \rvert = \sqrt{Re^2\{F(j\omega)\} + Im^2\{F(j\omega)\}} = \frac{K}{\sqrt{1+\omega^2 T^2}}$ $\varphi(\omega) = \angle F(j\omega) = \arctan \frac{Im\{F(j\omega)\}}{Re\{F(j\omega)\}} = \arctan(-\omega T)$

merken, daß sowohl die Sprungfunktion $\sigma(t)$ als auch die durch ihre Zeitfläche

$$\int_0^\infty \delta(t)dt = 1 \qquad (2.92)$$

definierte Impuls- oder δ-Funktion $\delta(t)$ für uns mathematisch zweckmäßige Idealisierungen technischer Signalformen darstellen. So können wir z.B. $\sigma(t)$ als Grenzfall ($\varepsilon \to 0$) einer Zeitfunktion $s(t)$ verstehen, die - wie Bild 2.34 zeigt - vom Wert 0 aus schnell rampenförmig auf den Wert 1 ansteigt und dort verharrt, während das zeitliche Differential der Funktion $s(t)$, das einen Rechteckimpuls $d(t)$ endlicher Breite ε und Höhe $1/\varepsilon$ ergibt, eine technische sinnvolle Näherung für die flächengleiche δ-Funktion darstellt. Der Rechteckimpuls $d(t)$ kann aber auch alternativ - wie in Bild 2.34 gestrichelt angedeutet - als Überlagerung zweier um die Zeitspanne ε verschobener idealer Sprungfunktionen mit der Amplitude $1/\varepsilon$ bzw. $-1/\varepsilon$ interpretiert werden.

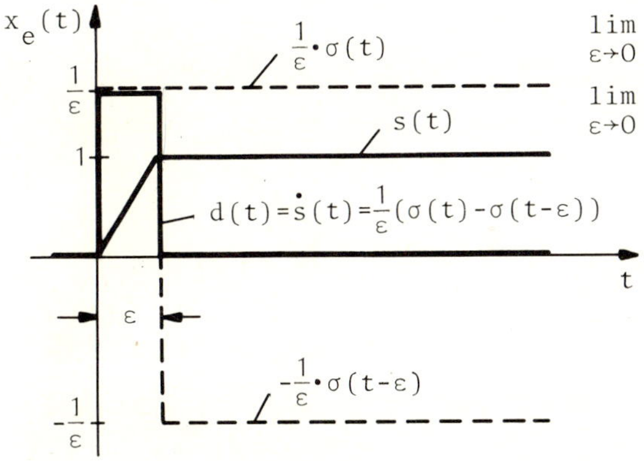

$$\lim_{\varepsilon\to 0} d(t) = \delta(t)$$

$$\lim_{\varepsilon\to 0} s(t) = \sigma(t)$$

Bild 2.34: Näherungen für Impuls- und Sprungfunktion

Neben deterministischen Anregungssignalen kommen zur Untersuchung des Übertragungsverhaltens gemäß Tabelle 2.2 auch stochastische (=regellose) Signale, wie weißes Rauschen, in Frage. Wir wollen uns im Rahmen dieses Buches jedoch auf die deterministische Betrachtungsweise beschränken und das praktische Vorgehen anhand eines einfachen Übertragungsgliedes erläutern.

Beispiel 2.11: Wir greifen auf das aus Gl. (2.84) bereits bekannte Übertragungsglied

$$T \cdot \dot{x}_a + x_a = K \cdot x_e(t) \ , \ T > 0 \qquad (2.93)$$

zurück und bestimmen zunächst gemäß Gl. (2.91) die zugehörige charakteristische Gleichung

$$T\lambda + 1 = 0 \, , \tag{2.94}$$

woraus der negativ reelle Eigenwert

$$\lambda = -\frac{1}{T} \tag{2.95}$$

und damit

$$x_{ah}(t) = k_1 e^{-t/T} \tag{2.96}$$

folgt. $x_{ah}(t)$ hat infolge $T > 0$ grundsätzlich abklingendes Eigenverhalten. Für die Sprungfunktion $\sigma(t)$ als Eingangssignal $x_e(t)$ liegt ein Ansatz vom Typ der rechten Seite, d.h.

$$x_{ap}(t) = k_o = \text{konst.} \tag{2.97}$$

nahe. Durch Einsetzen in die Dgl. (2.93) kann die freie Konstante k_o zu K festgelegt und damit die Lösung für die erzwungene Bewegung zu

$$x_{ap}(t) = K \tag{2.98}$$

bestimmt werden. Gemäß (2.87) gilt somit für die Gesamtlösung

$$x_a(t) = K + k_1 \cdot e^{-t/T} \, . \tag{2.99}$$

Eine spezielle Sprungantwort ist die Übergangsfunktion; sie setzt gemäß Tabelle 2.2 grundsätzlich Anfangswerte identisch 0 voraus, so daß im speziellen Fall aus (2.99) für die Übergangsfunktion des Übertragungsgliedes

$$x_a(t) = K(1 - e^{-t/T}) \tag{2.100}$$

folgt. Ihren gegenüber der sprungförmigen Anregung $\sigma(t)$ zeitlich verzögerten Verlauf zeigt Tabelle 2.3. Wir entnehmen unter Berücksichtigung der eingezeichneten Hilfslinien, daß für die Geschwindigkeit des Einschwingens von $x_a(t)$ der Systemparameter T maßgebend ist und der Beharrungswert dem K-fachen der konstanten Anregungsamplitude entspricht. Dieses proportional verzögernde Übertragungsverhalten, das sich in ähnlicher Weise in Impuls- und Rampenantwort wiederfindet, gibt diesem Übertragungsglied die Bezeichnung proportionales Verzögerungsglied 1. Ordnung oder kurz PT_1-Glied. Impuls- oder Rampenantwort können grundsätzlich auf die gleiche Weise rechnerisch ermittelt werden. Nützlicher ist es jedoch, die Arbeit dadurch abzukürzen, daß wir gewisse Beziehungen, die zwischen den verschiedenen Testsignalen bestehen, zu einer vereinfachten Bestimmung der Systemantworten nutzen.

Tabelle 2.3 zeigt in der letzten Spalte, daß wir z.B. bei Kenntnis des Paares Sprungfunktion $\sigma(t)$/Übergangsfunktion $g_2(t)$ durch deren beider Differentiation das Paar Impulsfunktion $\delta(t)$/Gewichtsfunktion $g_1(t)$ gewinnen können, da für stetiges $g_2(t)$ gilt

$$g_1(t) = \frac{d}{dt} g_2(t) \; . \tag{2.101}$$

In ähnlicher Weise führt die Integration auf das Paar Rampenfunktion $t \cdot \sigma(t)$/Rampenantwort $g_3(t)$, d.h.

$$g_3(t) = \int_0^t g_2(t) dt \; . \tag{2.102}$$

Weitere allgemeine Zusammenhänge dieser Art können Tabelle 2.3, letzte Spalte, entnommen werden. Ihre konkrete Anwendung auf unser oben behandeltes Beispiel führt ausgehend von der Kenntnis der Übergangsfunktion Gl.(2.100) in einfachster Weise zu den in Tabelle 2.3, mittlere Spalte, angegebenen Systemantworten.

Nutzen wir diese z.B. über PT_1-Glieder erworbenen Kenntnisse, so können wir die Betrachtung auch umkehren und ausgehend von experimentell - nicht rechnerisch - ermittelten Systemantworten auf die Parameter der zugrundeliegenden Systembeschreibung bzw. des Übertragungsgliedes schließen. Dies ist eine in der Regelungstechnik als <u>Kennwertermittlung</u> (oder Parameter-Identifikation) bezeichnete Aufgabenstellung, die zur Unterstützung der mathematischen Modellbildung höchste praktische Bedeutung hat.

<u>Beispiel 2.12:</u> Nehmen wir an, daß für ein Übertragungsglied gemäß Gl. (2.93) experimentell die in Tabelle 2.3 Mitte, skizzierte Rampenantwort ermittelt wurde, so können wir der Aufzeichnung leicht durch Einzeichnen der Asymptote für $x_a(t \to \infty)$ die Werte T und $K \cdot T$ entnehmen und daraus die unbekannten Systemparameter in Gl. (2.93), nämlich K und T, bestimmen.

Bevor wir auf die Berechnung der Sinusantwort eingehen, wollen wir zunächst kurz auf die Frage der Stabilität eines Übertragungsgliedes bzw. seines Übertragungsverhaltens eingehen.

2.7.2 Stabilität linearer Übertragungsglieder

Der das Eigenverhalten eines Übertragungsgliedes beschreibende Lösungsanteil $x_{ah}(t)$, Gl. (2.89), zeigt an, daß wir den Zeitverlauf eines jeden Summanden der Lösung durch seine Einhüllende abschätzen können, d.h.

$$|e^{\lambda_i t}| = e^{\sigma_i t} \cdot |e^{j\omega_i t}| = e^{\sigma_i t} \,. \qquad (2.103)$$

Daraus schließen wir, daß $x_{ah}(t)$ nur dann zeitlich auf Null abklingendes Verhalten aufweist, d.h.

$$\lim_{t\to\infty} x_{ah}(t) = 0 \quad , \qquad (2.104a)$$

wenn alle λ_i in Gl. (2.89) die Eigenschaft haben, daß

$$\mathrm{Re}\{\lambda_i\} = \sigma_i < 0, \quad i = 1,2,\ldots n \,. \qquad (2.104b)$$

Ein einziges $\sigma_i > 0$ bedeutet bereits wegen Gl. (2.89), daß $x_{ah}(t)$ mit wachsender Zeit aufklingt, die Werte von $x_{ah}(t)$ also über alle Grenzen anwachsen. Bezeichnen wir das in Gl. (2.104b) definierte Verhalten als asymptotisch stabil, so liegt in allen anderen Fällen instabiles Verhalten vor. Bild 2.35 zeigt dies noch einmal anschaulich, wobei wir uns die Menge der Eigenwerte λ_i eines Übertragungsgliedes in die komplexe λ-Ebene durch Kreuze (x) eingetragen denken können.

In der Regelungstechnik interessiert allerdings nicht primär die Stabilität des Eigenverhaltens, sondern die Stabilität eines Übertragungsgliedes unter dem Einfluß beliebiger aber beschränkter Anregungsfunktionen $x_e(t)$. Wir werden in Abschnitt 4.1.2 zeigen, daß bei linearen Übertragungsgliedern auch für das Vorliegen dieser Art der Stabilität die in Gl. (2.104b) genannte Bedingung erfüllt sein muß. Im Moment wollen wir uns jedoch mit diesen Bemerkungen zufriedengeben und in Kapitel 4 ausführlicher auf diese für die Regelungstechnik zentralen Fragen der Stabilität zurückkommen.

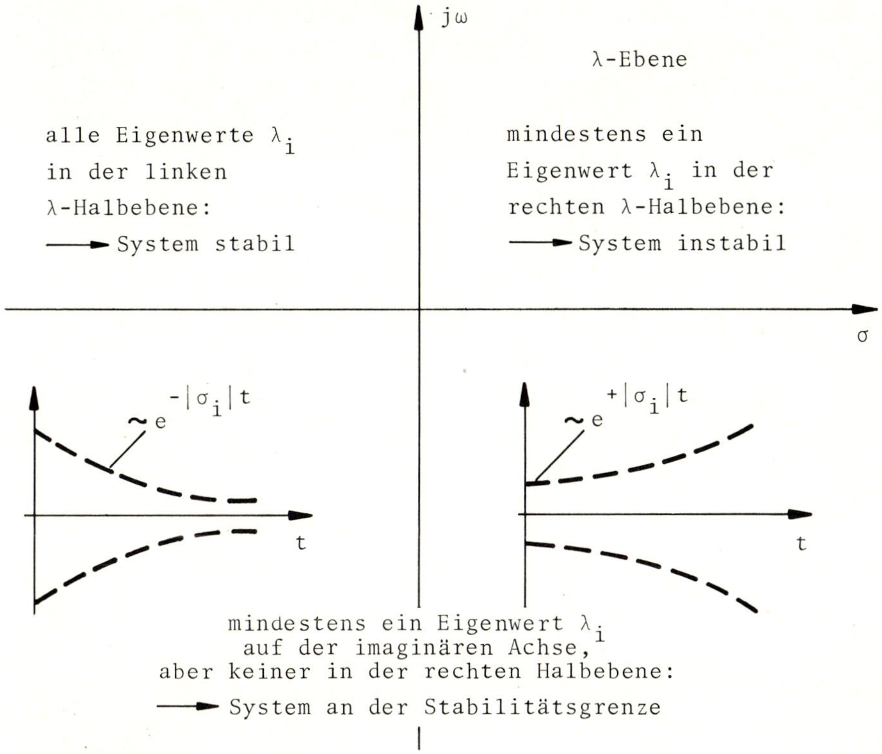

Bild 2.35: Ebene der Eigenwerte λ_i und Stabilität

2.7.3 Sinusantwort und Frequenzgangfunktion

2.7.3.1 Rechnerische Bestimmung der Frequenzgangfunktion

Eine besondere Bedeutung als Testsignal $x_e(t)$ kommt der geschalteten harmonischen Anregung

$$x_e(t) = \sin \omega t \cdot \sigma(t) \qquad (2.105)$$

zu. Setzen wir ein asymptotisch stabiles Übertragungsverhalten voraus, so wird, wie oben gezeigt, der Anteil $x_{ah}(t)$ in der zugehörigen Systemantwort mit wachsender Zeit auf Null abklingen und schließlich nur die erzwungene Bewegung $x_{ap}(t)$ übrig bleiben, d.h.

$$x_a(t)\Big|_{t\to\infty} = \underbrace{x_{ah}(t)\Big|_{t\to\infty}}_{=0} + x_{ap}(t)\Big|_{t\to\infty} = x_{ap}(t) \; . \qquad (2.106)$$

Da sich in der Grundstruktur des stationären Lösungsanteiles von $x_a(t)$ die Anregungsfunktion widerspiegeln muß, können wir für die Systemantwort eine gleichfrequente, jedoch gegenüber $x_e(t)$ phasenverschobene und amplituden-modifizierte Schwingung ansetzen, d.h. gemäß (2.106) gilt

$$x_a(t)\Big|_{t\to\infty} = x_{ap}(t) = a\cdot\sin\omega t + b\cdot\cos\omega t = A\cdot\sin(\omega t + \varphi) \quad (2.107)$$

mit

$$A = \sqrt{a^2+b^2} \quad , \quad \varphi = \arctan\left(\frac{b}{a}\right) \; .$$

Die allgemeinen Konstanten a, b bzw. A, φ können durch Einsetzen des Lösungsansatzes in die Dgl. (2.85) bestimmt werden.
Wesentlich einfacher gestaltet sich diese Rechnung jedoch, wenn wir zu der in der Elektrotechnik üblichen komplexen Darstellung harmonischer Schwingungen übergehen, d.h. das komplexe Testsignal

$$x_e^*(t) = \cos\omega t + j\cdot\sin\omega t = 1\cdot e^{j\omega t} \quad (2.108)$$

verwenden und dies gemäß der Eulerschen Formel abkürzen. Dementsprechend setzen wir das Ausgangssignal als

$$x_{ap}^*(t) = A\cdot e^{j(\omega t+\varphi)} \quad (2.109)$$

an. Für die i-ten zeitlichen Ableitungen dieser Signalgrößen gilt dann

$$\overset{(i)}{x_e^*}(t) = (j\omega)^i\cdot 1\cdot e^{j\omega t} \quad (2.110)$$

$$\overset{(i)}{x_{ap}^*}(t) = (j\omega)^i\cdot A\cdot e^{j(\omega t+\varphi)} \; , \quad (2.111)$$

so daß wir aus der Dgl. (2.85) die Beziehung

$$b_n\cdot(j\omega)^n\cdot A\cdot e^{j(\omega t+\varphi)} + \ldots + b_o\cdot A\cdot e^{j(\omega t+\varphi)} =$$

$$= a_o\cdot 1\cdot e^{j\omega t} + \ldots + a_m\cdot(j\omega)^m\cdot 1\cdot e^{j\omega t} \quad (2.112)$$

erhalten. Nach Herauskürzen der komplexen Schwingung $e^{j\omega t}$ gewinnen wir daraus die sog. Frequenzgangfunktion

$$F(j\omega) = A(\omega)\cdot e^{j\varphi(\omega)} = \frac{a_o+a_1\cdot(j\omega)+\ldots+a_m\cdot(j\omega)^m}{b_o+b_1\cdot(j\omega)+\ldots+b_n\cdot(j\omega)^n} \; . \quad (2.113)$$

Sie ist eine komplexe Funktion der reellen Variablen ω(=Kreisfrequenz der Schwingung), die in polarer Darstellung in die Betragsfunktion

$$A(\omega) = |F(j\omega)| = \sqrt{(Re\{F(j\omega)\})^2 + (Im\{F(j\omega)\})^2} \qquad (2.114a)$$

und die Phasenfunktion

$$\varphi(\omega) = \angle F(j\omega) = arc\ F(j\omega) = \arctan \frac{Im\{F(j\omega)\}}{Re\{F(j\omega)\}} \qquad (2.114b)$$

aufgespalten werden kann. Die Konstanten A und φ des Ansatzes (2.107) bzw. (2.109) sind damit für ein festes ω aus der Frequenzgangfunktion bestimmbar.
Gemäß den Gln. (2.109) und (2.113) können wir aber auch das Signal $x^*_{ap}(t)$ ausdrücken als

$$x^*_{ap}(t) = F(j\omega) \cdot x^*_e(t) \ , \qquad (2.115)$$

womit für den Sonderfall harmonischer Signale ein expliziter Zusammenhang zwischen Ein- und Ausgangssignal vorliegt. Nehmen wir schließlich den Im-Teil oder Re-Teil von Gl. (2.115), so erhalten wir daraus die (reelle) Sinus- bzw. Cosinus-Antwort.

Sehen wir uns als nächstes den strukturellen Aufbau der Frequenzgangfunktion in (2.113) noch etwas genauer an, so bemerken wir, daß er in übersichtlicher Anordnung die komplette Information der Systembeschreibung eines linearen Übertragungsgliedes enthält. Ein Vergleich mit der zugehörigen Dgl. (2.85) macht deutlich, daß sich im Zähler von $F(j\omega)$ der Aufbau der rechten Seite, in ihrem Nenner der der linken Seite der Dgl. niederschlägt. Die Entwicklung der Frequenzgangfunktion für eine vorgegebene Dgl. ist damit für uns in Zukunft kein Rechen- sondern ein reines Zuordnungsproblem. Aufgrund eindeutiger Zusammenhänge können wir auch für eine vorgegebene Frequenzgangfunktion leicht die zugehörige Systemdgl. bestimmen. Dieses routinemäßige Hin- und Herspringen zwischen verschiedenen äquivalenten Systembeschreibungen wird bei unserer weiteren Arbeit von außerordentlicher Bedeutung sein.

2.7.3.2 Ortskurve und Frequenzkennlinie

Die Frequenzgangfunktion findet die verschiedensten grafischen Ausdeutungen. Für die Regelungstechnik von besonderer Bedeutung sind Ortskurven- und Bode-Diagramm-(Frequenzkennlinien-)Darstellung von $F(j\omega)$. In beiden Fällen betrachten wir nur die Wertmenge von $F(j\omega)$ für $\omega \geq 0$.

Im ersten Fall tragen wir die aus der Frequenzgangfunktion für feste ω bestimmbaren komplexen Werte $F(j\omega)$ in die komplexe F-Ebene ein und verbinden diese zur Ortskurve, wobei wir gewisse typische ω-Werte vermerken und die Richtung wachsender ω-Werte durch einen Pfeil markieren.

Im Bode-Diagramm tragen wir dagegen zwei Frequenzkennlinien getrennt, aber in bestimmter Anordnung zueinander auf, den Amplitudengang $A(\omega)$ in doppelt-logarithmischer, den Phasengang $\varphi(\omega)$ in halblogarithmischer Darstellung mit ω als gemeinsamer Abszisse. Einzelheiten erklärt das folgende Beispiel.

Beispiel 2.13: Wir beziehen uns auf das bereits bekannte PT_1-Übertragungsglied mit der Dgl.

$$T \cdot \dot{x}_a + x_a = K \cdot x_e \; . \qquad (2.116)$$

Aus (2.113) folgt unmittelbar

$$F(j\omega) = \frac{a_o}{b_o + b_1 \cdot (j\omega)} = \frac{K}{1 + j\omega T} = \frac{K(1 - j\omega T)}{1 + (\omega T)^2} \; . \qquad (2.117)$$

Mit (2.114) können wir auch schreiben

$$A(\omega) = \frac{K}{\sqrt{1 + (\omega T)^2}} \; , \qquad (2.118a)$$

$$\varphi(\omega) = - \arctan(\omega T) \; . \qquad (2.118b)$$

Für die Parameterwerte K=3; T=0,06 und eine feste Kreisfrequenz z.B. $\omega_i = 6$, können wir daraus unschwer die stationäre Sinusantwort gemäß Gl. (2.107) zu

$$x_a(t)\Big|_{t \to \infty} = \mathrm{Im}\; x^*_{ap}(t) = 2{,}82 \cdot \sin(6t - 20^o) \qquad (2.119)$$

bestimmen. Gegenüber der Anregungsfunktion liegt also eine in der Amplitude vergrößerte (2,82) und phasennacheilende (-20°) Schwingung vor.

Sehr viel aufschlußreicher als eine einzelne Sinusantwort ist die kompaktere, die Konstanten A und φ für beliebige ω umfassende Frequenzgangfunktion (2.117). Werten wir sie für einige ω-Werte punktweise aus, so gewinnen wir ihre in Bild 2.36 skizzierte Ortskurven- bzw. Bode-Diagramm-Darstellung.

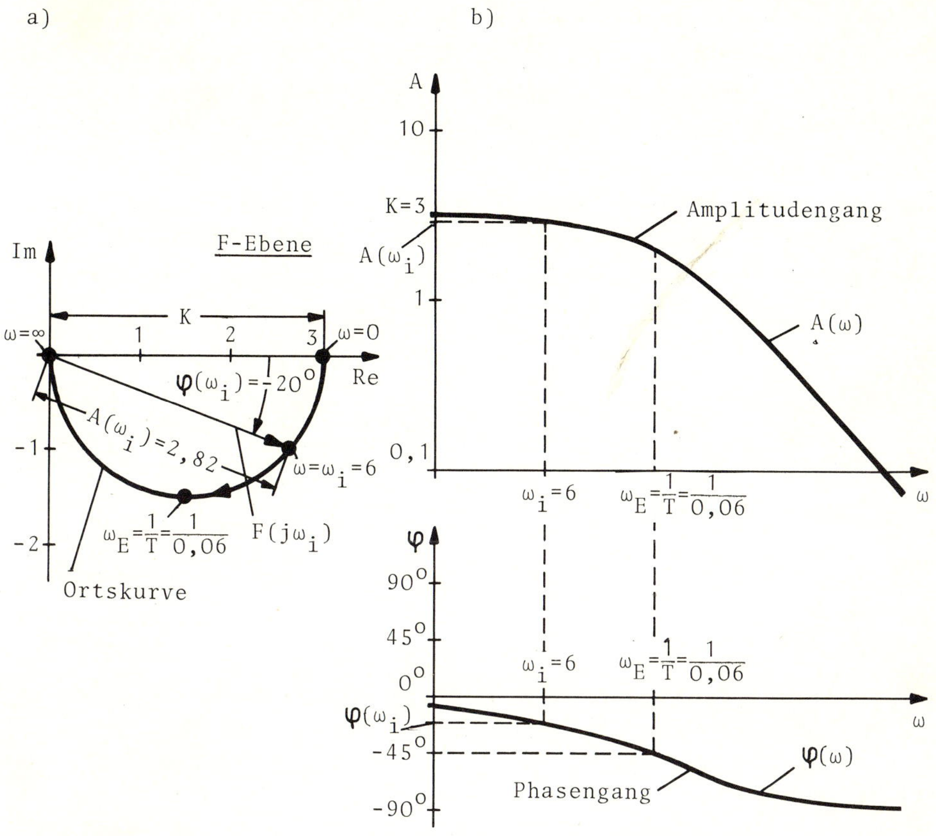

Bild 2.36: Ortskurve (a) und Bodediagramm (b) eines PT_1-Systems

Da wir jeden Ortskurvenpunkt als komplexen Zeiger deuten können, lesen wir leicht aus der halbkreisförmigen Ortskurve für $\omega=6$ als Betrag $A(6)=2{,}82$ und Phase $\varphi(6)=-20^o$ des eingezeichneten Zeigers ab, also genau die Werte, die wir für die stationäre Sinusantwort in Gl. (2.119) analytisch bestimmt hatten. In gleicher Weise lassen sich diese Werte aber auch der Betrags- und Phasenkennlinie bei $\omega=6$ des Bode-Diagramms entnehmen.

Allgemein wollen wir auf die engen Beziehungen zwischen Ortskurve und Frequenzkennlinien hinweisen, die es selbstverständlich gestatten, bei vollständiger Kenntnis der einen Darstellungsform unmittelbar daraus, die andere (grafisch) zu entwickeln. Beide Darstellungsformen zeigen deutlich den sog. Tiefpaßcharakter des vorliegenden Übertragungsgliedes. D.h. mit wachsendem ω der Eingangssignalschwingung geht eine Veränderung des Übertragungsverhaltens derart einher, daß $A(\omega)$ monoton fällt; diese Eigenschaft bevorzugt das Passieren der niederfrequenten

(=tieferen) Eingangssignale gegenüber den höherfrequenten. Die bereits früher diskutierte verzögernde Wirkung des PT_1-Gliedes äußert sich hier so, daß φ für wachsendes ω bis auf 90° Phasennacheilung zwischen Ein- und Ausgangssignal ansteigt.

Interessant ist schließlich die Feststellung, daß sich die Systemparameter K,T des Übertragungsgliedes gemäß Gl. (2.116) an markanter Stelle in beiden Darstellungen der Frequenzgangfunktion auswirken. So stellen wir fest, daß der Wert K aus

$$K = |F(j\omega)|\Big|_{\omega\to 0} = A(\omega)\Big|_{\omega\to 0} \qquad (2.120a)$$

gewonnen werden kann, während sich T als Reziprokwert von ω an der Stelle ergibt, wo $\varphi = -45^o$ ist, d.h.

$$T = \frac{1}{\omega}\Big|_{\varphi=-45^o} = \frac{1}{\omega_E} \quad . \qquad (2.120b)$$

Die Gültigkeit beider Beziehungen kann leicht anhand der Gln. (2.118) überprüft werden.

Damit eröffnet sich aber eine weitere Möglichkeit für die Kennwert-Ermittlung, also die experimentelle Bestimmung der Systemparameter eines Übertragungsgliedes. Wie die Beziehungen (2.120) zeigen, können wir aus dem in Ortskurven- oder Frequenzkennlinien-Darstellung vorliegenden Frequenzgang die unbekannten Systemparameter K,T unmittelbar entnehmen. Dies leitet uns aber zur Frage über, wie wir den Frequenzgang eines unbekannten linearen Übertragungsgliedes experimentell bestimmen können.

2.7.3.3 Experimentelle Frequenzgang-Bestimmung

Die einfachste Methode ist das Synchronaufzeichnungsverfahren mit Hilfe eines Zweikanal-Zeitschreibers entsprechend der in Bild 2.37 gezeigten Anordnung. Ist das bekannte Übertragungsglied stabil - und nur in diesem Fall macht die Messung eines Frequenzganges einen Sinn (warum?) - so gelingt es uns, für feste Werte ω aus dem Amplitudenverhältnis $\hat{x}_a/\hat{x}_e$ und der Phasenverschiebung zwischen den harmonischen Signalverläufen $x_e(t)$ und $x_a(t\to\infty) = x_{ap}(t)$, die Kennlinien $A(\omega)$ und $\varphi(\omega)$ punktweise zu bestimmen. Dabei ist zu beachten, daß wir nach jeder Frequenzänderung ω erst das Abklingen des dadurch in $x_a(t)$ angeregten Einschwingvorganges auf die stationäre Schwingung gemäß Gl. (2.107) abwarten müssen. Schließlich ist zu berücksichtigen, daß das aufgezeichnete Ausgangssignal immer von Störsignalen z(t), wie unvermeidlichem Meßrauschen und dgl. überlagert sein wird, so daß wir die Größen A und φ nur durch Mittelwertbildung einigermaßen exakt bestimmen können.

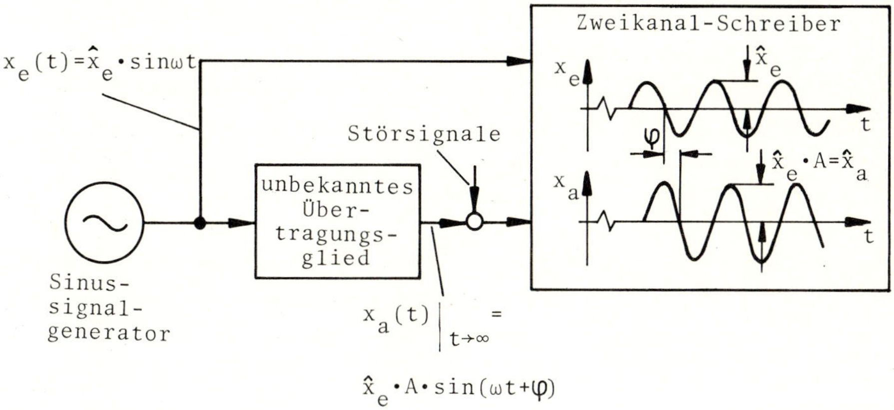

Bild 2.37: Frequenzgangmessung mittels Synchronaufzeichnung von $x_e(t)$ und $x_a(t)$

Moderne Frequenzgang-Meßeinrichtungen ermöglichen eine weitgehend automatische Messung des Frequenzganges. Sie bedienen sich verschiedenster analoger oder digitaler Auswerteverfahren zur Bestimmung von A(ω) und φ (ω) und liefern nach Wunsch Zahlenkolonnen oder unmittelbar die zum jeweiligen Übertragungsglied gehörige Ortskurve bzw. die entsprechenden Frequenzkennlinien.

2.8 Übertragungsfunktionen linearer Übertragungsglieder

Bisher haben wir Übertragungsglieder durch Dgln. beschrieben; für den Sonderfall der Sinusanregung erwies sich aber bereits die Frequenzgangfunktion als äquivalente Beschreibung. Durch Anwendung der Laplace-Transformation auf die ein Übertragungsglied charakterisierende Dgl. erhalten wir eine weitere der Frequenzgangfunktion F(jω) ähnliche, jedoch universellere Form der Systembeschreibung. Wir bezeichnen sie als Übertragungsfunktion F(p). Zu ihrer Herleitung benötigen wir gewisse Grundkenntnisse der Laplace-(L-)Transformation.

2.8.1 Grundtatsachen der Laplace-Transformation

Die L-Transformation bildet eine Funktion der unabhängigen reellen Variablen t, also x(t), durch das L-Integral in eine Funktion X der unabhängigen, komplexen Variablen $p=\sigma+j\omega$ ab, d.h.

$$X(p) = \int_0^\infty e^{-pt}\, x(t)dt \;. \qquad (2.121)$$

p oder wie in der Mathematik üblicher s wird in der Elektrotechnik auch als komplexe (Kreis-)Frequenz bezeichnet. Die L-Transformation wird sinnvollerweise auf solche Funktionen x(t) angewandt, für die $x(t) = 0$ für $t < 0$ gilt, d.h. bei x(t) handelt es sich stets um "verkürzte Funktionen" $x(t)\cdot\sigma(t)$, wie wir sie bereits im Zusammenhang mit den Testsignalen in Tabelle 2.3 kennenlernten.

Das L-Integral kann aber nicht nur auf Zeitfunktionen x(t), sondern auch auf Operationen des Zeitbereichs, wie das Integrieren oder Differenzieren, angewendet werden. Das führt dazu, daß eine Dgl. der Art von Gl. (2.85), die die Signale $x_e(t)$ und $x_a(t)$ verknüpft, in eine algebraische Beziehung zwischen den transformierten Signalen $X_e(p)$ und $X_a(p)$ umgewandelt wird. Wir werden sehen, daß sich damit die Bestimmung der Systemantwort eines aus mehreren gekoppelten Übertragungsgliedern bestehenden Systems wesentlich vereinfacht. Bild 2.38 erklärt verschiedene im Zusammenhang mit der L-Transformation übliche Begriffe

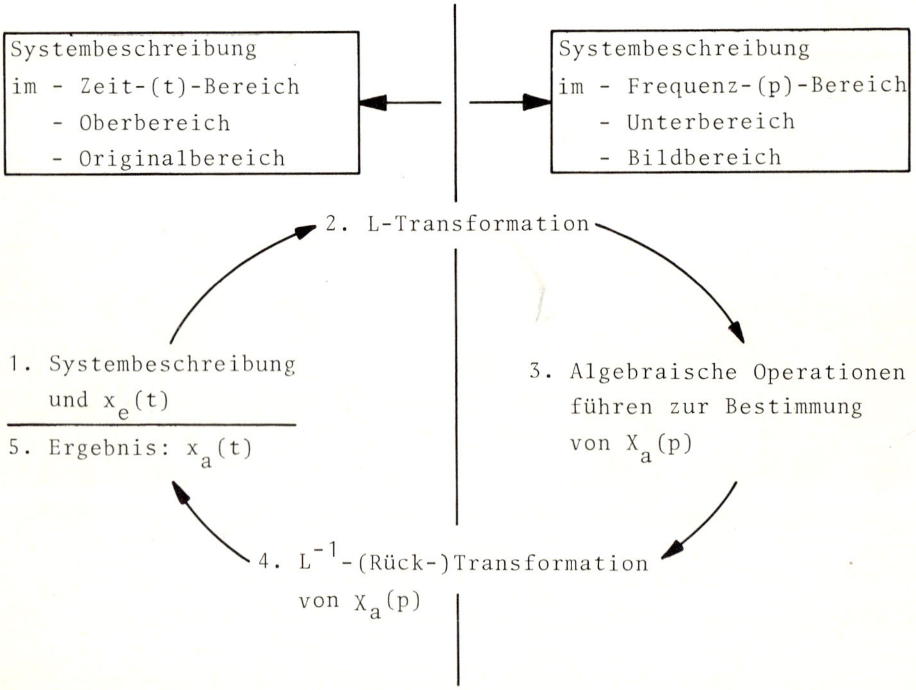

Bild 2.38: Laplace-Transformation: Begriffe und Zusammenhänge

und zeigt schematisch, wie mit Hilfe der L-Transformation die Systemantwort $x_a(t)$ ausgehend von der Systembeschreibung eines linearen Übertragungsgliedes (Dgl.) und dem Anregungssignal $x_e(t)$ schrittweise bestimmt wird.

Diese Vorgehensweise ist in gewisser Beziehung vergleichbar mit Vereinfachungen, die das Arbeiten mit Logarithmen bei der Lösung bestimmter arithmetischer Aufgaben mit sich bringt. Dabei werden bekanntlich positiv reelle Zahlen x und die darauf wirkenden Operationen des Multiplizierens, Potenzierens etc. (vgl. Bild 2.38 "Oberbereich") durch Anwenden der Logarithmusfunktion in reelle Zahlen $X = \log_a x$, in die Operationen des Addierens, Multiplizierens etc. ("Unterbereich") überführt. Liegt das Ergebnis der arithmetischen Aufgabe im "Unterbereich" vor, wird es durch Anwenden der Umkehrfunktion, d.h. der entsprechenden Exponentialfunktion in den "Oberbereich" rücktransformiert ($x = \log_a^{-1} X = a^X$).

Tabelle 2.4 gibt für wichtige, elementare Zeitfunktionen x(t) ihre L-Transformierte X(p) an; weitere Funktionenpaare können umfangreichen Korrespondenztabellen entnommen werden [5].

Anhand einiger Beispiele von Zeitfunktionen x(t) wollen wir die Herleitung der zugehörigen L-Transformierten erläutern.

<u>Beispiel 2.14:</u>

a) $x(t) = \delta(t)$ = Impulsfunktion

$$X(p) = \int_0^\infty e^{-pt} \cdot \delta(t)\,dt$$

Wegen der "<u>Ausblendeigenschaft</u>" der δ-Funktion gilt

$$e^{-pt}\delta(t) = e^{-p \cdot 0}\delta(t) = 1 \cdot \delta(t) \quad , \tag{2.122}$$

so daß unter Berücksichtigung von Gl. (2.92) als L-Transformierte

$$X(p) = 1$$

folgt; vgl. dazu auch Tabelle 2.4/1.

Tabelle 2.4: Funktionenpaare der Laplace-Transformation

t-Bereich	p-Bereich
$L[x(t)] = \int_0^\infty e^{-pt} x(t)\,dt$	$p = \sigma + j\omega$

x(t) → L[x(t)] → X(p) → $L^{-1}[X(p)]$ → x(t)

t-Bereich	p-Bereich
$t<0:\ x(t)=0$	$L^{-1}[X(p)] = \frac{1}{2\pi j}\int_{\sigma-j\infty}^{\sigma+j\infty} e^{pt} X(p)\,dp$

	x(t)	X(p)
1	$\delta(t)$ Impulsfunktion	1
2	$\sigma(t)$ Sprungfunktion	$\frac{1}{p}$
3	t^n $n=1,2,3...$	$\frac{n!}{p^{n+1}}$
4	$\sin\omega t$	$\frac{\omega}{p^2+\omega^2}$
5	$\cos\omega t$	$\frac{p}{p^2+\omega^2}$
6	e^{-at}	$\frac{1}{p+a}$
7	$t^n \cdot e^{-at}$ $n=1,2,3...$	$\frac{n!}{(p+a)^{n+1}}$
8	$e^{-at} \cdot \sin\omega t$	$\frac{\omega}{(p+a)^2+\omega^2}$
9	$e^{-at} \cdot \cos\omega t$	$\frac{p+a}{(p+a)^2+\omega^2}$

b) $x(t) = e^{-at} \quad (= e^{-at} \cdot \sigma(t))$

$$X(p) = \int_0^\infty e^{-pt} \cdot e^{-at} dt$$

$$= \int_0^\infty e^{-(p+a)t} dt$$

$$= -\frac{1}{p+a} e^{-(p+a)t} \Big|_0^\infty = \frac{1}{p+a} .$$

Vgl. dazu auch Tabelle 2.4/6.

Für die Rücktransformation $L^{-1}[X(p)]$ aus dem Frequenz- in den Zeitbereich ist das in Tabelle 2.4 oben angegebene sog. komplexe Umkehrintegral das wichtigste Hilfsmittel. In der Regel können wir jedoch auf seine Anwendung verzichten, da wir die zu X(p) gehörige Zeitfunktion x(t) der Korrespondenztabelle 2.4 entnehmen können.

Beispiel 2.15: Wir suchen die Zeitfunktion x(t) zu

$$X(p) = \frac{1}{p-2} .$$

Gemäß Tabelle 2.4/6 folgt

$$x(t) = e^{2t}, \; t \geq 0 .$$

Für uns fast noch wichtiger als die L-Transformation von Zeitfunktionen ist die Transformation von Operationen, die auf Zeitfunktionen wirken. Tabelle 2.5 zeigt hierfür wichtige Korrespondenzen bzw. Rechenregeln. Die Zeilen 1 und 2 beweisen u.a., daß es sich bei der L-Transformation um eine lineare Transformation handelt, da sie die dafür kennzeichnenden Eigenschaften der Additivität (Zeile 1) und Homogenität (Zeile 2) besitzt. Wir verweisen in diesem Zusammenhang auch auf unsere Ausführungen in Abschnitt 2.1.2.

Von besonderem Interesse sind die Zeilen 3 bis 5. Sie zeigen, daß durch L-Transformation die n-fache zeitliche Differentiation der Zeitfunktion x(t) mit Anfangswerten identisch Null in das p^n-fache und die einfache Integration in das $\frac{1}{p}$ -fache der L-Transformierten von x(t) abgebildet wird.

Mit einem einfachen Beispiel wollen wir die Anwendung einiger Rechenregeln verdeutlichen.

Tabelle 2.5: Rechenregeln der Laplace-Transformation

	$x(t)$	$X(p)$
1	$x_1(t)+x_2(t)$	$X_1(p)+X_2(p)$
2	$K\cdot x_1(t)$	$K\cdot X_1(p)$
3	$\dot{x}_1(t)=\frac{dx_1(t)}{dt}$ verallgem. Differentiation	$pX_1(p)-x_1(-0)$ $x_1(-0)=x_1(t=-0)$, Anfangswert
4	$\overset{(n)}{x}_1(t)=\frac{d^n x_1(t)}{dt^n}$	$p^n X_1(p)-p^{n-1}x_1(-0)-\ldots-\overset{(n-1)}{x}_1(-0)$
5	$\int_0^t x_1(\tau)d\tau$	$\frac{1}{p}X_1(p)$
6	$x_1(t-T_t)\cdot\sigma(t-T_t)$	$e^{-pT_t}\cdot X_1(p)$
7	$e^{-at}\cdot x_1(t)$	$X_1(p+a)$
8	$t\cdot x_1(t)$	$-\frac{dX_1(p)}{dp}$
9	$\int_0^t x_1(\tau)\cdot x_2(t-\tau)d\tau = x_1(t)*x_2(t)$ Faltungsprodukt	$X_1(p)\cdot X_2(p)$
	Grenzwertsätze	
10	Anfangswertsatz $x(t=+0) = \lim_{p\to\infty} pX(p)$	
11	Endwertsatz $x(t=\infty) = \lim_{p\to 0} pX(p)$, wenn die Pole von $p\cdot X(p)$ nur in der linken p-Halbebene liegen	

Beispiel 2.16: Wir suchen die Zeitfunktion x(t) zu

$$X(p) = \frac{5p-4}{p(p-2)} .$$

Diese Funktion ist nicht unmittelbar in Tabelle 2.4 enthalten; wir können jedoch X(p) durch Partialbruchzerlegung aufspalten in

$$X(p) = \frac{2}{p} + \frac{3}{p-2} .$$

Mit Hilfe der Rechenregeln aus Tabelle 2.5/1 und 2 sowie den Korrespondenzen gemäß Tabelle 2.4/2 und 6 finden wir dann

$$x(t) = 2 + 3\,e^{2t}.$$

2.8.2 Übertragungsfunktion eines linearen Übertragungsgliedes

Wenden wir nun die L-Transformation auf die allgemeine, lineare, zeitinvariante Dgl.

$$b_n \cdot \overset{(n)}{x}_a(t) + \ldots + b_1 \cdot \dot{x}_a(t) + b_o \cdot x_a(t) = a_o \cdot x_e(t) + a_1 \cdot \dot{x}_e(t) + \ldots + a_m \cdot \overset{(m)}{x}_e(t) \qquad (2.123)$$

an, wobei wir auf der linken und rechten Seite verschwindende Anfangswerte annehmen, d.h.

$$x_a(0) = \dot{x}_a(0) = \ldots = \overset{(n-1)}{x_a}(0) = x_e(0) = \dot{x}_e(0) = \ldots = \overset{(m-1)}{x_e}(0) = 0,$$

so erhalten wir mit Hilfe der Rechenregeln aus Tabelle 2.5/1 bis 4 die algebraische Gleichung

$$b_n \cdot p^n \cdot X_a(p) + \ldots + b_1 \cdot p \cdot X_a(p) + b_o \cdot X_a(p) = a_o \cdot X_e(p) +$$

$$+ a_1 \cdot p \cdot X_e(p) + \ldots + a_m \cdot p^m \cdot X_e(p) . \qquad (2.124)$$

Sie läßt sich leicht umformen in

$$\frac{X_a(p)}{X_e(p)} = \frac{L[x_a(t)]}{L[x_e(t)]} = F(p) = \frac{a_o + a_1 p + \ldots + a_m p^m}{b_o + b_1 p + \ldots + b_n p^n} . \qquad (2.125)$$

Diese gebrochen rationale Funktion F(p) wird als Übertragungsfunktion des durch Gl. (2.123) beschriebenen Übertragungsgliedes bezeichnet. Ähnlich wie bei der Frequenzgangfunktion bestehen auch zwischen dem strukturellen Aufbau der Übertragungsfunktion und dem der Dgl. eindeutige Beziehungen. So spiegelt sich im Zählerpolynom von F(p) der

Aufbau der rechten Seite und im Nennerpolynom der der linken Seite der Dgl. wieder.

2.8.3 Deutungen der Übertragungsfunktion

2.8.3.1 Universelle Eingangs/Ausgangsbeschreibung eines Übertragungsgliedes

Für zu Null angenommene Anfangswerte gilt gemäß Gl. (2.125) für die Systemantwort im Unterbereich der explizite algebraische Zusammenhang

$$X_a(p) = F(p) \cdot X_e(p) \ . \tag{2.126}$$

Die L-transformierte Systemantwort $X_a(p)$ entsteht also als Produkt der Übertragungsfunktion $F(p)$(mit den durch die Dgl.-Koeffizienten a_i, b_j spezifizierten Polynom-Koeffizienten) und der als allgemeine Signalgröße oder durch eine bestimmte Signalfunktion $x_e(t)$ vorgegebenen Eingangsgröße $X_e(p)$. Der im Zeitbereich durch die Dgl. beschriebene implizite Zusammenhang zwischen $x_a(t)$ und $x_e(t)$ wird somit mittels L-Transformation in eine wesentlich einfacher zu handhabende explizite, algebraische Beziehung zwischen $X_a(p)$ und $X_e(p)$ umgewandelt. Bezogen auf Signalflußplan-Betrachtungen können wir also in Zukunft ein lineares Übertragungsglied auch alternativ im Zeit- oder Frequenzbereich durch die in Bild 2.39 gezeigte Symbolik charakterisieren.

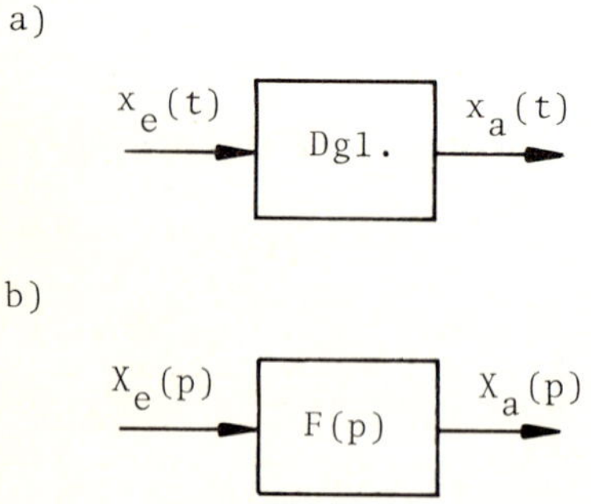

Bild 2.39: Äquivalente Beschreibungen eines Übertragungsgliedes, Zeit- (a) und Frequenzbereich (b)

2.8.3.2 Übertragungsfunktion und Gewichtsfunktion

Regen wir ein Übertragungsglied mit der Impulsfunktion, $x_e(t) = \delta(t)$ an, so erhalten wir bekanntlich als Antwortfunktion $x_a(t)$ die Gewichtsfunktion $g_1(t)$. Untersuchen wir nun die Zusammenhänge zwischen Ein- und Ausgangssignal parallel in Zeit- und Frequenzbereich, so gelangen wir zu folgendem Schema:

$$\begin{array}{ccccccc}
x_e(t) & = & \delta(t) & \xrightarrow[\text{Systemantwort}]{\text{daraus folgt als}} & x_a(t) & = & g_1(t), \\
| & & | & & | & & | \\
L[x_e(t)] & & L[\delta(t)] & & L[x_a(t)] & & L[g_1(t)] \\
\downarrow & & \downarrow & & \downarrow & & \downarrow \\
X_e(p) & = & 1 & \xrightarrow[\text{Systemantwort}]{\text{daraus folgt als}} & X_a(p) = F(p)\cdot X_e(p) = F(p) & &
\end{array}$$

Diesem Schema entnehmen wir die Beziehung

$$F(p) = L[g_1(t)] \; ; \tag{2.127}$$

sie besagt, daß wir unter der Übertragungsfunktion F(p) eines Übertragungsgliedes die L-Transformierte seiner Gewichtsfunktion $g_1(t)$ verstehen können.

2.8.3.3 Bestimmung der Systemantwort durch Faltung

Gemäß Tabelle 2.5/9 korrespondiert die einfache Multiplikation zweier Signalfunktionen im p-Bereich mit ihrer sog. Faltung im t-Bereich; es gilt nämlich

$$X_3(p) = X_1(p)\cdot X_2(p), \tag{2.128a}$$

$$L^{-1}[X_3(p)]$$

$$x_3(t) = \int_0^t x_1(\tau)\cdot x_2(t-\tau)\cdot d\tau = x_1(t) * x_2(t) \; . \tag{2.128b}$$

Wenden wir diese allgemeinen Beziehungen auf die gemäß Gl. (2.126) bzw. Bild 2.39b geltenden spezielleren Signalzusammenhänge bei einem Übertragungsglied an, so erhalten wir mit

$$X_1(p) = X_e(p), \quad X_2(p) = F(p), \quad X_3(p) = X_a(p),$$

$$X_a(p) = X_e(p)\cdot F(p), \tag{2.129a}$$

$$L^{-1}[X_a(p)]$$

$$x_a(t) = \int_0^t x_e(\tau)\cdot g_1(t-\tau)\cdot d\tau = x_e(t) * g_1(t), \tag{2.129b}$$

wobei wir von Gl. (2.127), d.h. $g_1(t) = L^{-1}[F(p)]$ Gebrauch gemacht haben.

Gl. (2.129b) besagt, daß die Ausgangsgröße $x_a(t)$ eines linearen Übertragungsgliedes im Zeitbereich durch Faltung der Anregungsfunktion $x_e(t)$ mit der Gewichtsfunktion $g_1(t)$ berechnet werden kann.

Der besseren Veranschaulichung dieses wichtigen Zusammenhanges dient Bild 2.40. Nehmen wir eine stetige Anregungsfunktion $x_e(t)$ an, die auf ein Übertragungsglied mit der Gewichtsfunktion $g_1(t)$ einwirkt. Die Systemantwort $x_a(t)$ können wir uns dann wie folgt entstanden denken: Wir zerlegen $x_e(t)$ gedanklich in eine dichte Folge von Rechteckimpulsen der Flächen $x_e(\tau)\cdot\Delta\tau$ und lassen diese einzeln, nacheinander zum jeweiligen Zeitpunkt τ auf das Übertragungsglied einwirken. Sind die

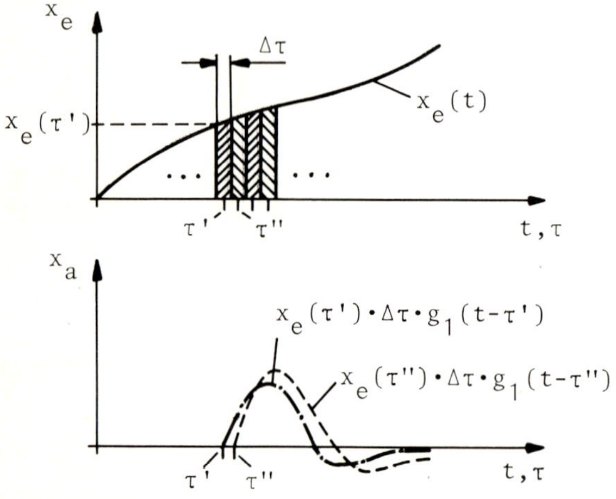

Bild 2.40: Erklärung zum Faltungsintegral

Impulse sehr schmal, vgl. auch mit Bild 2.34, so wird die einer Impulsanregung entsprechende Systemantwort eine mit der Impulsfläche gewichtete, um τ' gegen den Ursprung der Zeitachse verschobene Gewichtsfunktion sein, d.h.

$$x_e(\tau')\cdot\Delta\tau\cdot g_1(t-\tau') \ .$$

Da uns aber im Hinblick auf die Systemantwort x_a die Wirkung aller dieser Teilantwortfunktionen bis zum Zeitpunkt t interessiert, bilden wir deren Summe

$$x_a(t) \approx \sum_{\tau=0}^{t} x_e(\tau)\cdot\Delta\tau\cdot g_1(t-\tau) \ , \qquad (2.130a)$$

die für infinitesimal kleines $\Delta\tau$ in das Integral

$$x_a(t) = \int_0^t x_e(\tau) g_1(t-\tau) d\tau \qquad (2.130b)$$

übergeht. Der Vergleich mit Gl. (2.129b) zeigt uns, daß wir damit auf anderem Wege das bereits bekannte Faltungsintegral hergeleitet haben. Im Gegensatz zur formalen Herleitung über die L-Transformation vermittelt uns das zuletzt eingeschlagene anschaulichere Vorgehen wesentlich bessere Einsichten in die Bedeutung der Faltung zur Bestimmung einer Systemantwort.

2.8.3.4 Übertragungs- und Frequenzgangfunktion

Für rein imaginäre Werte der komplexen Frequenz $p=\sigma+j\omega$ gilt

$$F(p)\Big|_{p=j\omega} = F(j\omega) \; . \qquad (2.131)$$

Diese Beziehung, zusammen mit den Gln. (2.113) und (2.125), führt zu dem Schluß, daß die Frequenzgangfunktion $F(j\omega)$ auch als die auf die Im-Achse der p-Ebene ($p=j\omega$) beschränkte Übertragungsfunktion $F(p)$ verstanden werden kann.

2.8.3.5 Pol- und Nullstellen der Übertragungsfunktion

Zähler- und Nennerpolynom von $F(p)$ besitzen Wurzeln, die von den Koeffizienten a_i und b_j abhängen. Die Wurzeln des Zählerpolynoms von Gl. (2.125) berechnen wir aus

$$Z(p) = a_o + a_1 \cdot p + \ldots + a_m \cdot p^m = 0 \; . \qquad (2.132)$$

Wir bezeichnen sie als die Nullstellen q_μ der Übertragungsfunktion, da für alle $p=q_\mu$ ($\mu=1,2,..,m$) der Funktionswert

$$F(p)\Big|_{p=q_\mu} = 0$$

ist.

Die Wurzeln des Nennerpolynoms werden entsprechend aus

$$N(p) = b_o + b_1 \cdot p + \ldots + b_n \cdot p^n = 0 \qquad (2.133)$$

bestimmt. Wir bezeichnen sie als Polstellen oder einfacher Pole p_ν, da für alle $p=p_\nu$ $(\nu=1,\ldots,n)$ der Funktionswert der Übertragungsfunktion den Wert

$$F(p)\Big|_{p=p_\nu} = \infty$$

annimmt. Bei Kenntnis der Pole p_ν und Nullstellen q_μ läßt sich die gebrochen rationale Übertragungsfunktion, Gl. (2.125), auch in faktorisierter Form darstellen als

$$F(p) = Q\cdot\frac{\prod_{\mu=1}^{m}(p-q_\mu)}{\prod_{\nu=1}^{n}(p-p_\nu)} \quad \text{mit } Q = \frac{a_m}{b_n} \text{ und } p_\nu \neq q_\mu . \tag{2.134}$$

Falls F(p) keine Nullstellen im Endlichen besitzt, nimmt der Zählerausdruck in Gl. (2.134) den Wert 1 an und sinngemäß gilt für $Q=a_o/b_n$.

Beispiel 2.17: Ein Übertragungsglied, wie in Bild 2.39 dargestellt, sei beschrieben durch die Dgl.

$$\dddot{x}_a+\ddot{x}_a-7\dot{x}_a-15x_a = -8x_e+6\dot{x}_e+2\ddot{x}_e .$$

Die zugehörige Übertragungsfunktion lautet dann gemäß den Gln. (2.125) und (2.134)

$$F(p) = \frac{2p^2+6p-8}{p^3+p^2-7p-15} = 2\cdot\frac{(p-1)\ (p+4)}{(p+2+j)\cdot(p+2-j)\cdot(p-3)} ;$$

Nullstellen: $q_1 = 1$, $q_2 = -4$

Pole : $p_1 = -2-j$, $p_2 = -2+j$, $p_3 = 3$

Bild 2.41 zeigt eine eindeutige Charakterisierung dieser Übertragungsfunktion bzw. des Übertragungsgliedes in der p-Ebene.

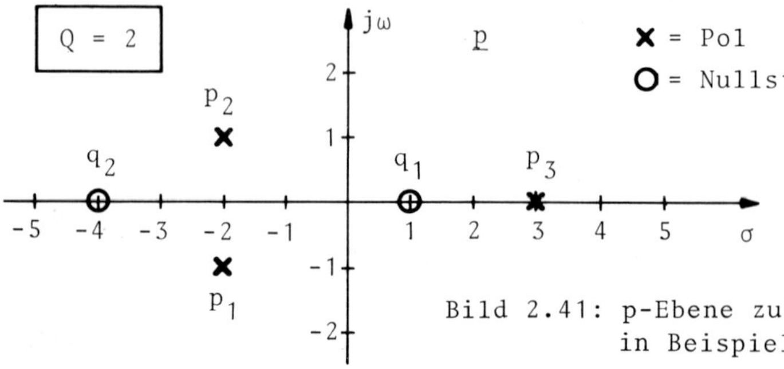

Bild 2.41: p-Ebene zur Übertragungsfunktion in Beispiel 2.17

Kehren wir noch einmal zur Diskussion des strukturellen Aufbaues der Übertragungsfunktion F(p) gemäß Gl. (2.125) zurück, so erkennen wir, daß zwischen dem Nennerpolynom N(p) und dem charakteristischen Polynom $P(\lambda)$, Gl. (2.91), der allgemeinen linearen Dgl. eine enge Beziehung besteht. Beides sind Polynome gleicher Bauform in den komplexen Variablen p bzw. λ, so daß die Lagen der Pole p_ν von F(p) in der p-Ebene identisch den Lagen der Wurzeln λ_ν der charakteristischen Gleichung (2.91) in der λ-Ebene sind. Allerdings gilt die Aussage

$$\text{Eigenwerte } \lambda_\nu = \text{Pole } p_\nu, \qquad \nu=1,2,\ldots,n \tag{2.135}$$

unter der Einschränkung, daß Zähler- und Nennerpolynom von F(p) in Gl. (2.134) teilerfremd (also $p_\nu \neq q_\mu$ für alle ν,μ) sind und sich somit die Ordnung der Polynome nicht durch Kürzen entsprechender Linearfaktoren - auch als Pol/Nullstellen-Kompensation bezeichnet - reduziert.

Ist diese Voraussetzung erfüllt, so können wir offenbar die Stabilitätseigenschaften eines Übertragungsgliedes auch alternativ anhand der Lage der Pole p_ν in der p-Ebene beurteilen. In diesem Sinne erkennen wir, daß im Beispiel 2.17 - wegen $p_3=3$ - ein instabiles Übertragungsglied vorlag.

2.8.4 Grenzwertsätze der L-Transformation

In Tabelle 2.5/10 und 11 sind sog. Grenzwertsätze der L-Transformation vermerkt, die wir zur Bestimmung des Anfangs- und Endwertes der Systemantwort $x_a(t)$ eines Übertragungsgliedes mit der Übertragungsfunktion F(p) anwenden wollen. Gemäß Gl. (2.126) gilt

$$X_a(p) = F(p)\cdot X_e(p) \ , \tag{2.136}$$

und damit folgt allgemein für den Anfangs- bzw. Endwert der Systemantwort $x_a(t)$ auf ein beliebiges Anregungssignal $x_e(t)$

$$x_a(t=+0) = \lim_{p\to\infty} p\cdot F(p)\cdot X_e(p) \tag{2.137a}$$

$$x_a(t=\infty) = \lim_{p\to 0} p\cdot F(p)\cdot X_e(p) \ . \tag{2.137b}$$

Da ferner gemäß Tabelle 2.5/3 für die L-Transformierte der zeitlichen Ableitung von $x_a(t)$ unter der Voraussetzung $x_a(t=+0) = 0$ die Beziehung

$$L[\dot{x}_a(t)] = p\cdot X_a(p) = p\cdot F(p)\cdot X_e(p) \tag{2.138}$$

gilt, können wir auch die Grenzwertsätze zur Bestimmung von Anfangs- und Endsteigung von $x_a(t)$ heranziehen; dafür gilt nämlich

$$\dot{x}_a(t=+0) = \lim_{p\to\infty} p^2 \cdot F(p) \cdot X_e(p) \tag{2.139a}$$

$$\dot{x}_a(t=\infty) = \lim_{p\to 0} p^2 \cdot F(p) \cdot X_e(p) \; . \tag{2.139b}$$

Wir wollen diese Beziehungen nun beispielhaft auf die Übergangsfunktion eines allgemeinen Übertragungsgliedes F(p) anwenden.

Beispiel 2.18:

$x_e(t) = \sigma(t)$ = Sprungfunktion

Gemäß Tabelle 2.4/2 folgt

$$L[x_e(t)] = X_e(p) = \frac{1}{p}$$

und die Gln. (2.137) bzw. (2.139) liefern für den Anfangs- und Endwert der Übergangsfunktion bzw. ihrer Steigung die Beziehungen

$$x_a(t=+0) = \lim_{p\to\infty} F(p) \; , \quad x_a(t=\infty) = \lim_{p\to 0} F(p) \tag{2.140}$$

$$\dot{x}_a(t=+0) = \lim_{p\to\infty} p\cdot F(p) \; , \quad \dot{x}_a(t=\infty) = \lim_{p\to 0} p\cdot F(p) \; , \tag{2.141}$$

wobei gemäß der Anmerkung in Tabelle 2.5/11 jeweils die Einschränkung gilt, daß für die Anwendung des Endwertsatzes alle Pole von F(p) bzw. p·F(p) in der linken Halbebene liegen müssen, das Übertragungsglied also stabil sein muß (warum?).

Mit Hilfe der Grenzwertsätze der L-Transformation gelingt es also, wichtige Aussagen über den Verlauf der Antwortfunktion $x_a(t)$ zu machen, ohne daß dazu eine Lösung der Dgl. erforderlich ist.

2.8.5 Signalflußbildalgebra

Mit dem im vorangegangenen Abschnitt eingeführten Begriff der Übertragungsfunktion eines durch eine lineare Dgl. beschriebenen Übertragungsgliedes haben wir in Bild 2.39b eine neue Möglichkeit der expliziten symbolischen Darstellung und Beschreibung des Zusammenhangs zwischen Eingangs- und Ausgangssignal im Frequenzbereich kennengelernt. Davon ausgehend gelingt es auf algebraischem Wege, auch kompliziertere Signalflußpläne linearer Übertragungsglieder einfach zusammenzufassen oder gezielt zu modifizieren. In diesem Zusammenhang erweist sich die Kenntnis gewisser Regeln für die signalflußmäßige Behandlung typischer Strukturelemente des Signalflußplanes als zweckmäßig.

2.8.5.1 Kettenstruktur

Für eine Kettenstruktur gemäß Bild 2.42a gilt

$$X_{a1}(p) = F_1(p) \cdot X_e(p)$$

$$X_{e2}(p) = X_{a1}(p)$$

$$X_a(p) = F_2(p) \cdot X_{e2}(p) ,$$

woraus

$$X_a(p) = F_1(p) \cdot F_2(p) \cdot X_{e1}(p)$$

folgt. D.h. die Gesamtübertragungsfunktion einer Kettenschaltung linearer Übertragungsglieder ist das Produkt der Einzel-Übertragungsfunktionen

$$F_{Kette}(p) = \prod_i F_i(p) . \tag{2.142}$$

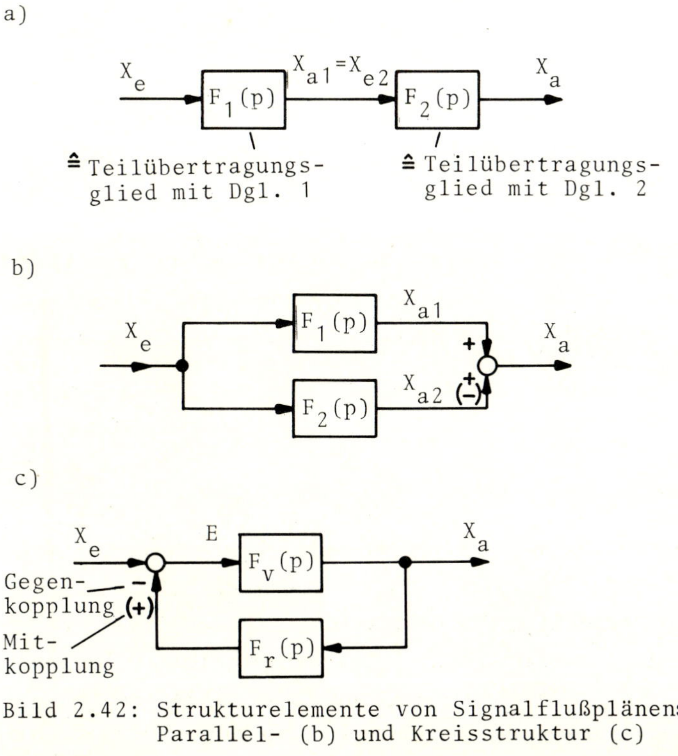

Bild 2.42: Strukturelemente von Signalflußplänen: Ketten- (a), Parallel- (b) und Kreisstruktur (c)

2.8.5.2 Parallelstruktur

Entsprechend Bild 2.42b erhalten wir für eine Parallelstruktur

$$X_a(p) = F_1(p)\cdot X_e(p) \; (\pm) \; F_2(p)\cdot X_e(p)$$

bzw. allgemeiner

$$F_{Par}(p) = \sum_i F_i(p) \; . \qquad (2.143)$$

2.8.5.3 Kreisstruktur

Für die in Bild 2.42c skizzierte Kreisstruktur bestimmen wir für den "Vorwärtszweig" (von E nach X_a)

$$X_a(p) = F_V(p)\cdot E(p)$$

und für den Rückführzweig

$$E(p) = X_e(p) \; (\mp) \; F_r(p)\cdot X_a(p)$$

und daraus durch Elimination von E(p)

$$F_{Kreis}(p) = \frac{X_a(p)}{X_e(p)} = \frac{F_V(p)}{1(\pm)F_V(p)\cdot F_r(p)} \; . \qquad (2.144)$$

Im Schrifttum wird der Fall, wo eine positive Rückführung des Ausgangssignals auf die Vergleichstelle vorliegt, als "Mitkopplung" bezeichnet, während der regelungstechnisch interessantere Fall die durch Minuszeichen an der Summationsstelle gekennzeichnete "Gegenkopplung" ist.

Um komplexere Signalflußbilder auf solche einfachen Grundstrukturen zurückzuführen, ist es gelegentlich nötig, Signalverzweigungs- oder Additionsstellen zu verlegen. Auch dies läßt sich einfach mit algebraisierten Signalflußbildern durchführen, wie wir anhand zweier Beispiele zeigen wollen.

2.8.5.4 Verschieben einer Additionsstelle

Beide Signalflußpläne in Bild 2.43a beschreiben den gleichen Signalzusammenhang

$$X_a(p) = F(p)\cdot X_{e1}(p) \; (\pm) \; X_{e2}(p) \; ,$$

womit deutlich wird, daß bei Verlegen einer Summationsstelle vor ein Übertragungsglied F die nach vorne verlegte Summationsvariable X_{e2} über ein Übertragungsglied 1/F geleitet werden muß.

a)

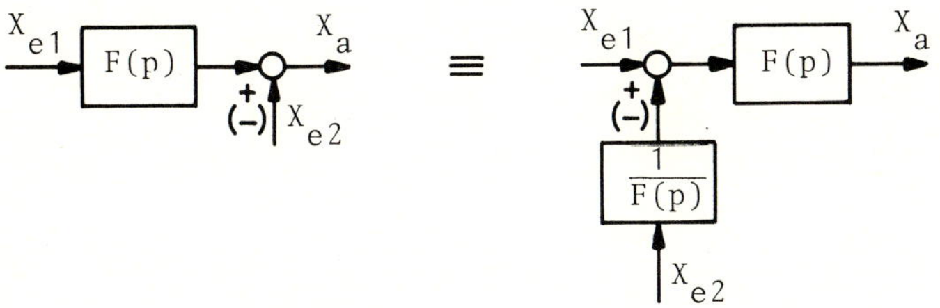

b)

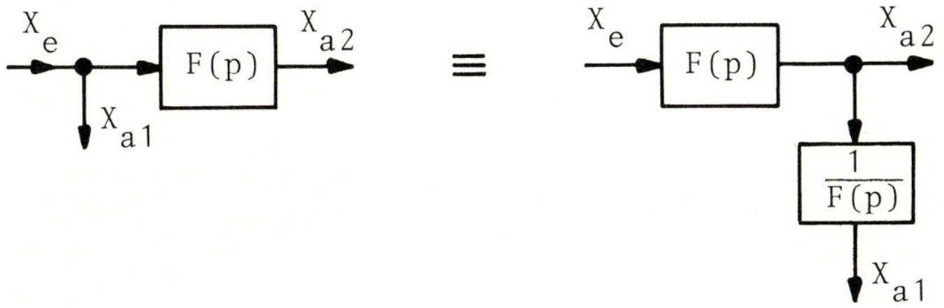

Bild 2.43: Verschieben von Additions- (a) und Verzweigungsstelle (b)

2.8.5.5 Verschieben einer Verzweigungsstelle

Beide Darstellungen in Bild 2.43b beschreiben die Signalzusammenhänge

$$X_{a1}(p) = X_e(p) \text{ und } X_{a2}(p) = F(p) \cdot X_e(p) \ .$$

Die Verlegung der Verzweigungsstelle hinter das Übertragungsglied F verlangt also das Einfügen eines Übertragungsgliedes mit 1/F in den X_{a1} erzeugenden Signalpfad.

<u>Anmerkung:</u> Additionsstellen können nicht ohne weiteres über Verzweigungsstellen verschoben werden und umgekehrt.

<u>Beispiel 2.19:</u> Mit Hilfe der Regeln der Signalflußbildalgebra soll die Gesamtübertragungsfunktion $F = X_a/X_e$ des in Bild 2.44a dargestellten Systems bestimmt werden. Die Reihenfolge der dazu im Bild 2.44b gewählten Umwandlungsschritte ist selbstverständlich nicht zwingend.

a)

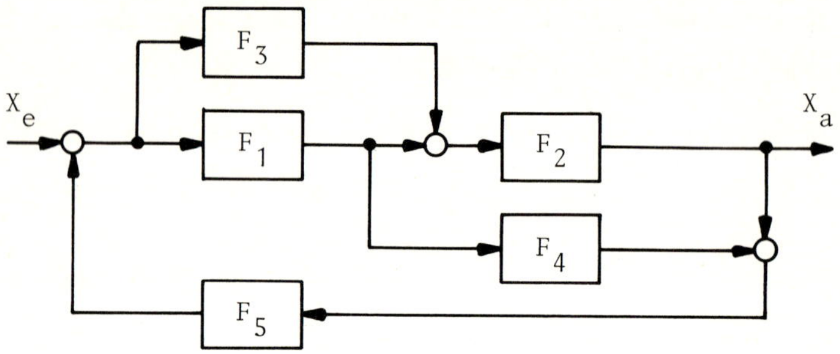

b)

Schritt 1:

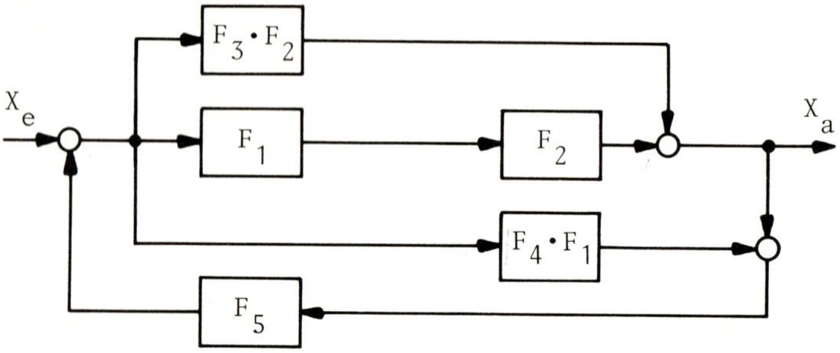

Schritt 2:

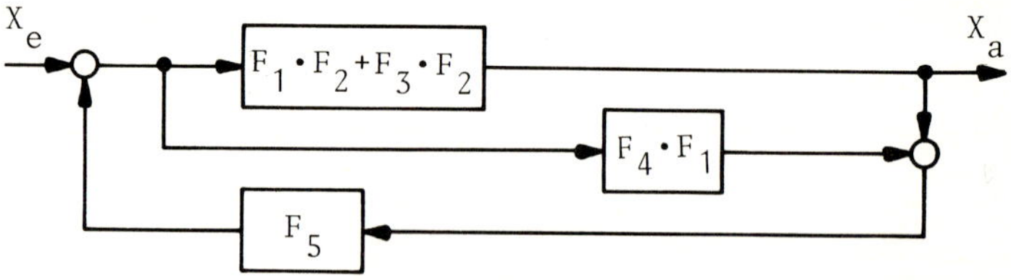

Schritt 3:

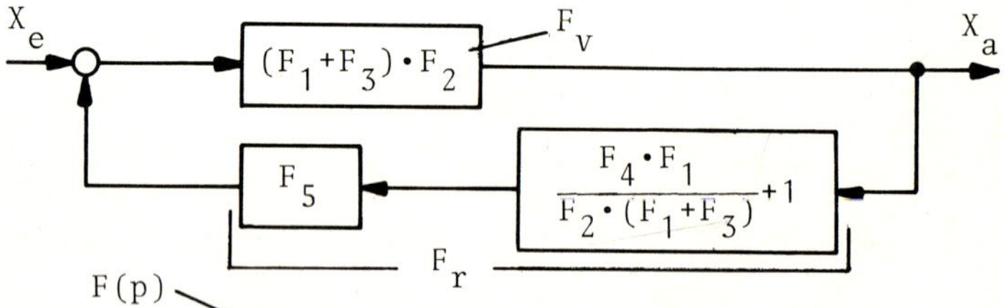

Schritt 4:

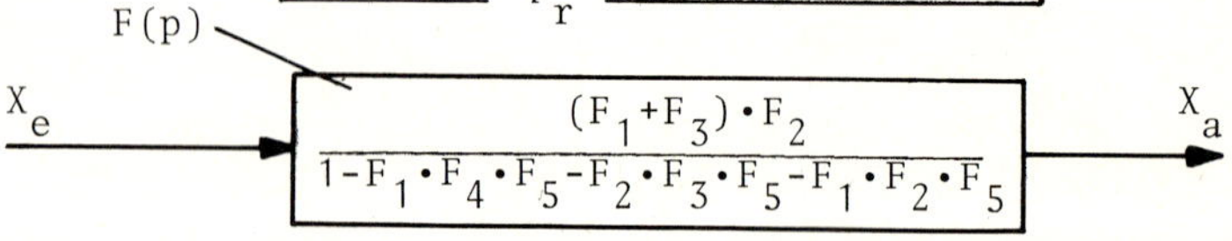

Bild 2.44: Systematisches Zusammenfassen eines Signalflußplanes

2.9 Eigenschaften elementarer Übertragungsglieder

In den vorausgegangenen Abschnitten haben wir uns mit verschiedenen, eng miteinander verwandten Möglichkeiten der Beschreibung und Charakterisierung linearer Übertragungsglieder vertraut gemacht, wie

- Differentialgleichung,
- typische Systemantworten,
- Frequenzgangfunktion und Ortskurve,
- Übertragungsfunktion sowie deren
- Kennzeichnung durch Pole und Nullstellen bzw. eine entsprechende Darstellung in der p-Ebene .

Durch Anwenden dieser Methodik auf elementare Übertragungsglieder, die Bausteine von Regelstrecken, Reglern und Regelkreisen sind, wollen wir uns nun ein Grundwissen erwerben, das sich bei der Bearbeitung von Regelaufgaben als nützlich erweisen wird.

Die formelmäßigen und grafischen Angaben zu den nachfolgend besprochenen Übertragungsgliedern sind übersichtlich in Tabelle 2.6 zusammengestellt; dort wurde auch versucht, jedes Übertragungsglied durch ein möglichst leicht zu durchschauendes mechanisches, elektrisches oder elektromechanisches Anwendungsbeispiel zu illustrieren.

2.9.1 Proportionales Übertragungsglied, P-Glied

Das P-Glied, Tabelle 2.6/1, ist durch den Proportionalbeiwert, Verstärkungsgrad oder -faktor K charakterisiert; es ist ein statisches Element, das nichts weiter als eine Verstärkung $(K > 1)$ oder Abschwächung $(0 < K < 1)$ des jeweiligen Eingangssignals bewirkt. Wegen

$$F(j\omega) = K \cdot e^{j0} \tag{2.145}$$

ist die Ortskurve ein Punkt auf der reellen Achse; harmonische Ein- und Ausgangssignale werden somit ohne Phasenverschiebung verknüpft.

2.9.2 Integrierendes Übertragungsglied, I-Glied

Das I-Glied, Tabelle 2.6/4, bewirkt die zeitliche Integration des Eingangssignals $x_e(t)$ zum Ausgangssignal $x_a(t)$ ausgehend vom Anfangswert der Integration $x_a(0)$. Die Übergangsfunktion, mit $x_a(0) = 0$

Tabelle 2.6: Übersicht über einfache lineare Übertragungsglieder

	System	Differentialgleichungen	Übertragungsfunktion F(p)	Übergangsfunktion	Ortskurve F(jω)	p-Ebene (O Nullstelle, ✖ Pol)	technisches Beispiel
1	P	$x_a = K \cdot x_e(t)$	K	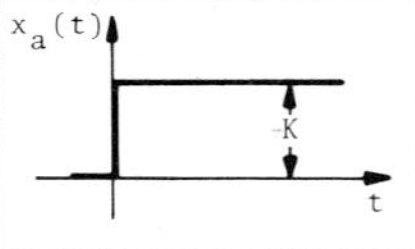	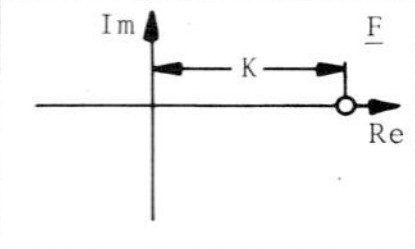	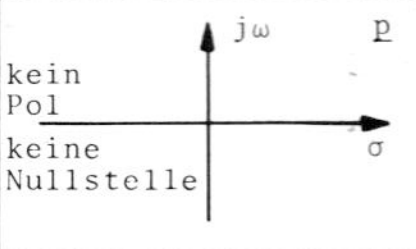	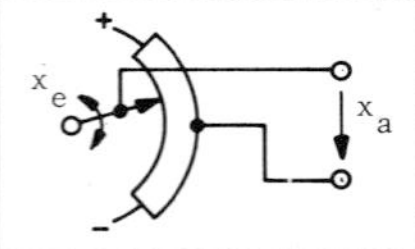
2	PT_1	$T\dot{x}_a + x_a = K \cdot x_e(t)$, $T>0$	$\frac{K}{1+Tp}$	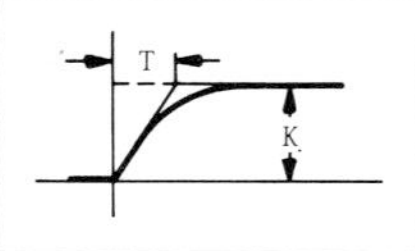	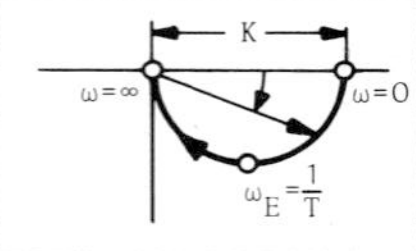	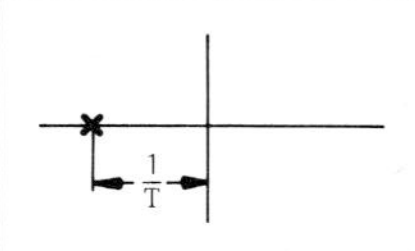	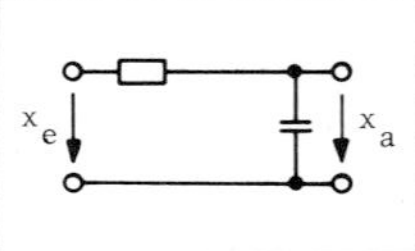
3	PT_2	$\ddot{x}_a + 2D\omega_0\dot{x}_a + \omega_0^2 x_a = K \cdot \omega_0^2 \cdot x_e(t)$	$\frac{K \cdot \omega_0^2}{p^2 + 2D\omega_0 p + \omega_0^2}$	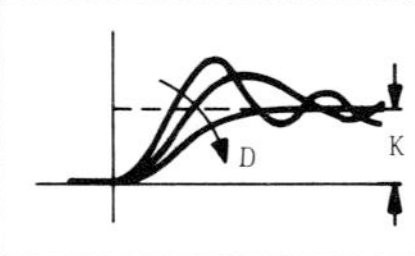	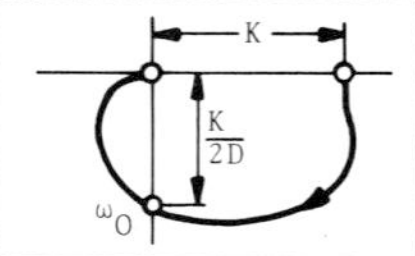	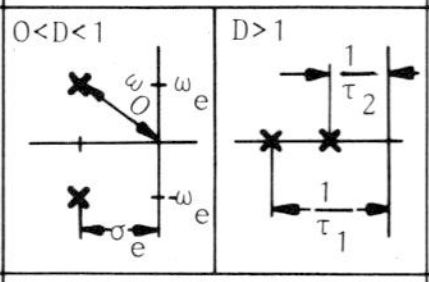	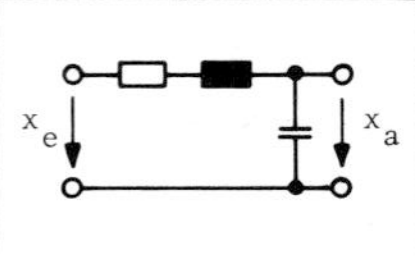
4	I	$x_a = K_I \int x_e(t)dt$	$\frac{K_I}{p}$	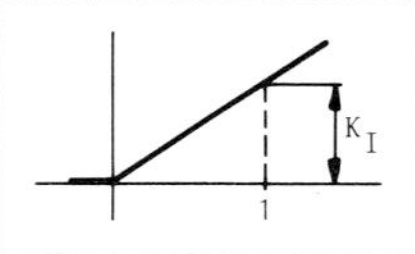	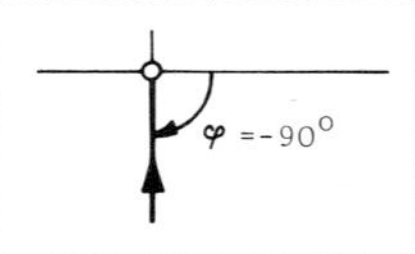	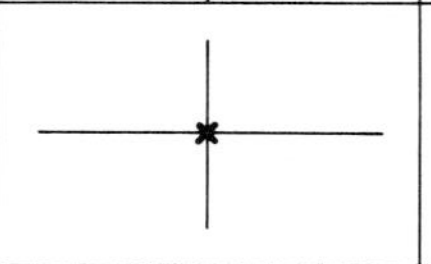	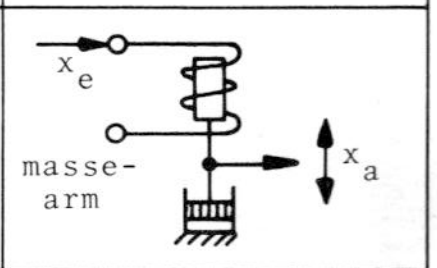
5	IT_1	$T\dot{x}_a + x_a = K_I \int x_e(t)dt$	$\frac{K_I}{p(1+Tp)}$	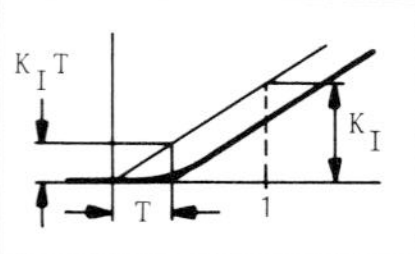	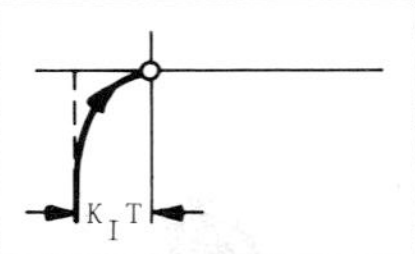	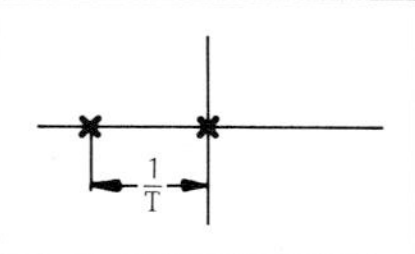	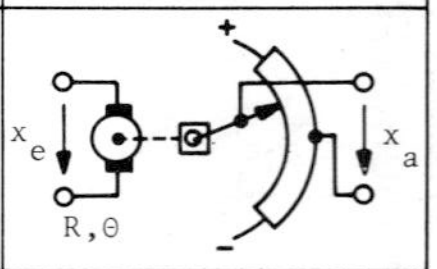
6	D	$x_a = K_D \frac{dx_e(t)}{dt}$	$K_D p$	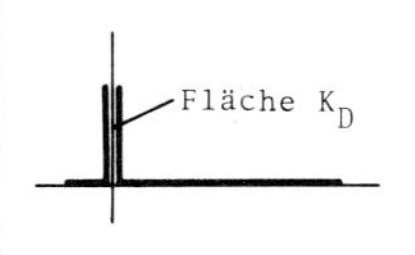	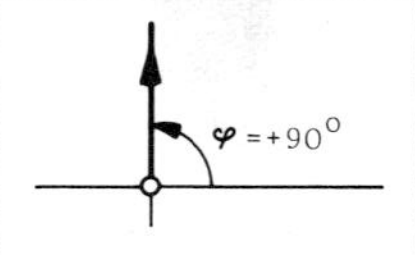	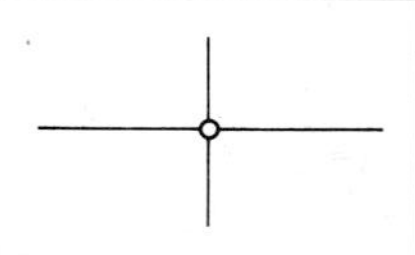	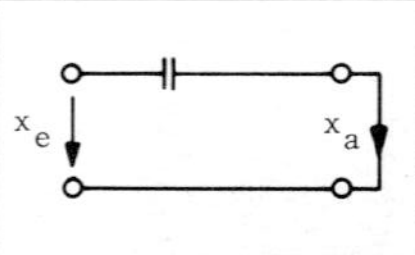
7	DT_1	$T\dot{x}_a + x_a = K_D \cdot \frac{dx_e(t)}{dt}$	$\frac{K_D p}{1+Tp}$	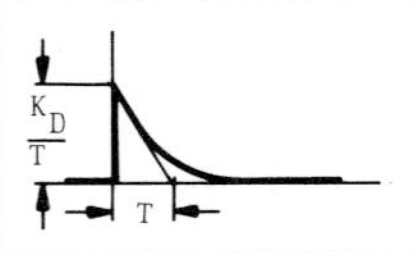	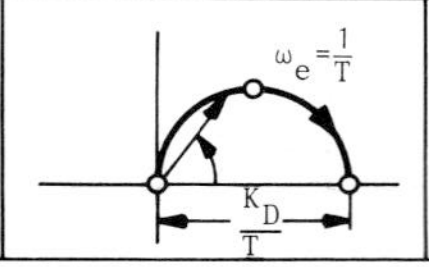	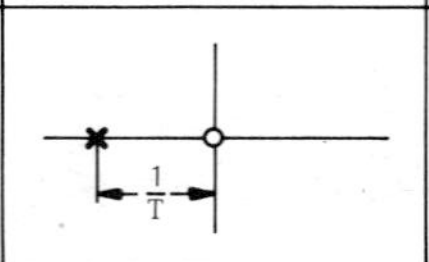	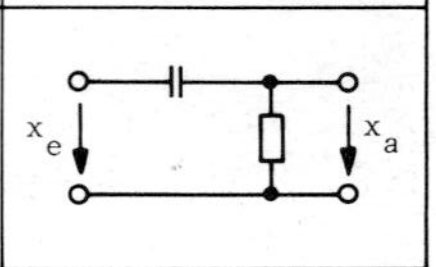

8	PI	$x_a = K(x_e(t) + \frac{1}{T_n}\int x_e(t)dt)$ $\frac{K}{T_n} = K_I$	$K(1+\frac{1}{T_n p})$	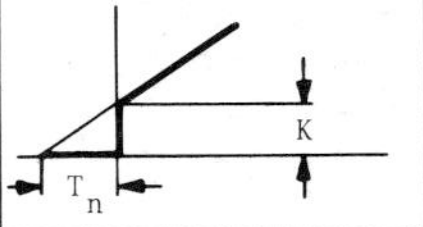	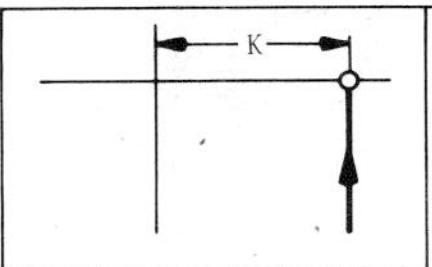	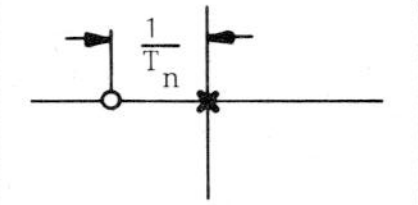	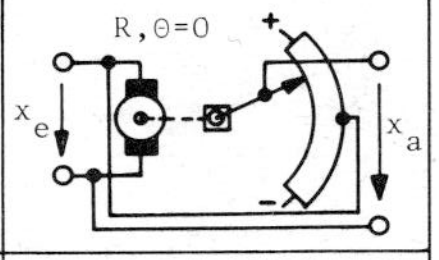
9	PIT_1	$T\dot{x}_a + x_a = K(x_e(t) + \frac{1}{T_n}\int x_e(t)dt)$	$K\frac{1+\frac{1}{T_n p}}{1+Tp}$	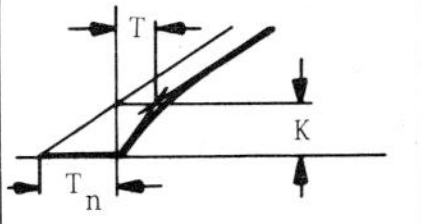	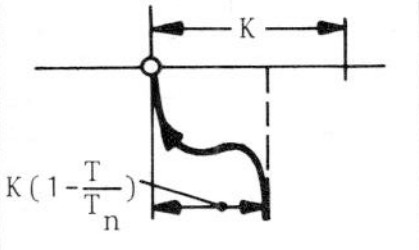	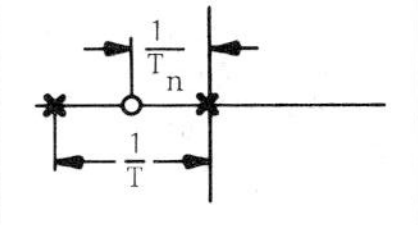	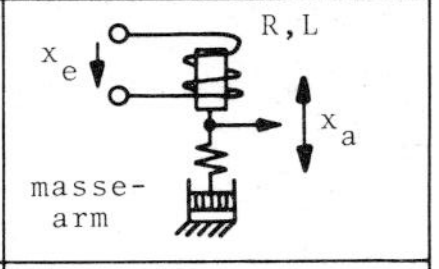
10	PD	$x_a = K(x_e(t) + T_v\frac{dx_e(t)}{dt})$ $K \cdot T_v = K_D$	$K(1+T_v p)$	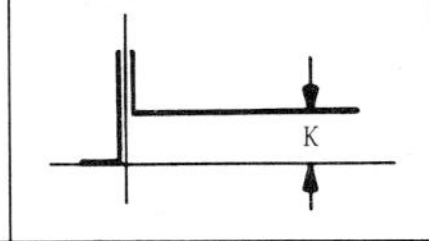	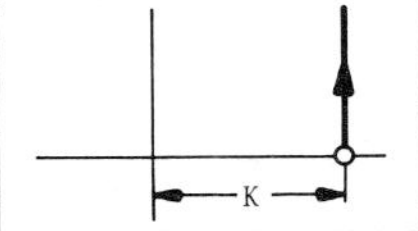	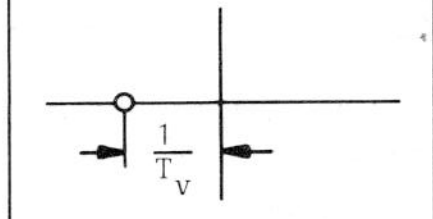	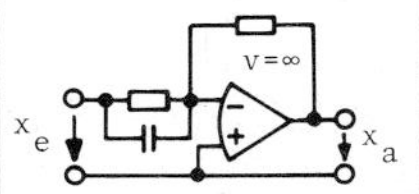
11	PDT_1	$T\dot{x}_a + x_a = K(x_e(t) + T_v\frac{dx_e(t)}{dt})$	$K\frac{1+T_v p}{1+Tp}$	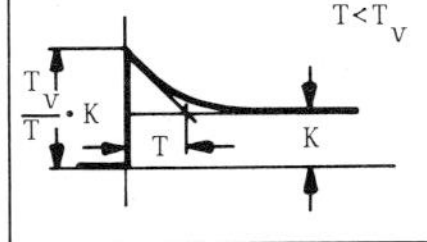	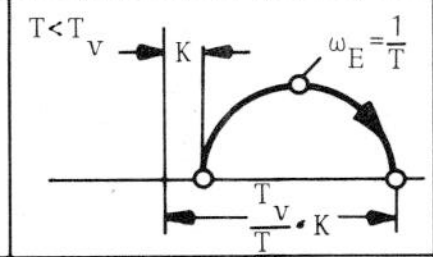	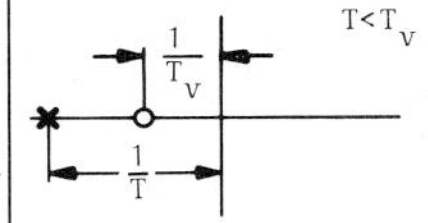	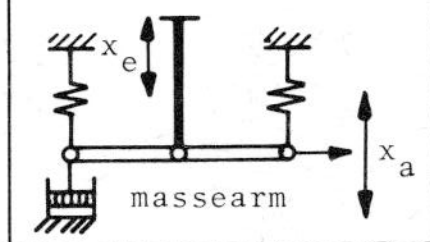
12	PID	$x_a = K(x_e(t) + \frac{1}{T_n}\int x_e(t)dt + T_v\frac{dx_e(t)}{dt})$	$K(1+\frac{1}{T_n p}+T_v p)$	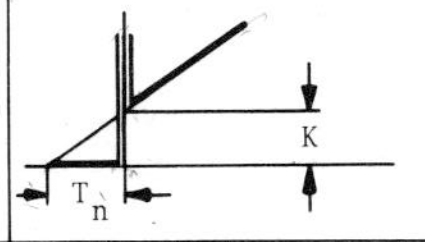	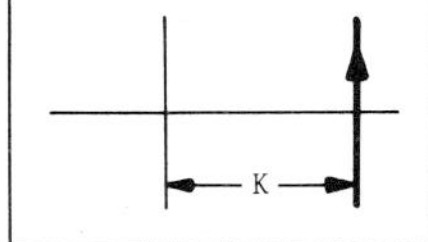	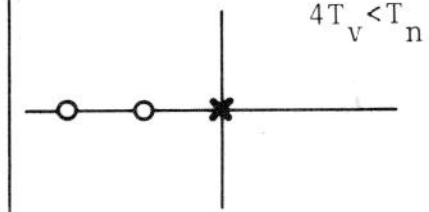	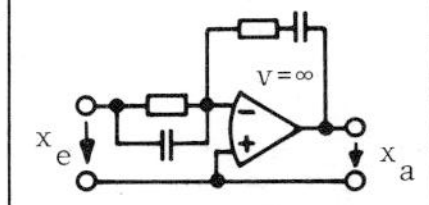
13	$PIDT_1$	$T\dot{x}_a + x_a = K(x_e(t) + \frac{1}{T_n}\int x_e(t)dt + T_v\frac{dx_e(t)}{dt})$	$K\frac{1+\frac{1}{T_n p}+T_v p}{1+Tp}$	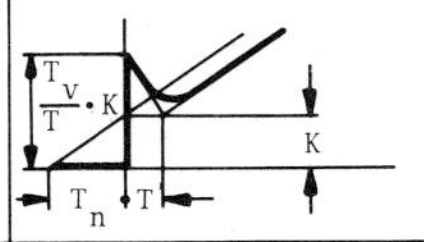	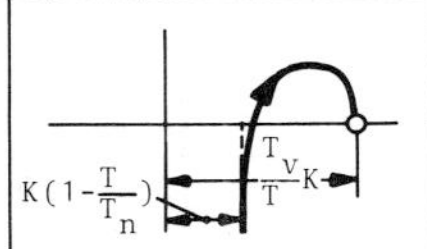	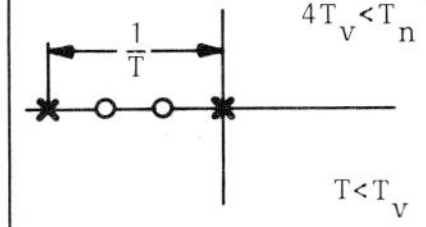	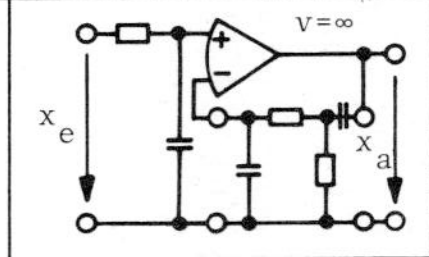
14	T_t	$x_a = x_e(t-T_t)$	e^{-pT_t}	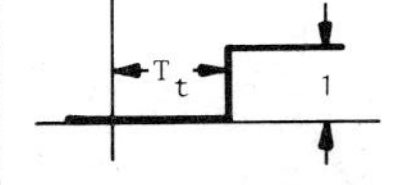	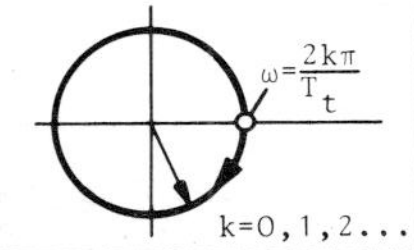	Keine Pole und Nullstellen im Endlichen	siehe Bild 2.12

zeigt einen zeitlinearen Anstieg mit dem Integrierbeiwert K_I als Steigungsmaß. Im Falle harmonischer Eingangssignale besteht wegen

$$F(j\omega) = \frac{K_I}{j\omega} = \frac{K_I}{\omega} \cdot e^{-j\frac{\pi}{2}} \qquad (2.146)$$

eine von ω unabhängige Phasenverschiebung $\varphi(\omega) = -\pi/2$, was eine 90°-Phasennacheilung des Ausgangs- gegenüber dem Eingangssignal bedeutet. Die Amplitude des Ausgangssignals nimmt umgekehrt proportional zu ω ab. Typisch für das I-Glied ist ferner der Pol der Übertragungsfunktion im Ursprung der p-Ebene.

2.9.3 Differenzierendes Übertragungsglied, D-Glied

Ein Vergleich seiner signalmäßigen Beschreibung, Tabelle 2.6/6, mit Gl. (2.85) und Bedingung (2.86) weist das D-Glied als physikalisch-technisch nicht realisierbar aus. Wir wollen uns dieser Tatsache bewußt bleiben, das Übertragungsglied jedoch aus formalen Gründen mit in unsere Übersicht einbeziehen. Offenbar sind die Eigenschaften des D-Gliedes jeweils dual zu denen des I-Gliedes. Die von ihm ausgeübte zeitliche Differentiation eines Eingangssignals führt im Falle der Sprungfunktion auf die mit dem Differenzierbeiwert K_D multiplizierte und aus Abschnitt 2.7.1 bekannte Impulsfunktion $\delta(t)$. Wegen

$$F(j\omega) = K_D \cdot j\omega = K_D \omega \cdot e^{j\frac{\pi}{2}} \qquad (2.147)$$

besteht zwischen harmonischen Ein- und Ausgangssignalen eine von ω unabhängige Phasenvoreilung um 90°, bei mit ω wachsender Amplitude des Ausgangssignals. Wir erkennen ferner die für das D-Glied typische Nullstelle der Übertragungsfunktion im Ursprung der p-Ebene.

2.9.4 Totzeitglied, T_t-Glied

Das bereits im Abschnitt 2.3 erwähnte T_t-Glied, Tabelle 2.6/14, hat im Grunde eine proportionale Wirkung; es verschiebt jedoch jedes Eingangssignal $x_e(t)$ zeitlich um die konstante Totzeit T_t. Seine Übertragungsfunktion lautet, wie wir leicht der Tabelle 2.5/6 entnehmen können,

$$F(p) = e^{-pT_t} \; . \qquad (2.148)$$

Diese transzendente Übertragungsfunktion weist keine Pole und Nullstellen im Endlichen auf. Gelegentlich erweist sich eine <u>rationale Appro-</u>

ximation für die Übertragungsfunktion des T_t-Gliedes als nützlich. So erhalten wir z.B. durch Potenzreihen-Entwicklung von e^{pT_t}

$$e^{-pT_t} = \lim_{n\to\infty} \frac{1}{1+\frac{1}{1!}pT_t+\frac{1}{2!}(pT_t)^2+\ldots+\frac{1}{n!}(pT_t)^n} \,. \tag{2.149a}$$

Brechen wir die Reihe nach einem endlichen n ab, so gewinnen wir damit eine proportional verzögernde Übertragungsfunktion der Ordnung n als Annäherung an e^{-pT_t} für kleines $|pT_t|$. Eine für manche Anwendungen günstigere Näherung bieten Padé-Approximationen; danach gilt z.B. die Näherungsbeziehung

$$e^{-pT_t} \approx \frac{12-6pT_t+p^2T_t^2}{12+6pT_t+p^2T_t^2} \,. \tag{2.149b}$$

Die Diskussion der Frequenzgangfunktion des T_t-Gliedes

$$F(j\omega) = 1\cdot e^{-j\omega T_t} \tag{2.150}$$

zeigt, daß der geometrische Ort der Ortskurvenpunkte ein Vollkreis mit dem Radius 1 ist, wobei allerdings jeder Ortskurvenpunkt wegen des Phasenverlaufes von $F(j\omega)$

$$\varphi(\omega) = -\omega T_t \tag{2.151}$$

unendlich viele, sich um $2\pi\cdot k/T_t$ mit $k=1,2,\ldots$ unterscheidende Parameterwerte trägt. Entsprechend Gl. (2.151)wächst die Phasennacheilung zwischen harmonischen Ein- und Ausgangssignalen mit wachsendem ω linear an.

2.9.5 Verzögerungsglied 1. Ordnung, PT_1-Glied

Die Übergangsfunktion des aus Abschnitt 2.7.1 und Tabelle 2.3 bereits bekannten PT_1-Gliedes, Tabelle 2.6/2, zeigt gegenüber einem sprungförmigen Eingangssignal ein dynamisch verzögertes (Wirkung der Zeitkonstante $T > 0$) und stationär - also im Beharrungszustand - proportionales ($x_a(\infty) = K$) Verhalten. Die Übergangsfunktion lautet gemäß Gl. (2.100)

$$x_a(t) = K(1 - e^{-t/T}) \,, \tag{2.152}$$

und wir können leicht zeigen, daß $x_a(t)$ nach $t = 3 \cdot T$ - also nach 3 Zeitkonstanten - etwa 95% des Endwertes $x_a(\infty) = K$ erreicht hat. Wir definieren diese 95%-Zeit ($T_{95\%}$) als <u>Einschwingzeit</u> T_{Ein} des PT_1-Gliedes, d.h.

$$T_{Ein} = T_{95\%} = 3 \cdot T \; . \qquad (2.153)$$

Da die Einschwingzeit nur vom Wert der Zeitkonstanten bestimmt wird, können wir aus der Pol/Nullstellen-Darstellung der Übertragungsfunktion des PT_1-Gliedes einen interessanten Schluß ziehen: die Einschwingzeit eines PT_1-Gliedes ist nämlich um so kleiner, je weiter der einzige Pol von F(p)

$$p_1 = -\frac{1}{T}, \quad T > 0 \qquad (2.154)$$

auf der negativ reellen Achse der p-Ebene, Tabelle 2.6/2, nach links rückt. Anders ausgedrückt heißt das, die Einschwingzeit nimmt zu, je näher der Pol eines PT_1-Gliedes beim Ursprung der p-Ebene liegt.

Weitere Antwortfunktionen des PT_1-Gliedes haben wir bereits bei der Zusammenstellung der Tabelle 2.3 ausführlich diskutiert. Im Hinblick auf den Frequenzgang kommt der Zeitkonstanten T ebenfalls eine besondere Bedeutung zu; so wird die Kreisfrequenz

$$\omega = \omega_E = \frac{1}{T} \qquad (2.155)$$

als Eckfrequenz des PT_1-Gliedes bezeichnet, und es folgen aus

$$F(j\omega) = \frac{K}{1+T \cdot (j\omega)}$$

die speziellen Werte

$$\varphi(\omega_E) = -\frac{\pi}{4} = -45^o, \quad A(\omega_E) = K \cdot \frac{\sqrt{2}}{2} \; .$$

Harmonische Ein- und Ausgangssignale können, wie die Ortskurve zeigt, Phasennacheilungen zwischen 0 und $\pi/2$ bei mit wachsendem ω abnehmendem Amplitudenverhältnis aufweisen.

An dieser Stelle sei angemerkt, daß zur Charakterisierung eines Übertragungsgliedes im Signalflußplan an Stelle der Dgl. oder Übertragungsfunktion häufig die zugehörige Übergangsfunktion mit ihren Kennwerten in das entsprechende Blocksymbol eingetragen wird. Im Falle des PT_1-Gliedes stellen somit die in Bild 2.45 gezeigten Symbole drei äquivalente Beschreibungsformen dar.

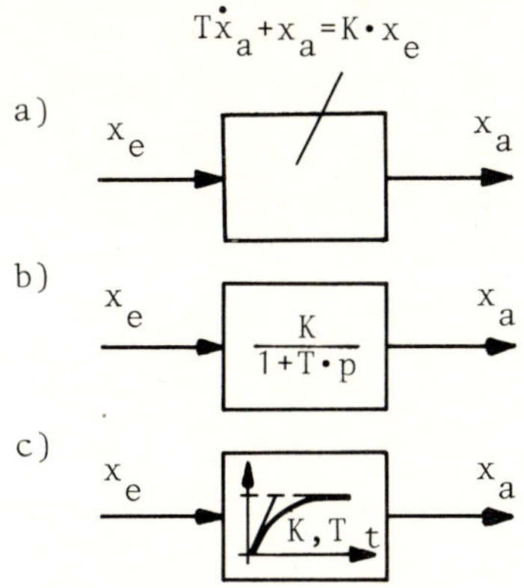

Bild 2.45: Äquivalente Beschreibungen eines PT_1-Gliedes

In diesem Zusammenhang wollen wir noch folgendes anmerken:

Zur Vereinfachung der Bezeichnungen haben wir in Bild 2.45 - abweichend von unserer bisherigen Gepflogenheit - die Signale ausschließlich durch Kleinbuchstaben ohne Angabe eines Argumentes (t bzw. p) gekennzeichnet. Da die Verwechslungsmöglichkeiten für im Zeit- oder Frequenzbereich definierte Signale in der Regel gering sind, werden wir in Zukunft in der Regel von dieser vereinfachten Art der Darstellung und Bezeichnung Gebrauch machen.

2.9.6 Verzögerungsglied 2. Ordnung, PT_2-Glied

2.9.6.1 Grundsätzliche Eigenschaften

Von den verschiedenen möglichen standardisierten Darstellungsformen dieses Übertragungsgliedes wollen wir unserer Diskussion die Dgl.

$$\ddot{x}_a + 2D\omega_o\dot{x}_a + \omega_o^2 x_a = K\omega_o^2 x_e(t) \qquad (2.156)$$

zugrundelegen, der die Übertragungsfunktion

$$F(p) = K\cdot\frac{\omega_o^2}{\omega_o^2 + 2D\omega_o p + p^2} \qquad (2.157)$$

entspricht. Hierin bedeuten

ω_o = Kennkreisfrequenz

D = Dämpfungsgrad

und daraus lassen sich die folgenden, allerdings nur für $0 \leq D < 1$ sinnvollen Kenngrößen ableiten:

$$\omega_e = \omega_o \cdot \sqrt{1-D^2} = \text{Kreisfrequenz des gedämpften Systems} \quad (2.158a)$$

$$|\sigma_e| = |-\omega_o D| = \text{reziproke (Abkling-)Zeitkonstante .} \quad (2.158b)$$

Das PT_2-Glied besitzt die aus dem Nennerpolynom von Gl. (2.157) bestimmbaren Pole bzw. Eigenwerte

$$p_{1,2} = \lambda_{1,2} = -(\omega_o D \pm \omega_o \sqrt{D^2 - 1}) \ , \quad (2.159)$$

die abhängig vom Dämpfungsgrad D folgendes grundsätzliche Zeitverhalten anzeigen:

- Instabiles PT_2-Verhalten: Für $D \leq 0$ gilt

  $$\text{Re}\{\lambda_{1,2}\} \geq 0 \ ,$$

  was gemäß Gl.(2.104b) instabiles Verhalten anzeigt.

- Stabiles PT_2-Verhalten: Für $D > 0$ gilt dagegen

  $$\text{Re}\{\lambda_{1,2}\} < 0 \ ,$$

  so daß wir es mit einem stabilen Übertragungsglied zu tun haben, dessen Verhalten sich jedoch abhängig von D qualitativ unterscheidet.

2.9.6.2 Aperiodisches Verhalten, $1 < D < \infty$

In diesem Fall ergeben sich aus Gl. (2.159), da der Wert der Diskriminante D^2-1 stets positiv bleibt, zwei reelle Pole

$$\begin{aligned} p_1 &= \lambda_1 = -\omega_o(D+\sqrt{D^2-1}) = -\frac{1}{\tau_1} \\ p_2 &= \lambda_2 = -\omega_o(D-\sqrt{D^2-1}) = -\frac{1}{\tau_2} \ . \end{aligned} \quad (2.160)$$

Das PT_2-Glied kann also in diesem Fall als Kettenschaltung zweier aus Tabelle 2.6/2 bereits bekannter PT_1-Glieder mit den Zeitkonstanten τ_1, τ_2 verstanden werden, d.h. Gl. (2.157) können wir aufspalten in

$$F(p) = \frac{K}{1+\tau_1 p} \cdot \frac{1}{1+\tau_2 p} \ , \quad (2.161)$$

was im übrigen zu der in Bild 2.46 gezeigten signalflußmäßigen Beschreibung führt.

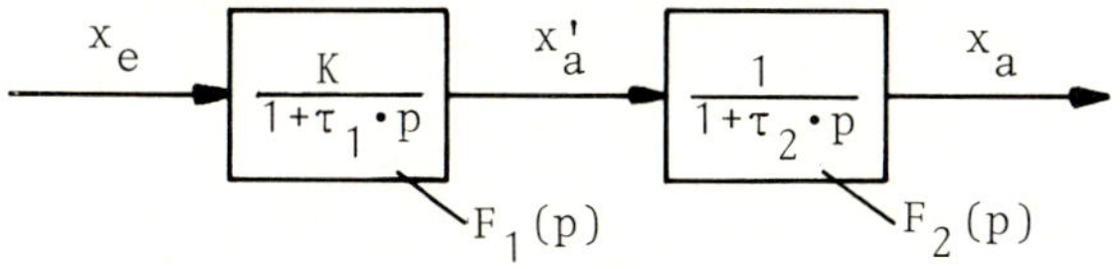

Bild 2.46: PT_2-Glied mit $D \geq 1$

Zur Diskussion des dynamischen Verhaltens dieses Übertragungsgliedes greifen wir auf das Wissen um das PT_1-Grundelement zurück und ermitteln die Übergangsfunktion, indem wir vom Faltungsintegral, Gl. (2.130b), Gebrauch machen. Mit der Übergangsfunktion des ersten Teilsystems in Bild 2.46, d.h.

$$x_a'(t) = K(1 - e^{-t/\tau_1})$$

und der Gewichtsfunktion des zweiten Teilsystems (Tabelle 2.3)

$$g_1(t) = \frac{1}{\tau_2} e^{-t/\tau_2}$$

folgt

$$x_a(t) = g_1(t) * x_a'(t) = \frac{K}{\tau_2} \int_0^t e^{-(t-\tau)/\tau_2} \cdot (1 - e^{-\tau/\tau_1}) d\tau \ .$$

Nach Auswerten und Umformen erhalten wir daraus(mit Gl. (2.160))

$$x_a(t) = K\left(1 + \frac{D - \sqrt{D^2-1}}{2\sqrt{D^2-1}} e^{-t/\tau_1} - \frac{D + \sqrt{D^2-1}}{2\sqrt{D^2-1}} e^{-t/\tau_2}\right) \ . \qquad (2.162)$$

Bild 2.47a zeigt den Verlauf einer Übergangsfunktion $x_a(t)$, die sich gemäß unseren Ausführungen in Abschnitt 2.7.1 im wesentlichen aus der gewichteten Überlagerung zweier abklingender Exponentialfunktionen mit den Zeitkonstanten τ_1 und τ_2 zusammensetzt und sich verzögert und aperiodisch dem Beharrungswert $x_a(\infty) = K$ annähert. Ein Vergleich von Gl. (2.160) mit der p-Ebene dieses PT_2-Gliedes, Tabelle 2.6/3, zeigt, daß für größere D-Werte primär die Zeitkonstante τ_2, d.h. der dem Ursprung der p-Ebene näher gelegene Pol das Verzögerungsverhalten des PT_2-Gliedes bestimmt.

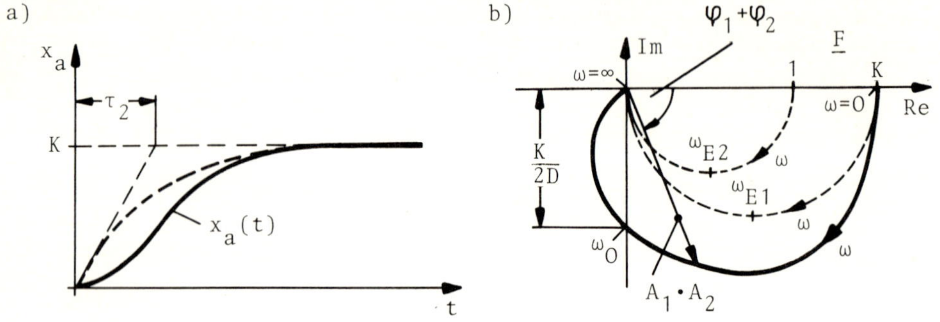

Bild 2.47: Übergangsfunktion (a) und Ortskurve (b) eines PT_2-Gliedes mit $D \geq 1$

2.9.6.3 Periodisches Verhalten, $0 < D < 1$

Die Diskriminante in Gl. (2.159) ist in diesem Falle negativ und die Pole oder Eigenwerte des PT_2-Gliedes dementsprechend komplex. Mit den Abkürzungen aus Gl. (2.158) erhalten wir

$$p_{1,2} = \lambda_{1,2} = -\omega_o D \pm j\omega_o \sqrt{1-D^2} = \sigma_e \pm j\omega_e \; . \tag{2.163}$$

Die zugehörige Übergangsfunktion bestimmen wir z.B. mittels der allgemeinen Ansatzgleichungen (2.87) zu

$$x_a(t) = K[1- \frac{1}{\sqrt{1-D^2}} e^{-|\sigma_e|t} \sin(\omega_e t + \varphi)] \tag{2.164}$$

mit $\varphi = +\mathrm{arc}\cos D$.

In Gl. (2.164) erkennen wir den durch die Kreisfrequenz gekennzeichneten periodischen Lösungsanteil sowie dessen exponentielles Abklingen, verursacht durch den Abklingfaktor $\exp(-|\sigma_e|t)$. Bild 2.48 zeigt für verschiedene Dämpfungsgrade D Übergangs-($g_2(t)$) und Gewichtsfunktionen ($g_1(t) = \dot{g}_2(t)$). Beide Diagramme machen deutlich, daß sich bei Verkleinern von D das Schwingungsverhalten stärker ausprägt; dagegen zeigt der Verlauf der Übergangsfunktion für D=1 - auch aperiodischer Grenzfall genannt - den Übergang zu dem vorher besprochenen Verhalten des aperiodischen PT_2-Gliedes mit $D > 1$ (die Übergangsfunktion ist eigens zu berechnen).

Ein Blick auf die p-Ebenen-Darstellung des periodischen PT_2-Gliedes, Tabelle 2.6/3, veranschaulicht die engen Beziehungen zwischen der Lage der Pole p_1, p_2, den Kennwerten ω_o, σ_e und ω_e sowie den Verläufen von Übergangs- und Gewichtsfunktionen. Je kleiner D ist, um so näher rücken die Pole an die imaginäre Achse heran, um schließlich für D=0 auf dieser bei $p_{1,2} = \pm j\omega_0$ zu liegen. Für D=1 stellt sich dagegen ein (reeller) Doppelpol bei $p_{1,2} = -\omega_0 D$ ein.

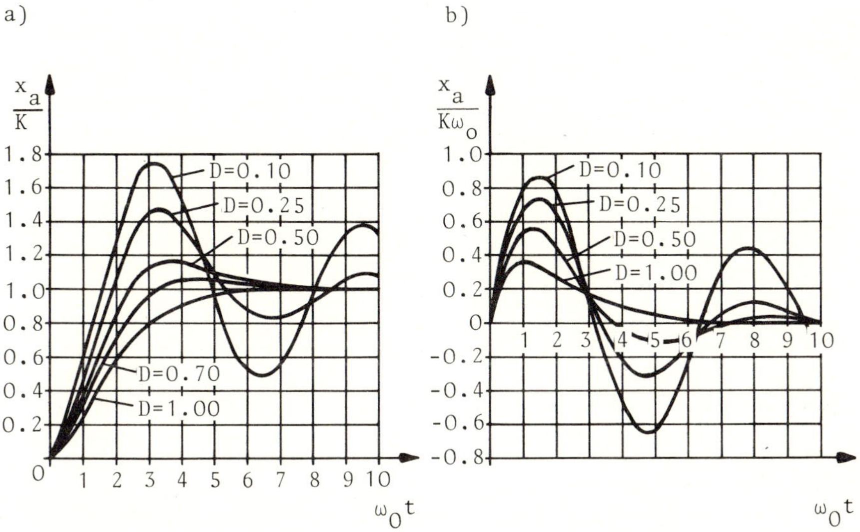

Bild 2.48: Übergangs- (a) und Gewichtsfunktionen (b) eines PT_2-Gliedes für $0 < D \leq 1$

2.9.6.4 Einschwingzeiten

Ähnlich wie beim PT_1-Glied wollen wir auch hier die Einschwingzeit der Übergangsfunktion als T_{Ein} bezeichnen, diese jedoch im Hinblick auf die Besonderheiten des PT_2-Gliedes entsprechend der Skizze in Bild 2.49a, wie folgt definieren: Die Einschwingzeit sei durch den Zeitpunkt begrenzt, wo $x_a(t)$ in einem $\pm$ 5%-Toleranzstreifen um den Beharrungswert $x_a(\infty) = K$ eintaucht und diesen in der Folge nicht mehr verläßt. Bild 2.49b zeigt den Verlauf der Einschwingzeit T_{Ein} als Funktion von D. Wir erkennen, daß die Einschwingzeit bei

$$D_{opt} = \frac{\sqrt{2}}{2} = 0{,}707 \tag{2.165}$$

einen Minimalwert erreicht. Während sich also die Einschwingzeit für $D < D_{opt}$ bedingt durch das zunehmende Überschwingen der Übergangsfunktion vergrößert, wächst sie für $D > D_{opt}$ an, da sich das verzögerte und aperiodische Einschwingen stärker ausprägt.

Für $D < D_{opt}$ kann, wie Bild 2.49a zeigt, der Einschwingvorgang näherungsweise durch den exponentiell abklingenden Verlauf der Einhüllenden der Übergangsfunktion abgeschätzt werden. In Anlehnung an Gl. (2.153) erhalten wir die Näherungsbeziehung

$$T_{Ein} \approx \frac{3}{|\sigma_e|} = \frac{3}{\omega_o D}, \quad 0 < D < D_{opt} \quad . \qquad (2.166a)$$

Andererseits folgt aus Gl. (2.162), daß bei deutlichem Anwachsen von D über den Wert 1 hinaus der Exponentialterm mit der Zeitkonstanten τ_1 näherungsweise verschwindet (vgl. auch Bild 2.47). Wenden wir nun wieder Gl. (2.153) sinngemäß an und entwickeln τ_2 gemäß Gl. (2.160) nach kleinen Größen, so läßt sich die Einschwingzeit formelgemäß durch

$$T_{Ein} \approx 3 \cdot \tau_2 \approx 6 \cdot \frac{D}{\omega_o} \quad , \quad D >> 1 \qquad (2.166b)$$

abschätzen. Beide Beziehungen definieren jeweils die Asymptoten des in Bild 2.49b im doppelt-logarithmischen Maßstabe skizzierten exakten Verlaufes von $T_{Ein}(D)$.

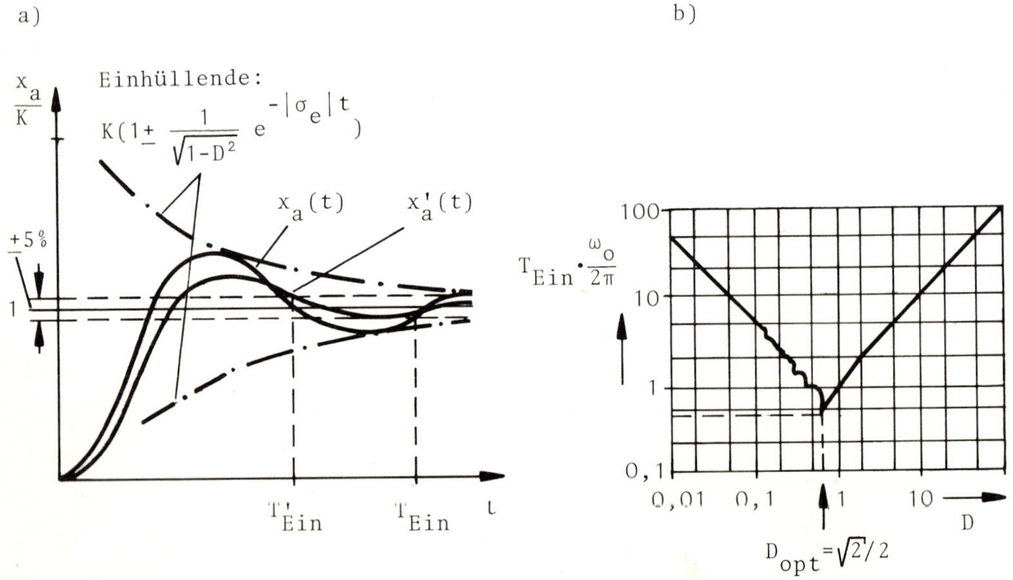

Bild 2.49: Einschwingzeit der Übergangsfunktion des PT_2-Gliedes, Definition (a) und Abhängigkeit von D (b)

In Bild 2.50 ist ferner das prozentuale Überschwingen ü der Übergangsfunktion

$$ü = \frac{\hat{x}_a - x_a(\infty)}{x_a(\infty)} \cdot 100\% \qquad (2.167a)$$

aufgetragen, wobei der Wert $\hat{x}_a$ das erste Maximum von $x_a(t)$ bei

$$T_{max} = \frac{\pi}{\omega_o \sqrt{1-D^2}} = \frac{\pi}{\omega_e} \quad . \tag{2.167b}$$

bezeichnet.

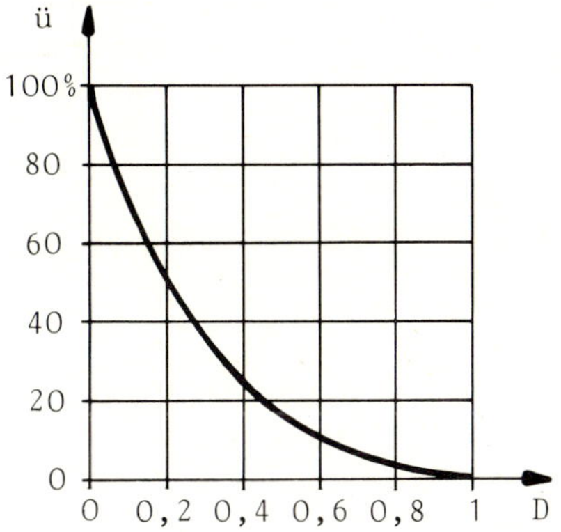

Bild 2.50: Prozentuales Überschwingen der Übergangsfunktion des PT_2-Gliedes

2.9.6.5 Frequenzgangfunktion

Die für Sinusanregung wichtige Frequenzgangfunktion des PT_2-Gliedes ($0 \leq D < \infty$) gewinnen wir allgemein aus Gl. (2.157) für $p = j\omega$ als

$$F(j\omega) = K \cdot \frac{\omega_o^2}{\omega_o^2 + 2D\omega_o(j\omega) + (j\omega)^2} = K \cdot \frac{(1-(\frac{\omega}{\omega_o})^2) - j2D(\frac{\omega}{\omega_o})}{(1-(\frac{\omega}{\omega_o})^2)^2 + (2D\frac{\omega}{\omega_o})^2} \tag{2.168}$$

oder spezieller für den aperiodischen Fall ($D \geq 1$) zu

$$F(j\omega) = \frac{K}{1+j\omega\tau_1} \cdot \frac{1}{1+j\omega\tau_2} \quad . \tag{2.169}$$

Die letztgenannte Formel legt es nahe, die Ortskurve dieses PT_2-Gliedes - wie in Bild 2.47b gezeigt - durch halbgrafische Multiplikation der Ortskurven zweier PT_1-Glieder zu gewinnen, wobei sich die Betragsfunktionen der Teilfrequenzgänge multiplizieren, ihre Phasenfunktionen addieren:

$$F(j\omega) = A_1(\omega) \cdot A_2(\omega) \cdot e^{j(\varphi_1(\omega) + \varphi_2(\omega))} \quad . \tag{2.170}$$

Hierbei wird sofort deutlich, daß die Phasennacheilung zwischen Ein- und Ausgangssignal beim PT_2- Glied maximal $(\infty) = -\pi = -180^o$ beträgt. Wie Gl. (2.168) und der in Tabelle 2.6/3 skizzierten Ortskurve leicht zu entnehmen ist, lassen sich auch die Kennwerte eines PT_2-Gliedes aus einer gemessenen Frequenzgangfunktion bestimmen; es gilt nämlich

$$K = |F(j0)| \qquad \frac{K}{2D} = |F(j\omega_o)| \; . \tag{2.171}$$

Auf die bei Annäherung der Anregungsfrequenz ω an die Kennkreisfrequenz ω_o im Fall schwacher Dämpfung $D << 1$ auftretenden Resonanzerscheinungen mit der Folge, daß $|F(j\omega)| >> K$ werden kann, wollen wir in Abschnitt 4.5 eingehen.

2.10 Eigenschaften zusammengesetzter Übertragungsglieder

Die bis hier besprochenen elementaren Übertragungsglieder stellen aus systemtheoretischer Sicht Bausteine dar, aus denen sich auch komplexere Übertragungsglieder zusammensetzen lassen. Ihre Eigenschaften können in der Regel durch Rückgriff auf entsprechende Kenntnisse über elementare Übertragungsglieder verstanden werden.

So lassen sich z.B. folgende neuen Übertragungsglieder durch Anwenden einer Kettenstruktur in der Art von Bild 2.42a gewinnen:

- Verzögerungsglieder n-ter Ordnung, PT_n-Glieder

  PT_n-Glieder setzen sich aus der Reihenschaltung von PT_1-Gliedern (aperiodisches Verhalten) und PT_2-Gliedern (periodisches Verhalten) zusammen, d.h.

$$PT_n\!: \; F_{PT_n}(p) = \prod^{r} F_{PT_1}(p) \cdot \prod^{s} F_{PT_2}(p) \tag{2.172}$$

  mit $n = r+2s$.

  Die Frequenzgangfunktion von PT_n-Gliedern zeigt eine maximale Phasendrehung von $-n(\pi/2)$.

- Einfach verzögerte I-, D-Glieder

  Die sog. IT_1- und DT_1-Glieder ergeben sich aus Kettenschaltung von

I- oder D- mit PT_1-Gliedern, d.h.

$$IT_1: \; F_{IT_1}(p) = \frac{K_I}{p} \cdot \frac{1}{1+pT} \qquad (2.173)$$

$$DT_1: \; F_{DT_1}(p) = K_D p \cdot \frac{1}{1+pT} \; . \qquad (2.174)$$

Einzelheiten dazu finden wir in Tabelle 2.6/5 und 7.

- Übertragungsglieder mit Totzeitanteil

Derartige Übertragungsglieder können ebenfalls als Kettenschaltung aufgefaßt werden. So gilt z.B. für ein PT_1-Glied mit Totzeit die Übertragungsfunktion

$$PT_1T_t: \; F_{PT_1T_t}(p) = \frac{K}{1+pT} \cdot e^{-pT_t} \; . \qquad (2.175)$$

Die Systemantwort $x_a(t)$ entspricht offenbar der eines PT_1-Gliedes, wobei diese jedoch insgesamt um die Totzeit T_t nach rechts verschoben ist. Bild 2.51a zeigt als Beispiel die Übergangsfunktion.

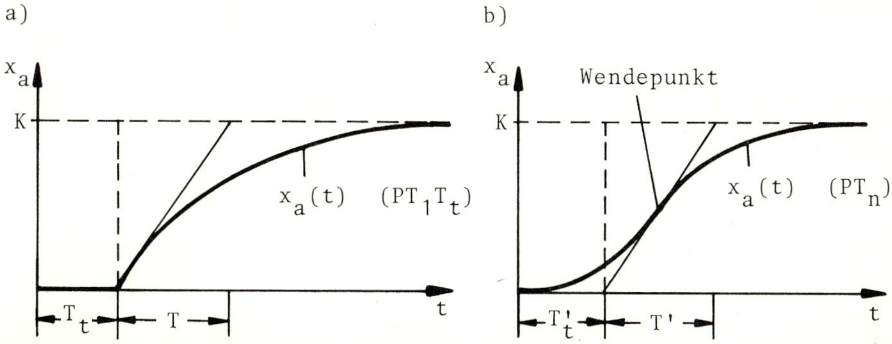

Bild 2.51: Übergangsfunktion des PT_1T_t-Gliedes (a) und eines Verzögerungsgliedes hoher Ordnung (b)

Die in Gl. (2.175) genannte Übertragungsfunktion dient häufig als ausreichende Näherung für schwerbestimmbare PT_n-Übertragungsfunktionen mit reellen Polen. Liegt z.B. die experimentell ermittelte Übergangsfunktion eines PT_n-Gliedes mit dem typischen, in Bild 2.51b gezeigten, S-förmigen Zeitverlauf vor, so erkennen wir leicht deren große Ähnlichkeit mit der in Bild 2.51a aufgetragenen Übergangsfunktion. Durch Anlegen der Wendetangente und Einzeichnen einer Asymptoten gewinnen wir aus der Übergangsfunktion des PT_n-Gliedes neben dem Proportionalbeiwert K eine Ersatzzeitkonstante T' und eine Ersatztotzeit T_t' (Wendetangenten-Verfahren). Setzen wir diese Größen anstelle von T und T_t in Gl. (2.175) ein, so erhalten wir als Näherung

$$F_{PT_n}(p) \approx F_{PT_1T_t}(p) \ . \qquad (2.176)$$

Auch das Anwenden einer Parallelstruktur, gemäß Bild 2.42b, führt zu neuen Übertragungsgliedern. So lassen sich durch Parallelschalten von P-, I- und D-Gliedern folgende in Tabelle 2.6/8, 10 und 12 näher beschriebenen Übertragungsglieder darstellen.

- PID-Glied und seine Sonderformen

$$\begin{aligned} &\text{PI:} \quad F_{PI}(p) = K + \frac{K_I}{p} = K(1+\frac{1}{T_n p}) \\ &\text{PD:} \quad F_{PD}(p) = K + K_D p = K(1+T_v p) \qquad (2.177) \\ &\text{PID:} \quad F_{PID}(p) = K + \frac{K_I}{p} + K_D p = K(1+\frac{1}{T_n p}+T_v p) \ . \end{aligned}$$

Die Kombination von Ketten- und Parallelstruktur führt schließlich zu verzögerten PI, PD oder PID-Elementen, Tabelle 2.6/9, 11 und 13.

Beispiel 2.20: Das in Tabelle 2.6/13 vermerkte $PIDT_1$-Übertragungsglied soll gedanklich auf elementare Systembausteine zurückgeführt werden. Dies kann z.B. in der in Bild 2.52a gezeigten Weise geschehen. Die zu Bild 2.52b gehörige Übertragungsfunktion lautet allgemein

$$F_{PIDT_1} = (F_P+F_I+F_D)\cdot F_{PT_1} \qquad (2.178)$$

oder mit den entsprechenden Angaben aus Tabelle 2.6

$$F_{PIDT_1} = (K + \frac{K_I}{p} + K_D p)\cdot\frac{1}{1+Tp} = \frac{K\cdot(1+\frac{1}{T_n p} + T_v p)}{1+Tp}$$

Auf die speziell bei Regler-Übertragungsgliedern üblichen Bezeichnungen für T_n und T_v gehen wir in Abschnitt 3.5.1.1 ein.

Mit dem hier skizzierten Vorgehen haben wir beispielhaft gezeigt, wie wir die Eigenschaften komplizierter Übertragungsglieder ausgehend von bereits bekannten Systeminformationen über elementare oder einfachere Übertragungsglieder verstehen können.

a)

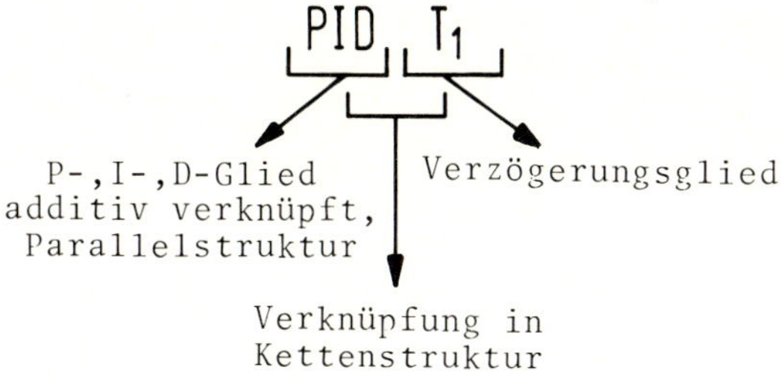

b)

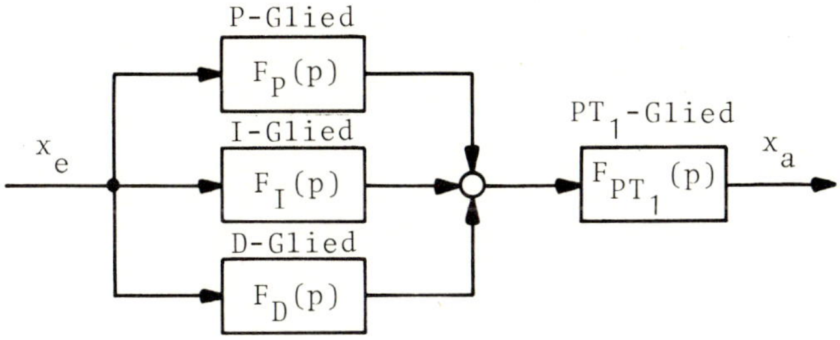

Bild 2.52: Aufbau eines Übertragungsgliedes durch Parallel- und Kettenstruktur

2.11 Klassifizierung allgemeiner linearer Übertragungsglieder

Neben der bisher behandelten Art der Einteilung erweist sich speziell im Zusammenhang mit komplizierteren Regelstrecken-Übertragungsgliedern eine Klassifizierung entsprechend dem grundsätzlichen oder globalen Übertragungsverhalten eines Übertragungsgliedes als nützlich. Dabei wollen wir uns auf die Behandlung rationaler Übertragungsglieder ggf. gekoppelt mit einem Totzeit-Anteil beschränken.

2.11.1 Übertragungsglieder mit globalem P-, I-, D- und T_t-Verhalten

Ein Übertragungsglied mit grundsätzlich proportionalem (P-)Verhalten erkennen wir daran, daß die zugehörige Übertragungsfunktion für p=0 einen endlichen, von 0 verschiedenen Wert aufweist. Globales P-Verhalten hat also jede Übertragungsfunktion der Art

$$F(p) = \frac{x_a(p)}{x_e(p)} = \frac{a_o+a_1p+\ldots+a_mp^m}{b_o+b_1p+\ldots+b_np^n} = K\cdot\frac{1+\ldots+\tilde{a}_mp^m}{1+\ldots+\tilde{b}_np^n} \qquad (2.179)$$

mit a_o, $b_o \neq 0$ und $K = a_o/b_o$.

Die zugehörige Sprungantwort, also die Reaktion auf $x_e(t) = \hat{x}_e \cdot \sigma(t)$ hat dann - falls es sich um ein stabiles Übertragungsglied handelt - gemäß den Grenzwertsätzen Gl. (2.137) den der Anregungsamplitude $\hat{x}_e$ proportionalen Endwert

$$x_a(\infty) = \frac{a_o}{b_o} \cdot \hat{x}_e = K \cdot \hat{x}_e \tag{2.180a}$$

und den Anfangswert

$$x_a(0) = \begin{cases} 0 & \text{für } m < n \\ \frac{a_m}{b_m} \cdot \hat{x}_e & \text{für } m = n \,. \end{cases} \tag{2.180b}$$

Bild 2.53 zeigt Sprungantworten eines sprungfähigen (m=n) und nichtsprungfähigen (m<n) Übertragungsgliedes mit globalem P-Verhalten.

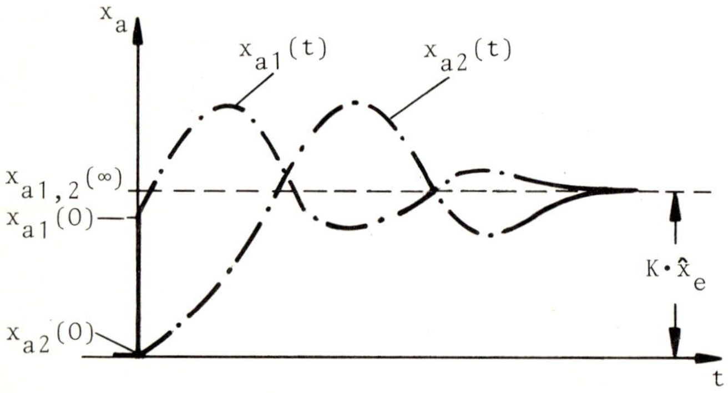

Bild 2.53: Übergangsfunktionen von Übertragungsgliedern mit globalem, sprungfähigem (x_{a1}) und nichtsprungfähigem (x_{a2}) P-Verhalten

Global integrierendes (I-)Verhalten eines Übertragungsgliedes erkennen wir an einer Übertragungsfunktion der Bauform

$$F(p) = \frac{a_o + a_1 p + \ldots + a_m p^m}{b_1 p + \ldots + b_n p^n} \tag{2.181a}$$

mit a_o, $b_1 \neq 0$.

Wir können dieses F(p) auch umschreiben in

$$F(p) = \frac{K_I}{p} \cdot \frac{1+\ldots+\frac{a_m}{a_o}p^m}{1+\ldots+\frac{b_n}{b_1}p^{n-1}} = \underbrace{\frac{K_I}{p}}_{\text{I-Glied}} \cdot \underbrace{\frac{1+\ldots+\tilde{a}_m p^m}{1+\ldots+\tilde{b}_n p^{n-1}}}_{\text{P-Verhalten}} \quad (2.181b)$$

und es damit wie früher gedanklich in die Kettenschaltung eines einfachen I-Gliedes und eines Übertragungsgliedes mit P-Verhalten zerlegen.

Für obiges Übertragungsglied erhalten wir - unter der Annahme, daß das P-Teilsystem stabil ist - eine Sprungantwort der in Bild 2.54 (x_{a1}) gezeigten Art, die im stationären Zustand ($t \to \infty$) grundsätzlich durch den für das I-Verhalten typischen zeitlinearen Anstieg von $x_{a1}(t)$ gekennzeichnet ist; gemäß Gl. (2.139) gilt nämlich

$$\dot{x}_a(\infty) = \lim_{p \to 0} p\, F(p) \cdot \hat{x}_e = K_I \cdot \hat{x}_e \, . \quad (2.182)$$

Schließlich hat bei Systemen mit <u>global differenzierendem (D-)Verhalten</u> die Übertragungsfunktion stets die Bauform

$$F(p) = \frac{a_1 p + \ldots + a_m p^m}{b_o + b_1 p + \ldots + b_n p^n} \quad (2.183a)$$

mit a_1, $b_o \neq 0$ bzw.

$$F(p) = K_D \cdot p \cdot \frac{1+\ldots+\frac{a_m}{a_1}p^{m-1}}{1+\ldots+\frac{b_n}{b_o}p^n} = \underbrace{K_D \cdot p}_{\text{D-Glied}} \cdot \underbrace{\frac{1+\ldots+\tilde{a}_m p^{m-1}}{1+\ldots+\tilde{b}_n p^n}}_{\text{P-Verhalten}} \quad (2.183b)$$

Für den Anfangs- und Endwert der zugehörigen Sprungantwort gilt aufgrund der Gln. (2.137)

$$x_a(0) = \begin{cases} 0 & \text{für } m < n \\ \frac{a_m}{b_n} \cdot \hat{x}_e & \text{für } m = n \end{cases} \quad (2.184)$$

$$x_a(\infty) = 0 \, .$$

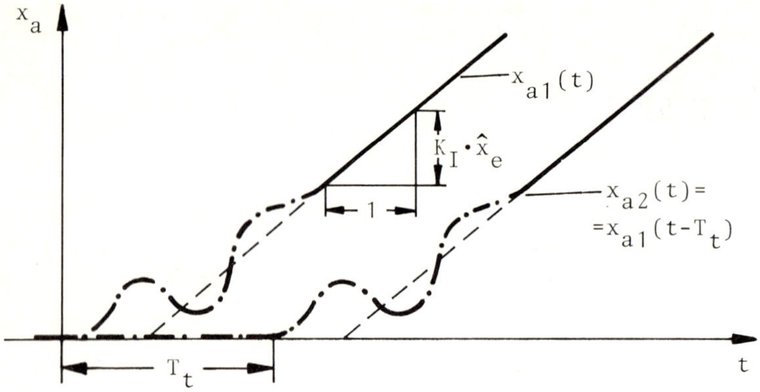

Bild 2.54: Übergangsfunktionen von Übertragungsgliedern mit globalem I- (x_{a1}) und IT_t-Verhalten (x_{a2})

Bild 2.55 zeigt den qualitativen Verlauf der Sprungantwort eines nichtsprungfähigen (m<n) Übertragungsgliedes mit D-Verhalten.

Gelegentlich kommen auch Übertragungsglieder vor, die durch ein mehrfach integrierendes oder differenzierendes Verhalten gekennzeichnet sind. In diesen Fällen müssen wir unser Einteilungsschema für integrierende und differenzierende Übertragungsglieder sinngemäß erweitern.

Zusammenfassend können wir feststellen, daß sich globales P-, I- oder D-Verhalten eines Übertragungsgliedes auch im Ortskurvenverlauf oder in der Pol/Nullstellenverteilung ausprägt. So zeichnet sich ein globales I-Verhalten stets durch eine Polstelle, ein D-Verhalten durch eine Nullstelle von F(p) im Ursprung der p-Ebene aus, während bei einem P-Verhalten weder Pol noch Nullstelle im Ursprung auftauchen.

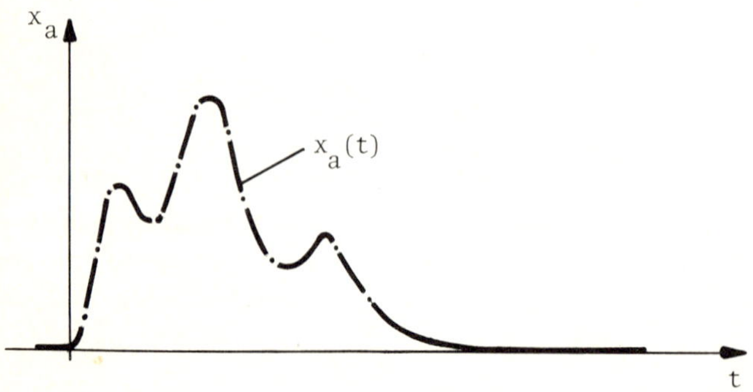

Bild 2.55: Übergangsfunktion des Übertragungsgliedes mit globalem D-Verhalten

Sind Übertragungsglieder mit P-, I- oder D-Verhalten zusätzlich mit einem in Kette geschalteten Totzeit-(T_t-)Übertragungsglied gekoppelt, so bewirkt dies - wie wir bereits wissen - eine zeitliche Rückverschiebung der Systemantwort des entsprechenden Übertragungsgliedes ohne Totzeit um T_t. Der grundsätzliche Charakter des Übertragungsgliedes (P-, I-, D-Verhalten) bleibt davon jedoch unberührt. Bild 2.54 verdeutlicht dies noch einmal im Zusammenhang mit einem Übertragungsglied mit I-Verhalten und Totzeit.

2.11.2 Aufteilung eines Übertragungsgliedes in Phasenminimum- und Allpaßglied

Ausgehend von der Pol/Nullstellen-Verteilung einer rationalen Übertragungsfunktion F(p) läßt sich diese gemäß Bild 2.56 formal in zwei charakteristische Teilübertragungsfunktionen zerlegen, deren eine phasenminimales und deren andere Allpaß-Verhalten zeigt.

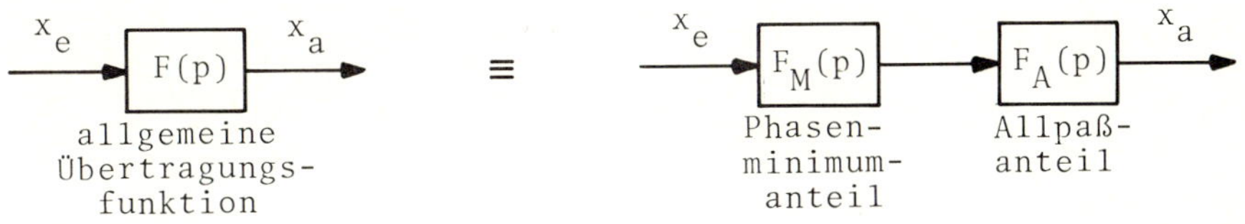

Bild 2.56: Zerlegung einer beliebigen rationalen Übertragungsfunktion in Kettenstruktur aus Phasenminimum- und Allpaßglied

Wir bezeichnen als Phasenminimumsystem eine Übertragungsfunktion, deren Pole und Nullstellen ausnahmslos in der linken p-Halbebene liegen, während ein Allpaßglied durch die Tatsache gekennzeichnet ist, daß die zugehörige Übertragungsfunktion Pole bzw. Nullstellen in der rechten p-Halbebene und spiegelsymmetrisch zur Imaginär-Achse Nullstellen bzw. Pole in der linken p-Halbebene aufweist.

Es sei hier angemerkt, daß diese Unterscheidung eine große Bedeutung im Zusammenhang mit der Frequenzgangfunktion $F(j\omega)$ bzw. ihrer beiden Komponenten, der Betragsfunktion $A(\omega)$ und der Phasenfunktion $\varphi(\omega)$ hat. Während bei der Frequenzgangfunktion eines phasenminimalen Systems eine enge funktionale Kopplung zwischen dem Verlauf der Betrags- und Phasenfunktion existiert (minimale Änderung der Phase bei einer bestimmten Änderung des Betrages mit ω), liegt eine solche Kopplung bei Allpaßsystemen nicht vor. Wir werden auf entsprechende Konsequenzen später eingehen.

Wir halten also fest, daß jedes Übertragungsglied, das nicht bereits selbst ein Phasenminimum- bzw. Allpaßsystem ist, in einen Phasenminimum- und Allpaß-Anteil zerlegt werden kann.

Beispiel 2.21: Eine vereinfachte, linearisierte Betrachtung der Signalzusammenhänge zwischen der Steuerventilstellung $x_e(t)$ und der von einer, über eine lange Rohrleitung gespeisten Wasserturbine (=Regelstrecke) abgegebenen Leistung $x_a(t)$, Bild 2.57a, liefert die Dgl.

$$\dot{x}_a + x_a = 3x_e - 6\dot{x}_e \,. \tag{2.185}$$

Das zugehörige F(p) lautet

$$F(p) = 3\,\frac{1-2p}{1+p} \,. \tag{2.186}$$

Wir erkennen sofort, daß gemäß Gl. (2.179) ein Übertragungsglied mit P-Verhalten vorliegt, dessen Übergangsfunktion $x_a(t)$ sprungfähig ist mit den Werten entsprechend den Gln. (2.180)

$$x_a(o) = -6, \quad x_a(\infty) = 3 \,.$$

Da es sich im übrigen um ein System 1. Ordnung handelt, können wir aus Gl. (2.186) für die Zeitkonstante T=1 ablesen. Mit diesen Angaben skizzieren wir die Übergangsfunktion, Bild 2.57b, ohne weitere Rechnung. Sie zeigt den überraschenden Effekt, daß auf eine positive Sprunganregung $x_e(t)$ zunächst eine Wirkung $x_a(t)$ in die umgekehrte Richtung stattfindet und sich erst verzögert ein Beharrungszustand einstellt, der der Eingangssignalamplitude (hier

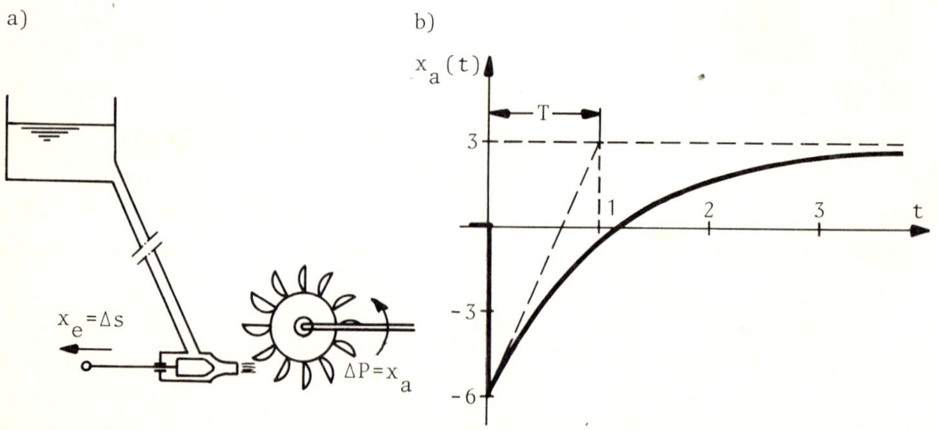

Bild 2.57: Regelstrecke Wasserturbine (a) und Übergangsfunktion (b)

x_e = +1) wirkungsmäßig entspricht. Systeme, die eine solche anfängliche Reaktion im "falschen" Wirkungssinn zeigen, werfen bei der Steuerung und Regelung verständlicherweise besondere Probleme auf.

Im Zusammenhang mit der Turbinensteuerung ist das beschriebene Phänomen als Druckstoßverhalten bekannt und hat seine Ursache in der Tatsache, daß eine plötzliche Öffnung des Steuerventils eine Querschnittsvergrößerung für den ausströmenden Wasserstrahl bedeutet. Aus Kontinuitätsgründen muß deshalb die Ausströmgeschwindigkeit und damit die abgegebene Turbinenleistung zunächst abnehmen, um dann allmählich nach Beschleunigung der Wassermasse in der Rohrleitung auf den gewünschten neuen Beharrungswert einzulaufen. Skizzieren wir zur Übertragungsfunktion (2.186) Pole und Nullstellen, so erhalten wir Bild 2.58a mit einem Pol links und einer Nullstelle im rechten Teil der p-Ebene. Wir ordnen nun gemäß dem oben besprochenen Aufteilungsschema die Polstelle dem Phasenminimum-Anteil $F_M(p)$ und die Nullstelle $F_A(p)$ zu. Dann erweitern wir $F_A(p)$ im Sinne unserer obigen Definition des Allpasses durch Einführen eines Poles spiegelsymmetrisch zur Nullstelle und kompensieren diese Erweiterung wieder, in dem wir F_M eine entsprechende Nullstelle hinzufügen. Damit erhalten wir folgende formale Zerlegung für Gl. (2.186)

$$F(p) = 3\cdot\frac{1+2p}{1+p}\cdot\frac{1-2p}{1+2p}, \qquad (2.187)$$

$$F(p) = F_M(p)\cdot F_A(p)$$

die in Bild 2.58b ihre Ausdeutung in der p-Ebene erfährt. Wir erkennen in diesem Bild die als Auslöschungs-Kompensation bezeichnete Pol/Nullstellen-Kürzung (⊗). Gl. (2.187) läßt ferner in der Strecken-Übertragungsfunktion einen Allpaß-Anteil 1. Ordnung erkennen, der offenbar für den Effekt des anfänglich "falschen" Wirkungssinnes der Zeitantwort verantwortlich ist. Um dies etwas genauer zu analysieren, wollen wir auf das Verhalten reiner Allpässe eingehen.

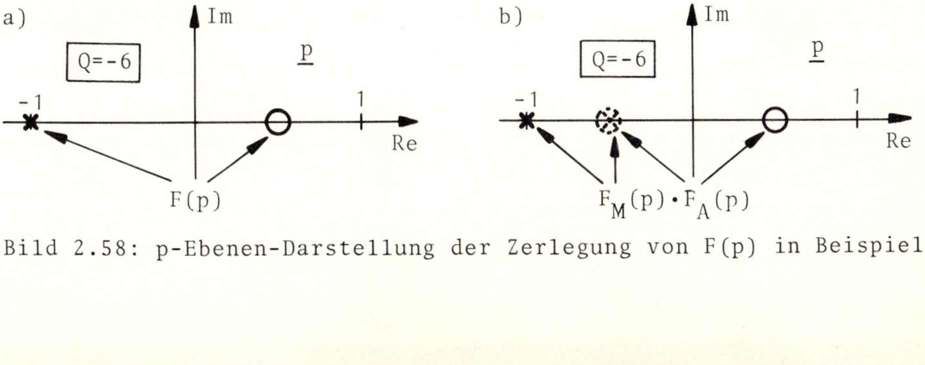

Bild 2.58: p-Ebenen-Darstellung der Zerlegung von F(p) in Beispiel 2.21

2.11.3 Reine Allpaßglieder

Tabelle 2.7 gibt einige Informationen zu Allpässen 1. und 2. Ordnung. Wir erkennen anhand der Übergangsfunktionen, daß Allpässe generell stark verzögertes P-Verhalten aufweisen und speziell Allpässe ungerader Ordnung, die oben diskutierte eigentümliche Anfangsreaktion zeigen. Ein Vergleich der Allpaß-Übertragungsfunktionen in Tabelle 2.7 mit der Padé-Approximation der Exponentialfunktion in Gl. (2.149b) demonstriert ferner, daß entsprechende rationale Approximationen des

Tabelle 2.7: Beschreibung von Allpässen

	Allpaß 1.Ordnung	Allpaß 2.Ordnung
Übertragungsfunktion	$F(p)=K\cdot\frac{1-T_1\cdot p}{1+T_1\cdot p}$	$F(p)=K\cdot\frac{1-T_2\cdot p+T_3^2\cdot p^2}{1+T_2\cdot p+T_3^2\cdot p^2}$
Pol/Nullstellen-Verteilung	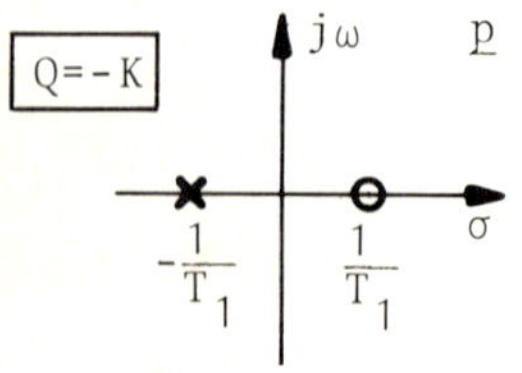	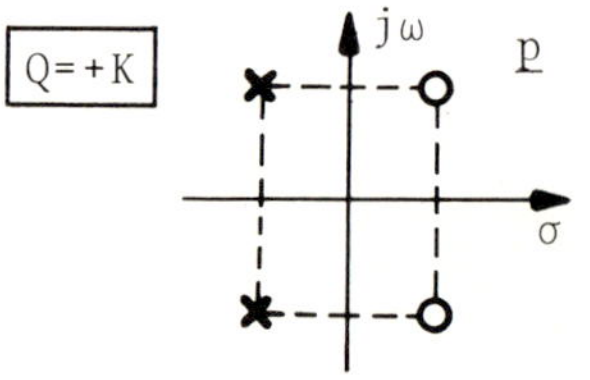
Übergangsfunktion	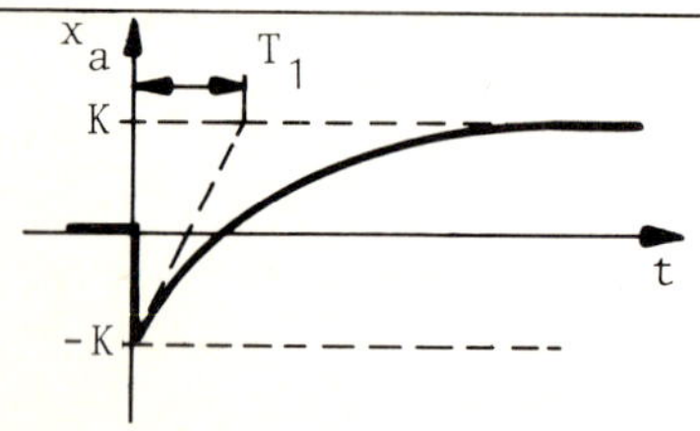	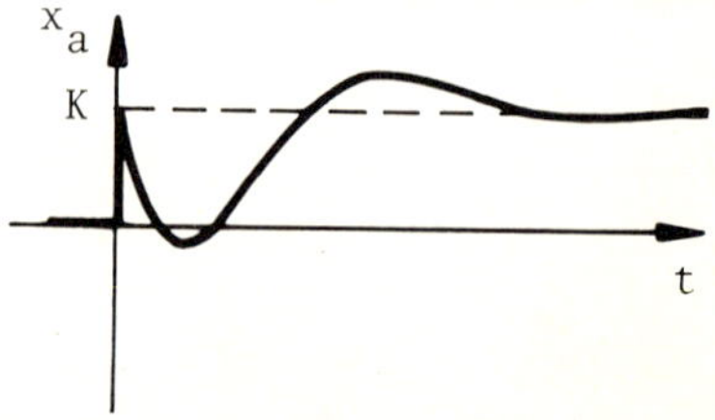
Ortskurve	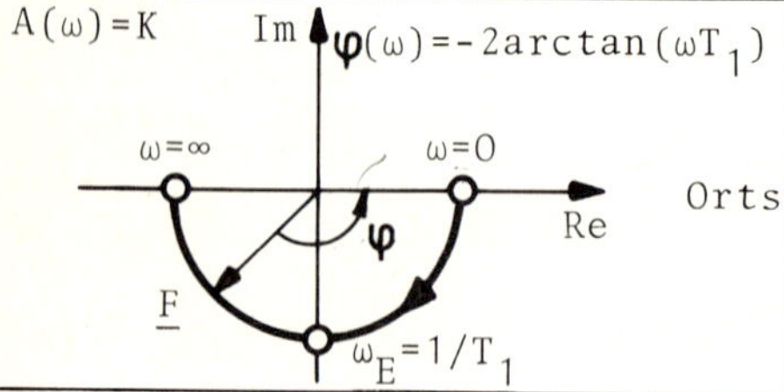	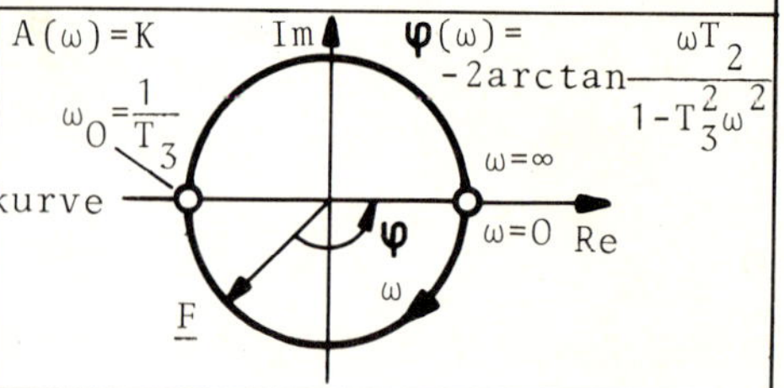
technische Realisierung	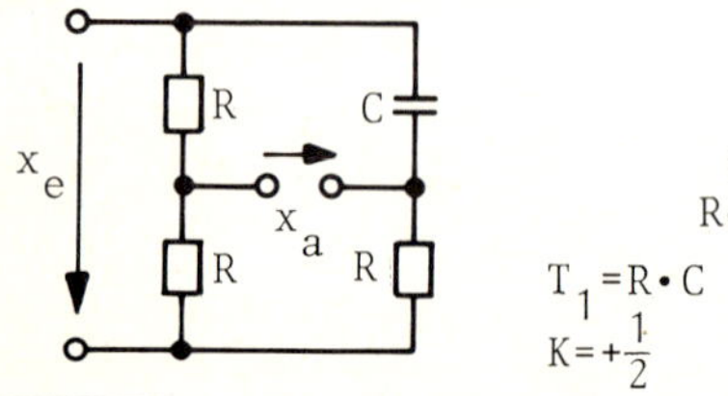	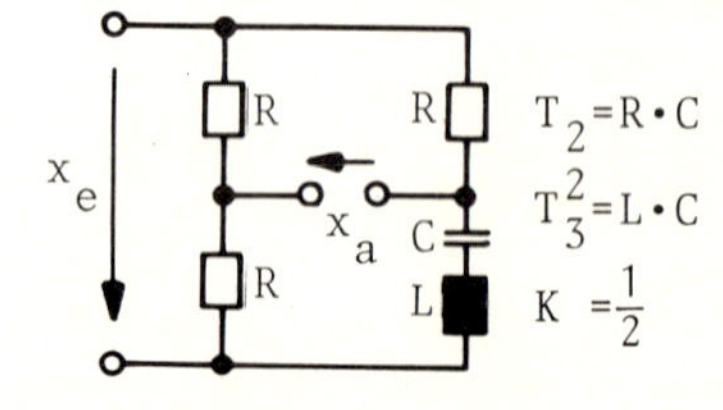

Totzeit-Gliedes auf Allpässe unterschiedlichster Ordnung mit speziell gewählten Koeffizienten der Zähler- und Nennerpolynome führen.

Am deutlichsten erkennen wir jedoch die Verwandtschaft von Totzeitglied und Allpässen in den jeweiligen Ortskurven, die,wie in Tabelle 2.7 gezeigt, geometrisch Halb- oder Vollkreise mit entsprechender ω-Parametrierung darstellen. An dieser Stelle wird auch unsere frühere Bemerkung zur funktionalen Unabhängigkeit von Betrags- und Phasenfunktion klarer, da wir nun sehen, daß bei Allpässen $A(\omega)$ unabhängig von ω, also konstant ist, während $\varphi(\omega)$ im Sinne einer Phasennacheilung monoton mit ω wächst.

2.12 Bestimmen systemdynamischer Eigenschaften eines Übertragungsgliedes aus Kenntnis der Pol- und Nullstellen-Verteilung

In Abschnitt 2.8.1 haben wir festgestellt, daß es im Grunde immer mit Hilfe entsprechender Korrespondenztabellen der L-Transformation möglich ist, die Rücktransformation einer Systemantwort

$$x_a(p) = F(p) \cdot x_e(p) \tag{2.188}$$

aus dem p- in den t-Bereich vorzunehmen. Allerdings verschleiert dieses formal mathematische Vorgehen interessante Zusammenhänge, die zwischen der Systemantwort und der Pol/Nullstellen-Verteilung der Übertragungsfunktion F(p) bestehen. Da wir unser Wissen um diese Zusammenhänge in qualitativer wie quantitativer Hinsicht erweitern wollen, werden wir ein halbanalytisches Verfahren zur Bestimmung von Systemantworten - insbesondere der Übergangsfunktion - unter Verwendung der p-Ebenen-Darstellung kennenlernen.

2.12.1 Halbanalytisches Verfahren zur Bestimmung der Übergangsfunktion

Nach den Ausführungen in Abschnitt 2.7.1 läßt sich unter gewissen Voraussetzungen die Übergangsfunktion eines Übertragungsgliedes F(p) in der Form

$$x_a(t) = k_o + k_1 \cdot e^{p_1 t} + \ldots + k_n \cdot e^{p_n t} \tag{2.189}$$

anschreiben, wobei die k_i allgemeine Konstanten sind, die wir aus Kenntnis der Pol/Nullstellen-Verteilung von F(p) bestimmen können. Grundlage dazu ist der Residuensatz der Funktionentheorie.

Wird ein System mit der Übertragungsfunktion F(p) mit einer Sprungfunktion angeregt, so erhalten wir gemäß Gl. (2.188) für die Übergangsfunktion im p-Bereich

$$x_a(p) = F(p)\cdot\frac{1}{p} = \frac{a_o+a_1\cdot p+\ldots+a_m\cdot p^m}{b_o+b_1\cdot p+\ldots+b_n\cdot p^n}\cdot\frac{1}{p}\,, \quad m \leq n\,. \tag{2.190}$$

Diese Beziehung läßt sich mit Hilfe der Gl. (2.134) auch in faktorisierter Form anschreiben als

$$x_a(p) = Q\cdot\frac{\prod_{\mu=1}^{m}(p-q_\mu)}{\prod_{\nu=1}^{n}(p-p_\nu)}\cdot\frac{1}{p} \qquad \text{mit } Q = \frac{a_m}{b_n}\,. \tag{2.191}$$

Hat F(p) globales P-Verhalten (d.h. a_o, $b_o \neq 0$) und sind alle Pole p_ν voneinander verschieden und ungleich 0, so kann Gl. (2.191) wie folgt in Partialbrüche (vgl. auch Beispiel 2.16) zerlegt werden:

$$x_a(p) = \frac{k_o}{p} + \frac{k_1}{p-p_1} + \ldots + \frac{k_n}{p-p_n}\,. \tag{2.192}$$

$X_a(p)$ liegt damit als Summe einfacher Teilvorgänge im p-Bereich vor, die leicht mit Hilfe der Zeilen 2 und 6 der Korrespondenzentabelle 2.4 in den Zeitbereich rücktransformiert werden können. Das Ergebnis ist die in Gl. (2.189) angegebene allgemeine Zeitbereichsdarstellung der Übergangsfunktion.

Die Konstanten $k_i (i=0,1,2,\ldots,n)$ sind selbstverständlich sowohl in der t- als auch in der p-Bereichs-Darstellung von x_a dieselben; im Zusammenhang mit Gl. (2.192) werden sie als die sog. Residuen der komplexen Funktion $X_a(p)$ an den singulären Stellen $p=p_i$ bezeichnet. Ihr Wert kann unter Verwendung von Gl. (2.191) leicht formelmäßig ermittelt werden. So gilt

$$k_o = p\cdot X_a(p)\Big|_{p=0} = Q\cdot\frac{\prod_{\mu=1}^{m}(-q_\mu)}{\prod_{\nu=1}^{n}(-p_\nu)} \tag{2.193a}$$

($\hat{=}$ Endwertsatz der L-Transformation, Tabelle 2.5/11)

$$k_i = (p-p_i)\cdot X_a(p)\Big|_{p=p_i} = Q\cdot\frac{1}{p_i}\cdot\frac{\prod_{\mu=1}^{m}(p_i-q_\mu)}{\prod_{\substack{\nu=1\\ \nu\neq i}}^{n}(p_i-p_\nu)}\,, \tag{2.193b}$$

$(i=1,\ldots,n)$.

Im Fall, daß F(p) ein konjugiert komplexes Polpaar

$$p_{i,i+1} = \sigma_e \pm j\omega_e \tag{2.194}$$

besitzt, ergeben sich auch konjugiert komplexe Koeffizienten

$$k_{i,i+1} = a \pm j \cdot b \ , \tag{2.195}$$

mit denen sich die entsprechenden Summanden in Gl. (2.189) wie folgt zusammenfassen lassen

$$k_i \cdot e^{p_i t} + k_{i+1} \cdot e^{p_{i+1} t} = 2 \cdot \mathrm{Re}\{k_i \cdot e^{p_i t}\} \ . \tag{2.196}$$

Die zahlenmäßige Bestimmung der k_i in den Gln. (2.193) kann rein rechnerisch oder halbanalytisch unter Zuhilfenahme der Pol/Nullstellen-Verteilung von F(p) bzw. $X_a(p)$ nach folgendem Verfahren erfolgen:

Sind alle Pole p_ν und Nullstellen q_μ des Übertragungsgliedes als Kreuze und Kreise in der p-Ebene eingetragen, so können Betrag (Lineal) und Phasenwinkel (Winkelmesser) der Vektoren (p_i-q_μ), (p_i-p_ν), (p_i), $(-q_\mu)$ und $(-p_\nu)$ in den Gln. (2.193) aus der p-Ebene entnommen und in die entsprechenden Formeln zur Auswertung eingesetzt werden. Das folgende Beispiel soll das grundsätzliche Vorgehen erläutern.

Beispiel 2.22: Die Pole und Nullstellen des Übertragungsgliedes mit

$$F(p) = 3 \cdot \frac{(p+0,2)}{(p^2+0,8p+0,32) \cdot (p+0,7)} \tag{2.197}$$

sind in Bild 2.59 eingetragen. Die zugehörige Übergangsfunktion besitzt wegen der 3 Pole, wobei ein konjugiert komplexes Polpaar $p_{1,2}$ vorliegt, folgenden Aufbau:

$$x_a(t) = k_o + 2 \cdot \mathrm{Re}\{k_1 \cdot e^{p_1 t}\} + k_3 \cdot e^{p_3 t} \ . \tag{2.198}$$

Wir wollen nun k_3 bestimmen, wofür nach Gl. (2.193b) gilt

$$k_3 = Q \cdot \frac{1}{p_3} \cdot \frac{(p_3-q_1)}{(p_3-p_1) \cdot (p_3-p_2)} \tag{2.199}$$

Die notwendigen Vektoren

$$p_3 - p_1 = 0{,}5\ e^{j232^o}, \quad p_3 \qquad = -0{,}7,$$

$$p_3 - p_2 = 0{,}5\ e^{j128^o}, \quad p_3 - q_1 = -0{,}5$$

entnehmen wir Bild 2.59, und wir erhalten nach Einsetzen

$$k_3 = 3\cdot\frac{-0{,}5}{-0{,}7\cdot 0{,}25\cdot e^{j(232+128)^o}} = \frac{60}{7} = 8{,}57\ . \tag{2.200}$$

k_o und k_1 bestimmen wir auf die gleiche Weise. Wir finden für die Übergangsfunktion

$$x_a(t) = 2{,}68 + 11{,}64\cdot e^{-0{,}4t}\cdot\cos(0{,}4t-164^o) + 8{,}57\cdot e^{-0{,}7t}\ . \tag{2.201}$$

Nach entsprechender Modifikation der Ansatzgleichungen können mit dem beschriebenen Verfahren auch andere Systemantworten, wie etwa die Gewichtsfunktion bestimmt werden.

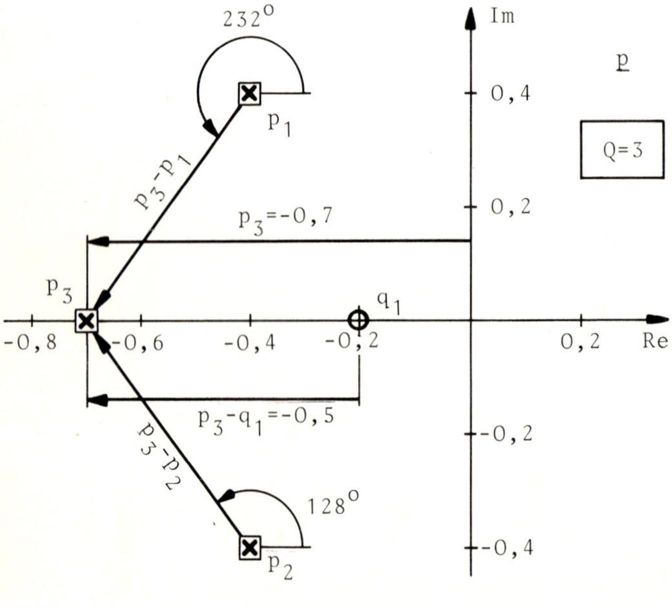

Bild 2.59: p-Ebene zu Beispiel 2.22

2.12.2 Erkennen dominierender Systemeigenschaften

Bereits in Abschnitt 2.11.1 haben wir darauf hingewiesen, daß sich anhand der qualitativen Verteilung der Pole und Nullstellen leicht ablesen läßt, ob ein Übertragungsglied P-, I- oder D-Verhalten hat. Wir werden nun zeigen, daß wir für bestimmte Klassen von Übertragungsgliedern mit komplizierteren Pol/Nullstellen-Verteilungen auch leicht quantitative Aussagen über das "bestimmende" oder "dominierende" Zeitverhalten machen können. Wir legen dieser Betrachtung der Einfachheit halber Übergangsfunktionen zugrunde und untersuchen fallweise eine Reihe typischer Übertragungsglieder.

2.12.2.1 PT_n-Systeme mit dominierenden reellen Polen

Weist ein PT_n-System einen einzigen reellen Pol p_1 nahe der imaginären Achse der p-Ebene auf und liegen alle übrigen reellen Pole

$$p_i = -\frac{1}{T_i} \; ; \quad i=2,3,\ldots,n$$

abseits von p_1 in der linken p-Halbebene, wobei etwa

$$|p_i| > 5|p_1| \text{ bzw. } T_i < \frac{T_1}{5}$$

gelten, so bestimmt im wesentlichen der Pol bei p_1 das Einschwingverhalten dieses Übertragungsgliedes. Dieser Pol bzw. die zugehörige Zeitkonstante werden als für das Systemverhalten dominierend bezeichnet. Die Aussage wird im folgenden Beispiel näher begründet.

<u>Beispiel 2.23:</u> Für ein PT_2-System gelte

$$F(p) = \frac{1}{(1+p)(1+0,1p)} = \frac{10}{(p+1)(p+10)} \qquad (2.202)$$

mit den Zeitkonstanten $T_1 = 1$ ("große" Zeitkonstante), $T_2 = 0,1$ ("kleine" Zeitkonstante). Die Polverteilung zeigt Bild 2.60a. Mit ihrer Hilfe und der oben beschriebenen halbanalytischen Methode bestimmen wir die Koeffizienten der Übergangsfunktion zu

$$k_o = 10\cdot\frac{1}{1\cdot 10} = 1$$

$$k_1 = 10\cdot\frac{1}{-1\cdot 9} = -1,1$$

$$k_2 = 10\cdot\frac{1}{-10\cdot(-9)} = 0,1$$

und erhalten damit

$$x_a(t) = 1-1{,}1\cdot e^{-t}+0{,}1\cdot e^{-10t} \quad . \qquad (2.203)$$

In Gl. (2.203) wie in Bild 2.60b fällt sofort auf, daß der mit der "kleinen" Zeitkonstante zusammenhängende Summand wegen seines vergleichsweise schnellen Abklingens mit $T_2=0{,}1$ und seiner geringen Amplitude $k_2=0{,}1$ die Systemantwort nur in geringfügigem Maße beeinflußt. Der Pol $p_1=-1$ ist somit für die Systemantwort bestimmend,

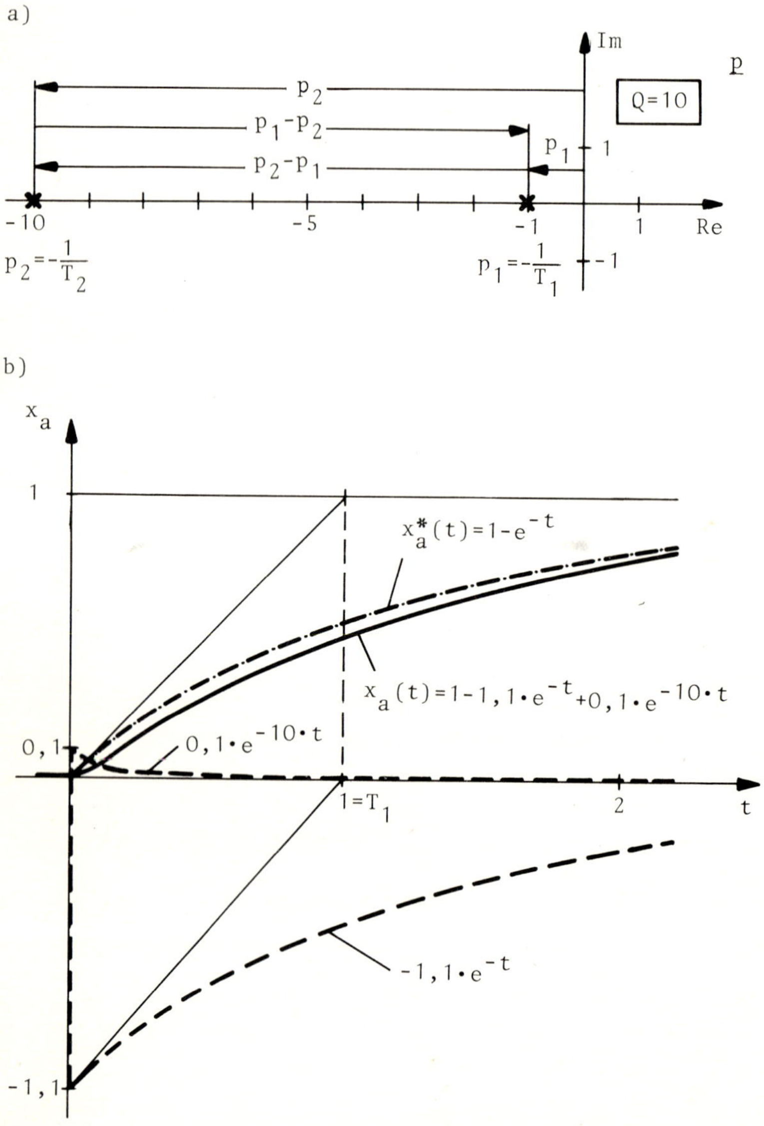

Bild 2.60: Wirkung eines dominierenden Poles p_1

und wir können zur näherungsweisen Beurteilung des Systemverhaltens die ordnungsmäßig reduzierte PT_1-Übertragungsfunktion $F^*(p)$

$$F(p) \approx F^*(p) = \frac{1}{1+p} \tag{2.204}$$

zugrundelegen, deren Übergangsfunktion

$$x_a(t) \approx x_a^*(t) = k_o^* + k_1^* e^{-t} = 1 - e^{-t} \tag{2.205}$$

zu Vergleichszwecken ebenfalls in Bild 2.60b eingetragen wurde.

Aus dieser Betrachtung ziehen wir den allgemeineren Schluß, daß das Zeitverhalten eines PT_n-Übertragungsgliedes mit einer oder mehreren reellen dominierenden Zeitkonstanten in erster Näherung anhand einer Ersatz-Übertragungsfunktion $F^*(p)$ beurteilt werden kann, die aus $F(p)$ durch Vernachlässigen, d.h. Nullsetzen, der "kleinen" Zeitkonstanten gewonnen wird.

2.12.2.2 PT_n-System mit dominierendem konjugiert-komplexen Polpaar

Gilt bei einem Übertragungsglied

$$F(p) = K \cdot \frac{\omega_o^2}{(p^2 + 2D\omega_o p + \omega_o^2)} \cdot \frac{1}{(1+T_3 p)} \cdot \frac{1}{(1+T_4 p)} \cdots \tag{2.206}$$

für die Zeitkonstanten

$$T_i << 1/|\mathrm{Re}\{p_{1,2}\}| = \frac{1}{|\sigma_e|}, \quad i = 3,4,\ldots,n , \tag{2.207}$$

wobei σ_e die aus Gl. (2.158) bekannte reziproke Abklingszeitkonstante des Polpaars $p_{1,2}$ des PT_2-Gliedes bedeutet, so sprechen wir von einem dominierenden, konjugiert-komplexen Polpaar. Dieses Polpaar liegt, verglichen mit allen anderen Polen, nahe an der imaginären Achse der p-Ebene, wie Bild 2.61 zeigt, und bestimmt primär das Zeitverhalten des Übertragungsgliedes.

Mit der gleichen, im Beispiel 2.23 angewandten Vorgehensweise läßt sich auch hier zeigen, daß zur näherungsweisen Beurteilung des Zeitverhaltens eines derartigen Systems die auf das dominierende periodische PT_2-Verhalten reduzierte Übertragungsfunktion

$$F(p) \approx F^*(p) = K \cdot \frac{\omega_o^2}{p^2 + 2D\omega_o p + \omega_o^2} \tag{2.208}$$

ausreicht. Selbstverständlich gelten diese Betrachtungen über dominierende Pole auch dann, wenn es sich bei den weit von der imaginären Achse der p-Ebene entfernten Polen (p_3, p_4...) um konjugiert-komplexe Pole handelt.

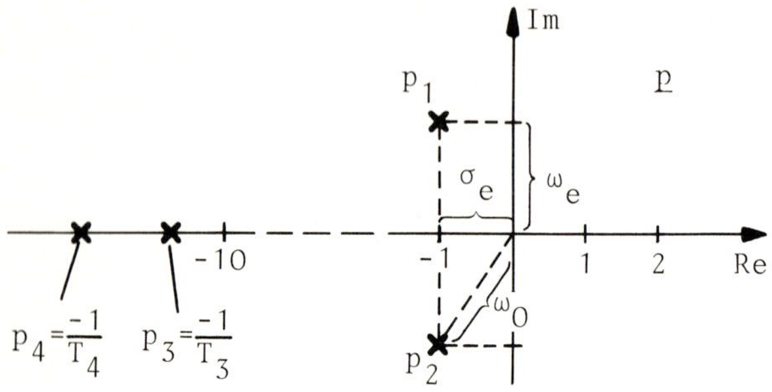

Bild 2.61: Dominierendes Polpaar $p_{1,2}$

2.12.2.3 Einfluß einer Nullstelle auf das Übertragungsverhalten

Unserer bisherigen Betrachtung lagen Übertragungsfunktionen ohne Nullstellen zugrunde. Wir wollen als nächstes den Einfluß der Nullstellen auf das Zeitverhalten untersuchen. Dabei erinnern wir uns, daß unabhängig von den Nullstellen die Übergangsfunktion eines Systems ebenfalls die aus Gl. (2.189) bekannte Bauform hat. Der Einfluß einer Nullstelle macht sich, wie die Formeln (2.193) zeigen, nur in den Koeffizienten k_i bemerkbar, die bekanntlich das Gewicht oder die Bedeutung bestimmen, mit dem ein zu dem Pol (=Eigenwert) p_i gehörender Teileinschwingvorgang in $x_a(t)$ eingeht.

Betrachten wir der Einfachheit halber als F(p) das Produkt eines PT_n-Übertragungsgliedes $\tilde{F}(p)$ und eines durch eine einzige Nullstelle bei

$$q_1 = -\frac{1}{T_v}\ , \quad T_v \geq 0 \tag{2.209}$$

charakterisierten Übertragungsgliedes, d.h.

$$F(p) = \tilde{F}(p)\cdot(1+T_v p)\ . \tag{2.210}$$

Durch signalflußmäßiges Aufspalten von F(p) gemäß Bild 2.62 können wir dann verhältnismäßig schnell und anschaulich Aufschluß über die Wirkung einer Nullstelle für verschiedene Werte von q_1 bzw. T_v erhalten. Da sich das Ausgangssignal $x_a(t)$ mit Hilfe des Signals $\tilde{x}(t)$ gemäß

Bild 2.62 als

$$x_a(t) = \tilde{x}(t) + T_v \cdot \dot{\tilde{x}}(t) \qquad (2.211)$$

anschreiben läßt, gelingt es, die Übergangsfunktion von F(p) aus der Summe der Übergangsfunktion von $\tilde{F}(p)$ und dem T_v-fachen der zugehörigen Gewichtsfunktion ($\dot{\tilde{x}}(t) = g_1(t)$) zu ermitteln. Wir sehen sofort, daß bei einer Lage der Nullstellen weit ab von der Imaginär-Achse in der linken p-Halbebene aus Gl. (2.211) folgt, daß

$$q_1 \to -\infty \text{ bzw. } T_v \to 0: \; x_a(t) \approx \tilde{x}(t) \;, \qquad (2.212a)$$

während im Falle, daß q_1 näher an den Ursprung der p-Ebene heranrückt

$$q_1 \to 0 \text{ bzw. } T_v \to \infty: \; x_a(t) \approx T_v \cdot \dot{\tilde{x}}(t) \qquad (2.212b)$$

gilt Das bedeutet, daß die Nullstelle für das Zeitverhalten von F(p) dann eine dominierende Rolle spielt, je näher sie an die Imaginär-Achse heranrückt.

Beispiel 2.24: Die Übergangsfunktion eines Übertragungsgliedes

$$F(p) = \frac{a_o + a_1 p}{b_o + b_1 p + b_2 p^2}$$

kann in Anlehnung an Gl. (2.210) umgeschrieben werden in

$$F(p) = K \cdot \frac{\omega_o^2}{\omega_o^2 + 2D\omega_o p + p^2} \cdot (1 + T_v p) \;, \; T_v > 0 \qquad (2.213)$$

Für den periodischen Fall ($0 < D < 1$) können die Übergangsfunktion $\tilde{x}(t)$ und die Gewichtsfunktion $\dot{\tilde{x}}(t)$ den Bildern 2.48 entnommen werden.

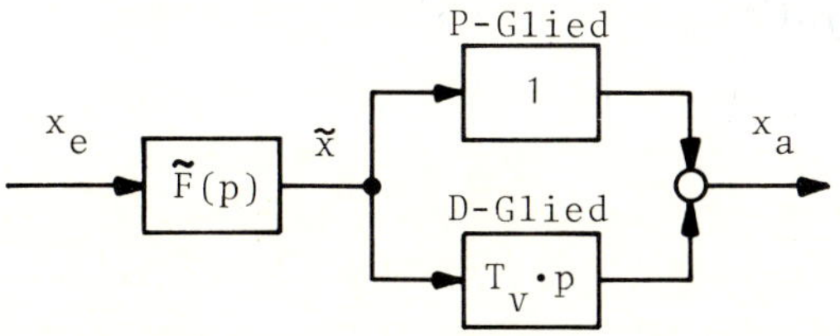

Bild 2.62: Wirkung einer Nullstelle auf das Übertragungsverhalten

Abhängig von der Lage der Nullstelle $q_1 = -1/T_v$ erhalten wir nun unterschiedliche Verläufe von $x_a(t)$, wobei wir leicht feststellen, daß für

$$q_1 < 5 \cdot \mathrm{Re}\{p_{1,2}\} = 5 \cdot \sigma_e \tag{2.214}$$

ihr Einfluß auf $x_a(t)$ gering bleibt, während sich andererseits mit Annäherung von q_1 an den Ursprung der p-Ebene das Überschwingen von $x_a(t)$ gegenüber $\tilde{x}(t)$ wesentlich verstärkt; die Nullstelle übt also im letztgenannten Fall einen dominierenden Einfluß auf $x_a(t)$ aus, der trotz konstantem Dämpfungsgrades D in $\tilde{F}(p)$ eine Beschleunigung des Anstieges und Verstärkung des Überschwingens bewirkt. Bild 2.63 zeigt dies exemplarisch für ein D=0,5.

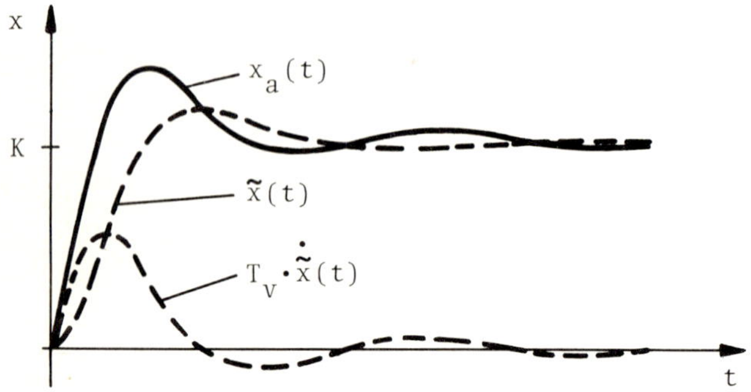

Bild 2.63: Wirkung einer Nullstelle in der Übergangsfunktion

Wir können aus diesen Ergebnissen den allgemeineren Schluß ziehen, daß die Wirkung von Nullstellen abhängig von ihrer relativen Lage zu den Polen eines Übertragungsgliedes gesehen werden muß, wobei weit links von den Polen liegende Nullstellen bzw. die zugehörigen kleinen Vorhalt-Zeitkonstanten T_{vi} in ihrer Wirkung auf das Zeitverhalten häufig vernachlässigt werden können.

2.12.2.4 Serienkompensation von Polen und Nullstellen

Liegen eine reelle Nullstelle und ein Pol nahe beieinander, so heben sich ihre gegenteiligen Wirkungen (Nullstelle beschleunigend, Pol verzögernd) teilweise auf. Im Idealfall, Pol und Nullstelle liegen aufeinander, löschen sich ihre Wirkungen nach außen hin völlig aus; wir sprechen in diesem Fall auch von "<u>mathematischer</u>" oder <u>Auslöschungs-</u>

Kompensation. In der zugehörigen Übertragungsfunktion bewirkt dies eine Aufhebung der Linearfaktoren von Nullstelle und Pol in Zähler- und Nennerpolynom.

Manchmal verwenden wir das Mittel der Pol/Nullstellenkompensation dazu, um ein unerwünschtes dynamisches Verhalten, z.B. ein zu hohes Überschwingen, verursacht durch eine Nullstelle, zu beseitigen. Diese Art der dynamischen Korrektur wird als steuernde oder Serienkompensation bezeichnet.

Beispiel 2.25: Schalten wir vor eine Strecke mit der Übertragungsfunktion

$$F_S(p) = \frac{\omega_o^2 \cdot (1+T_v p)}{p^2+2D\omega_o p+\omega_o^2}, \quad T_v > 0 \tag{2.215}$$

zum Zweck der Nullstellenkompensation ein Korrekturglied

$$F_K(p) = \frac{1}{(1+Tp)}, \tag{2.216}$$

so wird mit $T=T_v$ die Wirkung der Nullstelle des Übertragungsgliedes $F_S(p)$ völlig kompensiert, und es verbleibt als Gesamtübertragungsverhalten ein einfaches PT_2-Verhalten, wie dies Bild 2.64 veranschaulicht. Die aus Bild 2.63 bekannte beschleunigende und das Überschwingen verstärkende Wirkung der Nullstelle wird auf diese Weise beseitigt, Bild 2.65.

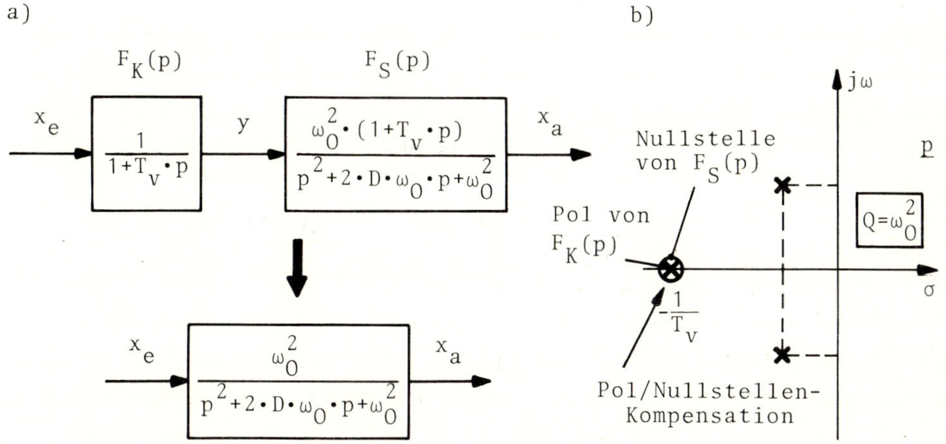

Bild 2.64: Serienkompensation einer Nullstelle

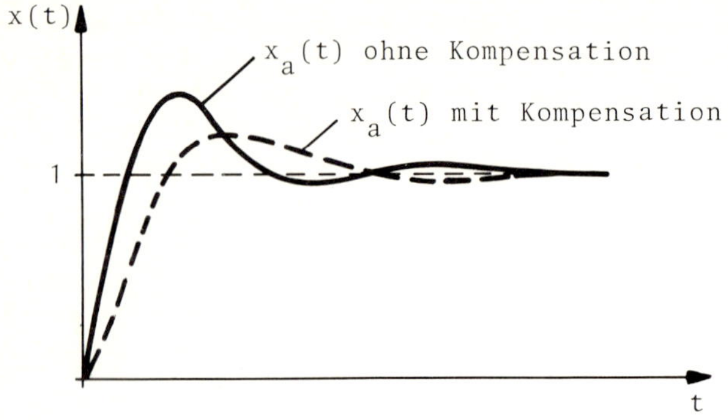

Bild 2.65: Wirkung der Serienkompensation auf die Übergangsfunktion

Eine steuernde Kompensation kann allerdings nicht zur Auslöschung rechtsseitiger Pole oder Nullstellen von nicht-minimalphasigen Übertragungsgliedern angewandt werden.

Beispiel 2.26: Wir wollen diese Aussage beispielhaft anhand eines Übertragungsgliedes erläutern, das bis auf einen "instabilen" Pol bei $p_1=+1$ nur Pole in der linken p-Halbebene aufweist und durch

$$F_{So}(p) = \tilde{F}_S(p)\cdot\frac{1}{p-1} \tag{2.217}$$

beschrieben wird. Der "instabile" Pol läßt sich scheinbar mit einem stabilen Kompensationsglied

$$F_K(p) = \tilde{F}_K(p)\cdot(p-1) \tag{2.218}$$

durch Pol/Nullstellenkompensation stabilisieren. Daß dies in Wirklichkeit zu unbrauchbaren Ergebnissen führt, zeigt die nachfolgende Überlegung. Jede Charakterisierung eines Übertragungsgliedes durch eine Übertragungsfunktion, wie etwa in Gl. (2.217), stellt stets nur eine Annäherung an die wirklichen Verhältnisse, z.B. präzise durch

$$F_S(p) = \tilde{F}_S(p)\cdot\frac{1}{p-(1+\varepsilon)} \tag{2.219}$$

beschrieben, dar. ε bedeutet hierbei einen Fehler oder die (Parameter-)Unsicherheit mit der die Lage des Poles p_1 tatsächlich praktisch ermittelt werden kann. Ist $\varepsilon\neq0$, so hat dies zur Folge, daß, wie in Bild 2.66b gezeigt, der in Wirklichkeit bei $p_1=1+\varepsilon$ in der rechten p-Halbebene liegende Streckenpol nicht durch das Kompensationsglied $F_K(p)$ ausgelöscht wird. Der instabile Pol bleibt also in der Gesamtübertragungsfunktion $F(p) = F_K(p) \cdot F_S(p)$ erhalten und bestimmt damit deren Stabilitätseigenschaften.

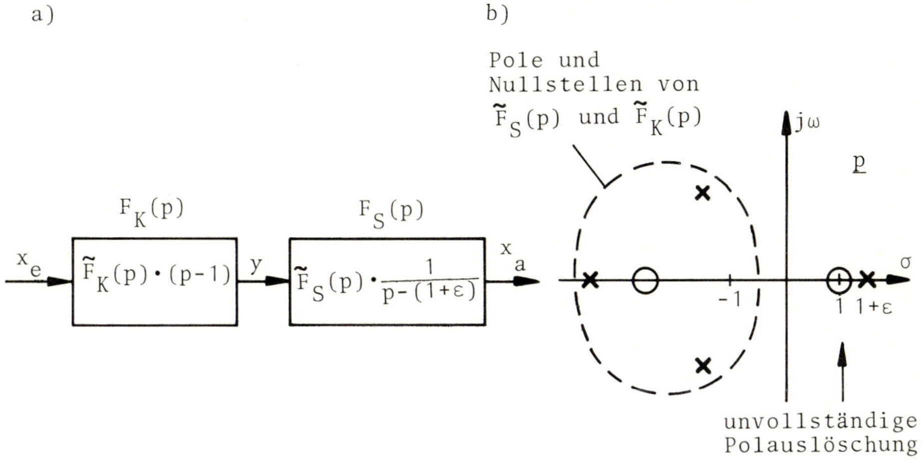

Bild 2.66: Wirkung der Serienkompensation in rechter p-Halbebene

Eine instabile Strecke kann also auf diese Weise nicht stabilisiert werden; dies gelingt nur durch eine "physikalische" Kompensation im Rahmen einer Kreisstruktur. Diese Möglichkeit werden wir aber eingehender in Abschnitt 3.3.2.4 behandeln. Natürlich gelingt aus den gleichen Gründen wie oben auch keine vollständige Kompensation von Polen oder Nullstellen von $F_S(p)$, die in der linken p-Halbebene liegen. In diesen Fällen bleiben jedoch die Auswirkungen auf das Stabilitätsverhalten des Gesamtsystems unproblematisch (warum?).

Die letzten, in diesem Abschnitt durchgeführten Betrachtungen, bei denen wir uns bereits mit der Beeinflussung und Modifikation des Verhaltens vorgegebener Übertragungsglieder befaßten, leiten zur Untersuchung von Regelkreisen über. Regelkreise sind in vielen Fällen die am besten geeigneten Strukturen zur umfassenden Beeinflussung und Modifikation des Verhaltens vorgegebener Übertragungsglieder (Regelstrecken).

3 Das Verhalten linearer Regelkreise

3.1 Grundstruktur des einschleifigen Regelkreises

In Anlehnung an die einleitenden Betrachtungen über Regelungen und an das in diesem Zusammenhang entwickelte Bild 1.12 können wir die Signalzusammenhänge in einem einschleifigen linearen Regelkreis allgemein durch den in Bild 3.1a skizzierten mathematischen Blockschaltplan beschreiben. Neben der Vergleichsstelle für die Führungsgröße w und dem aus der Regelgröße x abgeleiteten Rückführsignal x' ist dieser Regelkreis gekennzeichnet durch die Übertragungsfunktionen vom Regler einschließlich Stellglied $F_R(p)$, der Regelstrecke $F_S(p)$ und des ebenfalls der Regeleinrichtung zuzurechnenden Rückführelementes $F_r(p)$. $F_r(p)$ umfaßt zusätzlich zu den Übertragungseigenschaften der Meßeinrichtung auch die eines möglicherweise nachgeschalteten dynamischen Übertragungsgliedes zur Bildung von x'. Wir erkennen ferner die an typischen Stellen innerhalb des Regelkreises angreifenden Störsignale z_i.

Die Aufgabe des regelungstechnischen Entwurfs besteht darin, zu dem in der Regel vorgegebenen und durch $F_S(p)$ beschriebenen Verhalten der Regelstrecke geeignete Übertragungsglieder $F_R(p)$ und $F_r(p)$ so zu entwerfen, daß bestimmte regelungstechnische Anforderungen an das Regelkreisverhalten erfüllt werden. Ein weiterer Schritt stellt die gerätetechnische Verwirklichung der verschiedenen Übertragungsglieder innerhalb der Regeleinrichtung dar.

In der Praxis verzichten wir häufig darauf, die volle im Regelkreis gemäß Bild 3.1a durch F_R und F_r grundsätzlich verfügbare Entwurfseinheit zu nutzen. Aus vielerlei Gründen begnügen wir uns damit, die meßtechnisch erfaßte Regelgröße x unmittelbar, also ohne vorherige dynamische Modifikation, der Vergleichsstelle zuzuführen. Schlagen wir nun das Übertragungsverhalten der Meßeinrichtung gedanklich der Regelstrecke zu und betrachten das Meßsignal selbst als Regelgröße x, dann vereinfacht sich Bild 3.1a zur einschleifigen Regelkreisstruktur mit Einheitsrückführung, Bild 3.1b. Dieser Regelkreis verfügt nur noch über einen einzigen Entwurfs-Freiheitsgrad, nämlich den Regler $F_R(p)$.

a)

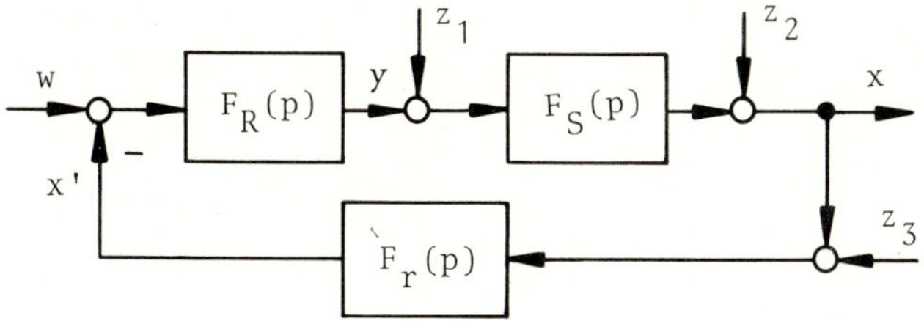

b)

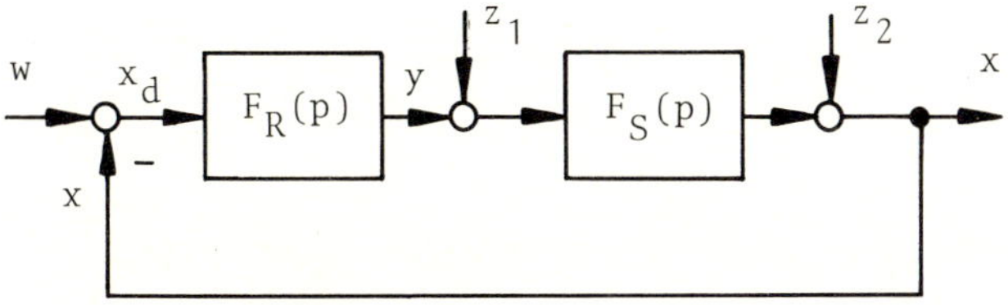

Bild 3.1: Einschleifiger linearer Regelkreis mit allgemeiner (a) und Einheits-Rückführung (b)

3.2 Grundsätzliche regelungstechnische Anforderungen an Regelkreise

Die grundsätzlichen Anforderungen an das Verhalten technischer Regelkreise lassen sich grob in folgenden Aussagen zusammenfassen:

- Ein Regelkreis muß immer - auch dann, wenn er instabile Teilsysteme einschließt - stabiles Verhalten zeigen ("Stabilität").
- Der Fehler zwischen Führungsgröße w(t) und Regelgröße x(t), auch <u>dynamische Regeldifferenz</u>

$$x_d(t) = w(t) - x(t) \tag{3.1}$$

  genannt, muß während des Einschwingens des Regelkreises klein bleiben und schnell abklingen; im stationären Zustand $(t\to\infty)$ sollte die <u>bleibende Regeldifferenz</u> möglichst den Wert

$$x_d(\infty) = w(\infty) - x(\infty) = 0 \tag{3.2}$$

  annehmen ("gutes Führungsverhalten").

- Der Regelkreis muß ferner in der Lage sein, den Einfluß von Störgrößen $z_i(t)$ auf die Regelgröße $x(t)$ im Übergangsvorgang wirksam zu vermindern und das Auftreten bleibender Wirkungen nach Möglichkeit völlig zu verhindern ("gutes Störverhalten").

Unter welchen Bedingungen und in welchem Maße diese Anforderungen im Einzelfall erfüllt werden können, wollen wir später genauer untersuchen. Zunächst gilt es jedoch, die prinzipiellen Eigenschaften der Kreisstruktur, die sowohl dem Regelkreis als auch gewissen Teilsystemen in Regelkreisen, wie z.B. Reglern oder Stellgliedern, zugrundeliegt, genauer zu analysieren.

3.3 Grundsätzliche Eigenschaften der Kreisstruktur

3.3.1 Signalzusammenhänge

Zweckmäßigerweise führen wir diese Diskussion anhand des in Bild 3.2a gezeigten Signalflußplanes einer gegengekoppelten linearen Kreisschaltung bestehend aus Vorwärts- und Rückführzweig mit den Übertragungsfunktionen F_v und F_r. Als Beziehungen zwischen den Signalen entnehmen wir diesem Signalflußplan

$$\begin{aligned} x &= z_2 + F_v \cdot e \\ e &= w - F_r \cdot (z_3 + x) \ , \end{aligned} \tag{3.3}$$

woraus nach Einsetzen und Ordnen der explizite Signalzusammenhang

$$x = \frac{F_v}{1+F_v \cdot F_r} \cdot w + \frac{1}{1+F_v \cdot F_r} \cdot z_2 + \frac{-F_v \cdot F_r}{1+F_v \cdot F_r} \cdot z_3 \tag{3.4}$$

folgt. Führen wir nun die Abkürzungen ein

$$F_w = \left.\frac{x}{w}\right|_{z_2=z_3=0} = \frac{F_v}{1+F_v \cdot F_r} \tag{3.5}$$

$$F_{z_2} = \left.\frac{x}{z_2}\right|_{z_3=w=0} = \frac{1}{1+F_v \cdot F_r} \tag{3.6a}$$

$$F_{z_3} = \left.\frac{x}{z_3}\right|_{z_2=w=0} = \frac{-F_v \cdot F_r}{1+F_v \cdot F_r} \ , \tag{3.6b}$$

wobei wir $F_w(p)$ als Führungs- und $F_{z_i}(p)$ als die jeweilige Störübertragungsfunktion bezeichnen, so läßt sich Gl. (3.4) auch kürzer schreiben als

$$x = F_w \cdot w + F_{z_2} \cdot z_2 + F_{z_3} \cdot z_3 \ . \tag{3.7}$$

Wir entnehmen dieser Beziehung, daß sich aufgrund der Linearität der hier betrachteten Kreisschaltung und der damit vorliegenden Superpositionseigenschaft die Übertragungsfunktionen F_w, F_{z_2} und F_{z_3} auch nacheinander - durch sinngemäßes Anwenden der allgemeineren Formel für die Kreisschaltung Gl. (2.144) - bestimmen lassen.

a)

b)

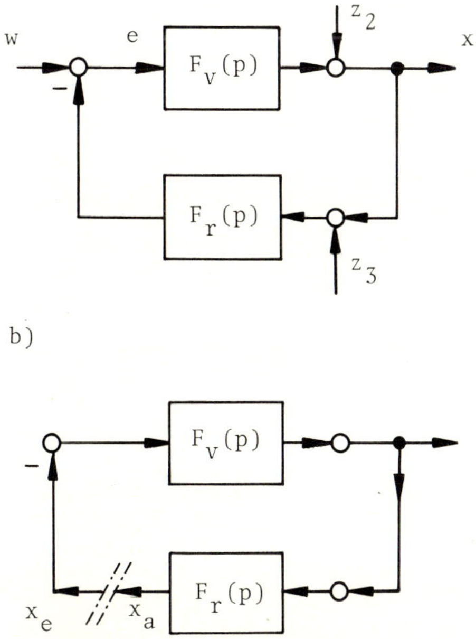

Bild 3.2: Signalflußplan der geschlossenen (a) und aufgetrennten Kreisschaltung (b)

Eine wichtige Rolle in den verschiedenen Kreis-Übertragungsfunktionen spielt offensichtlich das den Nenner bestimmende Produkt $F_v \cdot F_r$. Betrachten wir Bild 3.2b, so sehen wir, daß für den an beliebiger Stelle aufgetrennten Signalkreislauf die Signalbeziehung

$$\left. \frac{x_a}{x_e} \right|_{w=z_2=z_3=0} = - F_v \cdot F_r = F_o \tag{3.8}$$

gilt, wobei wir unter $F_o(p)$ die Übertragungsfunktion des offenen oder aufgeschnittenen Kreises verstehen; sie hat u.a. eine zentrale Bedeutung für die Stabilität einer Kreisstruktur. Stabilitätsfragen wollen wir jedoch zunächst ausklammern und darauf gesondert in Kapitel 4 eingehen.

3.3.2 Führungsübertragungsverhalten

3.3.2.1 P-Verhalten und hoher Verstärkungsgrad im Vorwärtszweig

Teilen wir die Übertragungsfunktion des Vorwärtszweiges in der Art

$$F_V(p) = K_V \cdot F_V^*(p)$$

auf, wobei $F_V^*(p)$ globales P-Verhalten mit $F_V^*(0) = 1$ aufweisen möge, so erhalten wir aus Gl. (3.5) nach Umformen

$$F_W(p) = \frac{1}{F_r(p)} \cdot \frac{1}{1+1/(K_V \cdot F_V^*(p) \cdot F_r(p))} \, .$$

Für sehr großes K_V reduziert sich die Formel auf

$$F_W(p)\Big|_{K_V \to \infty} = \frac{1}{F_r(p)} \tag{3.9}$$

was besagt, daß das Führungsverhalten einer Kreisschaltung mit hohem Vorwärtsverstärkungsgrad K_V praktisch nur durch das reziproke Übertragungsverhalten seines Rückführzweiges bestimmt wird.

Von der in Gl. (3.9) beschriebenen Eigenschaft der Kreisstruktur wird u.a. beim Bau elektromechanischer,hydraulischer oder pneumatischer Verstärker, Stellglieder und Regler Gebrauch gemacht. Sie stellt ferner die Grundlage der Gleichspannungs-Operationsverstärkertechnik dar, auf der wiederum die Realisierung von elektronischen Analogreglern (siehe Abschnitt 3.5.3) oder von Rechenelementen der für die Systemsimulation [10] nützlichen Analogrechner beruht.

Beispiel 3.1: Bild 3.3a zeigt das Schaltbild eines idealisierten Gleichspannungs-Operationsverstärkers (i_g=0) ohne Eigendynamik ($u_a = -K_V \cdot u_g$), der durch Beschaltung mit Impedanzen $Z_e(p)$ und $Z_a(p)$

mit einer sog. Stromgegenkopplung versehen wurde. Wir entnehmen der Abbildung folgende Beziehungen:

$$\begin{aligned}
u_g &= u_e - u_{Z_e} \\
u_a &= -K_V \cdot u_g \\
u_{Z_a} &= u_a - u_g \\
i_e &= u_{Z_e}/Z_e \\
i_a &= u_{Z_a}/Z_a \\
i_a &= -i_e
\end{aligned} \tag{3.10}$$

und setzen diese in den in Bild 3.3b dargestellten Signalflußplan um. Offensichtlich liegt dem Verstärker eine erweiterte Kreisstruktur zugrunde, für die wir - z.B. nach Verlegen der Verzweigungsstel-

a)

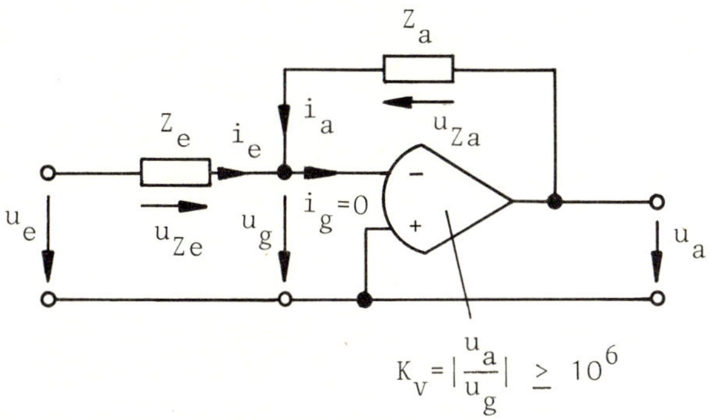

b)

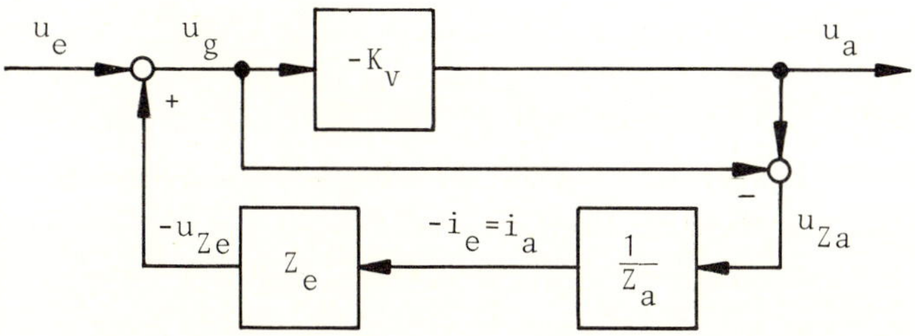

Bild 3.3: Operationsverstärker mit Stromrückführung (a) und Signalflußplan (b)

le für u_g hinter das Übertragungsglied mit K_V - die Führungsübertragungsfunktion

$$F_w(p) = \frac{u_a(p)}{u_e(p)} = \frac{-K_V}{1+(1+K_V)Z_e(p)/Z_a(p)} \tag{3.11}$$

ermitteln. Für großes K_V (z.B. $K_V \geq 10^6$) folgt daraus die bekannte Beziehung für das Übertragungsverhalten eines beschalteten Operationsverstärkers

$$F_w(p) = -\frac{Z_a(p)}{Z_e(p)} \;. \tag{3.12}$$

Ein Vergleich dieses Ergebnisses mit Bild 3.3b beweist die hohe Bedeutung, die den passiven Elementen Z_a und Z_e des Rückführzweiges zukommt. In diesem Zusammenhang sei auch auf eine Reihe von Anwendungsbeispielen dieser Technik in der letzten Spalte von Tabelle 2.6 hingewiesen.

3.3.2.2 I-Verhalten im Vorwärtszweig

Liegt im Vorwärtszweig der Kreisstruktur ein I-Verhalten wie z.B.

$$F_V(p) = \frac{K_V}{p} \tag{3.13}$$

vor, so folgt aus Gl. (3.3)

$$F_w(p) = \underbrace{\frac{1}{F_r(p)}}_{F_1(p)} \cdot \underbrace{\frac{1}{1 + \frac{p}{K_V \cdot F_r(p)}}}_{F_2(p)} \;. \tag{3.14}$$

Nehmen wir ein hinreichend großes K_V an, so gilt für $F_2(p)$ in Gl. (3.14) näherungsweise $F_2(p) \approx 1$ und somit auch hier wieder

$$F_w(p)\Big|_{K_V=\text{groß}} \approx \frac{1}{F_r(p)} \;. \tag{3.15}$$

Anschaulich bedeutet dieses Ergebnis, daß das Führungsübergangsverhalten einer Kreisschaltung mit I-Verhalten im Vorwärtszweig nach Abklingen eines mit $F_2(p)$ zusammenhängenden kurzfristig wirksamen Einschwingvorganges (Faltung!) primär durch die Übertragungsfunktion ihres Rückführzweiges bestimmt wird. Das folgende Beispiel soll diesen Sachverhalt verdeutlichen.

<u>Beispiel 3.2:</u> Das Verhalten des in Bild 3.4 dargestellten, über ein Tauchspulensystem elektrisch angesteuerten hydraulischen Stellgliedes kann näherungsweise durch den beigefügten Signalflußplan beschrieben werden. Während die Übertragungseigenschaften von der

a)

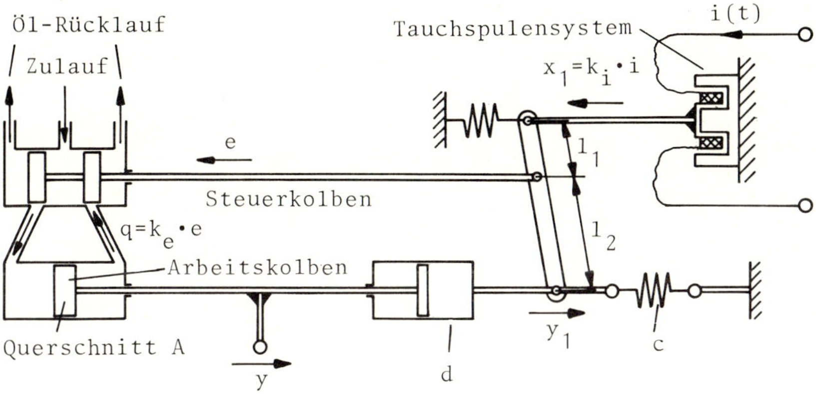

b)

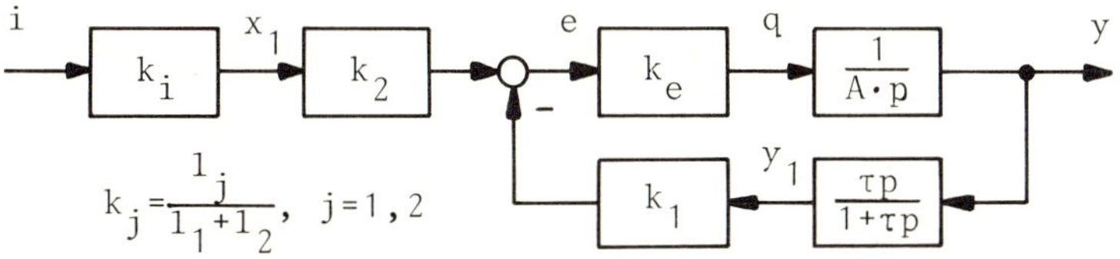

$$k_j = \frac{l_j}{l_1 + l_2}, \quad j = 1,2$$

$$\tau = \frac{d}{c}$$

Bild 3.4: Hydraulisches Stellglied mit mechanischer Rückführung (a) und Signalflußplan (b)

Steuerkolbenposition e zur Arbeitskolbenposition y durch I-Verhalten gekennzeichnet sind, zeigt die aus einer Feder/Dämpfer-Kombination bestehende mechanische Rückführung von y auf y_1 (und von dort über die Hebelübersetzung auf die Steuerkolbenposition e) ein DT_1-Verhalten (siehe auch Tabelle 2.6/7). Der Hebel dient hier einem Wege- bzw. Winkelvergleich. Mit Hilfe von Formel (3.5) erhalten wir

$$F_w(p) = \frac{y(p)}{i(p)} = k_i \cdot k_2 \cdot \frac{\frac{k_e}{A \cdot p}}{1 + \frac{k_e}{A \cdot p} \cdot k_1 \cdot \frac{\tau p}{1 + \tau p}}$$

und nach Umformen

$$F_w(p) = \underbrace{\frac{k_i \cdot k_2 \cdot \tau}{A/k_e + k_1 \cdot \tau}\left(1+\frac{1}{\tau \cdot p}\right)}_{\substack{\text{PI-Verhalten} \\ \text{"langfristig} \\ \text{wirksam"}}} \cdot \underbrace{\frac{1}{1+\frac{\tau \cdot p}{1+k_e \cdot k_1 \cdot \tau/A}}}_{\substack{\text{PT}_1\text{-Verhalten} \\ \text{"vorübergehend} \\ \text{wirksam"}}} \quad (3.16)$$

Die erste Teilübertragungsfunktion dieser Beziehung zeigt das aufgrund der speziellen Rückführung gemäß Gl. (3.15) erwartete PI-Verhalten, das bei hinreichend großem $K_V = k_e/A$ dominiert und von der zweiten Teilübertragungsfunktion mit PT_1-Verhalten geringfügig modifiziert wird. Übergangsfunktionen dieses Stellgliedes können wir für die Fälle $K_V = \infty$ und $K_V < \infty$ unmittelbar Tabelle 2.6/8 bzw. 9 entnehmen.

3.3.2.3 Nichtlineares Übertragungsglied im Rückführzweig

Wir können die bisherigen Ergebnisse verallgemeinern, wenn wir eine Kreisstruktur betrachten, bei der wir, wie in Bild 3.5a gezeigt, im Vorwärtszweig ein lineares P- oder I-Glied, im Rückführzweig jedoch eine statische Nichtlinearität

$$x' = f(x) \quad (3.17)$$

vorsehen. Wegen der nichtlinearen Signalzusammenhänge in dieser Kreisstruktur scheidet eine Beschreibung mittels Übertragungsfunktionen aus. Wir entnehmen stattdessen dem Signalflußplan die einfachen Zeitbereichsbeziehungen

$$\frac{x(t)}{K_V} = w(t) - x'(t) \quad (3.18a)$$

bzw.

$$\frac{x(t)}{K_V} = \int [w(t) - x'(t)]dt \; . \quad (3.18b)$$

Da für $K_V \to \infty$ jeweils die linke Seite beider Gleichungen dem Wert Null zustreben muß, folgt

$$w(t) - x'(t) = e(t) = 0 \quad (3.19a)$$

oder mit Gl. (3.17)

$$w(t) = f(x(t)) \quad . \tag{3.19b}$$

Da jedoch x die Ausgangs- und w die Eingangsgröße der Kreisstruktur ist, gewinnen wir nach Umkehren von Gl. (3.19b) die explizite Ein-/Ausgangsbeziehung

$$x(t) = g(w(t)) \quad , \tag{3.20}$$

wobei g(.) die Umkehrfunktion, für die die Existenz vorausgesetzt sei, von f(.) bedeutet. Die vorliegende Kreisschaltung stellt also eine der Umkehrfunktion der nichtlinearen Funktion im Rückführzweig entsprechende Signalverknüpfung zwischen w(t) und x(t) her.

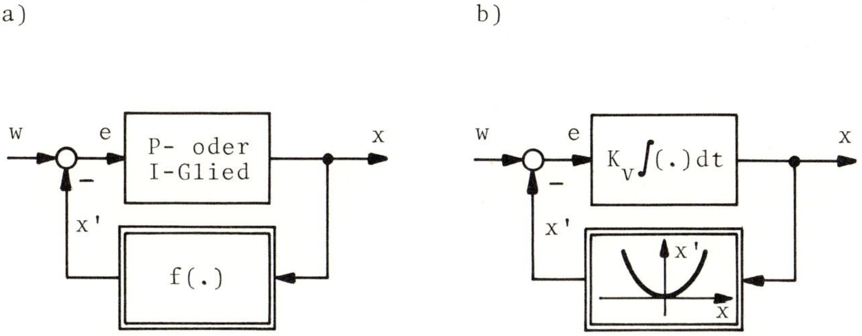

Bild 3.5: Kreisschaltung mit nichtlinearem Rückführzweig (a) und spezielles Beispiel (b)

Verwenden wir im Vorwärtszweig von Bild 3.5a ein I-Glied mit endlichem $K_V > 0$, so zeigt die Kreisschaltung im Beharrungszustand ebenfalls die bereits aus (3.19a) bekannte Eigenschaft, daß das Eingangssignal des I-Gliedes

$$e(\infty) = 0 \tag{3.21}$$

wird. Dieser Zustand stellt sich um so schneller ein, je größer wir K_V wählen. Eine Erklärung für dieses Verhalten liefert Gl. (3.18b); sie zeigt, daß der durch die rechte Gleichungsseite beschriebene Integrationsvorgang erst dann zur Ruhe kommen kann, wenn das Differenzsignal (w-x') im Integranden oder anschaulicher das Eingangssignal e des I-Gliedes im Signalflußplan zu Null wird. Ist dies der Fall, so hat sich x gerade auf einen solchen Wert eingestellt, der über das nichtlineare Übertragungsglied f(.) für "Gleichgewicht" zwischen w und x' sorgt.

Beispiel 3.3: Mit der nichtlinearen Kreisschaltung, Bild 3.5b, die im Rückführzweig ein Quadrierglied

$$x' = f(x) = x^2 \tag{3.22}$$

enthält, gelingt es, ein langsam zeitveränderliches Signal w(t) zu radizieren. Gemäß Gl. (3.19b) gilt nämlich

$$w = x^2$$

und damit im Sinne von Gl. (3.20)

$$x = \sqrt{w}, \quad w > 0 . \tag{3.23}$$

Für die Existenz einer Umkehrfunktion g(.) ist zum einen die Einschränkung $w \geq 0$ und zum anderen die Monotonie des Funktionsverlaufes f(.) im Definitionsbereich - hier entweder $x \geq 0$ oder $x \leq 0$ - Voraussetzung.

Die Ergebnisse der vorausgegangenen Abschnitte drängen eine weitere interessante Schlußfolgerung auf: Für das Führungsverhalten einer Kreisschaltung spielen unter Berücksichtigung der besonderen dort getroffenen Annahmen Linearität und Zeitinvarianz der Übertragungsglieder des Vorwärtszweiges offenbar gar keine so entscheidende Rolle. Maßgebend sind vielmehr die linearen oder nichtlinearen Übertragungseigenschaften des Rückführzweiges. Diese Tatsache hat für technische Anwendungen eine wichtige Konsequenz: So erfahren nichtlineare oder auch zeitvariante Übertragungsglieder im Vorwärtszweig durch einen linearen Rückführzweig im Gesamtübertragungsverhalten eine weitgehende Linearisierung.

Beispiel 3.4: Knüpfen wir an das Beispiel des hydraulischen Stellgliedes mit Rückführung an, so hatten wir dort bisher einen festen Wert K_V angenommen. Häufig ist jedoch k_e und damit K_V von der Position des Steuerkolbens e oder dem Hydraulik-Vordruck abhängig. Dies ist jedoch für das in Gl. (3.16) mit "langfristig wirksam" gekennzeichnete Übertragungsverhalten unschädlich, solange K_V nur hinreichend groß bleibt.

3.3.2.4 Modifikation und Stabilisierung eines vorgegebenen Übertragungsverhaltens

Bisher haben wir gezeigt, daß das Führungsverhalten einer Kreisschaltung mit hohen K_V-Werten oder einem I-Glied im Vorwärtszweig primär

durch das Übertragungsverhalten ihres Rückführzweiges bestimmt wird. Wir wollen nun nachweisen, daß eine Kreisschaltung auch ohne die oben getroffenen spezielleren Annahmen in der Lage ist, ein Übertragungsverhalten zu erzeugen, das sich vom Verhalten des vorgegebenen Übertragungsgliedes, z.B. $F_V(p)$, grundlegend unterscheidet.
Dies wird deutlich, wenn wir zunächst die beiden gebrochen rationalen Übertragungsfunktionen der Kreisschaltung, Bild 3.2a, jeweils in ihre Zähler- und Nennerpolynome Z(p) bzw. N(p) aufspalten, also schreiben

$$F_V(p) = \frac{Z_V(p)}{N_V(p)}, \quad F_r(p) = \frac{Z_r(p)}{N_r(p)}. \tag{3.24}$$

Setzen wir diese Ausdrücke in $F_W(p)$ gemäß Gl. (3.5) ein, so erhalten wir

$$F_W(p) = \frac{Z_W(p)}{N_W(p)} = \frac{Z_V(p)\cdot N_r(p)}{N_V(p)\cdot N_r(p) + Z_V(p)\cdot Z_r(p)}. \tag{3.25}$$

Da durch die jeweiligen Zähler- und Nennerpolynome die Nullstellen und Pole der zugehörigen Übertragungsfunktionen festgelegt sind, entnehmen wir Gl. (3.25), daß

- die Nullstellen von F_W (Wurzeln von $Z_W(p)=0$) aus der Vereinigung der Menge der Nullstellen von F_V und Pole von F_r hervorgehen, während
- die Pole von F_W(Wurzeln von $N_W(p)=0$) jedoch in wesentlich komplizierterer Weise mit den Polen und Nullstellen von F_V und F_r zusammenhängen.

Alles in allem findet also bei Einbettung eines Übertragungsgliedes F_S in eine Kreisstruktur eine wesentliche, durch Wahl von $F_R(F_V=F_R\cdot F_S)$ und F_r beeinflußbare Veränderung seiner stationären und dynamischen Eigenschaften statt. Wir können diesen Effekt gezielt nutzen, um z.B. ein dynamisch träge reagierendes System (z.B. Regelstrecke) in seiner Reaktion zu beschleunigen oder gar ein instabiles System zu stabilisieren. Diese Möglichkeit der gezielten Modifikation des Übertragungsverhaltens wollen wir mit folgendem Beispiel verdeutlichen.

<u>Beispiel 3.5:</u> Gemäß unseren Überlegungen in Abschnitt 2.12.2.4 konnte ein instabiles Übertragungsglied wie

$$F_V(p) = \frac{p+2}{p-(1+\varepsilon)} \tag{3.26}$$

nicht durch Serienkompensation stabilisiert und in seinem Verhalten modifiziert werden. Fügen wir dagegen F_V in eine Kreisschaltung mit

$$F_r(p) = \frac{3}{p+2} \tag{3.27}$$

ein, so erhalten wir gemäß Gl. (3.5) oder (3.25)

$$F_W(p) = \frac{(p+2)(p+2)}{(p-(1+\varepsilon))(p+2)+3(p+2)} = \frac{(p+2)(p+2)}{(p+2)(p+2-\varepsilon)} \,. \tag{3.28}$$

Ist die Parameter-Unsicherheit $\varepsilon=0$, so tritt eine totale Pol/Nullstellenkompensation in $F_W(p)$ ein und es gilt

$$F_{WO}(p) = 1 \,. \tag{3.29}$$

Für $\varepsilon \neq 0$ hebt sich dagegen nur die Wirkung von Pol und Nullstelle von F_W bei $p_1=q_1=-2$ völlig auf. Die Kompensation des Poles bei $p_2=-(2-\varepsilon)$ gelingt allerdings nur unvollständig, jedoch ohne die Folge, daß die Kreisstruktur bereits bei kleinsten Unsicherheiten ε ein instabiles Verhalten annehmen wird.

Der tiefere Grund für diese außerordentlich nützliche Eigenschaft ist in dem hier angewandten Prinzip der Rückführungs-Kompensation - im Gegensatz zur Serienkompensation - zu sehen.

3.3.2.5 Parameter-Empfindlichkeit

Eine weitere wichtige Eigenschaft der Kreisstruktur ist ihr Vermögen, den Einfluß von Parameterunsicherheiten und -änderungen der Übertragungsglieder des Vorwärtszweiges auf das Führungsübertragungsverhalten wirksam zu reduzieren. Wir können den Einfluß einer globalen, differentiellen Änderung von F_V auf F_W durch die sog. Empfindlichkeitsfunktion

$$E_{F_V}^{F_W} = \frac{dF_W/F_W}{dF_V/F_V} = \frac{dF_W}{dF_V} \cdot \frac{F_V}{F_W} \tag{3.30}$$

beschreiben und berechnen dafür unter Bezugnahme auf Gl. (3.5)

$$E_{F_V}^{F_W} = \frac{1}{1+F_V F_r} \,. \tag{3.31}$$

Obwohl E eine Funktion der komplexen Variablen p ist, wollen wir die in ihr enthaltene Aussage vereinfacht diskutieren. Schreiben wir Gl. (3.30) um in

$$dF_W/F_W = E_{F_V}^{F_W} \cdot dF_V/F_V \,, \tag{3.32}$$

so erkennen wir, daß der Einfluß von Unsicherheiten in F_v nur wirksam durch Werte $E_{F_v}^{F_w} < 1$ bekämpft werden kann, was gemäß Gl. (3.31) ein

$$|F_v \cdot F_r| = |F_o| >> 1 \tag{3.33}$$

voraussetzt; dies bedeutet aber, daß das Übertragungsverhalten des offenen Regelkreises Werte >> 1 aufweisen muß. Schreiben wir nun analog zu Gl. (3.30) die Empfindlichkeitsfunktion von F_w bezüglich Änderungen von F_r an,

$$E_{F_r}^{F_w} = \frac{dF_w/F_w}{dF_r/F_r} = -\frac{F_v \cdot F_r}{1+F_v F_r} \quad , \tag{3.34}$$

so stellen wir fest, daß die in Gl. (3.33) aufgestellte Forderung zu einer großen Empfindlichkeit gegenüber Unsicherheiten in F_r führt.

Aus beiden Ergebnissen ziehen wir folgende wichtige Schlußfolgerungen: Während der Einfluß von Parameterunsicherheiten und -änderungen im Vorwärtszweig einer Kreisschaltung, also in F_v, durch hinreichend große Werte $|F_o|$ wirksam bekämpft werden kann, sind an die Genauigkeit und zeitliche Konstanz der Übertragungsglieder im Rückführzweig höchste Anforderungen zu stellen.

Beispiel 3.6: Eine Kreisstruktur mit den statischen Übertragungsgliedern

$$F_v = K_{vo} = 100$$

$$F_r = K_{ro} = 1$$

zeigt das nominale Übertragungsverhalten

$$F_{wo} = \frac{100}{1+100} = 0,99 \ .$$

Eine Variation von K_v um $\pm$ 50% des Nominalwertes K_{vo} führt zu

$$0,980 < F_w < 0,993 \ ,$$

während die gleiche prozentuale Änderung in K_r eine Schwankungsbreite

$$0,662 < F_w < 1,96$$

zur Folge hat.

3.3.3 Störübertragungsverhalten

Ein Vergleich des Aufbaus der Führungs- und der verschiedenen Störübertragungsfunktionen der Kreisschaltung in Gl. (3.5) sowie den Gln. (3.6) zeigt, daß sich die Signalwirkungen von w und z_i auf die Ausgangsgröße x wesentlich unterscheiden.

Schon mehrfach hatten wir festgestellt, daß bei großen Werten von $|F_v|$ bzw. $|F_o|$ die besonderen Wirkungen und Eigenschaften der Kreisstruktur in Erscheinung treten. Sehen wir uns z.B. F_{z_2} an, so können wir auch hier den Einfluß des Störsignals z_2 auf x offenbar dann wirksam bekämpfen, wenn wir die in Gl. (3.33) festgehaltene Forderung $|F_o| >> 1$ erfüllen. Dies hat allerdings ähnlich wie bei den Empfindlichkeitsbetrachtungen zur Kreisstruktur die Folge, daß damit der Einfluß von Störungen z_3 mit Angriffspunkt im Rückführzweig gerade besonders groß wird.

Wir gelangen also zu einer ähnlichen Situation wie im Zusammenhang mit der Parameter-Empfindlichkeit, daß nämlich die Kreisstruktur in der Lage ist, im Vorwärtszweig angreifende Störsignale (z.B. z_2) in ihrer Wirkung deutlich zu reduzieren. Dagegen wirken sich Störsignale im Rückführzweig ungehindert auf x aus. Das bedeutet aber, daß bei Entwurf und Anwendung der Kreisstruktur der störsignalarmen Auslegung des Rückführzweiges unser besonderes Augenmerk gelten muß.

3.3.4 Zusammenfassende Beurteilung der Eigenschaften der Kreisstruktur

Fassen wir zusammen, so haben wir im Rahmen einer teils idealisierten, teils spezialisierten Betrachtung folgende wichtige Eigenschaften der Kreisstruktur erkannt. Die Kreisstruktur erlaubt bei geeigneter Auslegung

- das Übertragungsverhalten des Vorwärtszweiges gegenüber dem des Rückführzweiges ausreichend weit zurücktreten lassen;
- das Übertragungsverhalten eines Übertragungsgliedes im Vorwärtszweig vielfältig zu modifizieren und insbesondere auch instabiles Verhalten wirksam zu stabilisieren;
- die Auswirkungen von im Vorwärtszweig auftretenden nichtlinearen Effekten, Parameteränderungen oder -unsicherheiten auf das Führungsübertragungsverhalten zu reduzieren (Robustheit)
- sowie die Wirkung von im Vorwärtszweig angreifenden Störsignalen auf die Ausgangsgröße x wesentlich abzuschwächen.

Als kritisch erweist sich jedoch der Rückführzweig, der entscheidend das gesamte Kreisverhalten bestimmt und deshalb möglichst ideal und störungsfrei realisiert werden muß.

3.4 Gesichtspunkte bei der Reglerauswahl für einschleifige Regelkreise

3.4.1 Allgemeine Zusammenhänge

Einschleifige technische Regelkreise gemäß den Bildern 3.1a und b stellen spezielle Formen der in den vorausgegangenen Abschnitten behandelten allgemeinen Kreisstruktur dar. Versuchen wir nun, unsere verschiedenen Erkenntnisse und Ergebnisse auf diese Regelkreise anzuwenden, so wird sofort klar, daß es wegen der kritischen Rolle des Rückführzweiges für eine Beschränkung auf die häufig verwendete Regelkreisstruktur mit Einheitsrückführung gute technische Gründe gibt. Im Hinblick auf die reduzierte Entwurfs-Freiheit kommt es folglich darauf an, eine geeignete Struktur des Reglers $F_R(p)$ (z.B. P- oder I-Verhalten) auszuwählen sowie eine den Verhältnissen im Regelkreis angepaßte Dimensionierung der Reglerparameter vorzunehmen. Wir werden feststellen, daß letzteres stets ein von Kompromissen geprägter Entwurfsprozeß sein wird.

Unter Bezugnahme auf Bild 3.1b gelten im Regelkreis mit Einheitsrückführung für Regelgröße bzw. Regeldifferenz

$$x = F_w \cdot w + F_{z_1} \cdot z_1 + F_{z_2} \cdot z_2 \tag{3.35a}$$

$$x_d = w - x = (1-F_w) \cdot w - F_{z_1} \cdot z_1 - F_{z_2} \cdot z_2 \tag{3.35b}$$

mit den Übertragungsfunktionen

$$F_w = \frac{F_R F_S}{1+F_R F_S} = \frac{-F_o}{1-F_o} \tag{3.36}$$

$$F_{z_1} = \frac{F_S}{1+F_R F_S} = \frac{F_S}{1-F_o}\,, \quad F_{z_2} = \frac{1}{1+F_R F_S} = \frac{1}{1-F_o} \tag{3.37}$$

und der Übertragungsfunktion des aufgeschnittenen Kreises

$$F_o = -F_R F_S\,. \tag{3.38}$$

Wenden wir uns nun der Bestimmung einer geeigneten Reglerstruktur zu, wobei wir ausgehen von einem vorgegebenen Streckenverhalten $F_S(p)$ und einem beispielsweise in einem erwünschten Führungsverhalten $F_w(p)$ zusammengefaßten Satz regelungstechnischer Anforderung an den Regelkreis. Dabei wollen wir auch hier die Stabilitätsfrage vorerst außer acht lassen, da diese später ausführlich behandelt wird.

Durch Umstellen der Beziehung für das Führungsübertragungsverhalten, Gl. (3.36), läßt sich für vorgegebenes F_w und F_S die notwendige Reglerübertragungsfunktion zu

$$F_R = \frac{F_w}{F_S(1-F_w)} \tag{3.39}$$

bestimmen. Sie hat im Falle gebrochen rationaler Teilübertragungsfunktionen den allgemeinen Aufbau

$$F_R(p) = \frac{a_o+a_1p+\ldots+a_mp^m}{b_o+b_1p+\ldots+b_np^n} \; ; \tag{3.40}$$

ihre Koeffizienten a_i und b_j gehen aus den Koeffizienten von $F_S(p)$ und $F_w(p)$ hervor. Leider lassen sich die auf diesem formalen Weg bestimmten Regler nur unter bestimmten Einschränkungen bezüglich $F_w(p)$ technisch realisieren. Ohne derartige Einschränkungen könnte nämlich die Notwendigkeit zu einem Regler sehr hoher Ordnung in m oder n entstehen und möglicherweise sogar die für die gerätetechnische Realisierbarkeit von F_R wichtige Bedingung $m \leq n$ verletzt werden. Ferner müßten bei Vorgabe eines bestimmten Führungsverhaltens $F_w(p)$ irgendwelche Störverhalten $F_{z1}(p)$, $F_{z2}(p)$ hingenommen werden. Ferner sollte ein Regler aus Kostengründen und aus Gründen der praktischen Bedienbarkeit möglichst einfach aufgebaut (Struktur) und einstellbar (Parameter) sein.

Wir wollen deshalb bei der Reglerauswahl einen anderen, weniger formalen Weg einschlagen und für typische, häufig vorkommende Regelstrecken untersuchen, zu welchem stationären und dynamischen Regelkreisverhalten die Verwendung einfachster Regler führt. Auf dieser Grundlage lassen sich in der Folge weitere Verfeinerungen des Reglerentwurfs vornehmen.

3.4.2 Reglerauswahl im Hinblick auf gutes stationäres Regelkreisverhalten

Entsprechend den Anforderungen in Abschnitt 3.2 bedeutet gutes stationäres Regelkreisverhalten, daß die bleibende Regeldifferenz den Wert Null annimmt, d.h.

$$x_d(\infty) = w(\infty) - x(\infty) = 0 \,. \tag{3.41}$$

Mit Hilfe des Endwertsatzes der Laplace-Transformation läßt sich aus Gl. (3.35b) für gegebenes F_R, F_S und bekannte Anregungssignale w oder z_i der Wert von $x_d(\infty)$ berechnen. Betrachten wir hierzu folgendes Beispiel.

<u>Beispiel 3.7:</u> Die Übertragungsfunktion einer Regelstrecke mit I-Verhalten lautet

$$F_S(p) = \frac{K_S}{p} \cdot \frac{1+\ldots}{1+\ldots} \,. \tag{3.42}$$

Der Verlauf der Führungsgröße sei rampenförmig, d.h. $w(t) = w_o \cdot t \cdot \sigma(t)$ mit der L-Transformierten

$$w(p) = \frac{w_o}{p^2} \,. \tag{3.43}$$

Wir verwenden einen Regler mit P-Verhalten, d.h.

$$F_R(p) = K_P \cdot \frac{1+\ldots}{1+\ldots} \,. \tag{3.44}$$

Gemäß Gl. (2.137b) gilt für die bleibende Regeldifferenz im Falle des Führungsverhaltens (z_i=0)

$$x_d(\infty) = \lim_{p\to 0}\left[p \cdot \frac{1}{1+F_R F_S(p)} \cdot w(p)\right] \tag{3.45}$$

bzw. mit Gln. (3.42) bis (3.44)

$$x_d(\infty) = \lim_{p\to 0}\left[p \cdot \frac{p}{p+K_S\frac{1+\ldots}{1+\ldots} \cdot K_P\frac{1+\ldots}{1+\ldots}} \cdot \frac{w_o}{p^2}\right] = \frac{1}{K_S \cdot K_P}\, w_o \,. \tag{3.46}$$

Es entsteht also bei der vorliegenden Regler/Strecken Kombination eine nicht verschwindende bleibende Regeldifferenz, Bild 3.6, die wegen des rampenförmigen Verlaufs der Führungsgröße w(t) ($\hat{=}$ konstante Änderungsgeschwindigkeit w_o) auch als Geschwindigkeitsfehler bezeichnet wird. Dieser Fehler kann durch Erhöhen des Reglerverstärkungsgrades K_p reduziert werden.

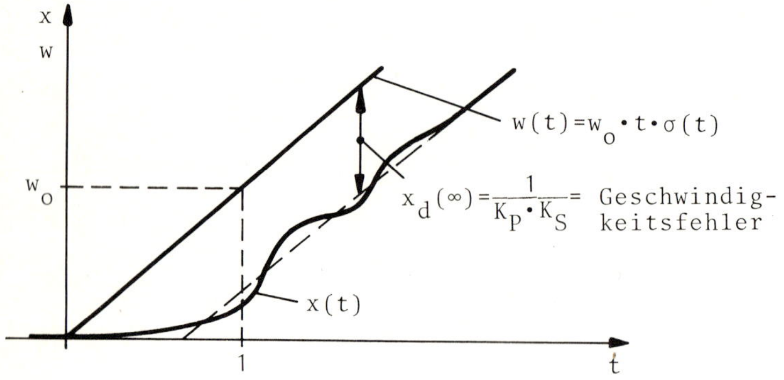

Bild 3.6: Führungs- und Regelgröße des Regelkreises

Diese Betrachtungen lassen sich für beliebige Regler/Strecken Kombinationen und verschiedene Anregungsfunktionen w(t), $z_i(t)$ durchführen. Die Ergebnisse einer solchen Analyse, bei der wir einfachste Reglertypen annehmen, sind auszugsweise in Tabelle 3.1 zusammengestellt. Wir entnehmen dieser Übersicht, daß die bleibende Regeldifferenz grundsätzlich über alle Grenzen anwachsen, endlich und durch Wahl des entsprechenden Reglerparameters (K_P oder K_I) reduzierbar, oder auch von vornherein identisch Null sein kann. Weiterhin wird deutlich, daß der Typ des Eingangssignals und sein Angriffsort innerhalb des Regelkreises eine große Bedeutung haben.

Als wichtige Tendenzen können wir der Tabelle 3.1 ferner entnehmen, daß eine P-Regelstrecke mit einem Regler kombiniert werden sollte, der einen I-Anteil enthält, damit die in Abschnitt 3.2 aufgestellte Forderung nach Verschwinden oder wirksamer Begrenzung der bleibenden Regeldifferenz erfüllt werden kann. Bei einer I-Strecke bringt dagegen ein P-Regler in etwa vergleichbare Leistungen; aber auch hier kann ein I-Anteil im Regler zu weiteren Verbesserungen führen.
Für ein befriedigendes stationäres Führungs- und Störverhalten können wir also folgende Faustregel aufstellen:

> Strecken mit P-Verhalten benötigen I-Anteil im Regler,
> Strecken mit I-Verhalten kommen mit P-Regler aus.

Noch einmal sei erwähnt, daß wir Stabilitätsprobleme, die mit einer solchen Reglerwahl im Einzelfall verbunden sein können, erst im 4. Kapitel behandeln wollen.

Tabelle 3.1: Stationäres Verhalten eines Regelkreises mit Einheitsrückführung gemäß Bild 3.1b

Regler $F_R(p)$		Regelstrecke $F_s(p)$	bleibende Regeldifferenz $x_d(\infty)$ für			
			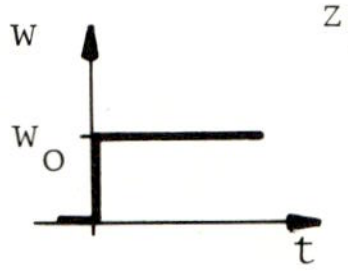 $z_1=0$, $z_2=0$	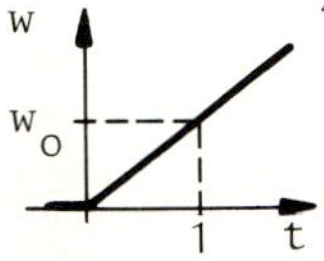 $z_1=0$, $z_2=0$	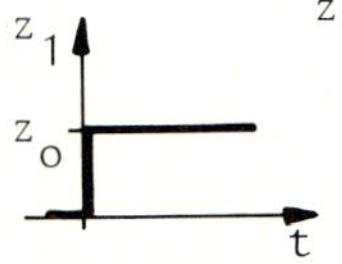 $w=0$, $z_2=0$	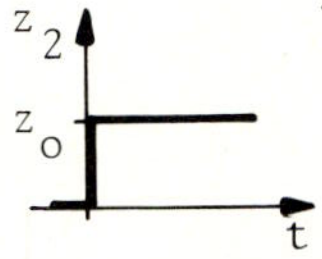 $w=0$, $z_1=0$
P	K_P	P - Verhalten	$\frac{1}{1+K_P \cdot K_S} \cdot w_o$	∞	$\frac{-K_S}{1+K_P \cdot K_S} \cdot z_o$	$\frac{-1}{1+K_P \cdot K_S} \cdot z_o$
I	$\frac{K_I}{p}$	entsprechend	0	$\frac{1}{K_I \cdot K_S} \cdot w_o$	0	0
PI	$K_P+\frac{K_I}{p}$	$K_S \cdot \frac{1+\ldots}{1+\ldots}$	0	$\frac{1}{K_I \cdot K_S} \cdot w_o$	0	0
I_2	$\frac{K_I}{p^2}$		0	0	0	0
P	K_P	I - Verhalten	0	$\frac{1}{K_S \cdot K_P} \cdot w_o$	$\frac{-1}{K_P} \cdot z_o$	0
I	$\frac{K_I}{p}$	entsprechend	0	0	0	0
PI	$K_P+\frac{K_I}{p}$	$\frac{K_S}{p} \cdot \frac{1+\ldots}{1+\ldots}$	0	0	0	0

Sicher fällt bei Durchsicht von Tabelle 3.1 auf, daß wir darin keinen D-Regler

$$F_R(p) = \frac{y(p)}{x_d(p)} = K_D \cdot p$$

oder Regler mit D-Anteil in Erwägung gezogen haben. Wir können uns aber leicht klar machen oder durch Aufstellen der entsprechenden Übertragungsfunktionen F_w, F_{z_i} nachweisen, daß ein D-Regler im Hinblick auf das stationäre Regelkreisverhalten wenig sinnvoll ist. Da ein D-Regler gemäß seiner Übertragungsfunktion und Bild 3.1b nur auf zeitliche Veränderungen von $x_d(t)$ mit einem Stellsignal $y(t)$ reagiert, ist er im Beharrungszustand des Regelkreises, der durch $\dot{x}_d(t) \equiv 0$ gekennzeichnet ist, völlig wirkungslos. Das bedeutet, daß sich der Regelkreis in diesem Zustand praktisch wie eine aufgetrennte Schleife verhält. Dagegen kann ein D-Anteil im Zusammenhang mit einem P-Regler (z.B. als PD-Regler) eine durchaus positive Wirkung auf Einschwingvorgänge in Regelkreisen ausüben.

3.4.3 Reglerauswahl im Hinblick auf ein gutes dynamisches Regelkreisverhalten

Bei der Behandlung des dynamischen Regelkreisverhaltens sind allgemeine quantitative Aussagen über eine größere Klasse von Regler/Strecken-Kombination nicht mehr ohne weiteres möglich. Wir können jedoch einige speziellere, einfache Regelkreise exemplarisch analysieren und dann versuchen, aus den quantitativen und qualitativen Ergebnissen gewisse allgemeine Schlußfolgerungen zu ziehen.

3.4.3.1 PT_1-Regelstrecke

Zur Konkretisierung unserer Überlegungen können wir uns an folgendem einfachen Anwendungsbeispiel orientieren.

Beispiel 3.8: Der in Bild 3.7 schematisch skizzierte Druckregelkreis hat die Aufgabe, den Druck x in einem gasgefüllten Behälter auf vorgebbaren Werten w zu halten. Als Störgrößen im Sinne des Regelkreis-Signalflußplans, Bild 3.1b, wirken die zeitveränderliche Gasabnahme (z_1) sowie Behältervolumenänderungen durch Zu- und Abschalten eines Zusatzspeichers (z_2) auf die Regelgröße ein. Stellgröße y ist die über ein Stellventil steuerbare Gaseinspeisung.

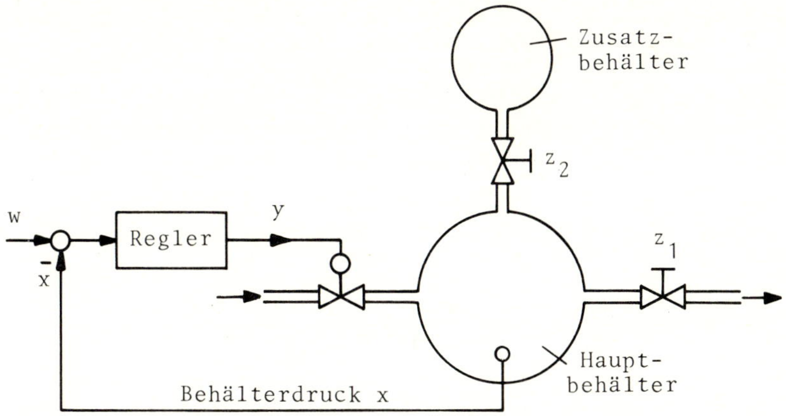

Bild 3.7: Druckregelkreis zu Beispiel 3.8

Diese Regelstrecke zeigt näherungsweise PT_1-Verhalten, d.h.

$$F_S(p) = \frac{K_S}{1+Tp} . \tag{3.47}$$

Wir wollen diese Regelstrecke nun mit verschiedenen Reglern betreiben.

Für einen reinen <u>P-Regler</u> finden wir mit Hilfe der Gln. (3.36) und (3.37) die in Tabelle 3.2 zusammengestellten Regelkreis-Übertragungsfunktionen. Sie zeigen das Verhalten von PT_1- bzw. PDT_1-Gliedern, wozu wir bereits in Abschnitt 2.10 detailliertere Untersuchungen angestellt haben. Ziehen wir z.B. Tabelle 2.6/2 und 11 heran, so gelingt es leicht, die in Tabelle 3.2 skizzierten Übergangsfunktionen zur Charakterisierung des Führungs- und Störverhaltens dieses Regelkreises zu ermitteln. So zeigt das obere Teilbild, wie die Regelgröße x(t) auf einen Führungssprung $w(t)=\sigma(t)$ mit der Regelkreiszeitkonstanten

$$T_{Rk} = \frac{T}{1+K_V} < T , \quad K_V = K_P K_S \geq 0 \tag{3.48}$$

auf einen Beharrungswert (Endwertsatz der L-Transformation, Gl. (2.137b))

$$x(\infty) = F_W(0) = \frac{K_V}{1+K_V} < 1 \tag{3.49}$$

einschwingt. Da sich $x(\infty)$ vom Sollwert w=1 unterscheidet, verbleibt nach Abschluß des Einschwingvorganges, der auch Tabelle 3.1 entnehmbare Wert der Regeldifferenz

$$x_d(\infty) = 1-x(\infty) = \frac{1}{1+K_V} . \tag{3.50}$$

Tabelle 3.2: Regelkreisverhalten für PT_1-Strecke mit P-Regler; Regelkreis gemäß Bild 3.1b

Übertragungsfunktion	Übergangsfunktion
$F_w(p) = \frac{K_V}{1+K_V} \cdot \frac{1}{1+pT_{Rk}}$ $K_V = K_P K_S, \; T_{Rk} = \frac{T}{1+K_P K_S}$	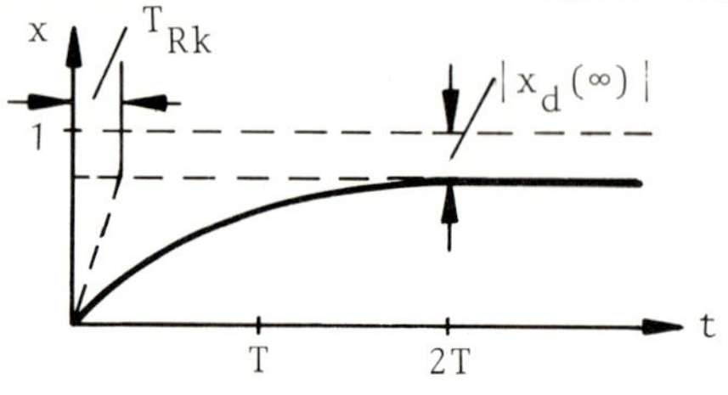
$F_{z_1}(p) = \frac{K_S}{1+K_V} \cdot \frac{1}{1+pT_{Rk}}$	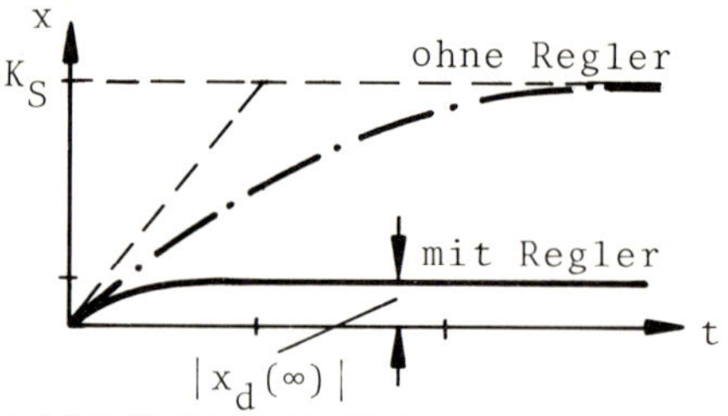
$F_{z_2}(p) = \frac{1}{1+K_V} \cdot \frac{1+pT}{1+pT_{Rk}}$	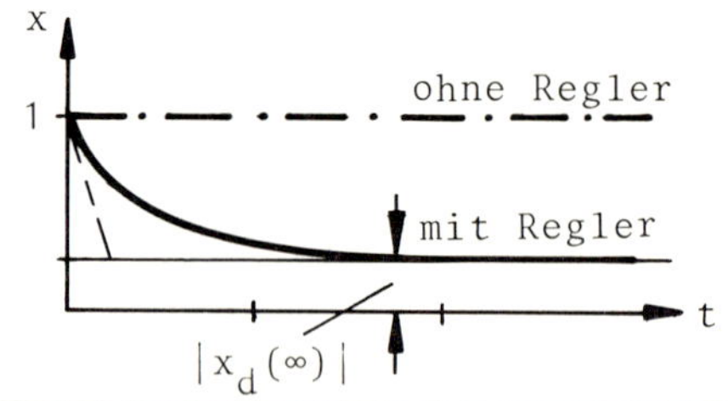

Interessant ist nun, daß ein Vergrößern von K_P nicht nur eine Verringerung von $x_d(\infty)$, sondern auch gemäß Gl. (3.45) ein beschleunigtes Einschwingen der Regelgröße auf den eingestellten Sollwert (w=1) bewirkt. Die beiden unteren Teilbilder in Tabelle 3.2 verdeutlichen die sehr unterschiedliche Wirkung sprunghaft aufgeschalteter Störungen $z_1(t)$ und $z_2(t)$. Während ohne Regler ($K_P=K_V=0$) die Amplituden der Störungen zumindest im Beharrungszustand voll auf die Regelgröße x durchschlagen, tritt unter Einwirkung des Reglers, die gemäß Tabelle 3.1 erwartete, von K_P abhängige Reduzierung der Störeinflüsse ein, d.h.

$$x_d(\infty) = -x(\infty) = -F_{z_1}(0) = \frac{-K_S}{1+K_V} \quad \text{bzw.} = -F_{z_2}(0) = \frac{-1}{1+K_V} \tag{3.51}$$

ein.

Diese Ergebnisse zeigen uns, daß mit der getroffenen Reglerwahl die Regeldifferenz x_d sowohl im Einschwingvorgang als auch im Beharrungszustand grundsätzlich von Null abweicht. An der anfänglichen Amplitude der Regeldifferenz $x_d(0) = 1$ im Falle einer sprungförmigen w- bzw.

z_2-Anregung läßt sich aus prinzipiellen Gründen nichts ändern. Allerdings können wir die Einschwingzeit von $x_d(t)$ (vgl. T_{Rk} in Gl. (3.48)) und die bleibende Regeldifferenz $x_d(\infty)$ durch Erhöhen von K_P beliebig reduzieren. Dieser zwar theoretisch richtige Schluß, ist aus Stabilitätsgründen nur bedingt richtig. In Wirklichkeit stellt unser Streckenmodell Gl. (3.47) immer nur eine Annäherung an die Realität (z.B. im Sinne des in Abschnitt 2.12.2 besprochenen "dominierenden Verhaltens") dar. Ferner bedeutet auch die Annahme eines reinen, unverzögerten P-Reglers eine Idealisierung. Diese in der bisherigen Analyse nicht berücksichtigten parasitären Zusatzeffekte sind aber - wie wir später feststellen werden - gerade für die Stabilität des Regelkreises von entscheidender Bedeutung und setzen einem Vergrößern von K_P in Wirklichkeit enge Grenzen.

Wählen wir alternativ einen <u>I-Regler,</u> d.h.

$$F_R(p) = \frac{K_I}{p}, \quad K_I > 0, \tag{3.52}$$

so lauten die entsprechenden Übertragungsfunktionen

$$F_w(p) = \frac{K_V}{K_V+p+Tp^2}, \quad K_V = K_I \cdot K_S > 0 \tag{3.53a}$$

$$F_{z_1}(p) = \frac{K_S \cdot p}{K_V+p+Tp^2} \tag{3.53b}$$

$$F_{z_2}(p) = \frac{p(1+Tp)}{K_V+p+Tp^2}. \tag{3.53c}$$

Wir wollen hier auf ein Skizzieren der Sprungantworten verzichten und nur anhand von Tabelle 2.6 bzw. unter Einsatz unserer Kenntnisse über das Zeitverhalten von PT_2-Systemen die Regelkreis-Eigenschaften diskutieren.

Gl. (3.53a) zeigt an (vgl. auch mit Tabelle 3.1), daß die bleibende Regeldifferenz auf Sprunganregung von w grundsätzlich den Wert Null annimmt. Ebenso werden sprungförmige Störungen im Beharrungszustand, da $F_{z_1}(0) = F_{z_2}(0) = 0$ gilt, völlig ausgeregelt.

Das Einschwingverhalten von x(t) wird in allen Fällen wesentlich durch das einheitliche Nennerpolynom der Übertragungsfunktionen bestimmt, das uns im Prinzip aus der Behandlung von Regelkreisgliedern mit PT_2-Verhalten bekannt ist. Durch Koeffizientenvergleich der Nennerpolynome der Gln. (3.53) und Gl. (2.157) ermitteln wir als Kennkreisfrequenz und Dämpfungsgrad des vorliegenden Regelkreises

$$\omega_{oRk} = \sqrt{\frac{K_V}{T}}\ , \quad D_{Rk} = \frac{1}{2\cdot\sqrt{K_V \cdot T}}\ . \tag{3.54}$$

Mit Hilfe des Reglerparameters K_I in K_V können wir offenbar Einfluß auf die dynamischen Eigenschaften des Regelkreises nehmen. Wählen wir z.B. K_I so, daß für vorgegebene Streckenparameter K_S und T der Dämpfungsgrad D_{Rk} den Wert $D_{opt}=\sqrt{2}/2$ annimmt, so reagiert dieser Regelkreis auf Führungssprünge mit der unter den gegebenen Umständen minimal erzielbaren Einschwingzeit T_{Ein}. Eine Reduzierung von K_I führt zu aperiodischem Einschwingen ($D_{Rk} > 1$), ein Vergrößern dagegen ($D_{Rk} < \sqrt{2}/2$) zu ausgeprägt periodischem Verhalten mit stärkerem Überschwingen (vgl. Bild 2.50). Für den Fall periodischen PT_2-Verhaltens läßt sich die Geschwindigkeit des Einschwingens des vorliegenden Regelkreises auch mittels der in Gl. (2.166) verwendeten Ersatz-Zeitkonstanten

$$T_{Rk} = \frac{1}{|\sigma_{eRk}|} = \frac{1}{\omega_{oRk} D_{Rk}} = 2T \tag{3.55}$$

charakterisieren. Ein Vergleich dieses Wertes mit dem für P-Regelung in Gl. (3.48) ermittelten, läßt auf ein wesentlich trägeres Einschwingen des Regelkreises mit I-Regler schließen, was im übrigen mit einem nicht bei allen Anwendungen tolerierbaren Überschwingen verbunden ist.

Insgesamt hat also der I-Regler bei der gleichen Regelaufgabe eine Verbesserung im stationären Regelkreisverhalten gebracht, das bei den verschiedensten sprunghaften Anregungen immer durch ein vollständiges Verschwinden der bleibenden Regeldifferenz $x_d(\infty)$ gekennzeichnet ist. Andererseits sind uns jedoch bei der Beschleunigung der Ausregelvorgänge (Einschwingen von $x_d(t)$ auf $x_d(\infty)=0$) enge, durch die Struktur des Reglers und die Daten der Regelstrecke bedingte Grenzen gesetzt (vgl. z.B. mit den Gln. (3.54) und (3.55)).

Es liegt nahe, die positiven Eigenschaften eines P-Reglers mit denen des I-Reglers zu verbinden und einen PI-Regler

$$F_R(p) = K_P + \frac{K_I}{p} = K_I \cdot \frac{1+(K_P/K_I)p}{p} \tag{3.56}$$

zur Lösung der Regelaufgabe einzusetzen. Die Führungs- und Störübertragungsfunktionen werden wie vorher von 2. Ordnung sein und, unabhängig von der Wahl der Reglerparameter, die durch den I-Anteil bedingten Vorteile im Hinblick auf ein Verschwinden der bleibenden Regeldifferenz aufweisen. Die durch die Reglerparameter K_P und K_I verbliebene Entwurfsfreiheit können wir nun nutzen, um das Einschwingverhalten von $x_d(t)$ bzw. $x(t)$ zu beeinflussen.

Geben wir z.B. dem Verhältnis K_P/K_I gerade den Wert der Strecken-Zeitkonstante T,

$$K_P/K_I = T \;, \qquad (3.57)$$

so bewirkt diese spezielle Parameterwahl, daß der PI-Regler innerhalb des Regelkreises durch seine Nullstelle den vorhandenen Streckenpol kompensiert. Wir erhalten für diesen Sonderfall die in Tabelle 3.3 eingetragenen Regelkreis-Übertragungsfunktionen. Wir stellen fest, daß diese - bedingt durch die Kompensation - teilweise in ihrer Ordnung reduziert sind und damit eine sehr einfache Diskussion der Wirkung des noch freien Reglerparameters K_I auf das Einschwingverhalten erlauben.

Tabelle 3.3: Regelkreisverhalten für PT_1-Strecke mit PI-Regler ($K_P/K_I = T$); Regelkreis gemäß Bild 3.1b

Übertragungsfunktion	Übergangsfunktion
$F_w(p) = \frac{1}{1+pT_{Rk}}$ $T_{Rk} = 1/K_I K_S$	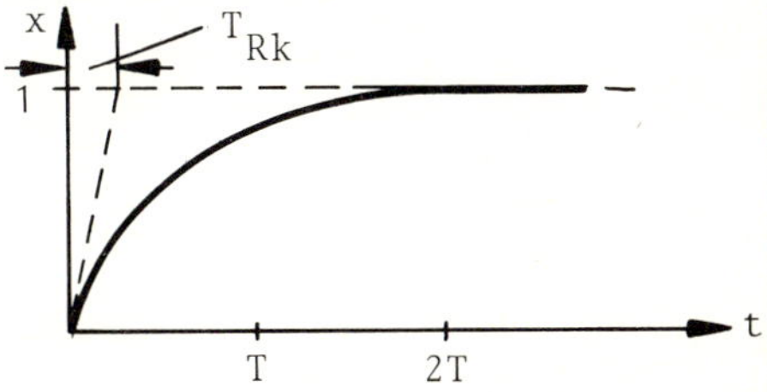
$F_{z_1}(p) = \frac{p(1/K_I)}{(1+pT_{Rk})(1+pT)}$	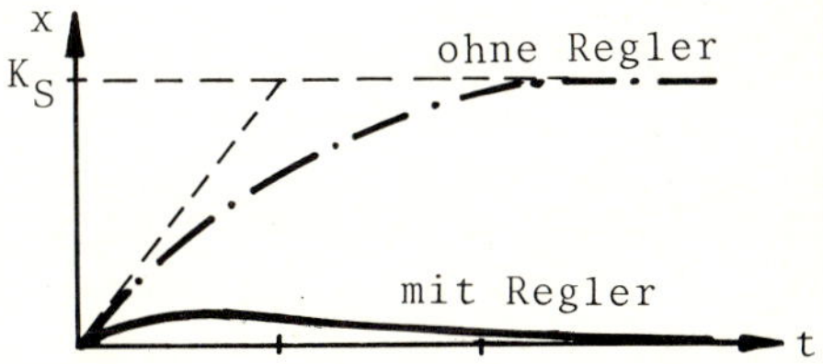
$F_{z_2}(p) = \frac{pT_{Rk}}{1+pT_{Rk}}$	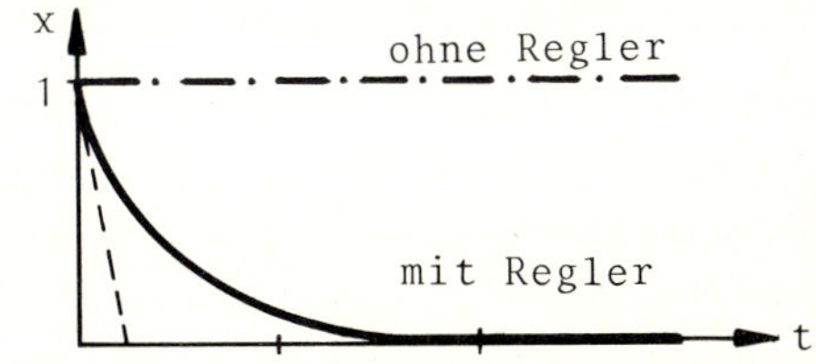

So führt ein Erhöhen von K_I grundsätzlich zu einem beschleunigten Einschwingen von x(t), da T_{Rk} gegen Null strebt. Allerdings setzt auch hier wieder die Stabilität des Regelkreises einer Erhöhung von K_I gewisse Grenzen.

Vergleichen wir die Übergangsfunktionen in Tabelle 3.2 mit denen in Tabelle 3.3, so können wir zusammenfassend feststellen, daß mit einem auf die spezielle Regelstrecke und die bestehenden regelungstechnischen Anforderungen abgestimmten PI-Regler eine zufriedenstellende Lösung sowohl im Hinblick auf das stationäre wie das dynamische Regelkreisverhalten erzielbar ist.

Bisher hatten wir eine Diskussion des Regelkreisverhaltens in enger Anlehnung an die Zeitverläufe und die Kennwerte der entsprechenden Regelvorgänge durchgeführt. Dieses Vorgehen erweist sich jedoch bei Regelkreisen mit Regelstrecken höherer Ordnung als äußerst mühsam und kaum praktikabel. Wir müssen deshalb nach anderen Wegen zur Unterstützung von Analyse und Entwurf von Regelkreisen suchen. So können wir uns z.B. des Mittels der Simulation von Regelkreisen mit analogen oder digitalen Rechnern [10] bedienen. Mit einem entsprechenden Simulator gelingt es leicht, für verschiedene Regler/Streckenkombinationen und bestimmte Reglerparametersätze die Zeitverläufe der interessierenden Regelvorgänge experimentell/numerisch zu bestimmen und daraus allgemeinere Schlüsse zu ziehen. Wir wollen Ergebnisse einer solchen Simulationsuntersuchung heranziehen, um zumindest gewisse qualitative Vorstellungen über Regelvorgänge bei PT_2- und IT_1-Regelstrekken zu erhalten.

3.4.3.2 PT_2-Regelstrecke

Wir betrachten dazu die in Tabelle 3.4 zusammengestellten Übergangsfunktionen $x_d(t)$ für ein konkretes Zahlenbeispiel. Abweichend von den bisherigen Darstellungen wurde hier das Regelkreisverhalten für einen sprung- und rampenförmigen Verlauf der Führungsgröße w(t) und für einen Störsprung $z_1(t)$ ermittelt.

Die bleibenden Regeldifferenzen entsprechen den in Tabelle 3.1, Zeile 1 bis 3 zusammengestellten.Auch hier werden wieder die charakteristischen Unterschiede zwischen P- und I-Regelung im Einschwingen und die durch einen PI-Regler erzielbare Verbesserung deutlich. Wegen der höheren Ordnung dieses Regelkreises erkennen wir auch die mit wachsendem K_P bzw. K_I in allen Fällen zunehmende Schwingneigung, die im Extremfall in eine unbedingt zu vermeidende Regelkreis-Instabilität einmünden kann. Wir sehen ferner, daß durch gezielte Wahl der Reglerparameter ein aperiodisches Einlaufen der Regelvorgänge in den Endwert oder ein möglicherweise etwas schnelleres Einschwingen, allerdings verbunden mit einem gewissen Über- bzw. Unterschwingen, erreichbar ist. Ferner wird deutlich, daß wir ebenfalls durch die Reglerparameter die Leistungsfähigkeit der Regelung mehr in Richtung auf ein gutes Folge- (w-Anregung, z_1=0) oder auf ein gutes Festwertregelungsverhalten (w=0 oder fest, z_1-Anregung) hin verschieben oder auch - falls von der Aufgabe her erforderlich - einen Kompromiß zwischen beiden suchen können.

Tabelle 3.4: Regelkreisverhalten für PT_2-Strecke und verschiedene Regler

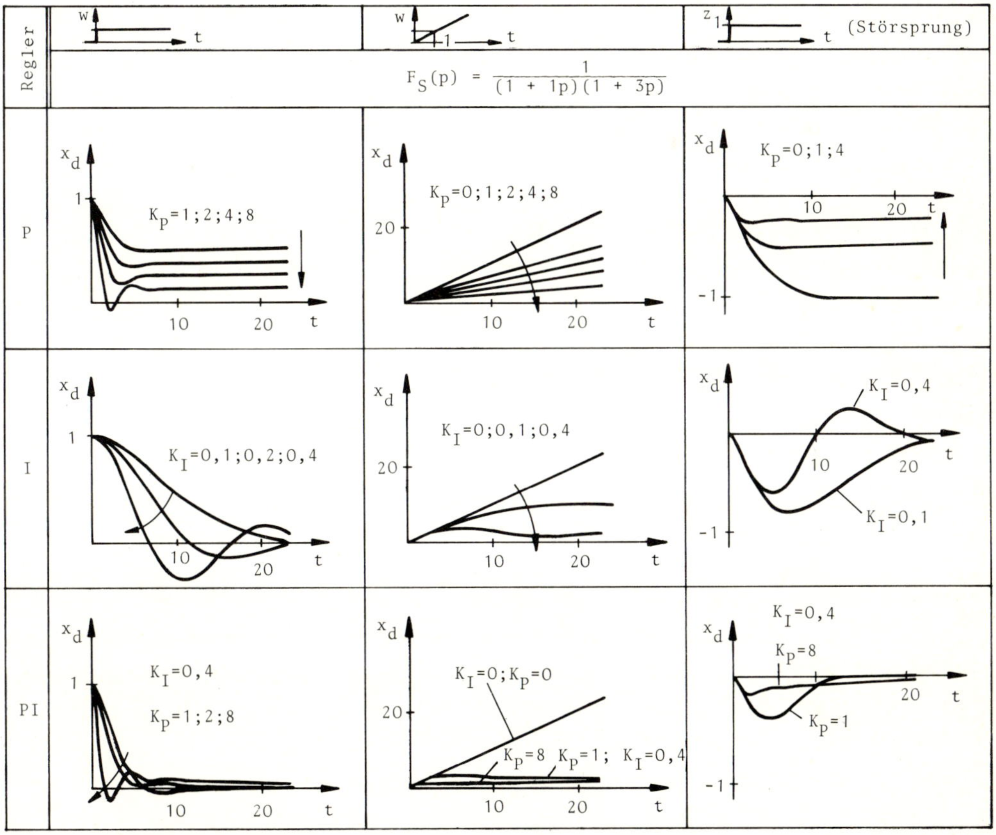

3.4.3.3 IT_1-Regelstrecke

Auch die Regelvorgänge in diesem Regelkreis zeigen weitgehend die oben beschriebenen Tendenzen. Neu ist hier allerdings, daß in diesem Zusammenhang ein I-Regler aus strukturellen Gründen kein stabiles Regelkreisverhalten zu liefern vermag. Wir werden über dieses Problem im

Zusammenhang mit der Struktur-Instabilität von Regelkreisen eingehen. Schließlich bemerken wir, daß ein PI- gegenüber einem P-Regler wegen des bereits in der Strecke vorhandenen I-Anteils die Trägheit und Schwingneigung der Einschwingvorgänge verstärkt. Seine positiven Eigenschaften im Beharrungszustand (vgl. auch Tabelle 3.1, Zeile 7) sind unverkennbar.

Tabelle 3.5: Regelkreisverhalten für IT_1-Strecke und verschiedene Regler

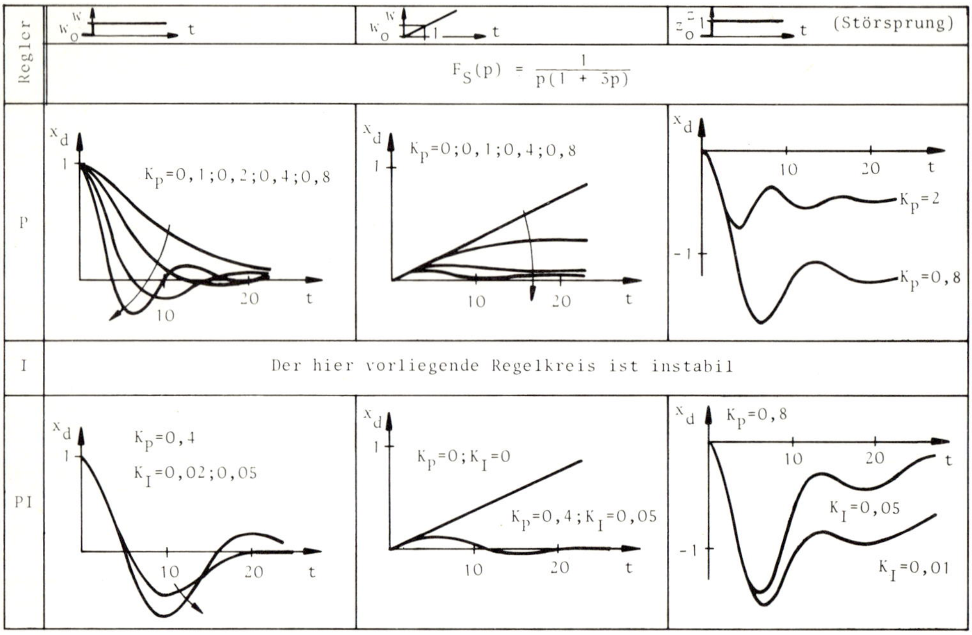

3.4.4 Zusammenfassende Bewertung der Ergebnisse

Fassen wir die Ergebnisse aller dieser das stationäre sowie dynamische Führungs- und Störverhalten betreffenden Betrachtungen zusammen, so läßt sich die früher alleine im Hinblick auf das stationäre Regelkreisverhalten formulierte Faustregel wie folgt modifizieren:

> Strecken mit (verzögerndem) P-Verhalten benötigen einen I- bzw. PI-Regler.
> Strecken mit I-Verhalten kommen mit P-Regler aus, allerdings sind gewisse zusätzliche Verbesserungen mit einem PI-Regler möglich.

Diese Faustregel kann zumindest erste Anhaltspunkte für Entwurf und Auswahl einer sinnvollen Reglerstruktur im Zusammenhang mit einfacheren aber auch komplizierteren P- und I-Regelstrecken liefern. Der Festlegung der Reglerparameter K_I und K_P kommt dabei jedoch im Hinblick auf die spezie1len Daten der Regelstrecke und Anforderungen an die Regelung große Bedeutung zu.

Aussagen zur Verwendung von Reglern mit D-Verhalten haben wir bisher nicht gemacht, da man dafür besser andere Entwurfsverfahren, wie z.B. Stabilitätskriterien, Pol-Nullstellen-Betrachtungen, Frequenzgang-Ortskurve oder Frequenzkennlinien heranzieht. Wir werden auf diese Fragen noch eingehen, uns aber zunächst noch mit Struktur, Eigenschaften und Möglichkeiten der Realisierung konventioneller linearer Regler vertraut machen.

3.5 Typische lineare Regler

Für viele einfachere Regelaufgaben erweist sich häufig der PID-Regler (Proportional-, Integral-, Differentialregler) mit seinen Varianten und Sonderformen hinsichtlich

- Realisierungsaufwand,
- Handhabung,
- erzielbarer Wirkung

als eine gute Kompromißlösung. Andere, oft für speziellere Regelaufgaben konzipierte lineare Regler, enthalten im Kern ebenfalls wichtige, im PID-Regler verwirklichte Grundfunktionen.

Neben den eigentlichen Rechenoperationen zur Berechnung der Stellgröße y(t) aus der Regeldifferenz $x_d(t)$ umfassen industrielle Regeleinrichtungen eine Reihe zusätzlicher, teilweise bereits in Bild 1.12 angedeutete zusätzliche Einrichtungen wie

- den Vergleicher zur Bildung der Regeldifferenz,
- ein Leitgerät mit Einstellknöpfen für Sollwert, Fernbedienung des Stellgliedes sowie Hand/Automatik-Schalter und Anzeigen,
- die Voraussetzungen zur Verschaltung des Reglers mit anderen Reglern zu Regler-Kaskaden (siehe Abschnitt 5.6.5) bzw. zur Führung des Reglers durch einen Prozeßrechner.

In den nachfolgenden Abschnitten wollen wir uns eingehender mit dem Übertragungsverhalten typischer industrieller Regler beschäftigen und Möglichkeiten der technischen Realisierung aufzeigen.

3.5.1 PID-Regler

3.5.1.1 Ideales PID-Verhalten

Im Idealfall realisiert ein PID-Regler die Rechenvorschrift

$$y(t) = \underbrace{K_P \cdot x_d(t)}_{\text{P-Anteil}} + \underbrace{K_I \cdot \int x_d(t)\,dt}_{\text{I-Anteil}} + \underbrace{K_D \cdot \frac{dx_d(t)}{dt}}_{\text{D-Anteil}} . \tag{3.58}$$

des Reglers

Die zugehörige Übertragungsfunktion des PID-Reglers wird je nach Anwendungsfall in folgenden Schreibweisen dargestellt:

$$F_R(p) = \frac{y(p)}{x_d(p)} = K_P + \frac{K_I}{p} + K_D \cdot p = \frac{K_D \cdot p^2 + K_P \cdot p + K_I}{p} \tag{3.59}$$

mit den Übertragungsbeiwerten K_P, K_I, K_D oder

$$F_R(p) = K_P \cdot \left(1 + \frac{1}{T_n \cdot p} + T_v \cdot p\right) \tag{3.60}$$

mit

$$T_n = \frac{K_P}{K_I} = \text{Nachstellzeit},$$

$$T_v = \frac{K_D}{K_P} = \text{Vorhaltzeit},$$

K_P = Proportionalbeiwert, $X_P = \frac{1}{K_P} \cdot Y_h$ = Proportionalbereich.

Y_h ist der aufgrund technischer Gegebenheiten begrenzte Bereich des Ausgangssignals y (sog. Stellbereich) des Reglers. X_p wird häufig normiert in Prozent angegeben und ist eine vorwiegend bei pneumatischen Reglern gebräuchliche Bezeichnung.

Die Sprungantwort des idealen PID-Reglers ist Tabelle 2.6/12 zu entnehmen. Sie ist wegen der unendlich hohen Amplitude der Ausgangsgröße y(t) für t=0 technisch nicht verwirklichbar. Das geht auch aus der Tatsache hervor, daß die Anzahl der Nullstellen der Reglerübertragungsfunktion (3.59) mit m=2 größer ist als die Anzahl ihrer Pole mit n=1. Damit wird bekanntlich die Realisierbarkeitsforderung $m \leq n$ verletzt.

3.5.1.2 Reales PID-Verhalten

Eine besser an die Realität angepaßte Regler-Übertragungsfunktion ist die eines einfach verzögerten PID-Verhaltens

$$F_R(p) = (K_P + \frac{K_I}{p} + K_D p)\cdot\frac{1}{1+Tp} \,. \tag{3.61}$$

Die Übergangsfunktion des entsprechenden $PIDT_1$-Reglers sowie seine Pole und Nullstellen finden wir in Tabelle 2.6/13.

Unabhängig von Realisierungsfragen werden wir jedoch immer dann von den einfacheren Beschreibungsformen des idealen PID-Reglers Gebrauch machen, wenn diese eine gute Annäherung des "dominierenden Verhaltens" realer PID-Regler versprechen. Dies wird z.B. dann der Fall sein, wenn die Verzögerungszeitkonstante des Reglers T in Gl. (3.61) sehr klein ist gegenüber der kleinsten Streckenzeitkonstanten oder entsprechenden Ersatzgrößen für die Regelstrecke.

3.5.1.3 Reduzierte Formen des PID-Reglers

Setzen wir bestimmte Beiwerte der PID-Übertragungsfunktionen (3.59) zu Null, so erhalten wir Regler-Sonderformen, wie P-, I-, PI- und PD-Regler, die wir teilweise auch schon in Abschnitt 3.4.3 kennengelernt und eingesetzt haben. Regler mit differenzierendem Anteil (D-Anteil) werden, wie bereits erwähnt, zur Beschleunigung des Einschwingens von Regelvorgängen verwendet, wobei aus Realisierbarkeitsgründen immer nur ein verzögerter D-Anteil verwirklicht werden kann. Zur Vermeidung bleibender Regeldifferenzen sollte ein PD-Regler sinnvollerweise nur im Zusammenhang mit Regelstrecken mit I-Verhalten eingesetzt werden. Allerdings muß der D-Anteil des Reglers stets sehr sorgfältig dimensioniert werden. Zeitlich veränderliche Störsignale (z.B. Störwelligkeit eines Meßsignals, wie z.B. z_3 in Bild 3.1) werden nämlich durch einen differenzierenden Regleranteil im Regelkreis verstärkt. Ferner führt ein zu großer K_D-Wert bereits bei kleinen aber schnellen Änderungen der Regeldifferenz $x_d(t)$ zu heftigen Stellbewegungen $y(t)$, so daß insgesamt ein sehr unruhiges Regelkreisverhalten die Folge sein kann. So geschieht es leicht, daß den theoretischen Vorteilen eines D-Anteils im Regler in der Praxis erhebliche Nachteile gegenüberstehen.

3.5.2 Phasenanhebende und -absenkende Reglertypen

Beim Entwurf von Regelkreisen mit dem in Abschnitt 5.3.1 zu behandelnden Frequenzkennlinienverfahren entsteht häufig die Forderung, bestimmte Teile des Phasenganges der Frequenzgangfunktion des aufgeschnittenen Regelkreises anzuheben oder abzusenken. Dies kann prinzipiell mit PDT_1- oder PI-Reglern oder mit speziell für diese Zwecke entworfenen Reglertypen, wie den sogenannten phasenanhebenden oder phasenabsenkenden Korrekturgliedern, geschehen. Sie haben beide die Übertragungsfunktion

$$F_R(p) = K_P \cdot \frac{1+T_v p}{1+Tp} = K_P \cdot \frac{T_v}{T} \cdot \frac{p+1/T_v}{p+1/T} \tag{3.62}$$

und unterscheiden sich in ihrer Wirkung abhängig vom jeweiligen Verhältnis der Konstanten T_v und T.

3.5.2.1 Phasenanhebendes Korrekturglied, $T_v > T$

Das Verhalten dieses Reglers ist identisch dem eines PDT_1-Reglers. Bild 3.8 zeigt verschiedene Arten der Charakterisierung des Reglerübertragungsverhaltens. In der Übergangsfunktion erkennen wir die im

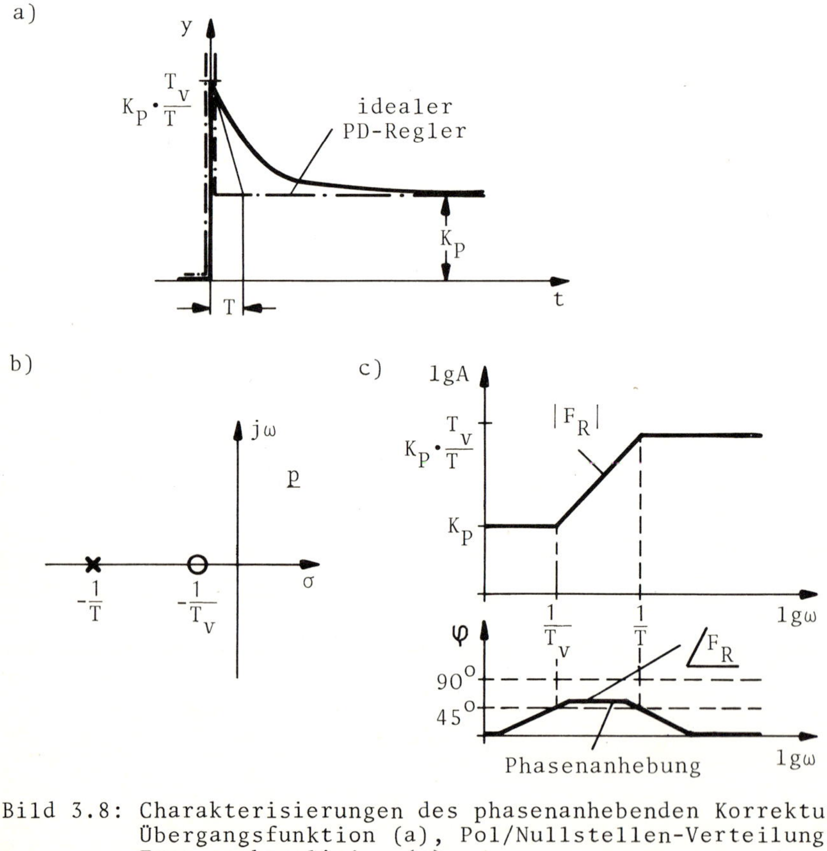

Bild 3.8: Charakterisierungen des phasenanhebenden Korrekturgliedes; Übergangsfunktion (a), Pol/Nullstellen-Verteilung (b), Frequenzkennlinien (c)

wesentlichen vom Verhältnis T_v/T bestimmte Vorhaltwirkung des Reglers, d.h. auf Veränderungen der Eingangsgröße $x_d(t)$ überproportional zu reagieren. In der Pol/Nullstellen-Verteilung markiert die Nullstelle durch ihre relative Nähe zum Ursprung den differenzierenden Anteil im Reglerverhalten. Ein Bodediagramm enthält die schematisierten Frequenzkennlinien von $F_R(j\omega)$, wobei die Phasenkennlinie $\angle F_R(j\omega)$ deutlich die in einem begrenzten Frequenzbereich phasenanhebende Wirkung ($\varphi(\omega)=\text{arc } F_R(j\omega) > 0$) des Reglers zeigt.

3.5.2.2 Phasenabsenkendes Korrekturglied, $T_v < T$

Dieses Korrekturglied hat, obwohl es P-Verhalten aufweist, gewisse wirkungsmäßige Ähnlichkeiten mit einem PI-Regler. Wir erkennen dies u.a. an der in Bild 3.9 skizzierten Übergangsfunktion sowie an der relativen Nähe des Poles der zugehörigen Übertragungsfunktion zum Ursprung der p-Ebene. Der Phasengang von $F_R(j\omega)$ zeigt die erwartete phasenabsenkende Wirkung ($\varphi(\omega)=\text{arc } F_R(j\omega) < 0$).

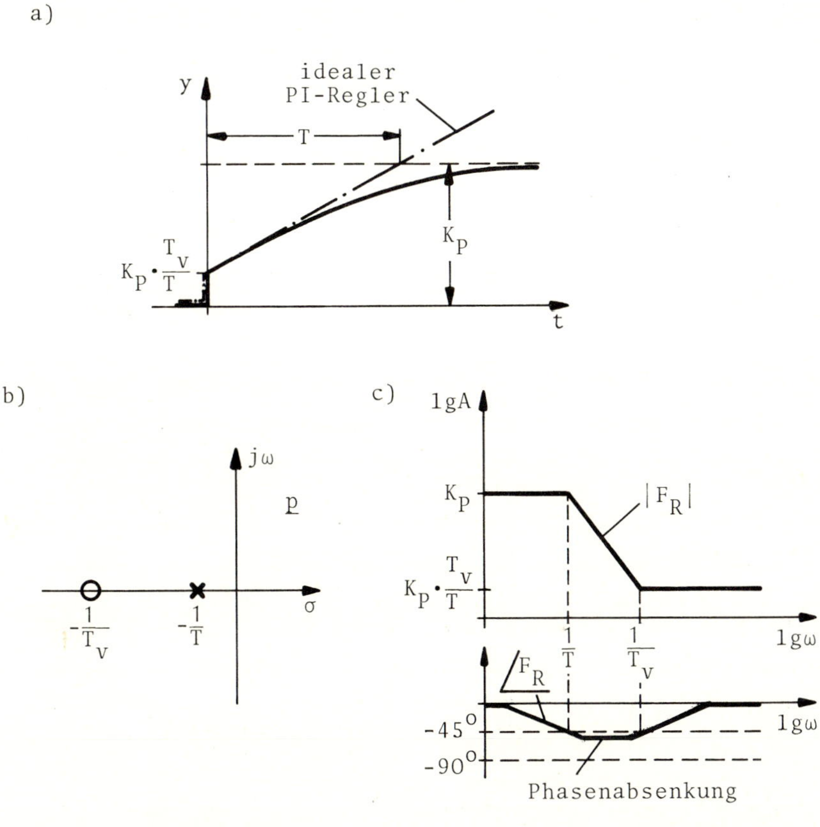

Bild 3.9: Charakterisierungen des phasenabsenkenden Korrekturgliedes

Bei beiden Reglern kann durch geeignete Wahl der Zeitkonstanten T_v und T der Phasengang der Kettenschaltung aus Korrekturglied und Regelstrecke in bestimmten Frequenzbereichen angehoben oder abgesenkt werden, wobei natürlich auch der Amplitudengang gewisse Veränderungen erfährt. Durch diese Maßnahme läßt sich - wie wir später sehen - das Regelkreisverhalten gezielt beeinflussen.

3.5.3 Verwirklichung von Reglern mit analogen Mitteln

Ein wichtiges Unterscheidungsmerkmal analoger Regler ist die verwendete Hilfsenergie. Am weitesten verbreitet sind.

- pneumatische, d.h. mit Druckluft arbeitende Regler
- (öl-)hydraulische Regler
- elektrische Regler.

Darüber hinaus existieren die verschiedensten Mischformen. Jede der drei genannten Gruppen zeichnet sich durch spezifische für die Praxis bedeutsame Eigenschaften aus. So sind pneumatische Regler häufig kostengünstiger als andere Regler, zuverlässig, einfach zu handhaben und zu warten sowie geeignet zum Einsatz in explosionsgefährdeten Anlagen. Wir finden diese Regler besonders häufig im Bereich der chemischen Verfahrenstechnik, bei Raffinerien etc.

Hydraulische Regler haben den Vorteil, bei kleinstem Bauvolumen und Gewicht große Stellkräfte bei gleichzeitig hoher Stellgeschwindigkeit zur Verfügung zu stellen. Sie werden deshalb bevorzugt bei Turbinenregelungen oder Regelungen der Fahrzeugtechnik (Servolenkung, etc.) eingesetzt.

Elektrische Regler lassen sich leicht mit anderen elektrischen oder nicht-elektrischen Regelkreiselementen, wie Meß- und Stellgliedern kombinieren oder an andere Automatisierungseinrichtungen wie elektronische Steuergeräte und Prozeßrechner (siehe Bild 1.13) anpassen. Sie werden deshalb bevorzugt bei der Kraftwerksautomatisierung, bei elektrischen Antriebsregelungen und in vergleichbaren Bereichen verwendet.

Unabhängig von Hilfsenergie und sonstigen Besonderheiten bedienen sich die verschiedenen gerätetechnischen Varianten zur Verwirklichung eines gewünschten Reglerverhaltens (z.B. PID-, phasenanhebendes Verhalten etc.) gleichartiger Prinzipien.

3.5.3.1 Verwirklichung durch Parallelstruktur

So kann z.B. ein PI-Regler mit der Übertragungsfunktion

$$F_R(p) = \frac{y(p)}{x_d(p)} = K_P + \frac{K_I}{p} , \tag{3.63}$$

wie in Bild 2.42b gezeigt, durch Parallelschalten eines P- und I-Kanales mit anschließender Signalsummation aufgebaut werden. Diese Art der Verwirklichung gestattet das getrennte Einstellen der Reglerparameter K_P, K_I und ggf. K_D.

3.5.3.2 Verwirklichung durch Kettenstruktur

Bilden wir, wie in Bild 2.42a dargestellt, eine Kettenschaltung aus einem Übertragungsglied mit $F_1(p) = K_P$ und einem Übertragungsglied $F_2(p)$, das selbst aus der Parallelschaltung eines P-Kanals mit dem Übertragungsbeiwert 1 und eines I-Kanals mit der Nachstellzeit T_n besteht, so erhalten wir eine Regler-Übertragungsfunktion der Form

$$F_R(p) = \frac{y(p)}{x_d(p)} = K_P(1+\frac{1}{T_n p}) = K_P \frac{p+1/T_n}{p} . \tag{3.64}$$

P- und I-Anteil sind nun miteinander verkoppelt. Der Vorteil dieser Art der Verwirklichung liegt jedoch in der Tatsache, daß die Nullstelle des Reglers $q_1 = -1/T_n$ unabhängig von K_P eingestellt werden kann.

3.5.3.3 Verwirklichung durch Kreisstruktur

Die bei weitem wichtigste Art der Verwirklichung analoger Regler basiert auf der in Abschnitt 3.3.2.1 ausführlich beschriebenen Möglichkeit, ein gewünschtes Regler-Übertragungsverhalten im Rahmen einer regler-internen Kreisstruktur zu verwirklichen. Bild 3.10 veranschaulicht dies im Signalflußbild. Mit geeigneten Verstärkerelementen im Regler-Vorwärtszweig, wie einem P-Glied mit $K_{Rv} \to \infty$ oder auch einem I-Glied, wird dann das Reglerverhalten praktisch nur durch die Übertragungsfunktion der Reglerrückführung F_{Rr} bestimmt. Es gilt also in Anlehnung an die Gln. (3.9) und (3.15)

$$F_R(p) = \frac{y(p)}{x_d(p)} \approx \frac{1}{F_{Rr}(p)} . \tag{3.65}$$

Die nachfolgenden Beispiele werden zeigen, wie von diesem Prinzip bei der Verwirklichung elektrischer und pneumatischer Regler Gebrauch gemacht wird.

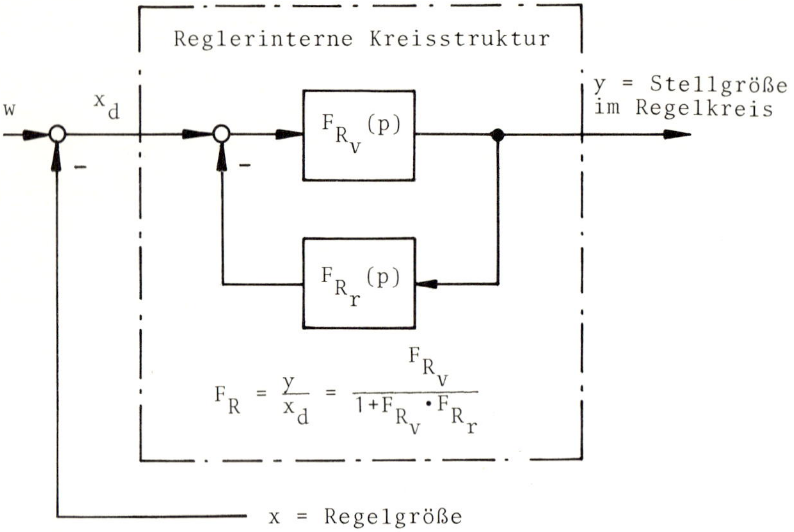

Bild 3.10: Verwirklichung von Reglern durch Kreisstruktur

Beispiel 3.9: Bei elektrischen Reglern, die sich der in Bild 3.3a gezeigten Operationsverstärkertechnik bedienen, sind Regeldifferenz x_d und Stellgröße y in Spannungen u_d bzw. u_y, beide z.B. im Arbeitsbereich $\pm$ 10V, abgebildet. Wählen wir nun für die Impedanz Z_e eine Parallelschaltung von R_e und C_e und für Z_a eine Serienschaltung von R_a und C_a, so gilt

$$Z_e(p) = \frac{R_e}{1+pR_eC_e} = \frac{R_e}{1+pT_e}$$
$$Z_a(p) = \frac{1+pR_aC_a}{pC_a} = \frac{1+pT_a}{pC_a} \; . \qquad (3.66)$$

Unter Verwendung von Gl. (3.12) weisen wir leicht nach, daß wir damit einen PID-Regler mit der spezielleren Übertragungsfunktion

$$F_R(p) = \frac{u_y(p)}{u_d(p)} = -\frac{1+p(T_a+T_e) + p^2T_aT_e}{pC_aR_e} =$$

$$= -\underbrace{\left(\frac{T_a+T_e}{C_aR_e}\right)}_{K_p} \cdot \left[1 + \frac{1}{\underbrace{(T_a+T_e)}_{T_n}} \cdot \frac{1}{p} + \underbrace{\frac{T_aT_e}{T_a+T_e}}_{T_v} \cdot p\right] \qquad (3.67)$$

realisiert haben.

Durch Entfernen von C_e entsteht aus der gleichen Schaltung ein PI- bzw. durch Kurzschluß von C_a ein PD-Regler und durch beides gleichzeitig ein P-Regler.

<u>Beispiel 3.10:</u> Bild 3.11a zeigt den Wirkschaltplan eines auf einem Waagebalken als Kraft- bzw. Momenten-Vergleicher und einem Düse/Prallplatte-System als pneumatischer Verstärker beruhenden pneumatischen Reglers. Die allgemeinen Signalgrößen w, x und y liegen hier als Luftdrücke p_w, p_x, p_y üblicherweise im Arbeitsbereich 0,2...1 bar vor. Über schlaffe Wellrohre mit wirksamer Fläche A werden die Drücke in auf den Waagebalken wirkende Kräfte (z.B. $p_w \cdot A$) umgesetzt. Dabei gilt folgende Momentenbilanz

$$\Theta \cdot \ddot{\varphi} = \Sigma M = A \cdot (p_w \cdot 2 \cdot 1 + p_r \cdot 1 - p_y \cdot 1 - p_x \cdot 2 \cdot 1) \ , \qquad (3.68)$$

wobei Θ die Drehmasse des Wagenbalkens bezeichnet.

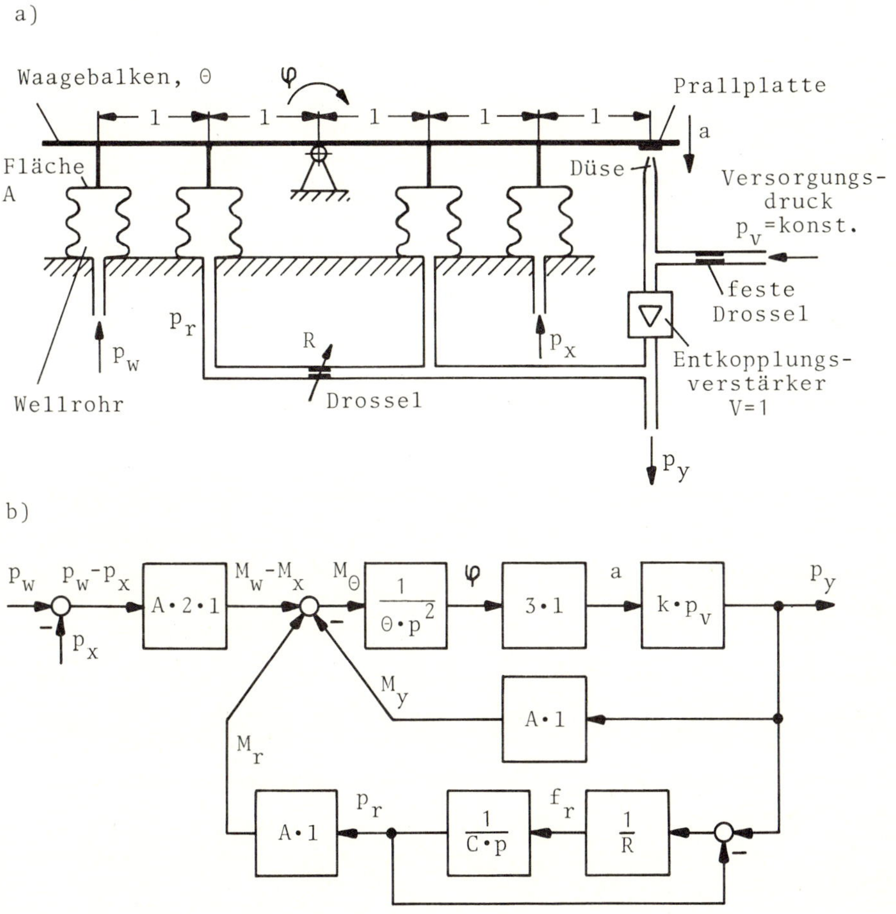

Bild 3.11: Pneumatischer Regler (Waagebalkenprinzip) (a) und Signalflußplan (b)

Die Wirkung des Düse/Prallplatte-Systems, das im Grunde eine variable Drosselstelle bildet, kann im interessierenden engeren Arbeitsbereich durch die lineare Beziehung

$$p_y = k \cdot p_v \cdot a \tag{3.69}$$

beschrieben werden, wobei k eine Konstante, p_v den konstanten Versorgungsdruck und a die Auslenkung des Waagebalkens aus seiner Nulllage bezeichnet. Während die meisten Drücke unmittelbar auf die Wellrohre wirken, liegt zwischen p_y und p_r ein pneumatisches RC-Glied (siehe Abschnitt 2.5.5), so daß der Aufbau von $p_r(t)$ aus $p_y(t)$ verzögert erfolgt und durch die Gleichung

$$p_r(t) = \frac{1}{RC} \int (p_y(t) - p_r(t))dt \tag{3.70}$$

beschrieben werden kann. Setzen wir diese Beziehungen in das in Bild 3.11b gezeigte Signalflußbild dieses pneumatischen Reglers um, dann erkennen wir in dessen Vorwärtszweig die Kettenschaltung eines doppelt integrierenden Übertragungsgliedes (Balken) mit dem proportional wirkenden pneumatischen Verstärker. Im Rückführzweig liegen eine gegen- und eine mitkoppelnde Wirkung vor, die sich zu einem DT_1-Verhalten, auch "nachgebende Rückführung" genannt, ergänzen. Insgesamt erhalten wir nach Zusammenfassen der Übertragungsglieder die Reglerübertragungsfunktion

$$F_R(p) = \frac{p_y(p)}{p_w(p) - p_x(p)} =$$

$$= \underbrace{2\left(1 + \frac{1}{pCR}\right)}_{F_1(p)} \cdot \underbrace{\frac{1}{1 + p\frac{\Theta}{3 \cdot 1^2 Akp_v RC} + \frac{\Theta}{3 \cdot 1^2 Akp_v} p^2}}_{F_2(p)} . \tag{3.71}$$

Ähnlich, wie wir das in Abschnitt 3.3.2.2 und mit Gl. (3.14) bereits nachgewiesen hatten, führt hier das doppelt-integrierende Übertragungsglied im Vorwärtszweig zu einer in zwei Teilübertragungsfunktionen F_1 und F_2 aufspaltbaren Gesamtübertragungsfunktion F_R. Da $k \cdot p_v$ in der Praxis ein vergleichsweise großer Wert ist, gilt auch hier näherungsweise $F_2(p) = 1$, so daß das dominierende Verhalten des Reglers durch

$$F_R(p) \approx F_1(p) = 2\left(1 + \frac{1}{pCR}\right) \tag{3.72}$$

beschrieben wird. Durch Vergleich mit dem Signalflußplan, Bild 3.11b, erkennen wir, daß der Parameter T_n dieses PI-Reglers eine Funktion des einstellbaren pneumatischen Drosselwiderstandes R im Rückführzweig ist und der Proportionalbeiwert K_P, der hier den Wert 2 hat, durch ein Verhältnis von Hebelarmen der verschiedenen Kraftangriffspunkte bestimmt wird.

3.5.4 Verwirklichung von Reglern mit digitalen Mitteln (Rechnern)

Mit Hilfe von Prozeß- oder Mikrorechnern ist es möglich, ein bestimmtes Reglerübertragungsverhalten, wie es z.B. durch die Rechenvorschrift Gl. (3.60) beschrieben wird, mit digitalen Mitteln zu verwirklichen. In der Praxis hat sich für derartige Regler-Realisierungen der Begriff DDC ($\hat{=}$ direct digital control)-Regler oder -Regelung eingebürgert. Bei DDC-Reglern wird ein bestimmtes Reglerverhalten weniger durch die spezielle gerätetechnische Anordnung (=Hardware) (vgl. die Beispiele 3.9 und 3.10), sondern vielmehr durch Regelalgorithmen und entsprechende Programme (=Software) bestimmt.

Digitale Regler arbeiten intern mit zeit- und amplituden-diskreten Variablen und verarbeiten Zahlenfolgen; sie gehören demnach der Klasse der diskreten Systeme an. In technischen Regelstrecken laufen dagegen kontinuierliche Prozesse ab mit zeit- und amplitudenkontinuierlichen Signalvariablen als Ein- und Ausgangsgrößen. Eine wichtige neue Aufgabe - gegenüber der analogen Reglerverwirklichung - besteht also beim Aufbau digitaler Regelungen darin, das Schnittstellenproblem zwischen den Ein- und Ausgangsvariablen des analogen Prozesses und des digitalen Reglers zu lösen.

3.5.4.1 Prinzipieller Aufbau und Funktion eines digitalen Einzelreglers

Bild 3.12 zeigt den prinzipiellen Aufbau eines digitalen Reglers bestehend aus einem digitalen Rechner, Abtastern (Schalter), Analog/Digital-Wandlern (ADW), Digital/Analog-Wandler (DAW) und Halteglied. Die gewählte bildliche Darstellung ist überwiegend an der Funktion und den signalflußmäßigen Gegebenheiten eines digitalen Reglers orientiert und weniger an dem uns hier nur am Rande interessierenden physikalisch-technischen Aufbau der Einzelelemente. Die Führungsgröße w(t) wird oftmals nicht - wie hier der Anschaulichkeit halber dargestellt - von außen analog zugeführt, sondern ist eine im Regelrechner gespeicherte Konstante oder eine vom Rechner nach Programm erzeugte, zeitabhängige Größe. Schließlich sind der DAW und das Halteglied am Ausgang der digitalen Regeleinrichtung häufig eine zu einer einzigen Baugruppe zusammengefaßte Einheit. Ein digitaler Regelrechner kann nicht nur einen einzigen, sondern im Zeitmultiplex-Verfahren mehrere (z.B. 8) Regelkreise quasi-parallel bedienen. Wir wollen alle diese für die Praxis zwar wichtigen Erweiterungen und Verfeinerungen des oben skizzierten Grundkonzeptes beiseite lassen und uns hier auf das funktionelle Kernproblem der digitalen Regler-Realisierung konzentrieren.

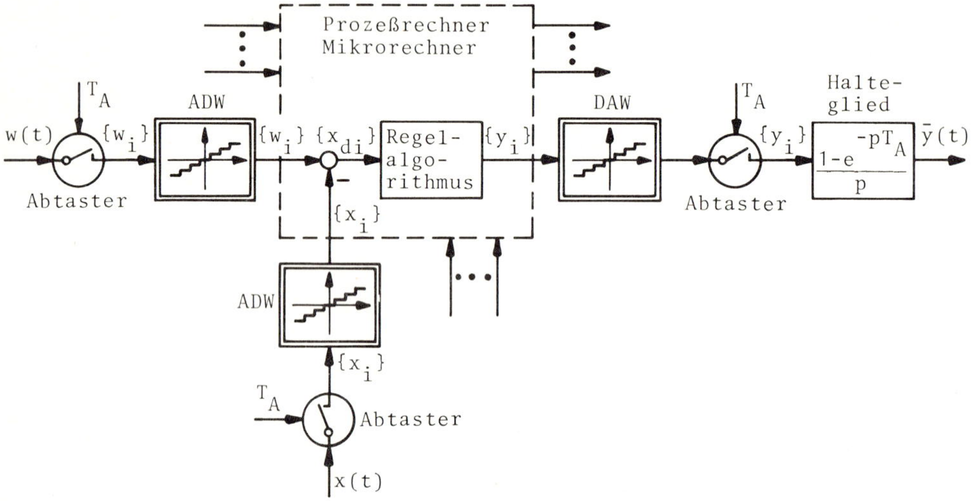

Bild 3.12: Prinzipieller Signalflußplan eines digitalen Reglers

Zur Erklärung ziehen wir Bild 3.12 und die verschiedenen Signalverläufe in Bild 3.13 heran. Wir nehmen dazu vereinfachend an, daß sich die gezeichneten eingangs- und ausgangsseitigen Abtaster kurzzeitig synchron zu den Abtastzeitpunkten

$$t_i = i \cdot T_A; \quad i = 0,1,2,... \tag{3.73}$$

schließen, wobei T_A hier ein festes Abtastintervall ist, das die Abtastfrequenz

$$f_A = \frac{1}{T_A} \tag{3.74}$$

bestimmt. Bei der periodischen Abtastung entstehen aus den kontinuierlichen Signalverläufen w(t) und x(t) die Signalfolgen $\{w_i\}$ und $\{x_i\}$, deren Werte $w_i = w(t_i)$ und $x_i = x(t_i)$ unmittelbar nach der Abtastung A/D-gewandelt und in (binäre) Zahlen umgesetzt werden. Bei einer Zahlendarstellung durch 10 Bit zuzüglich Vorzeichen-Bit entsteht hierbei ein praktisch vernachlässigbarer Quantisierungsfehler von $2^{-10} \mathrel{\hat{=}} 0{,}1\%$, so daß die an sich nichtlinearen Stufenkennlinien, durch die wir die ADW und den DAW in Bild 3.12 signalflußmäßig beschrieben haben, mit guter Näherung durch Geraden ersetzt werden können.

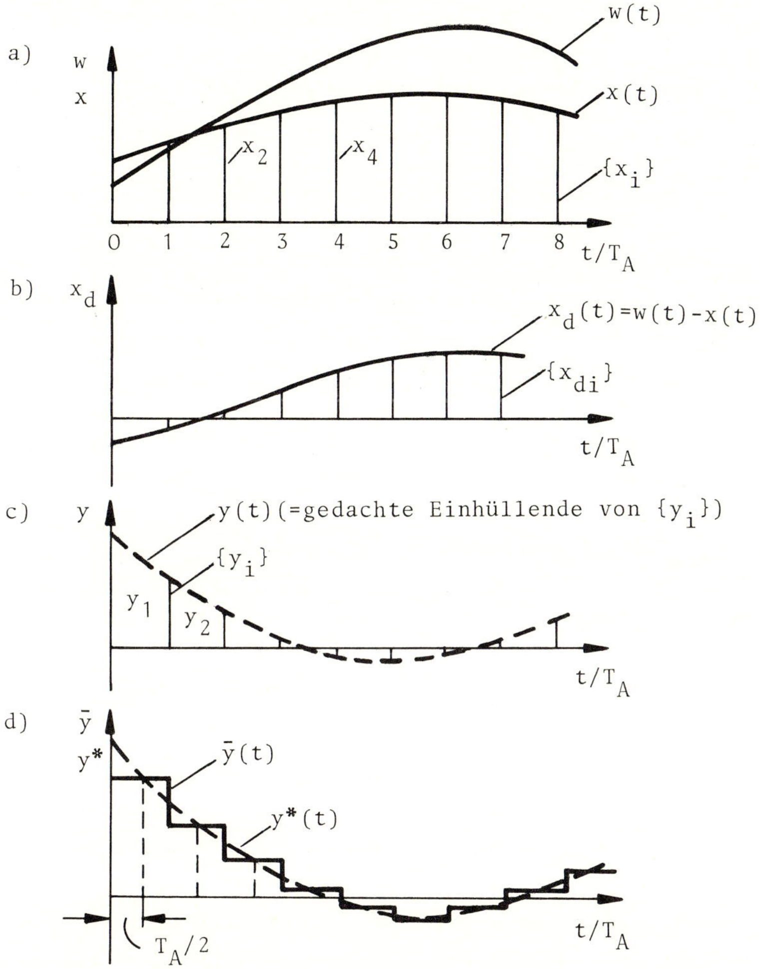

Bild 3.13: Signale eines digitalen Reglers

Im Regelrechner wird, wie in Bild 3.12 angedeutet, die Zahlenfolge der Regeldifferenz

$$\{x_{di}\} = \{w_i\} - \{x_i\} \tag{3.75}$$

gebildet und daraus dann durch das dem speziellen Regelalgorithmus entsprechende Programm die Zahlenfolge der Stellgröße $\{y_i\}$ berechnet. Nehmen wir zunächst einmal idealisierend an, daß alle notwendigen Wandlungs- und Rechenvorgänge während einer Rechenzeit $T_R \to 0$ abgewikkelt werden können, dann steht auch zu jedem Zeitpunkt t_i am Rechnerausgang ein neuer Stellwert y_i zur Verfügung. Der Abtaster zusammen mit dem DAW bewirkt, daß die Ausgangszahlenfolge des Rechners in eine proportionale Folge von Spannungsimpulsen $\{y_i\}$ umgewandelt wird. Aus jedem dieser Impulse mit der Fläche y_i erzeugt dann das nachgeschaltete Halteglied 0. Ordnung, das durch die Übertragungsfunktion

$$F_H(p) = \frac{1-e^{-pT_A}}{p} \tag{3.76}$$

charakterisiert werden kann, ausgangsseitig eine Stufe mit der Breite T_A und Höhe y_i. Bild 3.14 erläutert diesen Vorgang schrittweise anhand der in einem Signalflußplan aufgelösten Übertragungsfunktion $F_H(p)$. Als Ergebnis der Impulsfolge $\{y_i\}$ entsteht schließlich die Stufenfunktion $\bar{y}(t)$, Bild 3.13d; sie sollte im Idealfall identisch der dem kontinuierlichen Regelgesetz entsprechenden Stellgröße $y(t)$ sein.

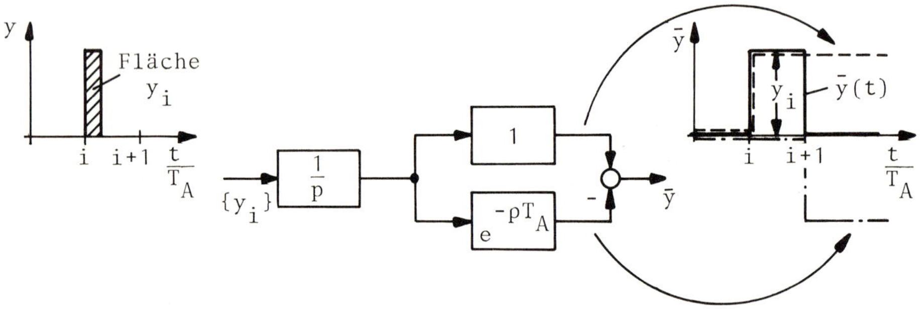

Bild 3.14: Signalflußplan eines Haltegliedes 0. Ordnung

Es ist jedoch leicht einzusehen, daß dies ein Abtastintervall $T_A=0$ voraussetzen würde, was weder technisch notwendig, noch aus numerischen Gründen zweckmäßig wäre. Durch den Abtast- und Haltevorgang mit $T_A > 0$ entsteht vielmehr, wie die Bilder 3.13c und d zeigen, ein treppenförmiges Signal $\bar{y}(t)$, das gegenüber dem als Einhüllende von $\{y_i\}$ eingezeichneten Signal $y(t)$ eine Phasenverschiebung aufweist. Ersetzen wir $\bar{y}(t)$ näherungsweise durch den gedachten stetigen Signalverlauf $y^*(t)$, dann sehen wir, daß

$$\bar{y}(t) \approx y^*(t) \approx y(t-T_A/2) \tag{3.77}$$

gilt, d.h. das tatsächliche Ausgangssignal des digitalen Reglers $\bar{y}(t)$ ist im zeitlichen Mittel um eine Totzeit $T_A/2$ gegenüber dem idealen durch die Regler-Rechenvorschrift definierten Stellsignal $y(t)$ nachgeeilt. Ein digitaler Regler schleppt also in den Regelkreis eine Totzeit von mindestens $T_A/2$ ein. Sie erhöht sich praktisch noch um die bisher zu Null angenommene Rechenzeit T_R, für die jedoch vernünftigerweise

$$T_R < T_A \tag{3.78}$$

gelten muß.
Für eine quasi-stetige Betriebsweise des digitalen Reglers, gekennzeichnet durch ein hinreichend kleines T_A, wird sich das äußere Zeitverhalten eines digitalen (Abtast-)Reglers rein äußerlich kaum von dem eines analogen Reglers unterscheiden. Demnach können wir sein Übertragungsverhalten näherungsweise durch eine Übertragungsfunktion

$$F_R^{digital}(p) = \frac{\bar{y}(p)}{w(p)-x(p)} \approx F_R^{analog}(p)\cdot e^{-p(T_R+T_A/2)} \tag{3.79}$$

beschreiben.

Da sich Signalverzögerungen und -totzeiten stets ungünstig auf die Stabilität von Regelkreisen auswirken, müssen wir bei digitalen Reglerrealisierungen stets darum besorgt sein, die Reglertotzeit so klein wie möglich zu halten.

3.5.4.2 Quasi-stetige Regelalgorithmen

Da ein digitaler Regler bei quasi-stetiger Betriebsweise geeignet ist, das Übertragungsverhalten eines analogen Reglers hinreichend gut anzunähern, müssen wir nun noch klären, wie wir aus dem üblicherweise kontinuierlich formulierten Regelgesetz den für die diskrete Verarbeitung geeigneten Regelalgorithmus gewinnen. Wir wollen das grundsätzliche Vorgehen anhand der aus Gl. (3.60) bekannten Formel für das PID-Regelgesetz darlegen. Zur Vereinfachung der Schreibweise ersetzen wir dazu die Bezeichnung x_d durch den Buchstaben e und schreiben

$$y(t) = K_P\cdot[e(t) + \frac{1}{T_n}\cdot\int_0^t e(\tau)d\tau + T_v\cdot\frac{de(t)}{dt}] . \tag{3.80}$$

Da der Regelrechner im Speicher nur zeitdiskrete Werte von e(t), d.h. $e(t_i) = e_i$ für Zeitpunkte t_i, t_{i-1}, t_{i-2}, etc. zur Verfügung hat, müssen wir das Integral und Differential in Gl. (3.80) unter Bezugnahme auf entsprechende diskrete Werte e_i approximieren. So ersetzen wir z.B., wie in Bild 3.15 angedeutet, das Integral über e(t) durch eine Rechtecksumme, d.h.

$$\int_0^{t_i} e(\tau)\,d\tau \approx \sum_{\nu=0}^{i} e_\nu \cdot T_A \ . \tag{3.81}$$

Ein Blick auf Bild 3.15 zeigt, daß wir in die Summe auch den über das Zeitintervall

$$t_i \leq t < t_{i+1} \tag{3.82}$$

anfallenden Integralwert eingeschlossen haben, womit wir der Tatsache Rechnung tragen, daß der später auf der Grundlage der Rechtecksumme ermittelte Stellwert y_i die Amplitude der Treppenfunktion $\bar{y}(t)$ im gleichen Zeitintervall bestimmt. Statt des Differentialquotienten $\dot{e}(t_i)$ ziehen wir näherungsweise einen einfachen (Rückwärts-)Differenzenquotienten

$$\left.\frac{de(t)}{dt}\right|_{t=t_i} \approx \frac{e_i - e_{i-1}}{T_A} \tag{3.83}$$

heran.

Unter konsequenter Verwendung der indizierten Schreibweise erhalten wir dann aus Gl. (3.80) für einen beliebigen Zeitpunkt $t=t_i$ die Gleichung

$$y_i = K_P \cdot [e_i + \frac{1}{T_n} \cdot \sum_{\nu=0}^{i} e_\nu T_A + T_V \cdot (\frac{e_i - e_{i-1}}{T_A})] \ . \tag{3.84}$$

Wir überzeugen uns leicht davon, daß diese Beziehung für $T_A \to 0$ wieder in Gl. (3.80) übergeht.

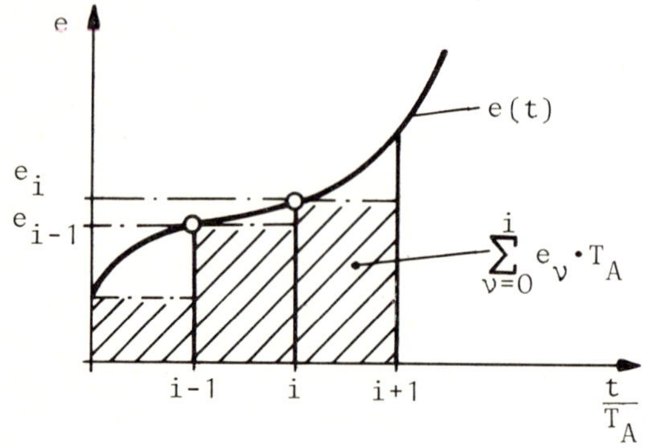

Bild 3.15: Bildung der Rechtecksumme als Ersatz für das Integral von e(t)

Schreiben wir nun noch für den Zeitpunkt $t=t_{i-1}$ die zu Gl. (3.84) analogen Beziehung an

$$y_{i-1} = K_P \cdot [e_{i-1} + \frac{1}{T_n} \cdot \sum_{\nu=0}^{i-1} e_\nu T_A + T_v \cdot (\frac{e_{i-1} - e_{i-2}}{T_A})] \ , \qquad (3.85)$$

so erhalten wir nach Differenzbildung

$$y_i - y_{i-1} = K_P \cdot [e_i - e_{i-1} + \frac{T_A}{T_n} \cdot e_i + \frac{T_v}{T_A} \cdot (e_i - 2 \cdot e_{i-1} + e_{i-2})] \ . \qquad (3.86)$$

PID-Stellungsalgorithmus

Durch Umordnen und Zusammenfassen entsteht daraus der sogenannte PID-Stellungsalgorithmus

$$y_i := y_{i-1} + d_o e_i + d_1 e_{i-1} + d_2 e_{i-2} \qquad (3.87)$$

$$d_o = K_P \cdot (1 + \frac{T_A}{T_n} + \frac{T_v}{T_A})$$

$$d_1 = K_P \cdot (-1 - 2 \cdot \frac{T_v}{T_A})$$

$$d_2 = K_P \cdot \frac{T_v}{T_A} \ .$$

Er erlaubt es, sukzessive für $i=0,1,2,...$ den für das jeweilige Intervall $t_i \leq t < t_{i+1}$ maßgebenden Stellwert y_i als gewichtete Summe des vorausgegangenen Stellwertes y_{i-1} sowie von Regeldifferenzen des gegenwärtigen und vergangener Abtastzeitpunkte zu berechnen. Mit y_i wird dabei immer der absolute Stellwert bestimmt, der dann, wie in Bild 3.12 gezeigt, über den DAW und das Halteglied auf die Regelstrecke einwirkt.

PID-Geschwindigkeitsalgorithmus

Kehren wir noch einmal zu Gl. (3.86) zurück, so stellen wir fest, daß die Differenz $y_i - y_{i-1}$ den Stellgrößenzuwachs vom Zeitpunkt t_{i-1} zum Zeitpunkt t_i darstellt. Wir bezeichnen diese Differenz, die im übrigen ein Maß für die Änderungsgeschwindigkeit der Stellgröße y ist, mit

$$\Delta y_i = y_i - y_{i-1} \ . \qquad (3.88)$$

Lassen wir nun vom Regelrechner gemäß dem sogenannten PID-Geschwindigkeitsalgorithmus

$$\Delta y_i := d_o e_i + d_1 e_{i-1} + d_2 e_{i-2} \tag{3.89}$$

mit den Koeffizienten d_o, d_1 und d_2, wie in Gl. (3.87), die Differenzen- bzw. Impulsfolge $\{\Delta y_i\}$ berechnen und ausgeben, dann kann ein dem DAW in Bild 3.12 nachgeschaltetes analoges I-Glied die Aufgabe des Haltegliedes übernehmen. Allgemein gilt nämlich

$$\int_o^t \{\Delta y_i\} dt = \bar{y}(t) \quad , \tag{3.90}$$

was bedeutet, daß die Impulsflächen Δy_i zu dem bereits bekannten treppenförmigen Verlauf der Stellgröße $\bar{y}(t)$ aufsummiert werden. Diese Version des PID-Algorithmus wird zweckmäßigerweise dann angewendet, wenn dem Regelrechner ein Stellglied mit I-Verhalten, wie z.B. ein elektrischer Stellmotor, nachgeschaltet ist. Diese Kombination spart das sonst erforderliche Halteglied und bietet weitere Vorteile für die Stabilität und Sicherheit digitaler Regelungen. So werden zum einen, die durch die algorithmische Reglerrealisierung bedingten Signalverzögerungen im Kreis klein gehalten, zum anderen speichert beim Reglerausfall das integrale Stellglied automatisch den zuletzt vom Regler ausgegebenen Stellwert Δy_i.

Wir wollen hier darauf verzichten, auf weitere algorithmische Varianten und Möglichkeiten der digitalen Realisierung von Regelgesetzen einzugehen und statt dessen einige Bemerkungen zur zweckmäßigen Festlegung des Abtastintervalls T_A machen. Neben K_P, T_n, T_v stellt ja T_A in PID-Algorithmen einen vierten Reglerparameter dar.

3.5.4.3 Faustregeln zur Bestimmung des Abtastintervalls im Hinblick auf quasi-stetige Regler-Betriebsweise

Nach dem Shannonschen Abtasttheorem müßte

$$T_A < \frac{1}{2 \cdot f_g} \tag{3.91}$$

gewählt werden, um gerade noch sicherzustellen, daß aus dem gemäß (3.87) berechneten $\{y_i\}$ die analoge Stellgröße y(t) ohne Informationsverlust rekonstruiert werden kann. f_g ist dabei die höchste in y(t) auftretende Signalfrequenz, wenn wir annehmen, daß sich y(t) als Summe harmonischer

Signale beschreiben läßt. Eine Festlegung von T_A gemäß (3.91) führt jedoch meist zu so niedrigen Abtastfrequenzen f_A, daß ein quasi-kontinuierliches Reglerverhalten nicht mehr gewährleistet ist und daß die damit verbundene mittlere Abtasttotzeit (vergl. Abschnitt 3.5.4.1) bereits Stabilitätsprobleme aufwerfen kann. Im übrigen ist es schwierig, eine Grenzfrequenz f_g anzugeben, da y(t) - ebensowenig wie x(t) und w(t) - kein bandbegrenztes Signal ist.

Wir benutzen daher in der Regelungstechnik für die Wahl der Abtastzeit Faustregeln, die stärker an den dynamischen Verhältnissen innerhalb des Regelkreises orientiert sind. Von den folgenden drei Vorschriften zur Dimensionierung von T_A wird immer die restriktivste angewandt:

$$T_A \leq 0{,}1 \cdot T' \, , \qquad (3.92)$$

wobei T' jene (Ersatz-)Zeitkonstante ist, die die Sprungantwort des geschlossenen Regelkreises bestimmt, siehe Bild 3.16a.

$$T_A \leq 0{,}1 \cdot T_e \, , \qquad (3.93)$$

wobei $T_e = 2\pi/\omega_e$ die Periodendauer einer ggf. periodischen Sprungantwort des geschlossenen Regelkreises ist, siehe Bild 3.16b.

$$T_A \leq 0{,}25 \cdot T_t' \, , \qquad (3.94)$$

wobei T_t' eine in der Regelstrecke eventuell vorhandene (Ersatz-)Totzeit ist, siehe Bild 3.16c.

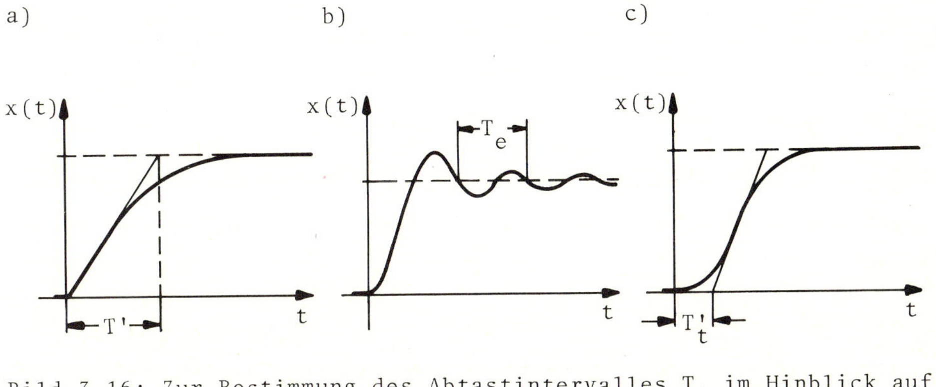

Bild 3.16: Zur Bestimmung des Abtastintervalles T_A im Hinblick auf quasi-stetiges Verhalten des digitalen Reglers

Typische Werte für T_A im Zusammenhang mit technischen Regelaufgaben sind

$T_A \approx 1\text{ms}$ für sehr schnelle Regelkreise, z.B. elektrische Antriebsregelungen,
$T_A \approx 1\text{s}$ für schnelle Regelkreise, z.B. Durchflußregelungen,
$T_A \approx 5\text{s}$ für mittelschnelle Regelkreise, z.B. Druckregelungen,
$T_A > 20\text{s}$ für langsame Regelkreise, z.B. Temperaturregelungen.

Beispiel 3.11: Wir wollen die Übergangsfunktion $\bar{y}(t)$ eines digitalen Reglers mit Rechenzeit $T_R=0$ aufgrund eines PID-Stellungs- und Geschwindigkeitsalgorithmus für $w(t) = \sigma(t)$, $x(t) = 0$ und damit $x_d(t) = e(t) = \sigma(t)$ berechnen. Für die gewählten Reglerparameter $K_p=1$, $T_n=1$, $T_v=2$ und eine Abtastperiodendauer $T_A=1$ (alle Werte normiert) folgt aus Gl. (3.87)

$$d_o = 4, \quad d_1 = -5, \quad d_2 = 2. \tag{3.95}$$

Gemäß (3.87) und (3.89) lautet der spezielle Stellungs- und Geschwindigkeitsalgorithmus

$$y_i := y_{i-1} + 4\cdot e_i - 5\cdot e_{i-1} + 2\cdot e_{i-2} \tag{3.96}$$

bzw.

$$\Delta y_i := y_i - y_{i-1} = 4\cdot e_i - 5\cdot e_{i-1} + 2\cdot e_{i-2}\ . \tag{3.97}$$

Nehmen wir nun an, daß sich die Sprungamplitude 1 von w(t) zum ersten Mal im Abtastzeitpunkt $t_1 = 1\cdot T_A$ bemerkbar macht, so daß gilt

$$e_i = \begin{cases} 0 \text{ für } i < 1, \text{ auch negative } i \\ 1 \text{ für } i \geq 1 \end{cases} \ . \tag{3.98}$$

Legen wir nun für alle auftretenden diskreten Größen die Wertetabelle 3.6 an, dann können wir dieser die Amplituden der in Bild 3.17 aufgetragenen Folgen der $\{y_i\}$ bzw. $\{\Delta y_i\}$ entnehmen, die durch das nachfolgende Halteglied 0. Ordnung bzw. das integrale Stellglied in die Stufenfunktion $\bar{y}(t)$ umgesetzt werden. Zu Vergleichszwecken ist in Bild 3.17 auch die Übergangsfunktion y(t) eines idealen, kontinuierlichen PID-Reglers gestrichelt eingetragen. Sehr deutlich erkennen wir die durch die digitale und zeitdiskrete Realisierung bedingten Unterschiede in den Zeitverläufen, insbesondere aber auch die mittlere Totzeit $T_t = T_A/2$ zwischen y(t) und $\bar{y}(t)$.

Tabelle 3.6: Wertetabelle zum PID-Stellungs- und Geschwindigkeitsalgorithmus

i	$4 \cdot e_i$	$-5 \cdot e_{i-1}$	$2 \cdot e_{i-2}$	y_{i-1}	y_i	Δy_i
0	0	0	0	0	0	0
1	4	0	0	0	4	4
2	4	-5	0	4	3	-1
3	4	-5	2	3	4	1
4	4	-5	2	4	5	1
5	4	-5	2	5	6	1
6	4	-5	2	6	7	1
7	4	-5	2	7	8	1

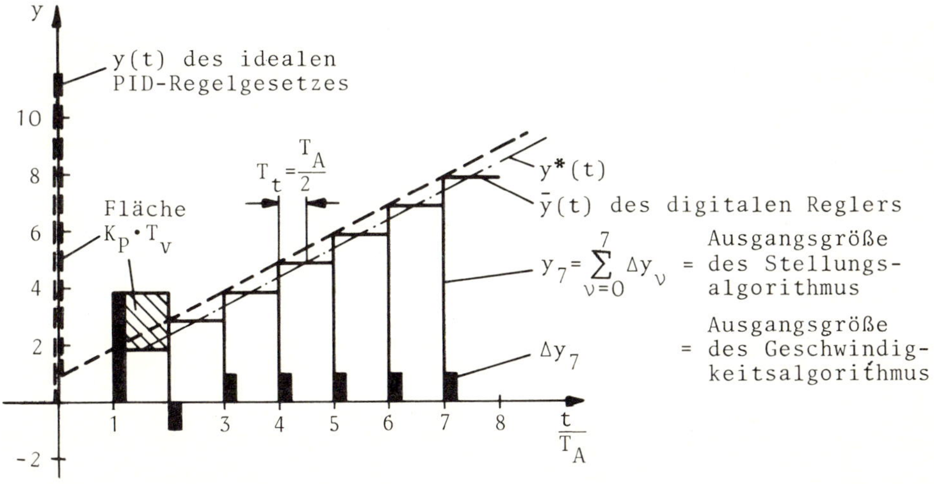

Bild 3.17: Übergangsfunktion eines idealen und eines digitalen PID-Reglers

Der digitale Regler kann z.B. softwaremäßig durch ein PID-Reglerprogramm realisiert werden, das zyklisch zu den Abtastzeitpunkten t_i gestartet und durchlaufen wird (Endlosschleife!). Dabei werden zunächst die aktuellen Werte w_i, x_i eingelesen, daraus die Differenz e_i gebildet und anschließend eine der Beziehungen (3.87) oder (3.89) ausgewertet. Zum Abschluß des Zyklus folgt die Ausgabe des absoluten Stellwertes y_i oder des Stellwertinkrementes Δy_i über den D/A-Wandler an das Halteglied bzw. die Ansteuerelektronik eines Schrittmotors.

4 Stabilität linearer Regelkreise

4.1 Stabilitätsdefinitionen

Die Stabilität von dynamischen Systemen, Übertragungsgliedern oder gar von mehreren zum Regelkreis zusammengefügten Übertragungsgliedern, ist selbst bei Vorliegen von linearem, zeitinvariantem Übertragungsverhalten nicht ganz einfach zu definieren. Nicht zuletzt aus diesem Grund existiert eine Vielzahl, meist an bestimmten technischen Fragestellungen orientierter Stabilitätsdefinitionen. Die im Zusammenhang mit linearen Regelkreisen am häufigsten verwendeten sind die bereits in Abschnitt 2.7.2 erwähnte asymptotische Stabilität und die BIBO (Bounded-Input/Bounded Output)-Stabilität. Diese Stabilitätsbegriffe, angewandt auf ein lineares, zeitinvariantes Übertragungsglied beschrieben durch die allgemeine Dgl.

$$b_n \overset{(n)}{x}_a + \ldots + b_1 \dot{x}_a + b_o x_a = a_o x_e + a_1 \dot{x}_e + \ldots + a_m \overset{(m)}{x}_e \tag{4.1}$$

oder die zugehörige Übertragungsfunktion

$$F(p) = \frac{x_a(p)}{x_e(p)} = \frac{a_o + a_1 p + \ldots + a_m p^m}{b_o + b_1 p + \ldots + b_n p^n}, \tag{4.2}$$

werden im folgenden erläutert.

4.1.1 Asymptotische Stabilität

Asymptotische Stabilität bezieht sich, wie wir bereits aus Abschnitt 2.7.2 wissen, auf das freie, nur den Anfangsbedingungen und keiner äußeren Anregung $x_e(t)$ unterworfene System gemäß Gl. (4.1). Sie liegt dann vor, wenn alle n Eigenwerte λ_i bzw. die Wurzeln des charakteristischen Polynoms $P(\lambda)$ von Gl. (4.1)

$$P(\lambda) = b_n \lambda^n + \ldots + b_1 \lambda + b_o \tag{4.3}$$

negative Realteile aufweisen, wenn also gilt

$$\mathrm{Re}\{\lambda_i\} = \sigma_i < 0, \qquad i = 1,2,\ldots n \,. \tag{4.4}$$

4.1.2 BIBO-Stabilität

Da wir es in der Regelungstechnik immer mit von außen angeregten Übertragungsgliedern zu tun haben, interessiert uns stärker eine Stabilität, die garantiert, daß beliebige, aber für alle Zeiten t beschränkte Eingangsgrößen $x_e(t)$, d.h.

$$|x_e(t)| \leq M \; (=\text{Konstante} < \infty) \tag{4.5a}$$

unabhängig vom Anfangszustand zu einer für alle t beschränkten Reaktion

$$|x_a(t)| \leq N \; (=\text{Konstante} < \infty) \tag{4.5b}$$

des Übertragungsgliedes führen. Diese als BIBO-Stabilität bezeichnete Eigenschaft bezieht sich offenbar primär auf das Eingangs/Ausgangsverhalten eines Übertragungsgliedes, das bekanntlich durch das Faltungsintegral, Gl. (2.129b)

$$x_a(t) = \int_0^t g_1(t-\tau)\cdot x_e(\tau)\,d\tau \tag{4.6}$$

beschrieben wird. In diese Art der Beschreibung gehen die Eigenschaften des Übertragungsgliedes über die Gewichtsfunktion $g_1(t)$ ein, und wir wollen nun klären, welchen Bedingungen $g_1(t)$ im Falle des Vorliegens von BIBO-Stabilität genügen muß. Mit Gl. (4.5a) und dem Faltungsintegral ist folgende Abschätzung von $x_a(t)$ möglich:

$$|x_a(t)| \leq \int_0^t |g_1(t-\tau)|\cdot|x_e(\tau)|\,d\tau \leq M\cdot\int_0^t |g_1(t-\tau)|\,d\tau \,. \tag{4.7}$$

Soll nun Gl. (4.5b) gelten, so muß offenbar das Integral beschränkt sein. Da der Integrand jedoch ≥ 0 ist, kann der Integralwert mit wachsendem t nur anwachsen. Folglich ist $x_a(t)$ sicher dann beschränkt, wenn das Integral konvergiert, d.h., wenn

$$\int_0^\infty |g_1(t-\tau)|\,d\tau = \int_0^\infty |g_1(\tau)|\,d\tau < +\infty \tag{4.8}$$

Aus diesen Beziehungen ziehen wir den Schluß, daß die absolute Konvergenz des Integrals über die Gewichtsfunktion $g_1(t)$ maßgebend ist für die Beschränktheit der Systemantwort $x_a(t)$ und damit für BIBO-Stabilität des betrachteten Übertragungsgliedes.

Erinnern wir uns nun, daß die Gewichtsfunktion eines Übertragungsgliedes, das durch eine lineare gewöhnliche Dgl. beschrieben wird, primär von deren Eigenwerten bestimmt wird, dann gilt (vgl. mit Gl. (2.89) und mit $g_1(t) = \dot{g}_2(t)$) für untereinander verschiedene Eigenwerte λ_i, daß

$$g_1(t) = \sum_{i=1}^{n} k_i' \, e^{\lambda_i t} \; . \qquad (4.9)$$

Setzen wir einen dieser Summanden repräsentativ für alle anderen in Gl. (4.8) ein, dann gilt

$$\int_0^t |k_i' \cdot e^{\lambda_i \tau}| \, d\tau = \int_0^t |k_i' \cdot e^{j\omega_i \tau}| \cdot e^{\sigma_i \tau} \, d\tau \leq |k_i'| \cdot \int_0^t e^{\sigma_i \tau} \, d\tau =$$

$$= |k_i'| \cdot \frac{1}{\sigma_i} \left(e^{\sigma_i t} - 1\right) \; . \qquad (4.10)$$

Daraus folgt, daß das Integral nur dann für $t \to \infty$ konvergiert, wenn wiederum

$$\mathrm{Re}\{\lambda_i\} = \sigma_i < 0$$

gilt. Im Hinblick auf Gl. (4.9) bedeutet dies aber, daß ein Übertragungsglied offenbar dann BIBO-stabil ist, wenn alle n Eigenwerte λ_i der Dgl., die für asymptotische Stabilität bereits hergeleitete Bedingung (4.4) erfüllen.

4.1.3 Stabilitätsbetrachtungen anhand von Übertragungsfunktionen

Bisher haben wir die Frage nach der Stabilität eines Übertragungsgliedes unmittelbar anhand der beschreibenden Dgl. oder einer Abschätzung ihrer Lösung durchgeführt. Entscheidend für Stabilität oder Instabilität erwiesen sich dabei die Realteile der Eigenwerte λ_i. Bereits in Abschnitt 2.8.3.5 haben wir jedoch auf die formale Übereinstimmung zwischen Nennerpolynom der Übertragungsfunktion Gl. (4.2) und charakteristischem Polynom (4.3) hingewiesen. Dabei hatten wir festgestellt, daß unter bestimmten Bedingungen die Pole von F(p) ($\hat{=}$ Wurzeln des Nennerpolynoms), also die p_i identisch sind den Wurzeln der charakteristischen Gleichung λ_i. Insofern kann Gl. (4.4) auch modifiziert werden in

$$\mathrm{Re}\{p_i\} = \sigma_i < 0 \ , \quad i = 1,2,\ldots n \ . \tag{4.11}$$

Allerdings ist bei der Anwendung von Bedingung (4.11) in den Fällen eine gewisse Vorsicht am Platze, wenn als Systembeschreibung alleine eine Übertragungsfunktion vorliegt. In der Regel wissen wir nämlich nicht, ob bei deren Aufstellung Pol/Nullstellen-Kürzungen, insbesondere solche in der rechten p-Halbebene, vorgenommen wurden. Deshalb können wir aufgrund derartiger "reduzierter" Übertragungsfunktionen, deren Nennerordnung also nicht mehr mit der Ordnung der unbekannten Dgl. oder der des charakteristischen Polynoms übereinstimmt, zu unbrauchbaren Stabilitätsaussagen kommen. Das folgende Beispiel soll dies erläutern.

Beispiel 4.1: Wir greifen auf die in Abschnitt 2.12.2.4 behandelte steuernde Kompensation einer instabilen Strecke zurück und betrachten dazu die in Bild 4.1 skizzierte speziellere Anordnung. Die Gesamtübertragungsfunktion $F = F_K \cdot F_S$ lautet im Idealfall

$$F(p) = \frac{x_a(p)}{x_e(p)} = \frac{1}{p-1} \cdot \frac{p-1}{p+2} \ . \tag{4.12a}$$

$$F(p) = \frac{1}{p+2} \ . \tag{4.12b}$$

Steht uns nur die Information (4.12b) zur Verfügung, und schließen wir daraus auf eine Dgl. des Gesamtsystems

$$\dot{x}_a + 2x_a = x_e \tag{4.13a}$$

mit der charakteristischen Gleichung

$$\lambda + 2 = 0 \ , \tag{4.13b}$$

so gelangen wir wegen $\lambda = -2$ mit Gl. (4.4) zum Ergebnis, daß die Anordnung asymptotisch und BIBO-stabil ist. Letzteres scheint auch die am Gesamtsystem aufgenommene beschränkte Übergangsfunktion $x_a(t)$ in Bild 4.1 zu bestätigen. Allerdings stellen wir im gleichen Bild fest, daß dabei eine Zwischenvariable y(t) schnell über alle Grenzen anwächst, was trotz stabilen Verhaltens nach außen hin auf eine "innere" Instabilität schließen läßt. Letztere ist aus nahelie-

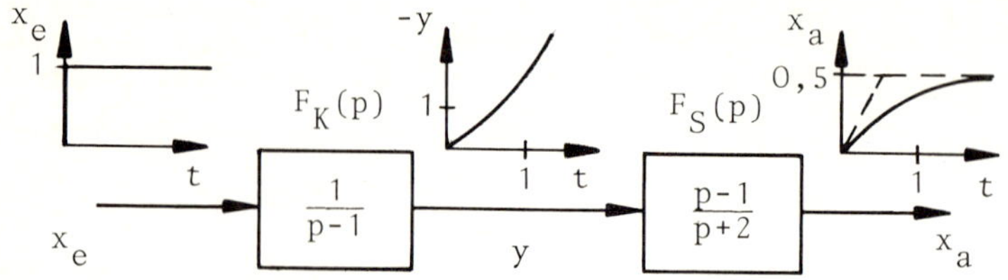

Bild 4.1: Instabile serienkompensierte Steuerung

genden Gründen bei einem technischen System keinesfalls tolerierbar.

Die widersprüchlichen Aussagen liegen offenbar in der Verwendung der aufgrund Pol/Nullstellen-Kürzung in (4.12a) reduzierten Übertragungsfunktion (4.12b). Haben wir nämlich die noch in unmittelbarem Zusammenhang zum technisch-physikalischen Problem in Bild 4.1 stehende, nicht-reduzierte Übertragungsfunktion (4.12a) zur Verfügung, so entwickeln wir daraus als Dgl. des Gesamtsystems

$$\ddot{x}_a + \dot{x}_a - 2x_a = -x_e + \dot{x}_e \tag{4.14a}$$

mit dem charakteristischen Polynom

$$P(\lambda) = \lambda^2 + \lambda - 2 = (\lambda-1)\cdot(\lambda+2) \ . \tag{4.14b}$$

Sie zeigt selbstverständlich die "instabile" Wurzel und weist das Gesamtsystem als weder asymptotisch noch BIBO-stabil aus.

Aus dieser beispielhaften Betrachtung und der Anmerkung zu Gl. (2.135) ziehen wir folgenden allgemeinen Schluß: Übertragungsfunktionen unbekannter Herkunft dürfen nur dann zur Grundlage von Stabilitätsbetrachtungen gemacht werden, wenn sichergestellt ist, daß F(p) in nicht-reduzierter Form vorliegt, d.h., daß vorab keine Kürzungen von Linearfaktoren des Zählers (Nullstellen) und Nenners (Pole) vorgenommen wurden. Nur unter dieser Voraussetzung kann die Anwendung von Gl. (4.11) zu sinnvollen Stabilitätsaussagen führen.

Praktisch läuft also die Überprüfung linearer zeitinvarianter Systeme auf asymptotische oder BIBO-Stabilität darauf hinaus, daß wir die Negativität der Realteile der Wurzeln λ_i (Eigenwerte) des charakteristischen Polynoms Gl. (4.3) bzw. der Wurzeln p_i (Pole) des Nennerpolynoms der zugehörigen nicht-reduzierten Übertragungsfunktion Gl. (4.2) nachweisen. Die Stabilitätsbedingung lautet also immer

$$\mathrm{Re}\{\lambda_i\} = \mathrm{Re}\{p_i\} = \sigma_i < 0 \ , \quad i = 1,2,\ldots n \ , \tag{4.15}$$

was anschaulich bedeutet, daß die λ_i oder p_i nur im linken Bereich der durch die Imaginärachse in zwei Halbebenen unterteilten komplexen λ- oder p-Ebene, Bild 4.2, liegen dürfen. Die Stabilitätsgrenze und den instabilen Bereich haben wir dabei durch eine Schraffur besonders gekennzeichnet.

Da wir jedoch in der Regel nur die Polynome und nicht die Wurzeln selbst zur Verfügung haben, müssen wir zum Zwecke der Stabilitätsprüfung entweder die n Wurzeln analytisch oder numerisch bestimmen, was für großes n recht mühsam ist. Als Alternative bietet sich die Anwendung sogenannter Stabilitätskriterien an, mit denen ohne explizite Wurzelbestimmung eine binäre (Ja-Nein-)Aussage über die Negativität der Wurzeln möglich ist. Von den vielen aus dem Schrifttum bekannten Stabilitätskriterien wollen wir je einen typischen Vertreter der algebraischen und der Frequenzgang-Kriterien herausgreifen.

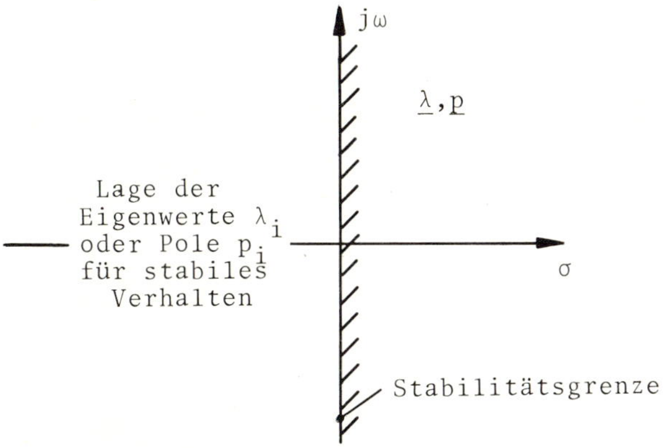

Bild 4.2: Stabilitätsbereich in der λ- oder p-Ebene

4.2 Algebraisches Stabilitätskriterium nach (Routh-) Hurwitz

4.2.1 Formulierung des Kriteriums

Routh und Hurwitz gaben im Grunde äquivalente Stabilitätskriterien an; der Einfachheit halber wollen wir hier die Hurwitzsche Fassung zitieren. Bekanntlich bestehen zwischen den Wurzeln eines Polynoms und seinen Koeffizienten bestimmte Zusammenhänge, wie sie etwa durch den bekannten Vietaschen Wurzelsatz formuliert werden. Nach Hurwitz gilt nun folgender in unserem Zusammenhang nützlicher Satz [13]:

Betrachten wir das aus Gl. (4.3) bekannte charakteristische Polynom

$$P(\lambda) = b_n\lambda^n + b_{n-1}\lambda^{n-1} + \ldots + b_1\lambda + b_o \quad , \qquad (4.16)$$

so ist für die Negativität der Realteile aller n Wurzeln λ_i

a) eine <u>notwendige</u> Bedingung, daß

$$b_i > 0; \quad i = 0,1,2,\ldots,n \qquad (4.17a)$$

b) eine <u>notwendige und hinreichende</u> Bedingung, daß

$$b_n > 0 \text{ sowie alle Hurwitz-Determinanten } D_k > 0 \quad k = 1,2,\ldots,n \; . \qquad (4.17b)$$

Die Hurwitzdeterminanten sind die Hauptabschnitts- (oder "nordwestlichen" Unter-)determinanten $D_1,\ldots,D_n$ der (n x n) Hurwitz-Matrix D.

$$D = \begin{bmatrix} b_{n-1} & b_{n-3} & b_{n-5} & \ldots & 0 \\ b_n & b_{n-2} & b_{n-4} & \ldots & 0 \\ 0 & b_{n-1} & b_{n-3} & \ldots & 0 \\ 0 & b_n & b_{n-2} & \ldots & 0 \\ 0 & 0 & b_{n-1} & \ldots & 0 \\ \vdots & \vdots & \vdots & & \vdots \\ 0 & 0 & 0 & \ldots & b_o \end{bmatrix} \qquad (4.18)$$

Die Elemente der Matrix D gehen aus den Koeffizienten der Gl. (4.16) hervor. Der Index der Elemente nimmt in den Spalten der Matrix jeweils um 1 zu und in den Zeilen um 2 ab. Elemente von D, die nach diesem Schema einen Koeffizienten mit Index $i > n$ bzw. < 0 erfordern, werden durch Nullen ersetzt.

Für Polynomgrade $n \leq 4$ gelten somit die folgenden notwendigen und hinreichenden Bedingungen:

$$n = 1: \quad b_o, b_1 > 0 \qquad (4.19a)$$

$$n = 2: \quad b_o, b_1, b_2 > 0 \qquad (4.19b)$$

$$n = 3: \quad b_o,\ (b_1),\ b_2,\ b_3 > 0 \qquad b_1 \cdot b_2 - b_o \cdot b_3 > 0 \tag{4.19c}$$

$$n = 4: \quad b_o,\ b_1,\ (b_2),\ b_3,\ b_4 > 0 \qquad b_1 \cdot b_2 \cdot b_3 - b_o \cdot b_3^2 - b_1^2 \cdot b_4 > 0 \ . \tag{4.19d}$$

Beispiel 4.2: Die Herleitung dieser Beziehungen aus Gl. (4.17b) sei ausführlicher für n=3 demonstriert.

Hurwitz-Matrix:

$$D = \begin{bmatrix} b_2 & b_o & 0 \\ b_3 & b_1 & 0 \\ 0 & b_2 & b_o \end{bmatrix} \tag{4.20}$$

Hurwitz-Determinanten D_k:

$$D_1 = b_2 > 0$$

$$D_2 = \begin{vmatrix} b_2 & b_o \\ b_3 & b_1 \end{vmatrix} = b_1 \cdot b_2 - b_o \cdot b_3 > 0 \tag{4.21}$$

$$D_3 = \det D = b_o \cdot (b_1 \cdot b_2 - b_o \cdot b_3) > 0 \ .$$

Wir erkennen, daß mit $b_3 > 0$ aus den drei Ungleichungen (4.21) zwanglos die Beziehungen (4.19c) folgen.

Die Überprüfung der Stabilitätsbedingung (4.15) kann nun ausgehend von $P(\lambda)$ bzw. $N(p)$ mit Hilfe des Hurwitz-Kriteriums erfolgen.

Beispiel 4.3: Ein dynamisches System sei durch folgende Dgl. 2. Ordnung beschrieben

$$\ddot{x}_a + 2D\omega_o \dot{x}_a + \omega_o^2 x_a = K \cdot \omega_o^2 x_e \ , \quad \omega_o > 0 \ .$$

Das charakteristische Polynom lautet

$$P(\lambda) = \lambda^2 + 2D\omega_o\lambda + \omega_o^2 \ .$$

Gemäß den Gln. (4.19b) liegt Stabilität vor, wenn $D > 0$ gilt; für $D \leq 0$ ist das System dagegen instabil. Dieses Ergebnis entspricht den Feststellungen in Abschnitt 2.9.6.1.

4.2.2 Anwendung auf lineare Regelkreise

Regelkreise sind aus Einzelübertragungsgliedern zusammengesetzte dynamische Systeme, deren Verhalten wir am einfachsten durch entsprechende Führungs- oder Störübertragungsfunktionen, wie wir sie z.B. mit den Gln. (3.5) und (3.6) kennengelernt haben, beschreiben. Der einheitliche Nennerausdruck dieser Übertragungsfunktionen lautet

$$1 + F_v \cdot F_r = 1 + F_R F_S F_r = 1 - F_o , \tag{4.22}$$

wobei F_o bekanntlich die Übertragungsfunktion des aufgeschnittenen Regelkreises, Bild 3.2b, ist.

Setzen wir Gl. (4.22) zu 0, d.h.

$$1 - F_o(p) = 0 , \tag{4.23}$$

dann liegt damit eine Beziehung zur Ermittlung des gemeinsamen Nennerpolynoms $N(p)$ aller Übertragungsfunktionen des einschleifigen geschlossenen Regelkreises vor. Seine Wurzeln sind die Pole p_i, die gemäß Gl. (4.15) die Stabilitätseigenschaften des geschlossenen Regelkreises bestimmen.
Zur Herleitung dieses Nennerpolynoms $N(p)$ zerlegen wir $-F_o$ in ein Zähler- und Nennerpolynom

$$- F_o(p) = \frac{Z_o(p)}{N_o(p)} = \frac{Z_R(p) \cdot Z_S(p) \cdot Z_r(p)}{N_R(p) \cdot N_S(p) \cdot N_r(p)} \tag{4.24}$$

und berücksichtigen, daß diese selbst wieder aus den Produkten entsprechender Polynome der Einzelübertragungsglieder des offenen Kreises hervorgehen. Wir behalten $-F_o(p)$ in nicht-reduzierter Form (vgl. Abschnitt 4.1.3) bei, setzen Gl. (4.24) in Gl. (4.23) ein, und erhalten nach Umformen

$$\begin{aligned} N(p) &= N_o(p) + Z_o(p) = \\ &= N_R(p) N_S(p) N_r(p) + Z_R(p) Z_S(p) Z_r(p) . \end{aligned} \tag{4.25}$$

N(p) entspricht in Bezug auf die Stabilitätsfrage dem aus Gl. (4.16) bekannten charakteristischen Polynom $P(\lambda)$, so daß wir anhand von N(p) die Stabilität geschlossener Regelkreise beurteilen können.

Beispiel 4.4: Die in Tabelle 3.5 behandelte Regelstrecke mit IT_1-Verhalten

$$F_S(p) = \frac{1}{p(1+3p)}$$

soll auf gutes stationäres Verhalten bei rampenförmigen Führungsgrößen des Regelkreises mit Einheitsrückführung, $F_r(p) = 1$, mit einem I-Regler

$$F_R(p) = \frac{K_I}{p}$$

geregelt werden. Das Nennerpolynom der Strecke

$$N_S(p) = p(3p+1) = 3p^2+p \ ,$$

das hier bereits in faktorisierter Form vorliegt, weist aufgrund eines Poles bei $p_1=0$ auf instabiles Streckenverhalten hin. Zum gleichen Ergebnis kommen wir auch mit Hurwitz, da der Koeffizient b_0 von $N_S(p)$ den Wert 0 hat.

Wir stellen als nächstes die Übertragungsfunktion des aufgeschnittenen Regelkreises auf

$$-F_o(p) = \frac{K_I}{p} \cdot \frac{1}{p(1+3p)} \cdot 1$$

und bilden mit Hilfe von Gl. (4.23) und (4.25) das Nennerpolynom N(p) der Übertragungsfunktion des geschlossenen Kreises

$$N(p) = p^2(3p+1) + K_I = 3p^3 + p^2 + K_I \ .$$

$b_1=0$ widerspricht einer der notwendigen Bedingungen aus Gl. (4.17a); der Regelkreis ist also instabil, wobei diese Instabilität völlig unabhängig von der speziellen Wahl des einzigen Reglerparameters K_I ist. Wir sprechen deshalb von Struktur-Instabilität des Regelkreises, was bedeutet, daß die Struktur des gewählten Reglers nicht geeignet ist, die bereits instablie Regelstrecke zu stabilisieren. Offenbar müssen wir statt des I-Reglers einen anderen Regler wählen, der so geartet ist, daß er die "strukturelle Lücke" im Aufbau des

Polynoms N(p) schließt, d.h. konkret für ein $b_1 \neq 0$ sorgt. Dies gelingt z.B. mit einem PI-Regler

$$F_R(p) = K_P(1+\frac{1}{T_n p}) \ .$$

Nun erhalten wir für N(p)

$$N(p) = 3T_n p^3 + T_n p^2 + K_P T_n p + K_P \ .$$

Notwendig für Stabilität ist gemäß Gl. (4.17a)

$$K_P > 0 \ , \ T_n > 0$$

und hinreichend gemäß Gl. (4.19c) sind neben diesen beiden Bedingungen die Zusatzbedingung

$$T_n T_n K_P - 3T_n K_P > 0 \ ,$$

woraus zusammengefaßt für Stabilität das Ungleichungspaar folgt

$$K_P > 0, \quad T_n > 3 \ .$$

4.2.3 Beiwerte-Diagramm, Stabilitätskarte

Nicht immer sind die Stabilitätsbedingungen so einfach, wie in obigem Beispiel. Liegen kompliziertere Ungleichungen vor, so entwickeln wir zweckmäßigerweise einen Graphen, den wir Beiwerte-Diagramm oder Stabilitätskarte nennen. In diesem Graphen erkennen wir übersichtlicher alle die Kombinationen der freien (Regler-)Parameter, die stabiles bzw. instabiles Regelkreisverhalten verursachen.

Beispiel 4.5: Wir setzen nun zur Regelung der in Beispiel 4.4 betrachteten IT_1-Regelstrecke einen idealen PID-Regler mit einer nicht-veränderbaren Nachstellzeit $T_n=1$ ein, d.h.

$$F_R(p) = K_P(1+ \frac{1}{p} + T_v p),$$

und wollen eine Stabilitätskarte des Regelkreises für die freien Reglerparameter K_P, T_v entwerfen. Das Polynom N(p) lautet in diesem Fall

$$N(p) = 3p^3 + (1+K_P T_v)\ p^2 + K_P p + K_P \ .$$

Aus $b_i > 0$ folgt

$$K_P > 0, \; K_P > -\frac{1}{T_V} ,$$

und es muß zusätzlich erfüllt sein, daß

$$K_P(1+K_P T_V) - K_P 3 > 0 .$$

Insgesamt erhalten wir daraus als Forderungen für Stabilität

$$K_P > 0, \; K_P > \frac{2}{T_V} .$$

Ersetzen wir in diesen Beziehungen das Ungleichheitszeichen jeweils durch ein Gleichheitszeichen, dann erhalten wir die in Bild 4.3 gezeigten Grenzkurven, die die K_P/T_V-Ebene jeweils in zwei Halbebenen unterteilen, einen bezüglich jeder Ungleichung zulässigen und einen unzulässigen Bereich. Die Schnittfläche der beiden zulässigen Halbebenen bestimmt schließlich den (in Bild 4.3 nicht-schraffierten) stabilen Parameterbereich.

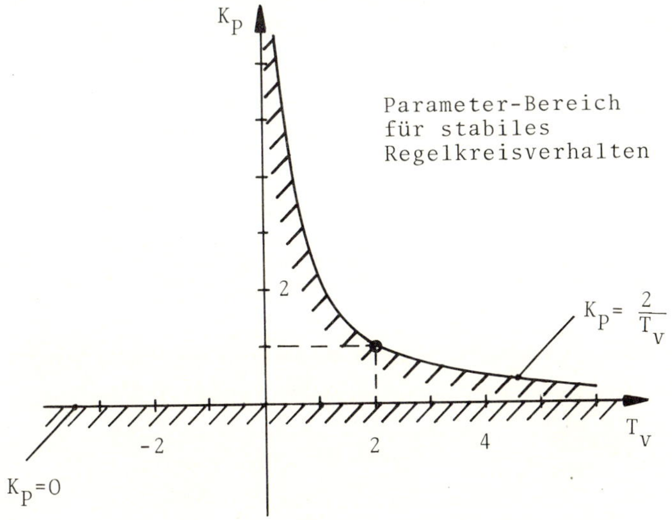

Bild 4.3: Stabilitätskarte für Beispiel 4.5

Ein auf der stark schraffierten Kurve gewähltes Parameterpaar (K_P, T_V), z.B. $K_P=1$, $T_V=2$, bedeutet für den Regelkreis die Stabilitätsgrenze, d.h. die Realteile eines oder mehrerer Pole p_i bzw. Eigenwerte λ_i haben den Wert 0. Für ein aus dem stabilen bzw. instabilen Wertebereich gewähltes Paar ist dagegen keine weitergehende Aussage als $Re\{p_i\}$ < bzw. > 0 und damit stabiles bzw. instabiles Verhalten möglich.

Fassen wir zusammen, so liefert uns das Hurwitz-Kriterium nicht nur die Möglichkeit, die Stabilität von Regelkreisen für gegebene Regler/Strecken-Kombinationen zu überprüfen (Analyse), sondern auch zu einer gegebenen Strecke einen im Hinblick auf die Struktur-Stabilität des Regelkreises geeigneten Regler zu entwerfen (Synthese). Das Verfahren erlaubt die Durchführung von Parameterstudien (Stabilitätskarte), was jedoch in der Regel für $n \geq 4$ ohne Unterstützung durch ein entsprechendes Rechenprogramm für die Auswertung der Hurwitz-Determinanten recht mühsam ist. Die notwendigen Bedingungen sind dagegen in der Regel leicht auswertbar und geben häufig schon wesentliche Hinweise. Die Anwendung des Hurwitz-Verfahrens bleibt auf Systeme beschränkt, die durch lineare gewöhnliche Dgln. beschrieben werden, da nur dann das charakteristische Polynom aus einer Summe von Potenzen von p aufgebaut ist. Im Zusammenhang mit Systemen oder Regelkreisen mit Totzeit tauchen dagegen in $P(\lambda)$ oder $N(p)$ transzendente Anteile, z.B. $e^{-\lambda T_t}$ oder e^{-pT_t} auf, für die die Voraussetzungen des Hurwitz-Kriteriums (charakteristisches Polynom gemäß Gl. (4.16)) nicht mehr zutreffen. Schließlich stellen wir fest, daß das Hurwitz-Kriterium keine über die Ja-Nein-Entscheidung:"stabil oder instabil" hinausgehende Angabe über die dynamischen Eigenschaften eines Regelkreises macht.

4.2.4 Stabilitätsreserven

Häufig möchten wir jedoch auch das Verhalten eines als stabil festgestellten Regelkreises etwas genauer charakterisieren, so etwa im Hinblick auf die Schnelligkeit des Einschwingens, das Auftreten periodischer oder aperiodischer Eigenbewegungen und dem Grad des Überschwingens. Wir wissen, daß wir zur qualitativen Charakterisierung dieser Eigenschaften die Eigenwerte λ_i des Regelkreises heranziehen können, die im Falle von Stabilität zunächst einmal alle in der linken λ-Halbebene liegen müssen. Haben die λ_i die zusätzliche Eigenschaft, daß sie wie in Bild 4.4a angedeutet, links einer Parallelen im Abstand $\sigma_{grenz} < 0$ zur Imaginär-Achse der λ-Ebene liegen, so sprechen wir davon, daß der Regelkreis eine absolute Stabilitätsreserve, charakterisiert durch den Wert σ_{grenz} hat.
Praktisch bedeutet dies, daß alle n das Eigenverhalten des Regelkreises bestimmenden Einschwingvorgänge gemäß Gl. (2.89) schneller als mit einer Zeitkonstanten $1/|\sigma_{grenz}|$ abklingen, d.h.

$$|e^{\lambda_i t}| \leq e^{\sigma_i t} \leq e^{\sigma_{grenz} t} , \quad i=1,2,\dots,n . \tag{4.26}$$

Grenzen wir dagegen in der stabilen Hälfte der λ-Ebene den in Bild 4.4b gezeigten nach links geöffneten Sektor ab, so weisen alle darin liegenden konjugiert komplexen Eigenwerte einen Dämpfungsgrad D_i

$$0 < D_{grenz} < D_i < 1 \qquad (4.27)$$

auf. Wir sprechen in diesem Fall von einer <u>relativen Stabilitätsreserve</u> charakterisiert durch den gewählten Dämpfungsgradgrenzwert D_{grenz}.

a)

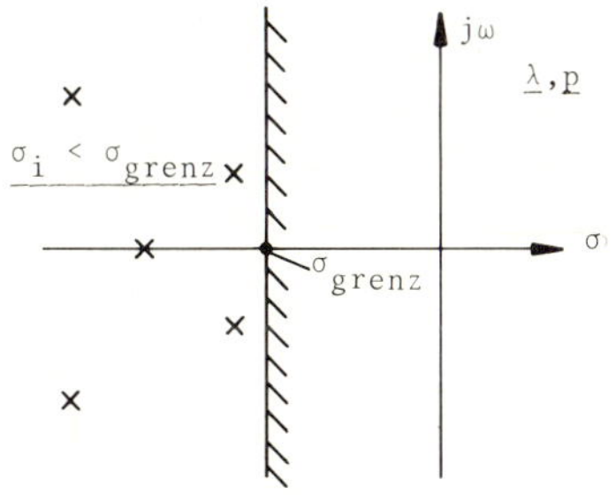

b)

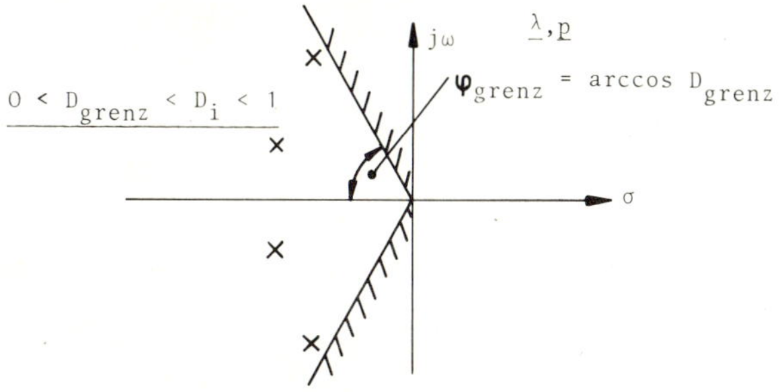

Bild 4.4: Zur Definition der absoluten (a) und relativen Stabilitätsreserve (b)

Da der Dämpfungsgrad, wie aus Abschnitt 2.9.6.3 bekannt, u.a. das Überschwingen von Systemen 2. Ordnung oder auch entsprechender periodischer Anteile im Eigenverhalten von Systemen höherer Ordnung bestimmt, sind wir mit dem Maß der relativen Stabilitätsreserve in der Lage, dazu genauere Aussagen zu machen.

Durch Kombination von absoluter und relativer Stabilitätsreserve lassen sich weitergehende Eingrenzungen der Eigenschaften der mit den jeweiligen Eigenwerten λ_i verbundenen Teilvorgänge im Eigenverhalten eines Regelkreises vornehmen. Zur Auswertung dieser Maße ist jedoch in jedem Fall die genaue Kenntnis der λ_i und p_i in der komplexen Ebene erforderlich. Wir wollen deshalb als nächstes ein einfaches Verfahren besprechen, wie die Wurzeln von $P(\lambda)$ oder $N(p)$ eines Regelkreises bestimmt werden können.

4.3 Wurzelortskurven (WOK)-Verfahren

4.3.1 Analytische Bestimmung von Wurzelorten

Da die Wurzeln der Polynome $P(\lambda)$ oder $N(p)$ eine entscheidende Bedeutung für das dynamische Regelkreisverhalten haben, interessiert uns häufig die Frage, wie sich die Lage dieser Wurzeln abhängig von gewissen wählbaren Reglerparametern verändert. Betrachten wir dazu das folgende einfache Beispiel.

Beispiel 4.6: Für einen Regelkreis mit Einheitsrückführung und

$$-F_o(p) = F_R(p) \cdot F_S(p) = \frac{K_I}{p} \cdot \frac{2{,}5}{1+0{,}5p} \tag{4.28}$$

gewinnen wir nach Einsetzen in Gl. (4.23)

$$1 + \frac{K_I \cdot 2{,}5}{p(1+0{,}5p)} = 0$$

und daraus das dem charakteristischen Polynom $P(\lambda)$ äquivalente

$$N(p) = 0{,}5p^2 + p + 2{,}5 \cdot K_I \ . \tag{4.29}$$

Seine beiden Wurzeln können wir analytisch bestimmen zu

$$p_{1,2} = -1 \pm \sqrt{1-5 \cdot K_I} \ .$$

Für einige positive und negative Werte von K_I haben wir entsprechende Wurzeln $p_{1,2}(K_I)$ in die komplexe Ebene, Bild 4.5, als Kreuze x eingetragen; für alle Werte von K_I,

$$-\infty < K_I < +\infty$$

erhalten wir die im Bild dick ausgezogenen Äste der Wurzelortskurve, die gewisse Symmetrieeigenschaften erkennen lassen.

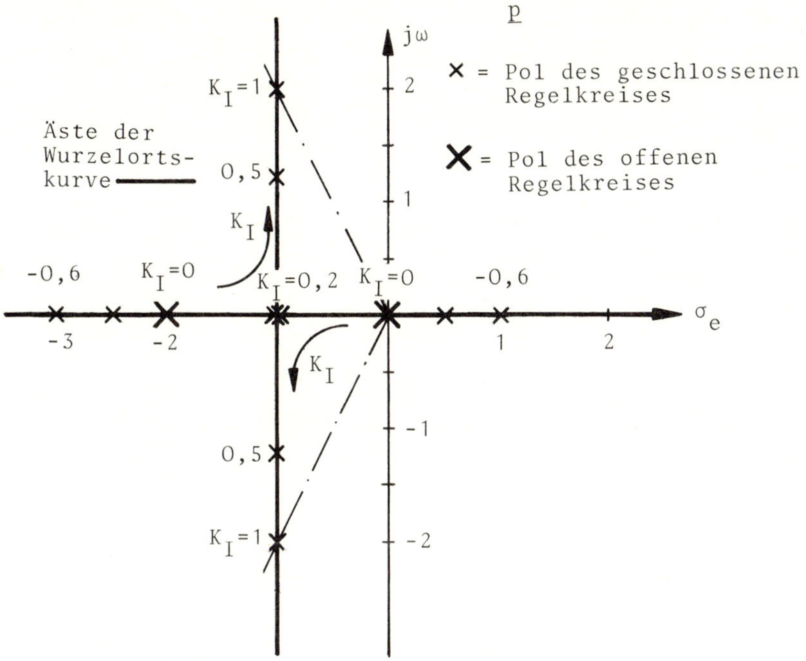

Bild 4.5: Analytisch ermittelte Wurzelortskurven zu Beispiel 4.6

Mit Hilfe der Parametrierung lassen sich aus der WOK leicht die Wurzeln von N(p) ($\hat{=}$ Pole p_i der Übertragungsfunktion bzw. Eigenwerte λ_i des geschlossenen Kreises) entnehmen. So hat der vorliegende geschlossene Regelkreis für $K_I < 0$ nur reelle Wurzeln, deren eine aufgrund ihrer Positivität instabiles Regelkreisverhalten anzeigt. Für $K_I=0$ können wir den Regelkreis praktisch als aufgeschnitten betrachten, die Wurzeln des geschlossenen Kreises sind identisch mit denen des offenen Kreises (vgl. mit den Polen $p_1=0$, $p_2=-2$ von $-F_o(p)$ in Gl. (4.28)). Für $K_I > 0$ verschieben sich die beiden Wurzeln - jedoch stets innerhalb des stabilen Bereiches bleibend - zunächst entlang der reellen Achse auf den Verzweigungspunkt (-1+j0) zu, wo sie zur Doppelwurzel werden, um sich dann von dort als konjugiert komplexes Polpaar mit festem Realteil $\sigma_{1,2} = -1$ weiter in die komplexe Ebene zu bewegen.

Für den Regelkreis bedeutet das, daß sich sein Verhalten von einem aperiodischen PT_2-Verhalten ($0 < K_I < 0,2$) in ein periodisches Verhalten ($K_I > 0,2$) verändert. Dabei erhöht sich die Kennkreisfrequenz ω_e monoton mit zunehmendem K_I, während der Dämpfungsgrad D allmählich von D=1 auf D=0 abnimmt. Die Auswirkung dieser Tatsachen auf das Zeitverhalten eines PT_2-Systems haben wir ausführlich in Abschnitt 2.9.6 diskutiert. Ferner läßt sich aus Bild 4.5 entnehmen, daß z.B. die absolute Stabilitätsreserve des Regelkreises für $0{,}2 \leq K_I < +\infty$ durch

$$\sigma_{grenz} = -1$$

charakterisiert werden kann. Das bedeutet, daß die Abklingzeitkonstante des periodischen Einschwingvorganges trotz Veränderung von ω_e und D konstant bleibt und damit die Einschwingzeit gemäß Gl. (2.166a)

$$T_{Ein} = \frac{3}{|\sigma_{grenz}|} = 3$$

beträgt. Dabei muß allerdings wegen des mit wachsendem K_I abnehmenden D mit einer Zunahme des Überschwingens gerechnet werden. Für die relative Stabilitätsreserve läßt sich schließlich im Wertebereich $0{,}2 < K_I < 1$ ein

$$D_{grenz} = 0{,}45 \quad (\varphi_{grenz} = 63{,}4^{\circ})$$

bestimmen.

Das Beispiel hat uns gezeigt, daß sich aus der Kenntnis der WOK weitgehende Schlüsse über das dynamische Regelkreisverhalten ziehen lassen, so daß WOKen ein wirkungsvolles Mittel zum Regelkreisentwurf darstellen. Das Problem besteht jedoch darin, daß wir zunächst die WOK ermitteln müssen, was analytisch nur bis zu einer Polynomordnung $n \leq 3$ praktikabel ist. Als Alternativen bleiben nur die wiederholte numerische Wurzelbestimmung für den variablen Parameter mittels eines geeigneten Rechenprogrammes oder die Anwendung eines halbanalytischen Verfahrens zur WOK-Konstruktion. Das letztgenannte Verfahren hat den Vorteil, gute Einsichten in den Zusammenhang zwischen den Eigenschaften des offenen und geschlossenen Regelkreises zu vermitteln. Darüber hinaus erweist es sich als nützlich zur Überprüfung und Interpretation von Ergebnissen, die mit Rechnerunterstützung gewonnen wurden.

4.3.2 Halbanalytisches Verfahren zur Bestimmung von Wurzelortskurven

Wir gehen wieder von der Übertragungsfunktion des aufgeschnittenen Regelkreises $-F_o(p)$, Gl. (4.24) aus und stellen diese, wie mit Gl. (2.134) gezeigt, in faktorisierter Form dar; ferner zählen wir den hier allgemein als K bezeichneten Parameter aus F_R, F_S bzw. F_r heraus, d.h.

$$-F_o(p) = K\cdot F_R^* F_S^* F_r^*(p) = K\cdot Q\cdot \frac{\prod_{\mu=1}^{m}(p-q_\mu^o)}{\prod_{\nu=1}^{n}(p-p_\nu^o)} \; . \qquad (4.30)$$

Durch den hochgestellten Index "o" unterscheiden wir Pole und Nullstellen des offenen Kreises p_ν^o, q_μ^o von denen des geschlossenen Kreises p_ν, q_μ.

Mit der Definitionsgleichung von N(p), Gl. (4.23), erhalten wir dann

$$1 + K\cdot Q\, \frac{\prod_{\mu=1}^{m}(p-q_\mu^o)}{\prod_{\nu=1}^{n}(p-p_\nu^o)} = 0 \; . \qquad (4.31)$$

Diese Beziehung formen wir nun so um, daß das negative Produkt K·Q der festen Konstanten Q und der variablen Konstanten K auf die rechte Seite zu stehen kommt, d.h.

$$\frac{\prod_{\nu=1}^{n}(p-p_\nu^o)}{\prod_{\mu=1}^{m}(p-q_\mu^o)} = -\,K\cdot Q \; . \qquad (4.32)$$

Dies ist eine Gleichung in der komplexen Variablen p, deren Lösungen für die vorgegebenen Pole p_ν^o und Nullstellen q_μ^o sowie festes Q und K, gerade die gesuchten n Wurzeln p_i des Nennerpolynoms N(p) der Übertragungsfunktion des geschlossenen Kreises sind. Zur Lösung dieser Gleichung ist es zweckmäßig, jeden der Linearfaktoren des Zählers und Nenners, d.h. die $(p-p_\nu^o)$ bzw. $(p-q_\mu^o)$ als Zeiger mit Betrag und Winkel, also z.B.

$$p-p_\nu^o = |p-p_\nu^o|\cdot e^{j\cdot \mathrm{arc}(p-p_\nu^o)} \qquad (4.33)$$

aufzufassen und entsprechend zu ersetzen. Damit läßt sich Gl. (4.32) in zwei Teilbeziehungen aufspalten, in eine Phasenbeziehung

$$\sum_{\nu=1}^{n}\mathrm{arc}(p-p_\nu^o) - \sum_{\mu=1}^{m}\mathrm{arc}(p-q_\mu^o) = \mathrm{arc}(-K\cdot Q) = \pm\, r\cdot 180^o \qquad (4.34a)$$

mit $r = 1,3,5,\ldots$ für $K\cdot Q > 0$

$r = 0,2,4,\ldots$ für $K\cdot Q < 0$

und in eine Betragsbeziehung

$$\frac{\prod_{\nu=1}^{n} |p-p_{\nu}^{o}|}{\prod_{\mu=1}^{m} |p-q_{\mu}^{o}|} = |K \cdot Q| \ . \qquad (4.34b)$$

Da die Phasenbeziehung unabhängig vom Betrag des variablen Parameters K ist, definiert sie die WOK als den geometrischen Ort aller Punkte p(K) der komplexen Ebene, die Gl. (4.34a) erfüllen. Die WOK kann somit im Rahmen eines in der komplexen Ebene ablaufenden Probier- oder Suchverfahrens bestimmt werden. Die von K abhängige Betragsbeziehung erlaubt schließlich jedem Punkt der WOK den entsprechenden K-Wert zuzuordnen.

Beispiel 4.7: Wir behandeln den Regelkreis aus Beispiel 4.6 nun mit dem WOK-Verfahren. Mit der Schreibweise gemäß Gln. (4.31) und (4.32) erhalten wir

$$1 - F_o(p) = 1 + K \cdot 5 \frac{1}{(p+0)(p+2)} = 0$$

bzw.

$$\frac{(p+0)(p+2)}{1} = - K \cdot 5 \ ,$$

wobei wir den variablen Parameter $K=K_I$ auf den interessanten (stabilen) Bereich $K > 0$ einschränken wollen.

Aus der Phasenbeziehung Gl. (4.34a) folgt

$$\text{arc}(p+0) + \text{arc}(p+2) = \pm\, r \cdot 180^o$$

$$\text{mit } r = 1,3,5,\ldots \quad .$$

Die Bestimmung des geometrischen Ortes erfolgt nun, wie in Bild 4.6 gezeigt, durch Wählen eines beliebigen Aufpunktes p in der komplexen Ebene und Überprüfen, ob die Winkelsumme der Zeiger den nach obiger Phasenbeziehung geforderten Wert $\pm\, r \cdot 180^o$ aufweist.

Mit dem Winkelmesser messen wir im Bild die einzelnen Zeigerwinkel ab und bilden die Summe

$$\text{arc}(p+0) + \text{arc}(p+2) \approx 149^o + 74^o = 223^o \neq r \cdot 180^o \ .$$

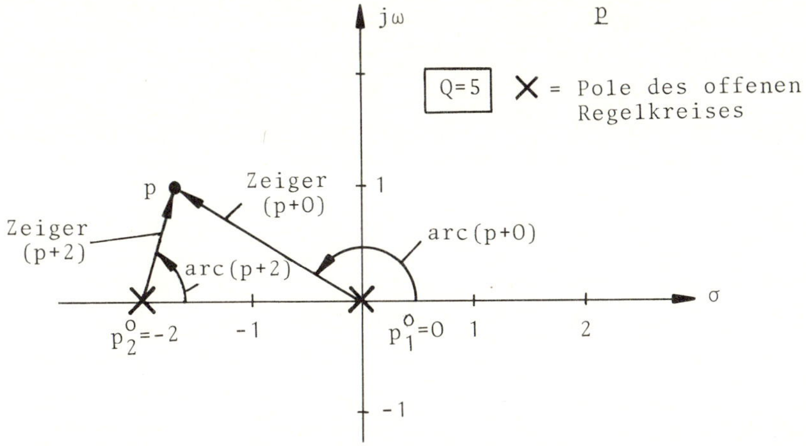

Bild 4.6: Zur Konstruktion von Wurzelortskurven mit Hilfe der Phasenbeziehung

Das Ergebnis zeigt, daß das gewählte p kein Punkt der WOK sein kann. Dagegen stellen wir in ähnlicher Weise leicht fest, daß alle Punkte $-2 < p < 0$ die Phasenbeziehung erfüllen und sich damit als Punkte der WOK qualifizieren. Entsprechendes gilt für alle Punkte auf der Senkrechten zur reellen Achse im Punkt (-1/j0), da für diese die linke Seite der Phasenbeziehung den Wert

$$\mathrm{arc}(p+0) + \mathrm{arc}(p+2) = \mathrm{arc}(p+0) + (180^o - \mathrm{arc}(p+0)) = 180^o$$

annimmt. Ein Vergleich der Bilder 4.5 und 4.7 zeigt uns, daß damit bereits für K > 0 ohne Rechnung die WOK als geometrischer Ort gefunden ist. Durch gezieltes Auswerten der Betragsbeziehung

$$\frac{|p+0|\cdot|p+2|}{1} = |K\cdot Q|$$

gelingt es auch, den zu einer bestimmten Lage der Wurzeln (Pole) des geschlossenen Kreises gehörigen K-Wert zu bestimmen. Wir wollen dies z.B. für die durch ein Dreieck gekennzeichnete Pollage $p_1' = -1 + 2j$ zeigen. Durch Abmessen mit dem Lineal entnehmen wir dazu Bild 4.7 die Länge der eingezeichneten Zeiger, die wir in die Betragsbeziehung einsetzen, d.h.

$$\frac{2{,}24\cdot 2{,}24}{1} = |K(p_1')\cdot 5| \quad ,$$

um daraus den Wert $K(p_1') = 1$ zu bestimmen. Für den zu p_1' konjugiert komplexen Pol p_2' gilt selbstverständlich der gleiche

K-Wert, so daß hierfür kein weiterer Berechnungsgang notwendig ist.

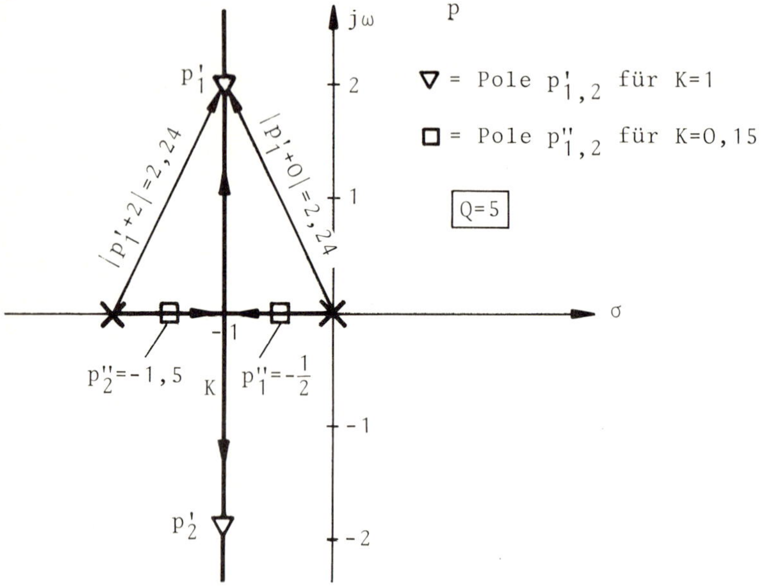

Bild 4.7: Zur Parametrierung von Wurzelortskurven mit Hilfe der Betragsbeziehung

Etwas aufwendiger gestaltet sich dagegen die Bestimmung der Lage des zweiten reellen Poles p''_2, wenn wir z.B. p''_1 zu -0,5 festgelegt und dafür genau wie oben ein $K(p''_1) = 0,15$ bestimmt haben. Da p''_2 ebenfalls reell sein muß, gilt für ihn gemäß der in Bild 4.7 skizzierten WOK die grobe Abschätzung

$$-2 < p''_2 < -1 \ .$$

Zur Bestimmung der exakten Pollage müssen wir probeweise Werte p dieses Intervalls in die Betragsbeziehung einsetzen und versuchen, diese für das vorgegebene $K(p''_1) = K(p''_2) = 0,15$ iterativ zu verbessern. Für ein gewähltes $p''_2=-1,7$ prüfen wir

$$\frac{|p''_2+2| \cdot |p''_2+0|}{1} = \frac{1,7 \cdot 0,3}{1} \overset{?}{=} |K \cdot Q| = 0,15 \cdot 5$$

$$0,51 \neq 0,75 \ .$$

Die Betragsbeziehung ist damit nicht erfüllt.

Ein zweiter Versuch $p_2'' = -1,4$ liefert

$$\frac{1,4 \cdot 0,6}{1} \stackrel{?}{=} 0,15 \cdot 5$$

$$0,84 \neq 0,75,$$

und wir erkennen bereits, daß p_2'' im Intervall

$$-1,7 < p_2'' < -1,4$$

liegen muß. Durch analytisches Auswerten der im vorliegenden Fall sehr einfachen Betragsbeziehung ließe sich der exakte Wert $p_2''=-1,5$ auch direkt ermitteln.

4.3.3 Konstruktionshilfen für die Bestimmung von Wurzelortskurven

Mit dem vorausgegangenen Beispiel haben wir das grundsätzliche Vorgehen zur Bestimmung des geometrischen Ortes und der Parametrierung der WOK im Rahmen eines halbanalytischen Verfahrens kennengelernt. Ausgehend von den geometrischen Eigenschaften der WOK lassen sich nun eine Reihe von Konstruktionshilfen formulieren, die in komplizierten Fällen eine wesentliche Hilfe für die Bestimmung der WOK darstellen. In Tabelle 4.1 sind solche Hilfen auszugsweise zusammengestellt. Wir wollen ihre Anwendung anhand eines weiteren Beispiels erklären.

Beispiel 4.8: Für den in Bild 4.8 dargestellten Regelkreis bestehend aus einer elektromechanischen Regeleinrichtung (PT_2-Verhalten) und einer Regelstrecke mit Stellmotor (I-Verhalten) soll die WOK für variables $K_R > 0$ näherungsweise konstruiert und insbesondere das K_R an der Stabilitätsgrenze ermittelt werden.

Der aufgeschnittene Regelkreis wird beschrieben durch

$$-F_o(p) = \frac{K_R}{2} \cdot \frac{1}{p(p^2+2p+2)} = \frac{K_R}{2} \cdot \frac{1}{(p+0)(p+1-j)(p+1+j)} ,$$

woraus folgt

$$p_1^o = 0, \quad p_{2,3}^o = -1 \pm j$$

$$Q = \frac{1}{2}, \quad n = 3, \quad m = 0 .$$

Tabelle 4.1: Hilfsregeln zur Konstruktion von Wurzelortskurven

1. Alle n Äste der WOK beginnen mit K = 0 in den n Polen p_ν^o des offenen Regelkreises.

2. m Äste der WOK enden für $K \rightarrow \pm \infty$ in den m endlichen Nullstellen q_μ^o des offenen Regelkreises.

3. n-m Äste der WOK enden für $K \rightarrow \pm \infty$ (in den n-m Nullstellen des offenen Regelkreises) im Unendlichen.

4. Die n-m ins Unendliche strebenden Äste der WOK haben Asymptoten, die

   a) sich im sogenannten Wurzelschwerpunkt

$$p_W = \frac{\sum_{\nu=1}^{n} p_\nu^o - \sum_{\mu=1}^{m} q_\mu^o}{n-m} \tag{4.35}$$

   schneiden und die dabei

   b) mit der reellen Achse die Winkel

$$\varphi_k = \frac{(2k-1) \cdot 180^o}{n-m} \quad \text{für } KQ > 0 \tag{4.36a}$$

   bzw.

$$\varphi_k = \frac{(2k-2) \cdot 180^o}{n-m} \quad \text{für } KQ < 0 \tag{4.36b}$$

   mit k = 1, 2, 3,..., n-m ,

   bilden.

5. Die Punkte p(K) der WOK liegen entweder

   a) auf der reellen Achse ($\hat{=}$ reellen Polen des geschlossenen Regelkreises) oder

   b) symmetrisch zur reellen Achse ($\hat{=}$ konjugiert komplexen Polen des geschlossenen Regelkreises).

6. Ein Punkt p auf der reellen Achse ist dann Punkt der Wurzelortskurve, wenn sich bei KQ > 0 (KQ < 0) rechts von ihm auf der Achse eine ungerade (gerade) Anzahl von Polen p_ν^o und Nullstellen q_μ^o befindet.

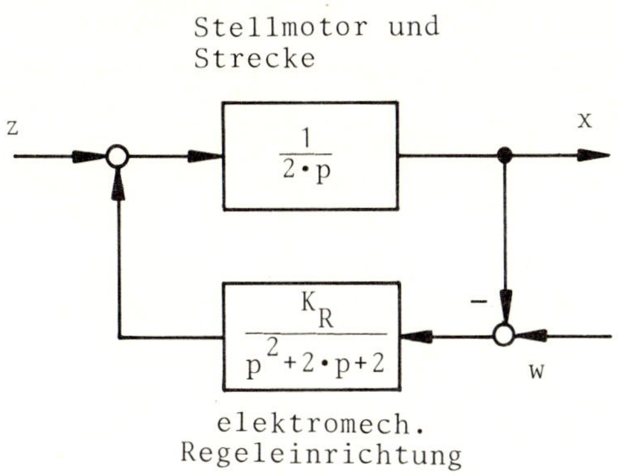

Bild 4.8: Regelkreis zu Beispiel 4.8

a) Konstruktion der WOK

- Wir tragen die Pole $p^o_{1,2,3}$ in die komplexe Ebene, Bild 4.9, ein, und merken uns, daß dort die n=3 Äste der WOK für K=0 beginnen (Regel 1.).

- Da m=0 ist, müssen alle drei Äste der WOK für $K_R \to \infty$ ins Unendliche streben (Regel 3.).

- Die Asymptoten (Regel 4.) dieser Äste schneiden sich im Wurzelschwerpunkt

$$p_w = \frac{\sum\limits_{\nu=1}^{3} p^o_\nu - 0}{3} = -0{,}66$$

und bilden mit der reellen Achse die Winkel (KQ > 0)

$$\varphi_k = \frac{(2k-1)\cdot 180^o}{3} \quad ; \; k = 1,2,3$$

$$\varphi_k = \{60^o,\ 180^o,\ 300^o\} \; .$$

- Die gesamte negativ-reelle Achse (KQ > 0) ist ein Wurzelortskurvenast (Regel 6).

- Zur Bestimmung des ungefähren Verlaufs der sich den beiden Asymptoten ($\pm$ 60°) von $p_{2,3}$ aus nähernden Äste prüfen wir die Phasenbeziehung

$$\mathrm{arc}(p-0) + \mathrm{arc}(p+1-j) + \mathrm{arc}(p+1+j) = \pm\, r\cdot 180^o$$

$$r = 1,3,5,\ldots$$

für einige Aufpunkte p (z.B. auf einer Testgeraden, wie etwa der imaginären Achse). Bild 4.9 zeigt den ungefähren Verlauf der gesuchten WOK.

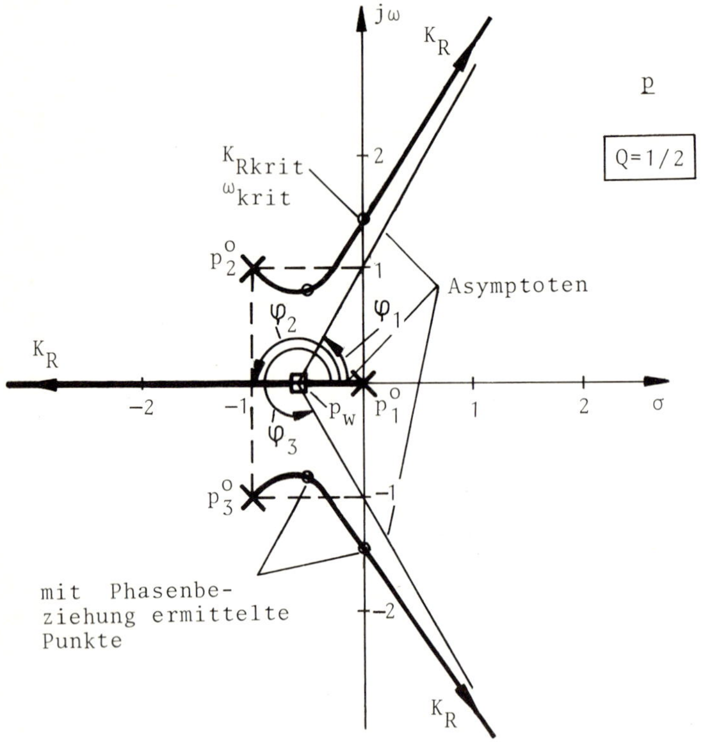

Bild 4.9: Zur Konstruktion der Wurzelortskurve für Regelkreis, Bild 4.8

b) Bestimmung der Reglerverstärkung K_R an der Stabilitätsgrenze

Der Übergang der WOK von der negativ-reellen auf die positiv-reelle Seite der p-Ebene markiert die Stabilitätsgrenze für den vorliegenden Regelkreis. Der an dieser Stelle ablesbare Wert $p_k = \pm j \cdot \omega = \pm j \cdot 1{,}4$ bestimmt die sogenannte kritische Kreisfrequenz

$$\omega = \omega_{krit} \approx 1{,}4 \;,$$

d.h. die Kreisfrequenz, mit der der Regelkreis Dauerschwingungen ausführen würde. Der zugehörige Verstärkungswert $K_R = K_{Rkrit}$ kann leicht durch Gleichsetzen der rechten und linken Seite der Betragsbeziehung

$$\frac{|p_k+0| \cdot |p_k+1+j| \cdot |p_k+1-j|}{1} = 1{,}4 \cdot 1{,}1 \cdot 2{,}6 =$$

$$|K \cdot Q| = \frac{1}{2} \cdot K_{Rkrit}$$

zu

$$K_R = K_{Rkrit} \approx 8$$

bestimmt werden.

Dieses Ergebnis zusammen mit dem Verlauf der WOK läßt die Aussage zu, daß der vorliegende Regelkreis nur für

$$0 < K_R < K_{Rkrit} \approx 8$$

stabiles Verhalten erwarten läßt. Die untere Grenze von K_R ist durch die Tatsache bedingt, daß für $K_R = 0$ der Ast der WOK auf der reellen Achse im Ursprung der p-Ebene im "instabilen" Pol $p_1 = p_1^o = 0$ beginnt bzw. für $K_R < 0$ dort die Imaginärachse in Richtung positiv reeller Werte überschreiten würde.

c) Überprüfen der Stabilitätsgrenze mit dem Hurwitz-Kriterium

Zum Nachweis der Richtigkeit der konstruierten WOK zumindest an der Stabilitätsgrenze, also auf der Imaginärachse der p-Ebene, können wir auch das Hurwitz-Kriterium heranziehen. Durch Umformen von

$$1 - F_o(p) = 1 + \frac{K_R}{2p(p^2+2p+2)} = 0$$

finden wir

$$N(p) = 2p^3 + 4p^2 + 4p + K_R \,.$$

Die notwendigen Bedingungen $b_i > 0$ liefern die Aussage $K_R > 0$ und aus der zusätzlichen Beziehung

$$b_1 \cdot b_2 - b_o \cdot b_3 = 4 \cdot 4 - 2 \cdot K_R > 0$$

finden wir $K_R < 8$, so daß wir für den stabilen Bereich insgesamt das gleiche Ergebnis wie oben finden.

Anknüpfend an N(p) können wir nun aber noch einen Schritt weitergehen und prüfen, welche Wurzeln N(p) an der Stabilitätsgrenze hat. Da an der Stabilitätsgrenze mindestens eine der Wurzeln den Wert

$$p_k = 0 + j\omega = j\omega$$

annehmen muß, können wir diesen p_k-Wert in N(p) einsetzen, womit wir als Bestimmungsgleichung für ω_{krit}

$$N(j\omega) = 2(j\omega)^3 + 4(j\omega)^2 + 4(j\omega) + K_R = 0$$

bzw.

$$(K_R - 4\omega^2) + j(4\omega - 2\omega^3) = 0$$

erhalten. Sie verlangt, daß jeweils der Real- und Imaginärteil für sich Null ergeben, d.h.

$$K_R - 4\omega^2 = 0, \quad \omega(4-2\omega^2) = 0 .$$

Aus der letzten der beiden Beziehungen folgt dann

$$\omega_{1krit} = 0, \quad \omega_{2,3krit} = \pm\sqrt{2} = \pm 1,41$$

und damit aus der ersten

$$K_{R1krit} = 0, \quad K_{R2krit} = 4\cdot\sqrt{2^2} = 8 .$$

Wir sehen also, daß es verschiedene Möglichkeiten der Überprüfung oder Unterstützung der WOK-Konstruktion gibt, da wir die oben angestellten Rechnungen ja auch ohne Kenntnis der WOK anstellen können.

Fassen wir zusammen, so haben wir mit der WOK ein weiteres Hilfsmittel zur Stabilitätsanalyse kennengelernt, das darüber hinaus aber auch in der Lage ist, sehr viel detaillierte Auskünfte über die dynamischen Eigenschaften von Regelkreisen zu geben. Wir werden auf diese Anwendungsmöglichkeit noch einmal im Rahmen des Kapitels 5 über Entwurfsverfahren zurückkommen.

Allerdings müssen wir feststellen, daß das WOK-Verfahren als ein algebraisches Verfahren genausowenig wie das Hurwitz-Verfahren in den Fällen anwendbar ist, wenn wir es mit nicht-rationalem $-F_o(p)$, wie z.B. im Falle von Regelkreisen mit Totzeitverhalten zu tun haben. Hier helfen uns sogenannte Frequenzgang-Stabilitätskriterien weiter, die wir als nächstes besprechen wollen.

4.4 Frequenzgangverfahren zur Stabilitätsprüfung

Aus den vielfältigen Varianten dieser Gruppe von Verfahren wollen wir das Nyquist-Verfahren herausgreifen, bei dem wir ausgehend von der Frequenzgangfunktion des offenen Regelkreises $-F_o(j\omega)$ eine Stabilitätsaussage zum geschlossenen Regelkreis machen. Da das Stabilitätskriterium grafisch formuliert und ausgewertet werden kann, ist es auch möglich, gemessene Systembeschreibungen, wie etwa ein experimentell ermitteltes $-F_o(j\omega)$ zur Stabilitätsbetrachtung heranzuziehen. Dies stellt gegenüber den bisher besprochenen algebraischen Verfahren, die immer eine genaue analytische Beschreibung des offenen oder geschlossenen Regelkreises voraussetzen, eine wesentliche Erleichterung für die praktische Anwendbarkeit von Stabilitätskriterien dar.

Einen anschaulichen Zugang zum Nyquist-Kriterium finden wir über die sogenannte Schwingbedingung.

4.4.1 Schwingbedingung in Regelkreisen

Schneiden wir einen Regelkreis, wie wir es bereits früher in Bild 3.2b getan hatten, an beliebiger Stelle im Signalkreislauf auf und speisen wir, wie in Bild 4.10a dargestellt, an der Trennstelle ein harmonisches Signal $\sin\omega t$, $\cos\omega t$ oder allgemeiner

$$x_e^*(t) = x_{eo} e^{j\omega t} \tag{4.37}$$

ein, so erhalten wir als Ausgangssignal

$$x_a^*(t) = - F_r F_R F_S(j\omega) \cdot x_{eo} e^{j\omega t} = F_o(j\omega) \cdot x_e^*(t) \; . \tag{4.38}$$

Haben wir z.B. durch entsprechende Wahl des Reglers und seiner Parameter eine solche Frequenzgangfunktion $F_o(j\omega)$ hergestellt, daß für die gewählte Einspeisefrequenz $\omega = \omega_{krit}$

$$F_o(j\omega_{krit}) = 1$$

bzw.

$$-F_o(j\omega_{krit}) = -1 = 1 \cdot e^{-j\pi} \tag{4.39}$$

gilt, dann wird gemäß Gl. (4.38) das Ausgangssignal $x_a^*(t)$ des aufgetrennten Regelkreises gleich dem eingespeisten $x_e^*(t)$. Dies bedeutet

aber, daß sich nach Umlegen des Schalters in Stellung 2 die Dauerschwingung $x_a^*(t) = x_e^*(t) = x_{eo} \cdot \exp(j\omega_{krit} t)$ im Signalkreislauf selbst aufrechterhalten kann.
Die hierfür notwendige Bedingung (4.39) bezeichnen wir als Schwingbedingung (Selbsterregungsbedingung, Barkhausen 1928).

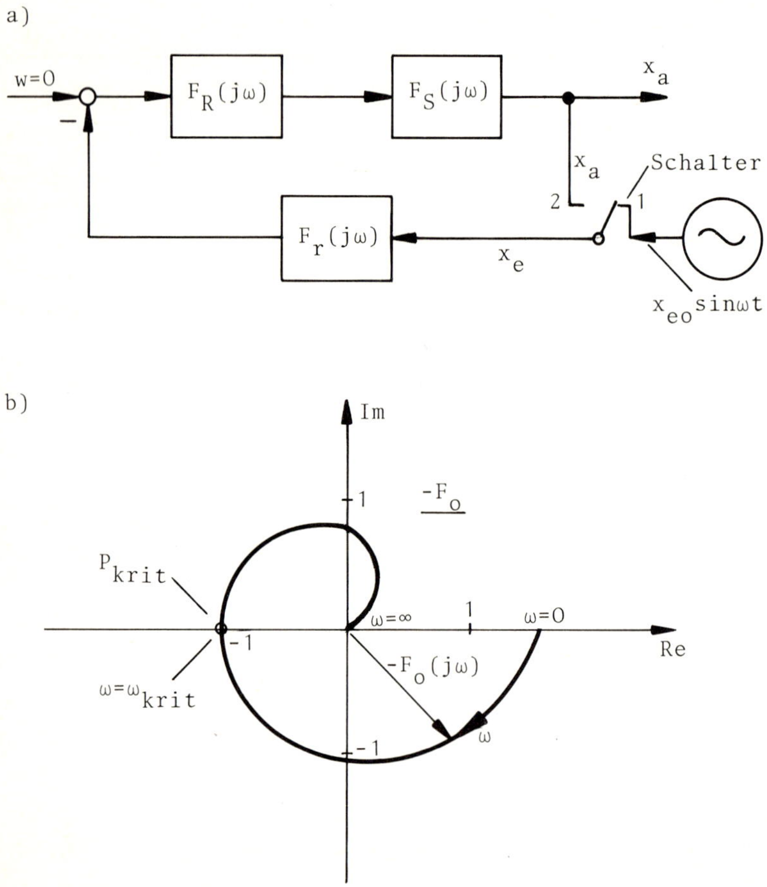

Bild 4.10: Zur Erläuterung der Schwingbedingung

Graphisch bedeutet dieses Ergebnis, daß die Schwingbedingung dann erfüllt ist, wenn die Ortskurve der Frequenzgangfunktion $-F_o(j\omega)$ durch den sogenannten <u>kritischen Punkt</u>

$$P_{krit} = -1 + j0 \tag{4.40}$$

der komplexen $-F_o$-Ebene geht, Bild 4.10b. Für diesen Schnittpunkt läßt sich an der Parametrierung der $-F_o$-Ortskurve ein ω-Wert ablesen, der

gerade dem ω_{krit} entspricht, mit dem dieser (geschlossene) Regelkreis Dauerschwingungen ausführt. Damit haben wir eine sehr anschauliche Bedingung für das Verhalten eines Regelkreises an der Stabilitätsgrenze gefunden, die wir entweder analytisch oder, wie in Bild 4.10b gezeigt, grafisch auswerten können, indem wir prüfen, ob die Ortskurve $-F_o(j\omega)$ die negative reelle Achse im kritischen Punkt schneidet bzw. links oder rechts von ihm vorbeiläuft.
Allerdings interessiert uns in der Regelungstechnik - im Gegensatz zu den Disziplinen, die sich mit dem Entwurf von Oszillatoren beschäftigen - mehr eine Stabilitäts- als eine Dauerschwingbedingung, wie wir sie bisher nur gefunden haben.

Es liegt also die Frage nahe, was ein Ortskurvenverlauf $-F_o(j\omega)$ bedeutet, der links oder rechts vom P_{krit} die reelle Achse passiert und ob wir daraus auf Stabilität oder Instabilität des Regelkreises schließen können. Dies ist tatsächlich der Fall, wie wir als nächstes zeigen wollen.

4.4.2 Verallgemeinerung der Schwingbedingung

Aus unseren früheren Betrachtungen zur Stabilität von Regelkreisen wissen wir, daß die Wurzeln p_i des Polynoms N(p), das bekanntlich aus der Gl. (4.23)

$$1 - F_o(p) = 0 \tag{4.41}$$

hervorgeht, über die Stabilitätseigenschaften eines Regelkreises entscheiden. Da die Wurzeln von N(p) auch obige Beziehung, die wir in die Form

$$-F_o(p) = -1 \tag{4.42}$$

umstellen wollen, erfüllen muß, können wir davon ausgehend folgende Überlegung anschließen.

Wie aus der Theorie komplexwertiger Funktionen, also der Funktionentheorie, bekannt ist, stellt die Funktion $-F_o(p)$ eine Abbildungsfunktion der Werte der $p = \sigma + j\omega$ der p-Ebene in die komplexe $-F_o$-Ebene dar, d.h.

$$p \mapsto -F_o(p) \ . \tag{4.43}$$

Eine systematische Abbildung aller Punkte der p-Ebene können wir nun in Gedanken so durchführen, daß wir der p-Ebene ein quadratisches Raster überlagern und dann die Punkte p entlang der senkrechten ($\sigma=\sigma_k=$ fest, ω variabel) und anschließend diejenigen entlang der waagerechten Rasterlinien (σ=variabel, $\omega=\omega_i$=fest) in die $-F_o$-Ebene abbilden.

Beschränken wir uns auf die Abbildung der Werte $p = \sigma+j\omega$ für $\omega \geq 0$, so erhalten wir als Bild der Werte p entlang der $j\omega$-Achse die Funktion $-F_o(p=j\omega)$ bzw. in der $-F_o$-Ebene die bekannte Ortskurve $-F_o(j\omega)$. Da es sich bei $F_o(p)$ um eine analytische Funktion handelt, findet eine konforme (winkeltreue) Abbildung der kompletten p-Ebene in die $-F_o$-Ebene statt, d.h. die Rasterquadrate der p-Ebene sind bei entsprechend kleiner Kantenlänge auch wieder in der $-F_o$-Ebene erkennbar. Anders ausgedrückt erhält die Ortskurve $-F_o(j\omega)$ durch Abbildung der Parallelen zur reellen und imaginären Achse der p-Ebene ein "begleitendes Rasternetz", das wir im Bild 4.11b für den hier interessierenden Bereich um den Punkt (-1/j0) der $-F_o$-Ebene qualitativ skizziert haben.

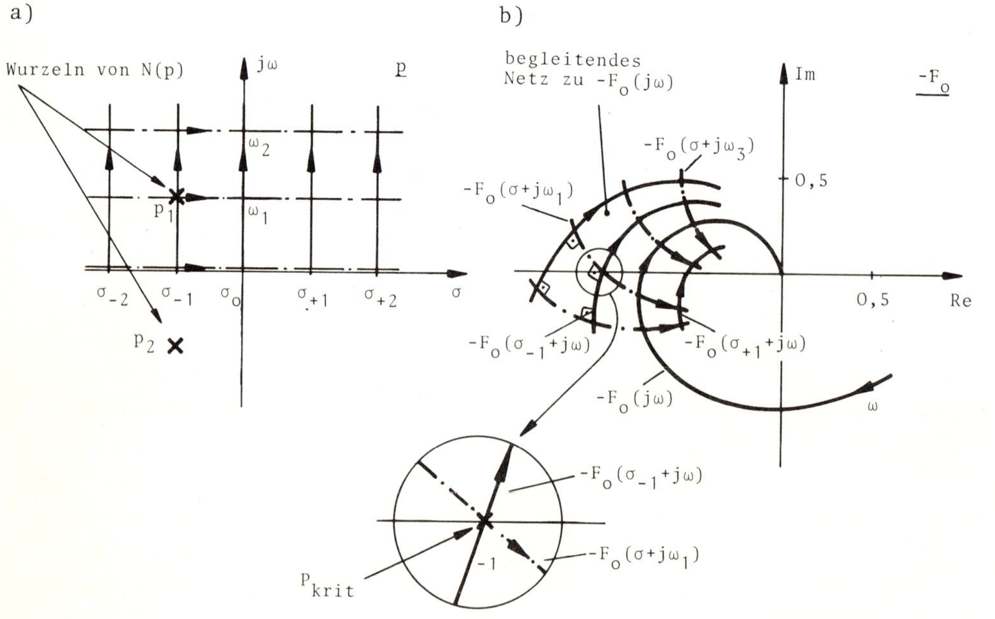

Bild 4.11: Abbildung der komplexen p- in die $-F_o$-Ebene (a,b), insbesondere Abbildung der Wurzeln von N(p) in den kritischen Punkt $P_{krit} = -1+j0$

Gehen wir nun in die p-Ebene zurück, so sehen wir, daß sich die dort eingetragene Wurzel p_1 des für die Stabilität des geschlossenen Kreises maßgebenden Polynoms N(p) bei der Abbildung durch $-F_o(p)$ gerade in den Punkt (-1/j0) abbildet. Dies ist nicht verwunderlich, da dies die Definitionsgleichung von N(p), Gl. (4.42),

$$-F_o(p_1) = -1 \tag{4.44}$$

auch verlangt. Entsprechend wird die konjugiert komplexe Wurzel $p_2=\bar{p}_1$ in den Punkt -1 abgebildet, da die Abbildung der unteren Hälfte der p-Ebene wegen

$$F_o(\sigma+j\omega)\Big|_{\omega < 0} = \bar{F}_o(\sigma+j\omega)\Big|_{\omega > 0} \tag{4.45}$$

dem an der reellen Achse der $-F_o$-Ebene gespiegelten Netz der oberen Hälfte entspricht. Im allgemeinen findet eine der Ordnung n des Polynoms N(p) entsprechende n-fache Überdeckung des Punktes (-1/j0) durch begleitende Netze zu $-F_o(j\omega)$ statt.

4.4.3 Stabilitätsprüfung mit Hilfe der Linke-Hand-Regel

Mit den oben angestellten Überlegungen können wir nun ein erstes Stabilitätskriterium formulieren, das uns einen zwanglosen Anschluß an die Schwingbedingung gestattet. Entscheidend ist offenbar der Verlauf der Ortskurve $-F_o(j\omega)$ relativ zum kritischen Punkt Gl. (4.40) in der $-F_o$-Ebene.
Durchdringt $-F_o(j\omega)$ den P_{krit}, dann muß dieser Situtation in der p-Ebene eine Wurzel von N(p) entsprechen, die auf der Imaginär-Achse der p-Ebene liegt und damit grenzstabiles Verhalten anzeigt. Verläuft $-F_o(j\omega)$ dagegen rechts an P_{krit} vorbei, d.h. überdeckt das begleitende Netz von $-F_o(j\omega)$ für $\sigma_k < 0$ den P_{krit}, dann liegt der in Bild 4.11b skizzierte Fall vor und die zugehörigen Wurzeln von N(p) weisen wegen $\sigma_i < 0$ auf abklingende Bewegungen und damit stabiles Regelkreisverhalten hin. Verläuft die Ortskurve $-F_o(j\omega)$ jedoch so, daß P_{krit} rechts von ihr, also im begleitenden Netz für $\sigma_k > 0$ zu liegen kommt, dann entspricht diese Situation einer Wurzel von N(p) im Bereich $\sigma_i > 0$; es ist also mit aufklingenden Bewegungen und damit instabilem Verhalten des geschlossenen Regelkeises zu rechnen.

Diese Feststellungen werden häufig in der sogenannten "Linke-Hand-Regel" zusammengefaßt, die wie folgt lautet:
"Der geschlossene Regelkreis zeigt dann stabiles Verhalten, wenn wir beim Entlangwandern auf der $-F_o(j\omega)$-Ortskurve von $\omega=0$ nach $\omega=+\infty$ den kritischen Punkt P_{krit} (-1+j0) beim Passieren stets linker Hand haben."

Wir sehen sofort, daß diese Aussage im Falle der in 4.11b skizzierten Ortskurve $-F_0(j\omega)$ zutrifft. Allerdings ist stets eine gewisse Vorsicht bei der Anwendung der Linke-Hand-Regel am Platze, da sie nur in einfachen Fällen, nämlich da, wo der offene Regelkreis bereits stabil ist und globales P- oder I-Verhalten aufweist, unbeschränkt gültig ist.

Diese Einschränkung ist nicht unbedingt verwunderlich, da wir zur Ableitung der Linke-Hand-Regel keine strenge mathematische Beweisführung angewandt haben und uns natürlich leicht kompliziertere Ortskurven-Verläufe $-F_0(j\omega)$ vorstellen können, wo solche vagen Aussagen wie "Verlauf der Ortskurve so, daß P_{krit} linker Hand bleibt" nur schwer oder auch gar nicht entscheidbar sind.

Dennoch haben uns die hier angestellten Betrachtungen gewisse interessante und richtige Einsichten in Zusammenhänge zwischen verschiedenen Formulierungen von Stabilitätsaussagen in der p-Ebene oder $-F_0$-Ebene vermittelt, auf die wir später wieder zurückgreifen werden. Als nächstes wollen wir jedoch ein Frequenzgang-Stabilitäts-Kriterium in einer präziseren Formulierung kennenlernen.

4.4.4 Nyquist-Stabilitäts-Kriterium in Ortskurvendarstellung

Strecker und Nyquist gaben unabhängig voneinander ein Kriterium an, das ebenfalls auf der $-F_0(j\omega)$-Ortskurve beruht, bei dem aber eine Betrachtung des begleitenden Netzes unnötig ist. Wir wollen hier das Kriterium in einer etwas allgemeineren als in der ursprünglich von Nyquist bewiesenen Form angeben; bezüglich der Beweise verweisen wir ähnlich wie beim Hurwitz-Kriterium auf die einschlägige Spezialliteratur [3,13]. Die allgemeine Formulierung des <u>Nyquist-Kriteriums</u> lautet:

"Der geschlossene Regelkreis ist stabil, wenn der vom kritischen Punkt $(-1+j0)$ zum laufenden Ortskurvenpunkt $-F_0(j\omega)$ ($\hat{=}$ Ortskurve des aufgetrennten Regelkreises) weisende Fahrstrahl für wachsendes ω von $+0$ bis $+\infty$ eine Winkeländerung

$$\underset{\omega=+0}{\overset{\omega=+\infty}{\Delta\phi_{soll}}} = n_r \cdot \pi + n_a \cdot \frac{\pi}{2} \qquad (4.46)$$

erfährt."

Dabei darf die Übertragungsfunktion-$F_o(p)$ folgenden - auch einen Totzeitanteil enthaltenden - Aufbau haben

$$-F_o(p) = \frac{Z_o(p)}{N_o(p)} \cdot e^{-pT_t} \quad ; \quad n_o > m_o \; , \quad T_t \geq 0 \; , \tag{4.47}$$

wobei m_o und n_o den Grad des Zähler- und Nennerpolynoms von F_o angeben und n_r, n_a, n_l jeweils die Anzahl der Wurzeln von $N_o(p)$ rechts (instabil), auf (grenzstabil) und links (stabil) der imaginären Achse der p-Ebene, Bild 4.12a, bezeichnen.

a)

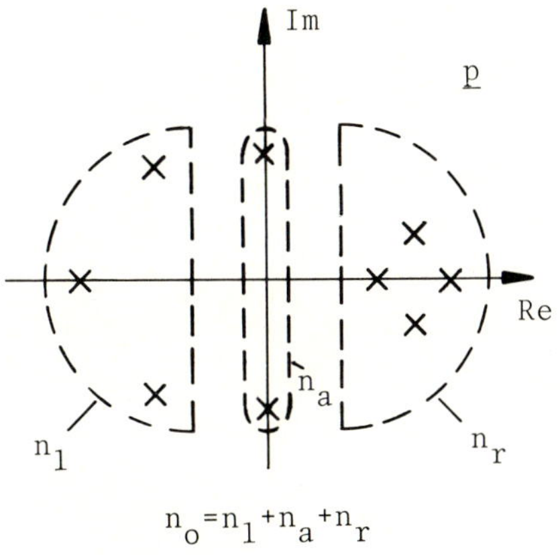

b)

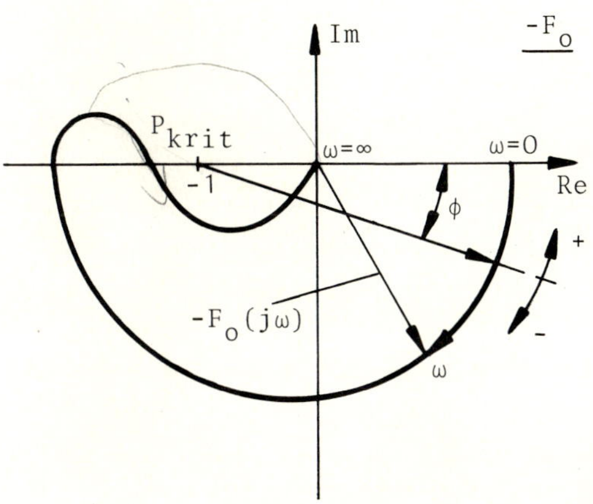

Bild 4.12: Klassifizierung der Pole des offenen Regelkreises (a) und Nyquist-Ortskurve (b)

Zur Anwendung des Kriteriums sind folgende Hinweise nützlich. Betrachten wir z.B. die in Bild 4.12b skizzierte Ortskurve und lassen die Spitze des interessierenden Fahrstrahls entlang der Ortskurve $-F_o(j\omega)$ von $\omega=0$ nach $\omega=+\infty$ laufen, so beträgt die Änderung des Winkels ϕ - unter Berücksichtigung des vom jeweiligen Drehsinn bestimmten Vorzeichens - insgesamt

$$\Delta \phi_{ist} \Big|_{\omega=0}^{\omega=+\infty} = 0^o . \tag{4.48}$$

Zunächst ist ein monotones "Anwachsen" von ϕ ausgehend von 0° bis etwa -220° zu verzeichnen, darauf erfolgt wieder eine monotone Abnahme von -220° auf 0°.

Dieser "Ist"winkel $\Delta\phi_{ist}$ muß mit dem für Stabilität gemäß Gl. (4.46) vorgeschriebenen Sollwinkel $\Delta\phi_{soll}$ verglichen werden. Nur im Fall von Gleichheit ist der geschlossene Regelkreis stabil. Nehmen wir an, daß die zu $-F_o(j\omega)$ gehörige Übertragungsfunktion keine instabilen Pole aufweist, d.h. $n_a = n_r = 0$, dann ist der Regelkreis stabil ($\Delta\phi_{ist} = \Delta\phi_{soll} = 0^o$). Für den Fall, daß z.B. in $-F_o(p)$ ein instabiler, reeller Pol ($n_r=1$) vorhanden ist, gilt

$$\Delta \phi_{soll} \Big|_{\omega=0}^{\omega=\infty} = \pi , \tag{4.49}$$

so daß wegen der Ungleichheit von Gl. (4.48) und Gl. (4.49) der geschlossene Regelkreis instabil sein muß.

Eine gewisse Schwierigkeit bei der Bestimmung des $\Delta\phi_{ist}$ tritt dann auf, wenn die Ortskurve $-F_o(j\omega)$ gerade durch P_{krit} läuft. In diesem Fall ist selbstverständlich die früher hergeleitete Schwingbedingung, Gl. (4.39) erfüllt, der Regelkreis ist instabil oder zumindest grenzstabil; $\Delta\phi_{ist}$ läßt sich jedoch nicht eindeutig bestimmen, da der Fahrstrahl im P_{krit} verschwindet und damit kein eindeutiger Drehsinn festgelegt ist. Dies ist allerdings eine Spitzfindigkeit, die wir sofort dadurch beheben können, daß sozusagen durch eine geringe Parameteränderung in $-F_o(j\omega)$ die Ortskurve ein klein wenig aus dem Punkt P_{krit} herausgerückt wird und damit für die Stabilitätsprüfung eindeutige Verhältnisse entstehen.

Fassen wir zusammen, so existiert mit dem Nyquist-Stabilitäts-Kriterium eine relativ einfache, aber dennoch exakte und zweifelsfreie Möglichkeit zur Beurteilung der Stabilität, die wir zumindest in kritischen Fällen der Linke-Hand-Regel vorziehen sollten.

4.4.5 Modifiziertes Nyquist-Kriterium

Zur praktischen Arbeit mit dem Nyquist-Kriterium ist manchmal folgende Modifikation zweckmäßig. Angenommen, die Übertragungsfunktion $-F_o(p)$ liegt in der Form

$$-F_o(p) = -K \cdot F_o^*(p) \tag{4.50}$$

vor, wobei K ein noch nicht zahlenmäßig festgelegter freier (Regler-) Parameter ist, dessen Einfluß auf die Regelkreis-Stabilität untersucht werden soll. Für $-F_o(j\omega)$ stellte $(-1+j0)$ den kritischen Punkt P_{krit} dar. Verwenden wir nun statt dessen $-F_o^*(j\omega)$ zur Stabilitätsanalyse mit Nyquist, dann ist sinngemäß ein modifizierter kritischer Punkt

$$P_{krit}^* = -\frac{1}{K} + j0 \tag{4.51}$$

zu verwenden. Da K aber nun einen freien, reellen Parameter darstellt, ist P_{krit}^* kein fester, sondern vom gewählten K abhängiger Punkt, der bei stetiger Veränderung, $0 < K < +\infty$, zu einer zusätzlichen Ortskurve für $P_{krit}^*(K)$ auf der negativ-reellen Achse der $-F_o^*$-Ebene führt.

Während $-F_o^*(j\omega)$ nun eine nur einmal zu skizzierende feste Ortskurve darstellt, werden die parametermäßigen Veränderungen im Übertragungsverhalten von $-F_o(j\omega)$ - hier bedingt durch K - durch die zweite sehr einfache Ortskurve wiedergegeben. Das folgende Beispiel soll dies veranschaulichen.

<u>Beispiel 4.9:</u> Wir untersuchen nochmals die Stabilität des aus Bild 4.8 bekannten Regelkreises mit

$$-F_o^*(p) = \frac{1}{2p(p^2+2p+2)}$$

und dem kritischen Punkt bei

$$P_{krit}^*(K_R) = -\frac{1}{K_R} + j0 .$$

Die Ortskurve $-F_o^*(j\omega)$ und die "Ortskurve" von $P_{krit}^*(K_R)$ sind in Bild 4.13 mit entsprechenden Parameterwerten aufgetragen. Am

Schnittpunkt beider Ortskurven entnehmen wir die bereits aus Beispiel 4.8 bekannten Werte

$$K_R = K_{Rkrit} = 8, \quad \omega = \omega_{krit} = \sqrt{2}\,.$$

Wir stellen ferner mit Gl. (4.46) fest, daß (n_r=0 und n_a=1) gilt

$$\underset{\omega=+0}{\overset{\omega=+\infty}{\Delta\,\phi_{soll}}} = +90^o = \frac{\pi}{2}\,.$$

Für alle P^*_{krit} mit $0 < K_R < 8$ beträgt die Änderung des Fahrstrahlwinkels

$$\underset{\omega=+0}{\overset{\omega=+\infty}{\Delta\,\phi_{ist}}} = +90^o = +\frac{\pi}{2}\,,$$

während sie für $8 < K_R < +\infty$

$$\underset{\omega=+0}{\overset{\omega=+\infty}{\Delta\,\phi_{ist}}} = -270^o = -\frac{3\pi}{2}$$

beträgt; dies qualifiziert den ersten K_R-Bereich als den stabilen, den zweiten als den instabilen. Wir stellen ferner fest, daß auch die Linke-Hand-Regel auf den jeweiligen kritischen Punkt $P^*_{krit}(K_R)$ angewandt zum gleichen Ergebnis führt.

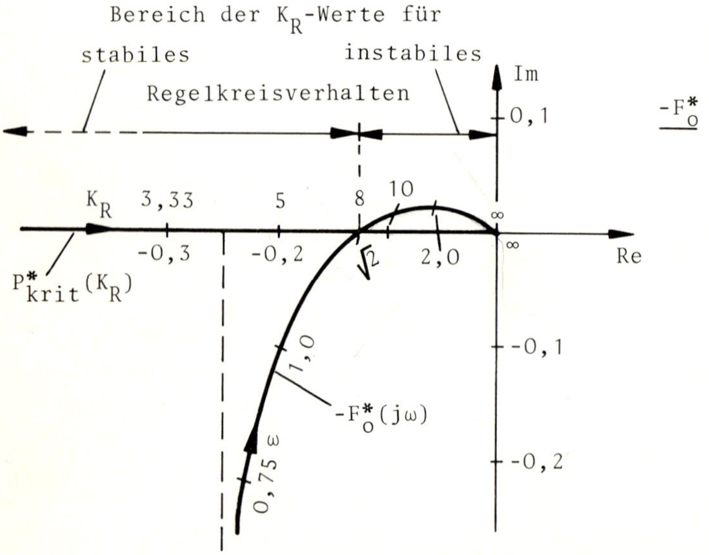

Bild 4.13: Nyquist-Ortskurve und Stabilitätsanalyse zu Beispiel 4.9

Beispiel 4.10: Mit diesem Beispiel wollen wir zeigen, daß nicht immer ein hoher Verstärkungsgrad im offenen Regelkreis zu instabilem Verhalten des geschlossenen Regelkreises führen muß. So lautet die Übertragungsfunktion eines aufgetrennten elektronischen Phasenregelkreises (PLL)

$$-F_o(p) = K_R \cdot 2{,}6 \cdot \frac{(0{,}25+p)(0{,}5+p)}{p^3} .$$

Den wesentlichen Teil der Ortskurve $-F_o^*(j\omega)$ und der Ortskurve $P_{krit}^*(K_R)$ zeigt Bild 4.14. Für sehr kleines ω kommt die Ortskurve $-F_o^*$ aus dem Bereich $-\infty/+j\infty$ der $-F_o^*$-Ebene. Mit $n_a=3$ erkennen wir leicht, daß nach dem Nyquist-Kriterium der Bereich

$$0{,}064 < K_R < \infty$$

Stabilität gewährleistet, d.h., daß bereits ein gewisser Minimalwert von K_R notwendig ist, um die instabile Strecke zu stabilisieren. Wir bezeichnen solche Regelkreise als "bedingt stabil", da eine zu kleine Reglerverstärkung K_R den Regelkreis instabil machen kann.

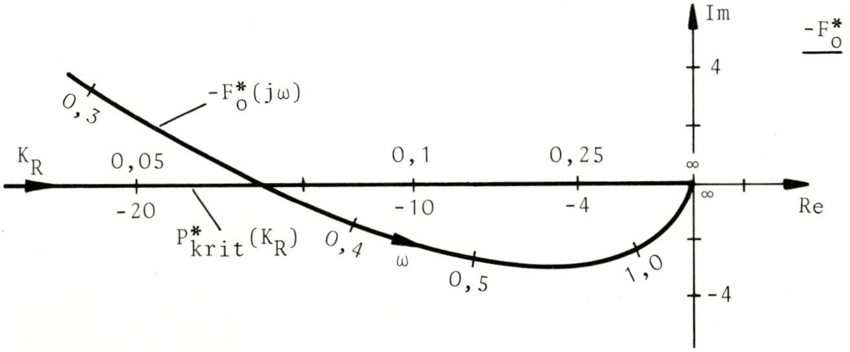

Bild 4.14: Nyquist-Ortskurve zu Beispiel 4.10

4.4.6 Stabilität von Regelkreisen mit Totzeit

Einfachere Regelungen können manchmal exakt oder näherungsweise (vgl. Abschnitt 2.10) durch eine Übertragungsfunktion des offenen Regelkreises (Regler + Strecke) der Art

$$-F_o(p) = \frac{K_o \cdot e^{-pT_t}}{1+pT} , \quad K_o = K_R \cdot K_S , \tag{4.52}$$

also durch ein PT_1T_t-Verhalten, beschrieben werden. Wir wollen die Stabilität des Regelkreises, Bild 4.15a, mit dem Nyquist-Kriterium untersuchen. Dazu skizzieren wir qualitativ den Verlauf der Ortskurve $-F_o(j\omega)$, indem wir z.B. die Ortskurve des PT_1-Gliedes (Halbkreis) mit der des T_t-Gliedes (Vollkreis) grafisch multiplizieren, Bild 4.15b. Das Ergebnis ist eine mit wachsendem ω, spiralförmig in den Ursprung der $-F_o$-Ebene einlaufende Ortskurve, die die negativ reelle Achse unendlich oft (S_1, S_2,...) schneidet. Da eine Vergrößerung des Faktors K_o eine zentrische Streckung der Ortskurve $-F_o(j\omega)$ bewirkt, kann der Fall eintreten, daß S_1 (der uns interessierende Hauptwert der Ortskurve) gerade mit dem kritischen Punkt zusammenfällt. Dies bedeutet aber, daß $K_o = K_{okrit}$ geworden ist und der Regelkreis die Schwingbedingung

$$-F_o(j\omega) = \frac{K_o \cdot e^{-j\omega T_t}}{1+j\omega T} = -1 \qquad (4.53)$$

erfüllt. Bleibt $K_o < K_{okrit}$, so läßt die Ortskurve den kritischen Punkt linker Hand, d.h. das begleitende Netz für $\sigma < 0$ überdeckt den kritischen Punkt und der Regelkreis arbeitet stabil. Es ist nun interessant, daß im vorliegenden Fall eine analytische Auswertung des Nyquist-Kriteriums bzw. der Schwingbedingung eine recht allgemeine Stabilitätsaussage für diesen Totzeitregelkreis ermöglicht. Zu diesem Zweck formen wir die Schwingbedingung, Gl. (4.53), für das Zusammenfallen von S_1 mit P_{krit}, Bild 4.15b, in die polare Form um, d.h.

$$\frac{K_{okrit}}{\sqrt{1+(\omega_{krit}T)^2}} \cdot e^{-j(\omega_{krit}T_t + \arctan \omega_{krit}T)} = 1 \cdot e^{-j\pi} \qquad (4.54)$$

und entnehmen daraus jeweils eine Teilbeziehung für Betrag und Phase

$$\frac{K_{okrit}}{\sqrt{1+(\omega_{krit}T)^2}} = 1 \; , \qquad \omega_{krit}T_t + \arctan \omega_{krit}T = \pi \; . \qquad (4.55)$$

Nach Elimination von ω_{krit} erhalten wir daraus folgenden Zusammenhang zwischen den Regelkreisparametern

$$\frac{T_t}{T} = \frac{\pi - \arctan\sqrt{K_{okrit}^2 - 1}}{\sqrt{K_{okrit}^2 - 1}} \; . \qquad (4.56)$$

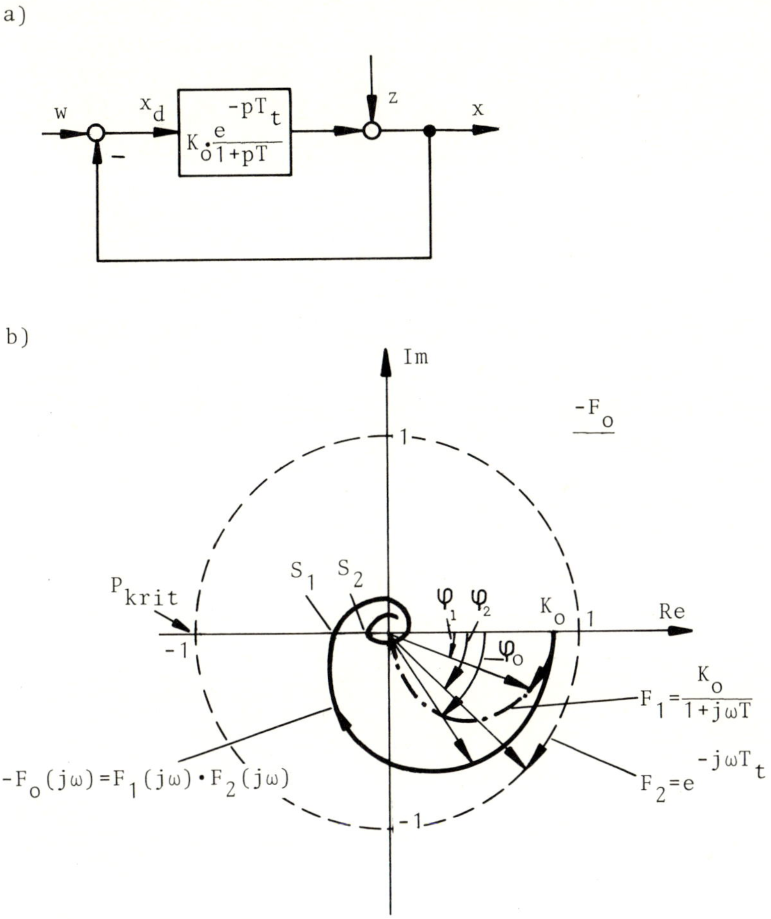

Bild 4.15: Totzeitregelkreis (a) und Nyquist-Ortskurve (b)

Diese Beziehung ist in Bild 4.16 in Form einer Stabilitätskarte ausgewertet. Auf der eingezeichneten Grenzkurve ist die Schwingbedingung und damit Gl. (4.54) erfüllt. Für K_o-Werte unterhalb der Kurve besitzt der Kreis stabiles, oberhalb instabiles Verhalten.
Aus den Beziehungen (4.55) läßt sich ferner leicht die Schwingkreisfrequenz ω_{krit} bzw. die entsprechende Schwingungsdauer T_{krit} für großes K_{okrit} bzw. großes T_t/T abschätzen; es gilt

$$T_{krit} \approx \begin{cases} 4T_t & \text{für } K_{okrit} >> 1 \quad (\hat{=}\ T_t/T << 1) \\ 2T_t & \text{für } T_t/T >> 1\ . \end{cases} \tag{4.57}$$

Auf der Grundlage der Stabilitätskarte ziehen wir folgende Schlüsse für Regelkreise mit kombiniertem Totzeit- und Verzögerungsverhalten:

- Eine wachsende Totzeit T_t reduziert den aus Stabilitätsgründen zulässigen Wert des Verstärkungsfaktors des aufgeschnittenen Kreises K_o.

- Im Extremfall $T_t/T >> 1$ muß der K_o-Wert die Bedingung

$$K_o < K_{okrit} = 1 \tag{4.58}$$

erfüllen.
- Aus der Diskussion zu Tabelle 3.1, Zeile 1, ist uns bekannt, daß ein kleiner Wert von K_o große bleibende Regeldifferenzen zur Folge hat. So gilt für den Regelkreis gemäß Bild 4.15a bei Anregung durch eine Führungs- bzw. Störgröße, $w(t) = w_o \cdot \sigma(t)$ bzw. $z(t) = z_o \cdot \sigma(t)$,

$$x_d(t \to \infty) = \lim_{p \to 0} \frac{1}{1 + \frac{K_o e^{-pT_t}}{1+pT}} \cdot w_o = \frac{w_o}{1+K_o} \tag{4.59}$$

bzw.

$$x_d(t \to \infty) = \frac{-z_o}{1+K_o} \quad .$$

Bei einem Verhältnis $T_t/T >> 1$ ergibt sich dann mit Gl. (4.58) eine bleibende Regeldifferenz

$$|x_d(\infty)| \geq \frac{|w_o|}{2} \text{ bzw. } \frac{|z_o|}{2} \quad . \tag{4.60}$$

- Da wir im Hinblick auf ein gutes stationäres Regelkreisverhalten in der Regel bestrebt sind, $|x_d(\infty)|$ so klein wie möglich zu machen, werden wir ein K_o nahe an der Stabilitätsgrenze wählen müssen. Dies hat aber dynamisch ein zum Schwingen neigendes, schwach gedämpftes Einschwingverhalten des Regelkreises zur Folge.

Diese am speziellen Beispiel des Regelkreises gemäß Bild 4.15a erkannten Zusammenhänge haben eine grundsätzliche Bedeutung für viele andere Regelkreise. Wir stellen nämlich fest, daß aus Stabilitätsgründen stets ein Kompromiß zwischen stationärem und dynamischem Regelkreisverhalten zu schließen ist. Dieser Kompromiß wird insgesamt ein um so schlechteres Ergebnis liefern, je größer die Totzeit - oder ein ihr ähnlicher signalverzögernder Einfluß - in einem Regelkreis ist.

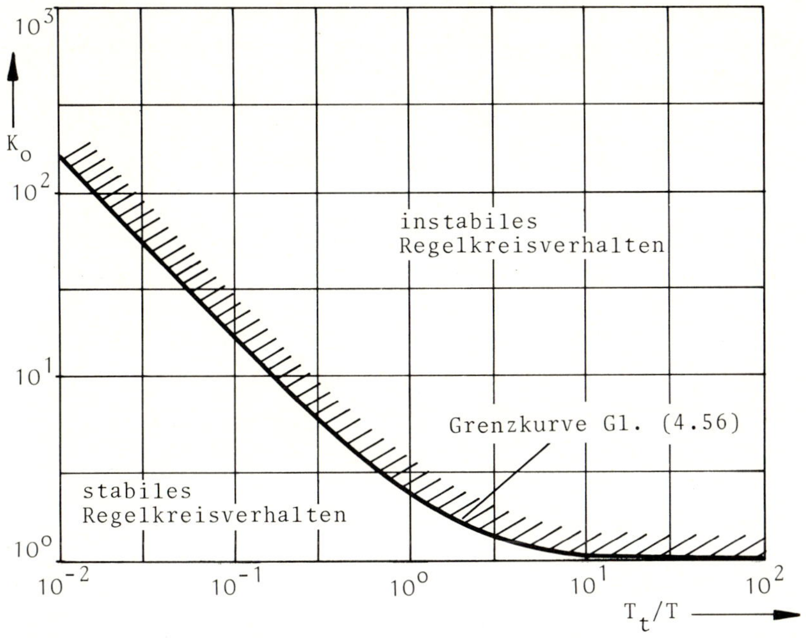

Bild 4.16: Stabilitätskarte zu Totzeitregelkreis in Bild 4.15

Beispiel 4.11: Eine Antenne auf dem Mond soll von der Erde aus im Rahmen eines Positionierregelkreises ausgerichtet werden. Bei Beschränkung auf das für diese Aufgabenstellung wesentliche Verhalten der Regelkreisglieder können wir den Regelkreis durch den in Bild 4.17 gezeigten Signalflußplan beschreiben, wobei wir für die Übermittlung der Stellgröße (Erde → Mond) und der Regelgröße (Mond

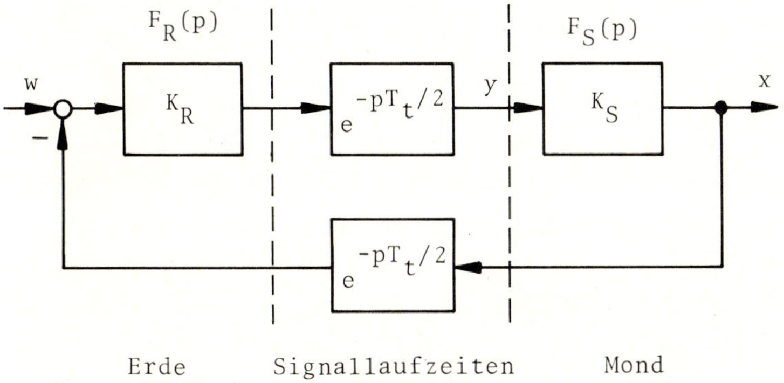

Bild 4.17: Regelkreis zu Beispiel 4.11

→ Erde) jeweils eine Signallaufzeit von $T_t/2$ ($T_t/2$ = 1,28s = $384 \cdot 10^3$km/$300 \cdot 10^3$km/s) berücksichtigt haben. Für den Aufgeschnittenen Regelkreis gilt also

$$-F_o(p) = K_R \cdot K_S \cdot e^{-pT_t} \quad ,$$

und wir entnehmen für diesen Fall ($T_t/T \to \infty$) aus der Stabilitätskarte, Bild 4.16, unter der Annahme K_S=1 den Wert

$$K_{Rkrit} = 1 \; .$$

In Bild 4.18 sind für verschiedene K_R-Werte Übergangsfunktionen x(t) auf einem Sollwertsprung skizziert. Wegen des einfachen Übertragungsverhaltens der Regelkreisglieder können wir in Bild 4.18

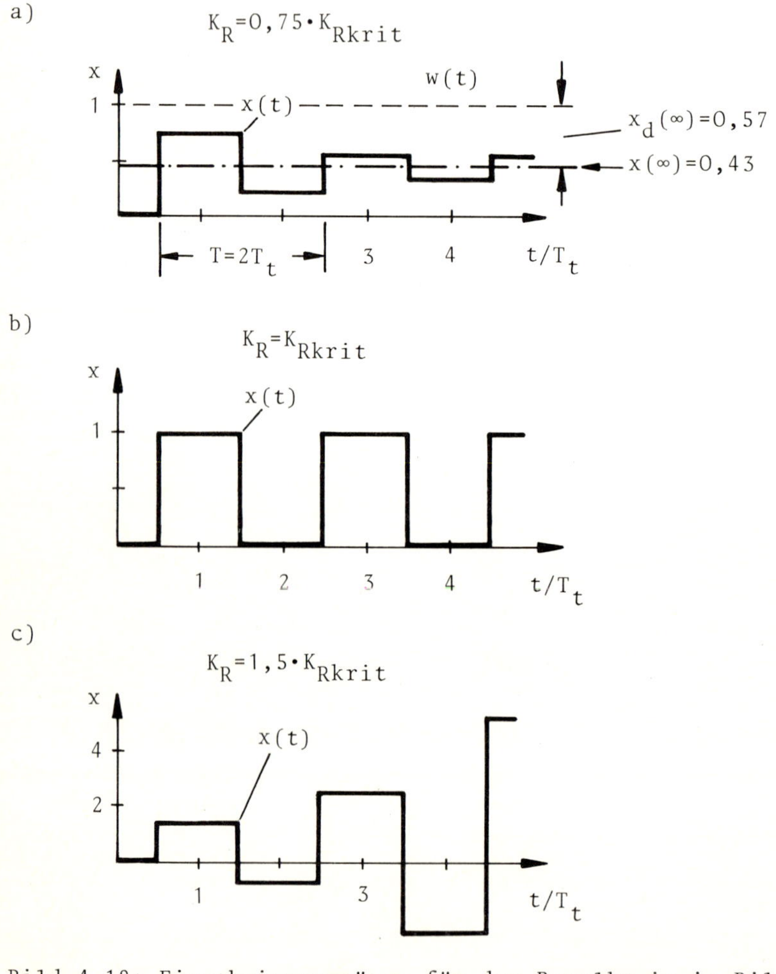

Bild 4.18: Einschwingvorgänge für den Regelkreis in Bild 4.17

ausgehend vom sprunghaften Aufschalten von w(t) dessen Fortleitung von Block zu Block verfolgen und uns auf diese Weise das Zustandekommen der skizzierten Zeitverläufe leicht klar machen. Wir erkennen in allen drei Fällen eine Periodendauer der Schwingungen von $T = 2T_t$, wie wir sie zumindest für $K_R = K_{Rkrit}$ auch gemäß Gl. (4.57) erwartet haben.

Die Einfachheit des Beispiels sollte nicht zum Fehlschluß Anlaß geben, daß durch einen anderen Reglertyp wesentliche Verbesserungen des Regelverhaltens erreichbar wären. Ein I-Regler bewirkt zwar ein stationäres Regelkreisverhalten $x_d(\infty) = 0$, allerdings auf Kosten einer wesentlich größeren Einschwingzeit. Wir werden später sehen, daß auch bei Totzeitregelungen mit einem PI-Regler ein vernünftiger Kompromiß zwischen stationärem und dynamischem Verhalten erzielt werden kann.

4.5 Frequenzlinien im Bode-Diagramm

4.5.1 Bode-Diagramm

Für die praktische Arbeit mit dem Nyquist-Stabilitäts-Kriterium, aber auch für den Entwurf von Regelkreisen eignet sich die Frequenzkennlinien-Darstellung von $-F_o(j\omega)$ besser als die bisher verwendeten Ortskurven. Bereits in Abschnitt 2.7.3 und Bild 2.36 hatten wir uns mit der prinzipiellen Möglichkeit der Darstellung eines Frequenzganges $F(j\omega)$ durch Frequenzkennlinien für den

Amplitudengang $A(\omega) = |F(j\omega)|$,
Phasengang $\varphi(\omega) = \text{arc}\, F(j\omega) = \underline{/F(j\omega)}$

vertraut gemacht. Im Bode-Diagramm gilt die in Bild 4.19 gezeigte grafische Anordnung beider Frequenzkennlinien: $A(\omega)$ im doppelt-logarithmischen und unmittelbar darunter - unter Beibehaltung der logarithmisch geteilten ω-Achse - $\varphi(\omega)$ im halb-logarithmischen Maßstab aufgetragen. Diese Art der Darstellung hat den Vorteil, daß ein als Produkt einfacher Teilfrequenzgänge $F_i(j\omega)$ vorliegender Gesamtfrequenzgang

$$\begin{aligned} F(j\omega) &= F_1(j\omega)\cdot F_2(j\omega)\cdot F_3(j\omega)\cdot \ldots \\ &= \prod_i A_i(\omega)\cdot e^{j\sum_i \varphi_i(\omega)} \end{aligned} \tag{4.61}$$

im Bodediagramm grafisch durch Summieren der Logarithmen der Teilamplitudengänge $A_i(\omega)$, d.h.

$$\lg A(\omega) = \lg A_1(\omega) + \lg A_2(\omega) + \lg A_3(\omega) + \ldots \qquad (4.62a)$$

und durch Summieren der Teilphasengänge $\varphi_i(\omega)$, d.h.

$$\varphi(\omega) = \varphi_1(\omega) + \varphi_2(\omega) + \varphi_3(\omega) + \ldots \qquad (4.62b)$$

erhalten werden kann. Handelt es sich bei den Teilsystemen um elementare Übertragungsglieder, wie wir sie in Abschnitt 2.9 besprochen haben, so sind deren Frequenzkennlinien in Bodediagramm-Darstellung häufig Geraden oder Geradenzüge, deren grafische Zusammenfassung gemäß den Formeln Gln. (4.62) keine besonderen Schwierigkeiten bereitet.

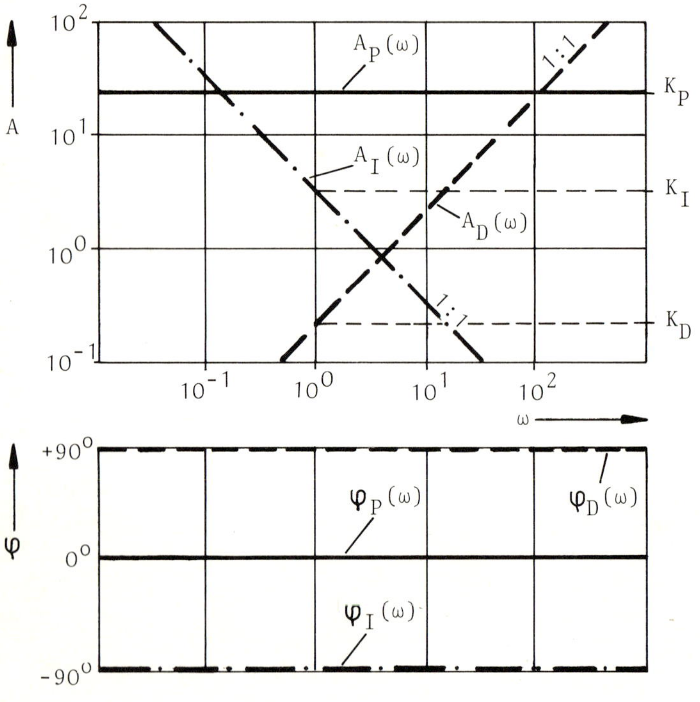

Bild 4.19: Frequenzkennlinien eines P-, I- und D-Gliedes

4.5.2 Frequenzkennlinien elementarer Übertragungsglieder

Wir wollen als nächstes die Frequenzkennlinien einiger elementarer Übertragungsglieder zusammenstellen:

a) P-Glied, Bild 4.19

$$F(j\omega) = K_P$$
$$A(\omega) = K_P, \quad \varphi(\omega) = 0^o \tag{4.63}$$

b) I-Glied, Bild 4.19

$$F(j\omega) = \frac{K_I}{j\omega}$$
$$A(\omega) = \frac{K_I}{\omega}, \quad \varphi(\omega) = -90^o \tag{4.64}$$

Im Bodediagramm stellt

$$\lg A = \lg K_I - \lg \omega \tag{4.65}$$

eine mit einer A-Dekade pro ω-Dekade (1:1) abfallende Gerade dar, die z.B. bei $\omega = 10^0 = 1$ durch den Punkt $A(1) = K_I$ verläuft.

c) D-Glied, Bild 4.19

$$F(j\omega) = K_D \cdot j\omega$$
$$A(\omega) = K_D \cdot \omega, \quad \varphi(\omega) = +90^o \tag{4.66}$$

d) PT_1-Glied, Bild 4.20

$$F(j\omega) = \frac{1}{1+j\omega T}, \quad T > 0$$
$$A(\omega) = \frac{1}{\sqrt{1+(\omega T)^2}}, \quad \varphi(\omega) = \arctan(-\omega T) \; . \tag{4.67}$$

Die Frequenzkennlinien können exakt durch punktweises Auswerten beider Beziehungen ermittelt oder wie folgt approximiert werden:

$$\omega \ll \omega_E = 1/T: \; A(\omega) \approx 1 \quad , \; \varphi(\omega) \approx 0^o$$
$$\omega = \omega_E \quad : \; A(\omega_E) = \sqrt{2}/2, \; \varphi(\omega_E) = -45^o$$
$$\omega \gg \omega_E \quad : \; A(\omega) \approx 1/\omega T, \; \varphi(\omega) \approx -90^o$$

$A(\omega)$ kann also für kleine und große Frequenzen, wie in Bild 4.20 gezeigt, durch zwei Asymptoten angenähert werden. Der maximale Fehler tritt bei $\omega = \omega_E$ auf und beträgt ca. 30%. Für $\varphi(\omega)$ ist ebenfalls eine asymptotische Annäherung möglich, die allerdings wesentlich verbessert werden kann, wenn wir den exakten Verlauf $\varphi(\omega)$ im Zwischenbereich durch eine vermittelnde Gerade durch $\varphi(\omega_E) = -45^o$ mit einem Gefälle von 90° pro zwei ω-Dekaden ersetzen. Die Näherung weist einen maximalen Fehler von $\pm$ 5% auf.

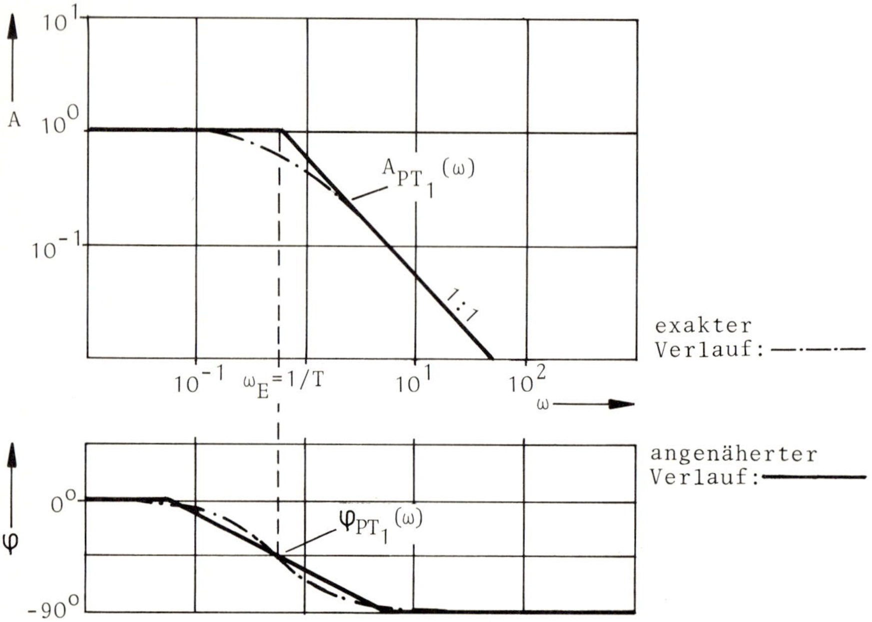

Bild 4.20: Frequenzkennlinien eines PT_1-Gliedes

e) PD-Glied, Bild 4.21

$$F(j\omega) = 1 + j\omega T_V \ , \qquad T_V > 0 \tag{4.68}$$

Ähnlich wie beim PT_1-Glied lassen sich die skizzierten Näherungen für $A(\omega)$ und $\varphi(\omega)$ finden. Ergänzend ist in Bild 4.21 auch der Fall $1 - j\omega T_V$ ($\hat{=}$ Nullstelle von $F(p)$ in rechter p-Halbebene) ausgewertet.

f) PT_2-Glied $(0 < D < 1)$, Bild 4.22

Da PT_2-Frequenzgangfunktionen für $D \geq 1$ in zwei in Kette geschaltete PT_1-Frequenzgänge zerfallen (siehe Bild 2.46), wollen wir uns hier auf den Fall $0 < D < 1$ konzentrieren. Es gilt

$$F(j\omega) = \frac{\omega_o^2}{\omega_o^2 + 2D\omega_o(j\omega) + (j\omega)^2}$$

$$A(\omega) = \frac{1}{\sqrt{[1-(\frac{\omega}{\omega_o})^2]^2 + [2D\frac{\omega}{\omega_o}]^2}} \qquad (4.69)$$

$$\varphi(\omega) = -\arctan \frac{2D\omega/\omega_o}{1-(\omega/\omega_o)^2} \; .$$

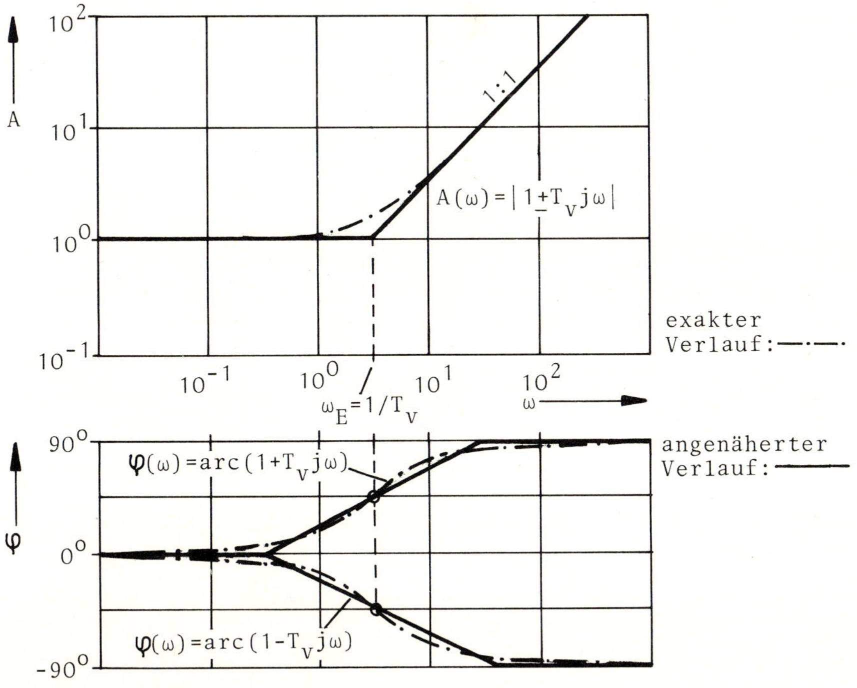

Bild 4.21: Frequenzkennlinien von $F(j\omega) = 1+T_V j\omega$ (PD-Glied) und $1-T_V j\omega$

Bei der sogenannten Resonanzfrequenz

$$\omega_r = \omega_o\sqrt{1-2D^2}\,, \qquad 0 < D < \sqrt{2}/2 \qquad (4.70a)$$

nimmt der Amplitudengang seinen Maximalwert

$$A(\omega_r) = A_{max} = \frac{1}{2D\sqrt{1-D^2}} \qquad (4.70b)$$

an. Bild 4.22 zeigt die exakten Amplituden- und Phasengänge mit dem Dämpfungsgrad D als Scharparameter. Die Frequenzachse wurde in dieser Darstellung auf ω_o normiert. Näherungen dieser Verläufe sind nur bedingt von Nutzen; so gilt

$$\omega \ll \omega_o : A(\omega) \approx 1 \qquad \varphi(\omega) \approx 0^o$$

$$\omega = \omega_o : A(\omega_o) = 1/2D \qquad \varphi(\omega_o) = -90^o$$

$$\omega \gg \omega_o : A(\omega) \approx 1/(\omega/\omega_o)^2, \qquad \varphi(\omega) \approx -180^o \ .$$

Entsprechende Näherungsgeraden zum Amplitudengang sind für $D \geq 0{,}5$ in Bild 4.22 eingetragen.

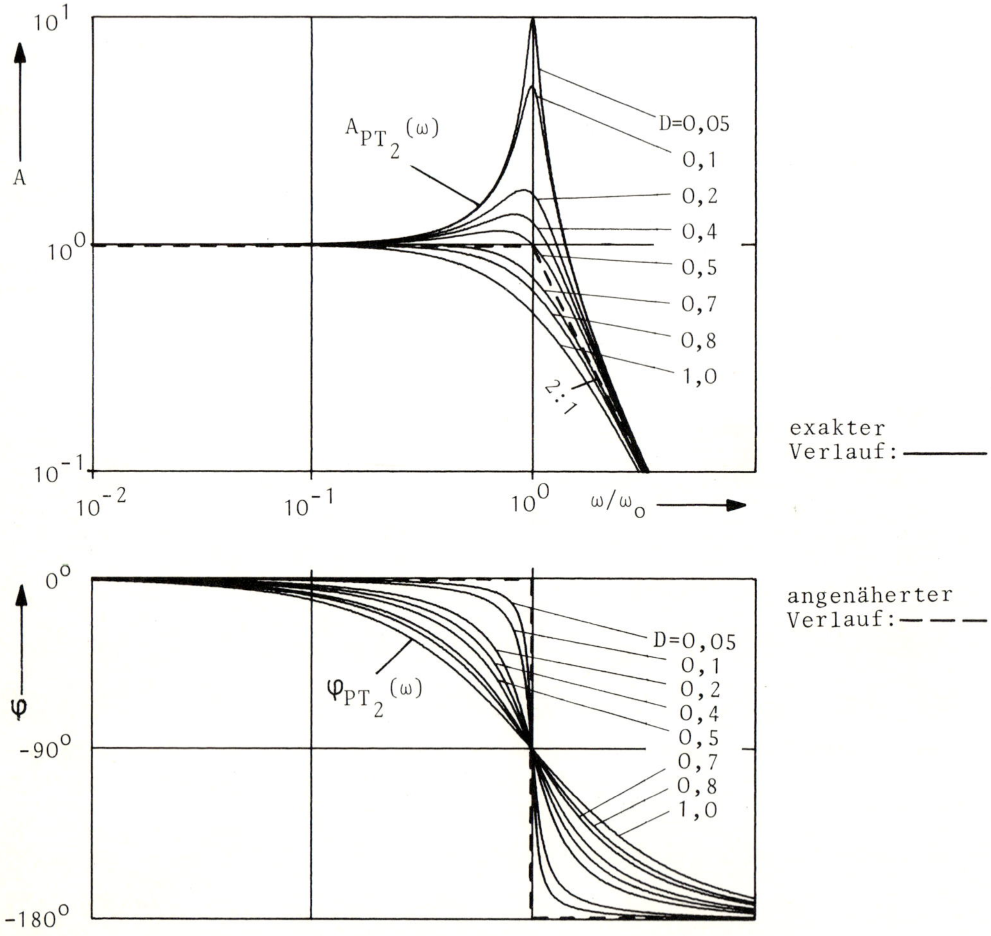

Bild 4.22: Normierte Frequenzkennlinien eines PT_2-Gliedes ($0 < D \leq 1$)

g) T_t-Glied, Bild 4.23

$$F(j\omega) = e^{-j\omega T_t}$$

$$A(\omega) = 1, \quad \varphi(\omega) = -\omega T_t \; . \tag{4.71}$$

In **halblogarithmischer Darstellung erhalten wir den im Bild einge-**zeichneten monoton mit ω fallenden Phasengang, wobei wiederum zu beachten ist, daß die Frequenzachse auf $1/T_t$ normiert wurde. Unterhalb des Phasendiagramms sind zusätzlich zu ausgewählten Werten ωT_t ($=10^{-2}$, $3\cdot10^{-2}$, 10^{-1},...) einige exakte φ_{T_t}-Werte vermerkt.

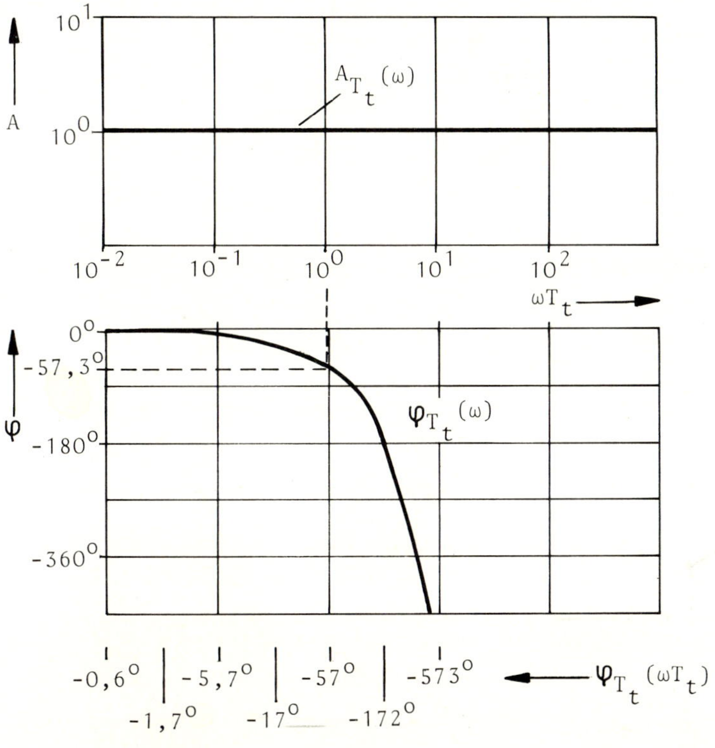

Bild 4.23: Normierte Frequenzkennlinien eines Totzeitgliedes

4.5.3 Frequenzkennlinien zusammengesetzter Übertragungsglieder

<u>Beispiel 4.12:</u> Die Frequenzkennlinien eines PI-Reglers

$$F_R(p) = K_P \cdot \left(1 + \frac{1}{T_n p}\right) = K_P \cdot \frac{1 + T_n p}{T_n p}$$

und die eines phasenanhebenden (PDT_1-)Reglers gemäß Gl. (3.62) mit

$$F_R(p) = K_P \cdot \frac{1+T_v p}{1+Tp} \,, \quad T_v > T$$

zeigen in näherungsweiser Darstellung Bild 4.24a und b.

Im Falle des PI-Reglers gewinnen wir aus der zugehörigen Frequenzgangfunktion $F_R(j\omega)$ durch Grenzbetrachtungen (ω < bzw. > $1/T_n$) die entsprechenden Verläufe des Amplituden- und Phasenganges.

Zur Konstruktion der Frequenzkennlinien des PDT_1-Reglers haben wir dagegen $F_R(j\omega)$ zerlegt in

$$F_R(j\omega) = K_P \cdot (1+j\frac{\omega}{1/T_v}) \cdot \frac{1}{1+j\frac{\omega}{1/T}}$$

bzw.

$$A_{PDT_1} \cdot e^{j\varphi_{PDT_1}} = A_{PD} \cdot e^{j\varphi_{PD}} \cdot A_{PT_1} \cdot e^{j\varphi_{PT_1}} \,,$$

wobei wir bereits die entsprechenden Knickfrequenzen explizit ausgewiesen haben und den konstanten Faktor K_P willkürlich dem PD-Glied zugeschlagen haben. Die entsprechenden Kennlinien der Teilfrequenzgänge übertragen wir nun sinngemäß (auf tatsächliche Knickfrequenzen achten !) aus den Bildern 4.20 und 4.21 in das Bild 4.24b. Wir beschränken uns hier auf die Näherungsverläufe.

Für den Punkt ω=20 haben wir durch Pfeile die zu summierenden Ordinatenwerte markiert. Während die vorzeichenrichtige Addition der φ-Werte selbsterklärend ist, sei daran erinnert, daß die Logarithmen von Zahlen < 1 negativ sind, so daß die Abstände zur Achse A=1 subtrahiert werden müssen! Da wir bei den Einzelkennlinien von stückweise linearen Verläufen ausgingen, erhalten wir auch für die jeweiligen Summen $\lg A_{PDT_1}$ und $\varphi_{PDT_1}(\omega)$ Geradenzüge mit Knickstellen, die durch die Knickstellen der Einzelverläufe bestimmt werden.

Die teilweise recht grobe Approximation - insbesondere des Amplitudenganges durch Asymptoten könnte zu Befürchtungen über die Darstellungsgenauigkeiten von Frequenzgängen im Bode-Diagramm Anlaß geben. Die Erfahrung zeigt jedoch, daß sich bei der Zusammenfassung mehrerer approximierter Teilfrequenzkennlinien zu denen des Gesamtfrequenzganges Fehler häufig ausmitteln und approximative Bode-Diagramm-Dar-

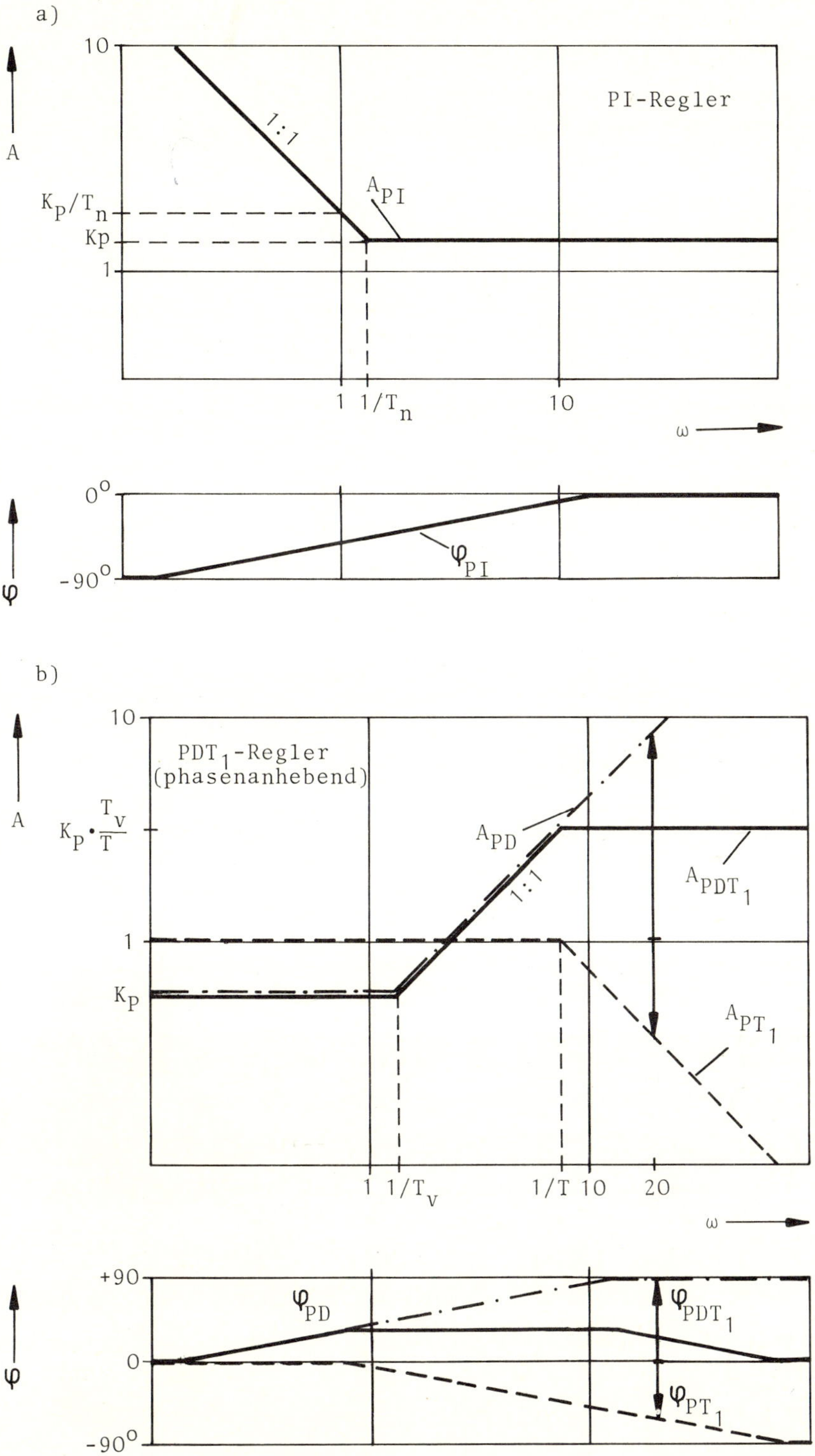

Bild 4.24: Frequenzkennlinien eines PI-Reglers (a) und eines PDT_1-Reglers (b)

stellungen für viele Untersuchungen hinreichend genaue Ergebnisse liefern. Dennoch ist im Einzelfall bei der Interpretation von Ergebnissen, die aufgrund approximierter Frequenzkennlinien gefunden wurden, stets eine gewisse kritische Vorsicht am Platze.

Als Anhaltspunkte für den Verlauf von Frequenzkennlinien im Bode-Diagramm sind noch folgende Formeln nützlich:

Ganz allgemein gilt für totzeitfreie und phasenminimale Übertragungsglieder mit globalem P-, D- oder I-Verhalten (siehe Abschnitt 2.11.1), daß $F(j\omega)$ für hinreichend kleines ω durch

$$F(j\omega) \approx \frac{a_o}{b_o} = K \quad , \quad \frac{a_1}{b_o} j\omega = K_D \cdot j\omega \text{ bzw. } \frac{a_o}{b_1 \cdot j\omega} = \frac{K_I}{j\omega} \tag{4.72a}$$

approximiert werden kann, so daß für positive K gilt

$$\begin{aligned} A(\omega) &\approx K \quad , \quad K_D \cdot \omega \quad \text{bzw.} \quad K_I \cdot \frac{1}{\omega} \\ \varphi(\omega) &\approx 0^o \quad , \quad +90^o \quad \text{bzw.} \quad -90^o \ . \end{aligned} \tag{4.72b}$$

Entsprechend erhalten wir für hinreichend großes ω

$$F(j\omega) \approx \frac{a_m (j\omega)^m}{b_n (j\omega)^n} \quad , \quad m \leq n \tag{4.73a}$$

und daraus für positives a_m und b_n

$$\begin{aligned} A(\omega) &\approx \frac{a_m}{b_n} \cdot \frac{1}{\omega^{n-m}} \\ \varphi(\omega) &\approx -(n-m) \cdot 90^o \ . \end{aligned} \tag{4.73b}$$

Während die Gln. (4.72b) besagen, daß wir bei $A(\omega)$ mit einem anfänglich konstanten bzw. 1:1 ansteigenden oder abfallenden Verlauf zu rechnen haben, entnehmen wir Gl. (4.73b), daß sich für großes ω ein konstanter (n=m) $A(\omega)$-Verlauf oder ein Verlauf mit einem (n-m):1 Abfall einstellt. Der Phasenverlauf $\varphi(\omega)$ beginnt entsprechend mit einem Phasenwinkel 0° bzw. $\pm 90^o$ und mündet für großes ω in den Wert $-(n-m) \cdot 90^o$ ein.

4.6 Auswertung des Nyquist-Kriteriums im Bode-Diagramm

4.6.1 Formulierung des Stabilitätskriteriums

Wir wollen nun die Frequenzkennlinien von $-F_o(j\omega)$ zur Stabilitätsbeurteilung für den geschlossenen Kreis heranziehen. Zu diesem Zweck interpretieren wir die Aussagen des Nyquist-Kriteriums ausgehend von der Ortskurven-Darstellung in die Bode-Diagramm-Darstellung von $-F_o(j\omega)$ um. Betrachten wir dazu Bild 4.25, wo wir zwei unterschiedliche $-F_o(j\omega)$-Ortskurven und die entsprechenden Frequenzkennlinien $A(\omega)$ und $\varphi(\omega)$ aufgetragen haben.

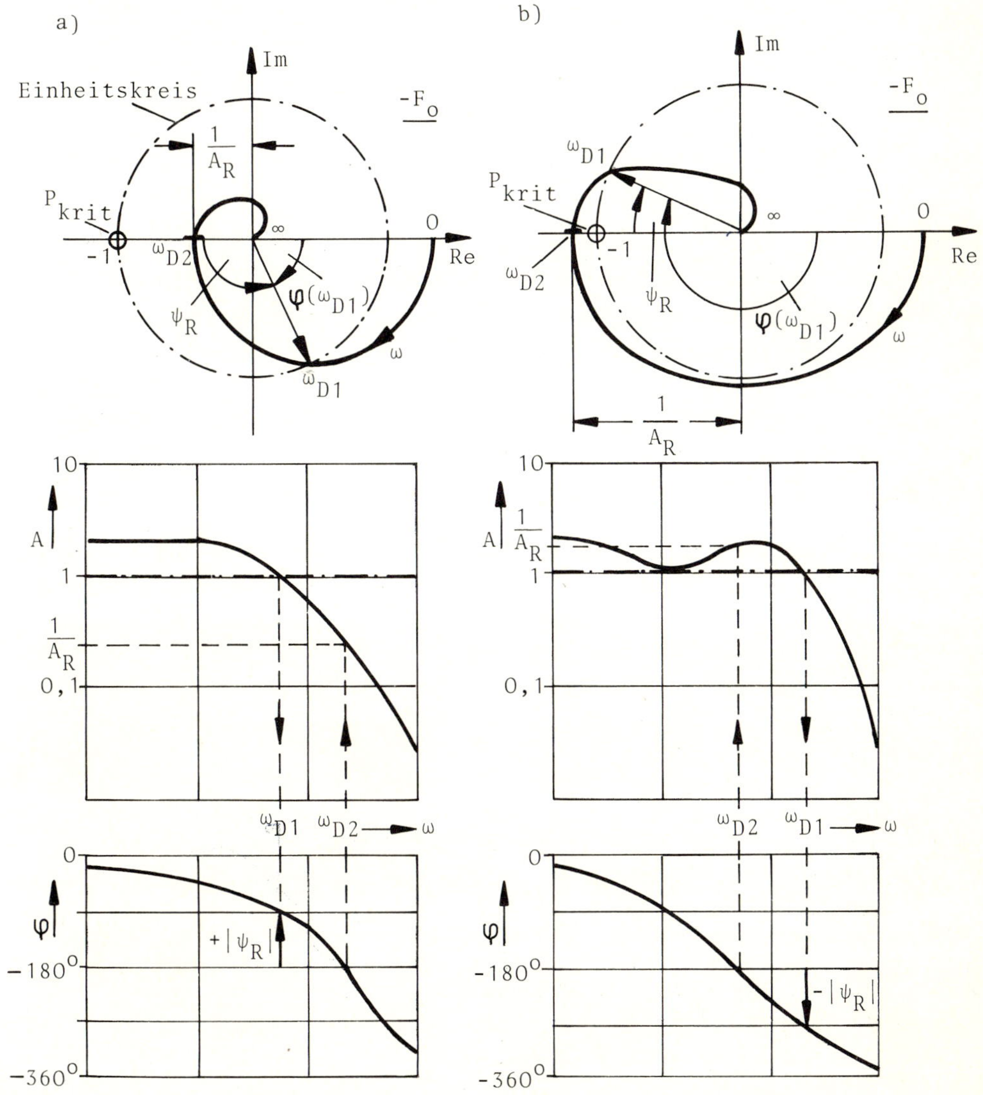

Bild 4.25: Zur Auswertung des Nyquist-Kriteriums im Bode-Diagramm

Nehmen wir stabiles Verhalten des offenen Kreises an ($n_a = n_r = 0$), dann wird auch der dem Teilbild a) zugrundeliegende Regelkreis stabil sein, da die Ortskurve die Bedingung $\Delta\phi_{ist} = \Delta\phi_{soll} = 0^o$ erfüllt bzw. die Linke-Hand-Regel zutrifft. In ähnlicher Weise läßt sich der rechts skizzierte Fall als instabil erkennen. Sehen wir uns zusätzlich die relative Lage der Ortskurven zum eingezeichneten Einheitskreis an, dann erkennen wir im stabilen Fall, daß die von außerhalb kommende Ortskurve bei der (Amplituden-)Durchtrittsfrequenz ω_{D1} den Einheitskreis und bei der (Phasen-)Durchtrittsfrequenz $\omega_{D2} > \omega_{D1}$ die negativ reelle Achse schneidet, um für $\omega \rightarrow \infty$ in den Ursprung der $-F_o$-Ebene einzulaufen.

Im instabilen Fall erfolgt dagegen dieser Ablauf in umgekehrter Reihenfolge, d.h. die Ortskurve schneidet zunächst die reelle Achse und anschließend den Einheitskreis mit der Folge, daß nun gilt

$$\omega_{D2} < \omega_{D1} \,. \tag{4.74}$$

Anschaulich läßt sich also aus der Ortskurven-Darstellung auf folgendes einfache Frequenzkennlinien-Stabilitätskriterium schließen:

"Der geschlossene Regelkreis zu $-F_o(j\omega)$ ist stabil, wenn für die Durchtrittsfrequenzen gilt:

$$\omega_{D1} < \omega_{D2} \,, \tag{4.75}$$

wobei

ω_{D1} die Amplituden-Durchtrittsfrequenz, definiert durch

$$|-F_o(j\omega_{D1})| = A(\omega_{D1}) = 1 \,, \tag{4.76}$$

ω_{D2} die Phasen-Durchtrittsfrequenz, definiert durch

$$\text{arc}\,(-F_o(j\omega_{D2})) = \varphi(\omega_{D2}) = -180^o \tag{4.77}$$

ist".

Betrachten wir nun die Frequenzkennlinien-Darstellung in Bild 4.25, dann sehen wir, daß dieses Kriterium dort außerordentlich einfach zu überprüfen ist. Wir gehen im Amplitudendiagramm auf der Linie A=1 ($\hat{=}$ Abbildung des Einheitskreises aus Ortskurven-Ebene) nach rechts bis zum Schnittpunkt mit $A(\omega)$ und markieren dann auf der ω-Achse das zugehörige ω_{D1}. Entsprechend verfahren wir im Phasendiagramm, indem wir auf der Linie $\varphi = -180^o$ nach rechts gehen und dann ω_{D2} markieren. Die relative Lage von ω_{D1} und ω_{D2} entscheidet dann über die Stabilität.

Allerdings sei an dieser Stelle angemerkt, daß das bisher durch anschauliche Betrachtung $-F_o(j\omega)$-Ortskurven und der zugehörigen Frequenzkennlinien hergeleitete Stabilitätskriterium nicht uneingeschränkt anwendbar ist. Eine genauere mathematische Analyse zeigt, daß es vielmehr in dieser einfachen Form nur auf Übertragungsfunktionen des offenen Kreises zutrifft, die folgende Eigenschaften haben

$$-F_o(p) = \frac{Z_o(p)}{N_o(p)} e^{-pT_t} = \frac{K_o}{p^n} \cdot \frac{1+\ldots\ldots}{1+\ldots\ldots} \cdot e^{-pT_t} \tag{4.78}$$

mit $K_o > 0, \quad T_t \geq 0$

sowie $m_o < n_o = n_1 + n_a + n_r$,

$n_r = 0, \quad n_a \leq 2$ im Ursprung.

Sehen wir vom Totzeitanteil in $-F_o$ ab, so werden durch diese Festlegungen stabile Übertragungsfunktionen des offenen Kreises (n_r=0) mit globalem P-, I- oder I_2-Verhalten (n_a=0;1;2) erfaßt, deren Amplitudengang im übrigen dem Wert $A(\infty) = 0$ zustrebt ($m_o < n_o$). Darüber hinaus müssen wir noch darauf achten, daß $A(\omega)$ die Linie A=1 nur einmal schneidet und der Phasengang für $A(\omega) \geq 1$ im Bereich $+180^o > \varphi(\omega) > -540^o$ verläuft.

Diese genannten Einschränkungen schließen insbesondere solche $-F_o$-Funktionen aus, die zu einem mehrfachen Auftreten von Durchtrittsfrequenzen $\omega_{D1,2}$ führen. Allerdings ist es möglich, die Formulierung des Frequenzkennlinien-Stabilitätskriteriums so zu erweitern, daß dadurch alle, im Nyquist-Kriterium in Ortskurvendarstellung (Abschnitt 4.4.4) zugelassenen $-F_o$-Funktionen erfaßt werden. Bezüglich entsprechender Einzelheiten und Beweisführungen sei auch hier wieder auf die einschlägige Spezialliteratur verwiesen [3].

4.6.2 Phasen- und Amplitudenrand

Gehen wir noch einmal zu den Bildern 4.25 zurück, so können wir daraus leicht äquivalente Aussagen zur oben genannten Bedingung finden. So haben wir in den Ortskurven-Bildern jeweils einen Winkel ψ_R zwischen der negativ reellen Achse der $-F_o$-Ebene und dem Zeiger $-F_o(j\omega_{D1})$ eingetragen. Wir bezeichnen diesen Winkel ψ_R, dessen Vorzeichen den üblichen mathematischen Gepflogenheiten entspricht, als Phasenrandwinkel oder Phasenreserve. Für Stabilität muß offenbar

$$\psi_R > 0 \tag{4.79}$$

gelten. Ferner haben wir in den Ortskurven-Darstellungen den Wert

$$|-F_o(j\omega_{D2})| = 1/A_R \tag{4.80a}$$

bezeichnet. Anschaulich gesprochen ist der Amplitudenrand oder die Amplitudenreserve A_R derjenige Verstärkungswert, der zusätzlich in den aufgetrennten Kreis eingefügt, den geschlossenen Kreis gerade an die Stabilitätsgrenze bringt. Gemäß Gl. (4.80a) gilt nämlich

$$A_R \cdot |-F_o(j\omega_{D2})| = 1 \; , \tag{4.80b}$$

d.h. die durch A_R zentrisch gestreckte oder gestauchte Ortskurve $-A_R F_o$ durchdringt jetzt den kritischen Punkt P_{krit}. Aus der Anschauung folgt dann, daß im Hinblick auf Stabilität

$$1/A_R < 1 \text{ bzw. } A_R > 1 \tag{4.81}$$

gelten muß. Damit erhalten wir für stabiles Verhalten des geschlossenen Kreises neben der aus Gl. (4.75) bekannten Bedingung

$$\omega_{D1} < \omega_{D2} \tag{4.82a}$$

die äquivalenten Forderungen

$$\psi_R > 0 \text{ oder } A_R > 1 \; , \tag{4.82b}$$

und wir stellen ferner fest, daß an der Stabilitätsgrenze

$$\omega_{D1} = \omega_{D2} \text{ und } \psi_R = 0^o \text{ und } A_R = 1 \tag{4.83}$$

gelten muß.

Entsprechende Eintragungen in den Frequenzkennlinien-Bildern 4.25 veranschaulichen die Bedeutung dieser Größen im Bode-Diagramm und zeigen, daß die Beziehungen (4.82) auch dort sehr einfach überprüft werden können.

Beispiel 4.13: Der aus Beispiel 4.8 bekannte Regelkreis soll mittels Frequenzkennlinien-Verfahren auf Stabilität untersucht werden. Es gilt

$$-F_o(j\omega) = \frac{K_R}{2\cdot j\omega}\cdot\frac{1}{2+2j\omega+(j\omega)^2}$$

bzw. nach Umschreiben des PT_2-Anteils in die Normalform gemäß Gl. (4.69)

$$-F_o(j\omega) = \frac{K_R}{4\cdot j\omega}\cdot\frac{2}{2+2j\omega+(j\omega)^2} .$$

Wir tragen zunächst die Frequenzkennlinien des I-Gliedes incl. des Faktors $K_R/4$, wobei wir vorläufig $K_R=1$ annehmen, in das Bode-Diagramm, Bild 4.26, ein. Für $A_I(\omega)$ erhalten wir eine 1:1 abfallende Gerade mit $A_I(1) = K_R/4 = 1/4$; $\varphi_I(\omega)$ beträgt konstant -90°. Die Kennwerte des PT_2-Gliedes sind

$$\omega_o = \sqrt{2} = 1,41; \quad D = \sqrt{2}/2 \approx 0,7 ,$$

so daß wir Bild 4.22 $A_{PT_2}(\omega)$ und $_{PT_2}(\omega)$ entnehmen können. Für den vorliegenden Dämpfungsgrad kann $A_{PT_2}(\omega)$ sogar recht gut durch zwei Asymptoten angenähert werden: für $\omega < \omega_o$ durch $A_{PT_2}(\omega) \approx 1$ und für $\omega > \omega_o$ durch eine 2:1 fallende Gerade durch $A(\omega_o) = A(1,41) = 1$. Entnehmen wir noch aus Bild 4.22 den exakten Wert $A_{PT_2}(\omega_o) = \sqrt{2}/2$ und vermerken diesen ebenfalls in Bild 4.26, so reichen diese Angaben bereits aus, um den exakten Verlauf von $A_{PT_2}(\omega)$ freihand zu skizzieren; $\varphi_{PT_2}(\omega)$ entnehmen wir punktweise aus dem Phasendiagramm, Bild 4.22.

Wir summieren nun lg A_I und lg $A_{PT_2}(\omega)$ punktweise, wobei wir erkennen, daß $A(\omega)$ anfänglich $A_I(\omega)$ (Gefälle 1:1) und für $\omega > \omega_o$ dem Produkt $A_I(\omega)\, A_{PT_2}(\omega)$ (Gefälle 3:1) folgt. Den Gesamtphasengang erhalten wir am einfachsten durch Einführen einer um -90° verschobenen Achsenbeschriftung (linke φ-Skala in Bild 4.26).

Dem Bode-Diagramm entnehmen wir die Werte

$$\omega_{D1} \approx 0,28, \quad \omega_{D2} \approx 1,4$$

$$\psi_R \approx 70^o , \quad A_R \approx 8,3$$

und erkennen gemäß Stabilitätskriterium Gln. (4.82) den geschlossenen Kreis als stabil. Fügen wir zusätzlich zu $K_R=1$ - unsere bisherige Annahme - ein $A_R=8,3$ in den Kreis ein, so erreichen wir mit

$$K_R = K_{Rkrit} = 1 \cdot A_R \approx 8,3$$

gerade die Stabilitätsgrenze. Dies ist ein Ergebnis, das sich mit dem durch das WOK-Verfahren in Beispiel 4.8 ermittelten $K_{Rkrit}=8$ weitgehend deckt. Tragen wir nun noch die Frequenzkennlinien für

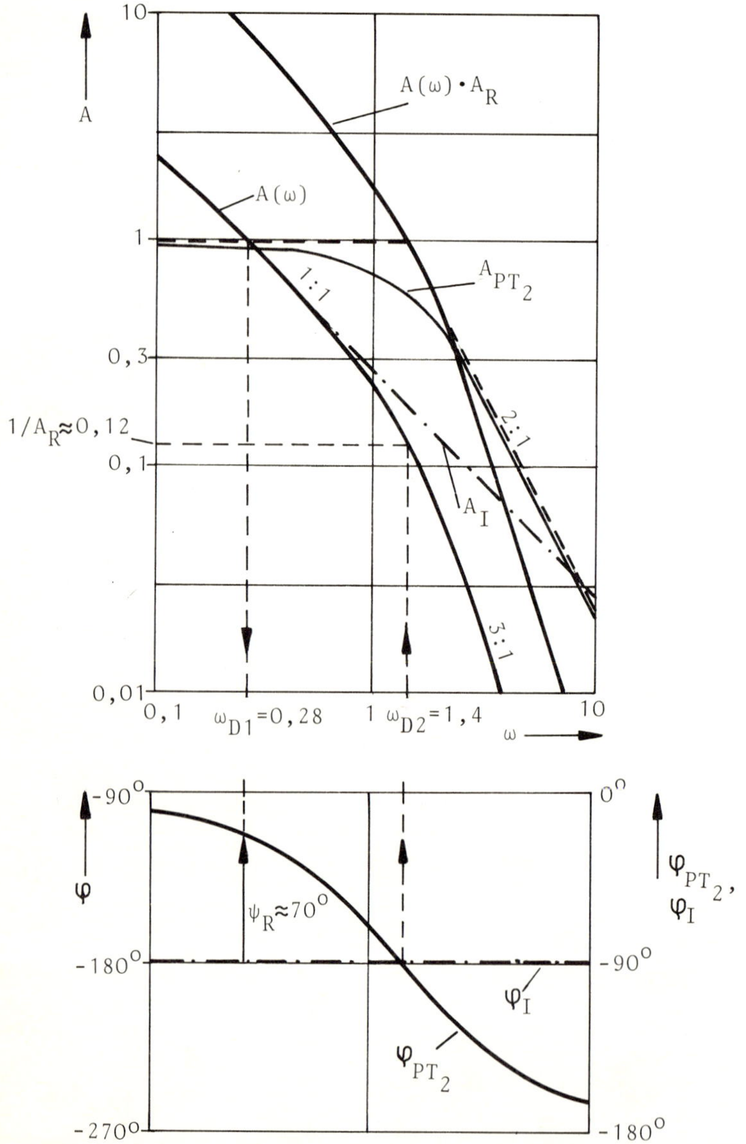

Bild 4.26: Frequenzkennlinien zu Beispiel 4.13

$K_R = K_{Rkrit}$ in das Bode-Diagramm ein, so bedeutet dies, daß das ursprüngliche $A(\omega)$ parallel um den Wert lg 8,3 nach oben verschoben wird und damit den Amplitudengang $A(\omega)\cdot A_R$ liefert, während $\varphi(\omega)$ davon unberührt bleibt. Für diese Frequenzkennlinie **fallen nun** ω'_{D1} und ω'_{D2} zusammen, und zwar im Punkt

$$\omega'_{D1} = \omega'_{D2} = \omega_{D2} = 1{,}4 \ .$$

Das bedeutet, daß der geschlossene Regelkreis die Schwingbedingung $A(\omega'_D)\cdot A_R = 1$ und $\varphi(\omega'_D) = -180^o$ erfüllt und mit $\omega_{krit} = \omega_{D2} = 1{,}4$ schwingen wird; dieses Ergebnis stimmt in etwa mit dem früher berechneten exakten Wert $\omega_{krit} = \sqrt{2}$ überein.

Beispiel 4.14: Für den Regelkreis mit der Übertragungsfunktion

$$-F_o(p) = \frac{10}{1+1{,}8p}\cdot e^{-pT_t}$$

soll geklärt werden, welche Totzeit $T_t \geq 0$ im Kreis zulässig ist, ohne daß dessen Stabilität gefährdet wird. In Bild 4.20 wurden bereits die Frequenzkennlinien des PT_1-Gliedes mit ω_E=0,56 - entsprechend einer Zeitkonstanten T=1,8 - und einem K=1 skizziert. Für K=10 - wie oben angegeben - reicht es, die Werte der A-Skala am linken Rand mit 10 zu multiplizieren. Aus Bild 4.20 können wir dann entnehmen, daß die Linie A=1 bei ω_{D1}=5,6 geschnitten wird und die Phasenreserve ψ_R des PT_1-Gliedes alleine ca. 90° (abgelesen an φ_{PT_1} in Bild 4.20) beträgt.
Diese Phasenreserve ψ_R steht nun maximal dem Totzeitglied im Kreis zur Verfügung, da sich am Gesamtamplitudengang wegen

$$A_{T_t}(\omega) = 1$$

nichts ändert und nur der Phasengang von $\varphi_{PT_1}(\omega)$ um $\varphi_{T_t}(\omega) = -\omega T_t$ auf

$$\varphi(\omega) = \varphi_{PT_1}(\omega) + (-\omega T_t)$$

ergänzt wird.
Die Phasenreserve ψ_R der Gesamtordnung schrumpft dann auf 0° zusammen bzw. $\varphi(\omega)$ nimmt den Wert -180° an, wenn

$$-180^o = \varphi_{PT_1}(\omega_{D1}) - \omega_{D1}\cdot T_{tmax}$$

beträgt. Mit den oben genannten Werten erhalten wir

$$-180^{\circ} \approx -90^{\circ} -5{,}6 \cdot T_{tmax}$$

und damit für Stabilität des Kreises die Bedingung

$$T_t < \frac{\pi}{2 \cdot 5{,}6} = 0{,}28 \; .$$

Überprüfen wir dieses Ergebnis, indem wir die für den gleichen Fall früher erstellte Stabilitätskarte, Bild 4.16, zuhilfe nehmen, so entnehmen wir für die Grenzkurve bei $K_{okrit}=10$ ein Verhältnis $T_t/T = 0{,}15$. Mit dem oben ermittelten Wert für T_{tmax} und dem vorgegebenen $T=1{,}8$ gilt hier

$$\frac{T_{tmax}}{T} = \frac{0{,}28}{1{,}8} = 0{,}16 \; .$$

Der Vergleich beider Ergebnisse demonstriert, daß mit dem Frequenzkennlinien-Verfahren hinreichend genaue Stabilitätsaussagen zu erzielen sind.

Fassen wir zusammen, so bietet das Frequenzkennlinien-Verfahren eine sehr bequeme Möglichkeit der Auswertung des Nyquist-Stabilitätskriteriums. Das umständliche Zeichnen von Ortskurven wird in den meisten Fällen durch das Skizzieren von Geradenzügen ersetzt, die auch abhängig von gewissen freien Parametern leicht modifiziert werden können. Damit wird es möglich, den Einfluß der für die Stabilität des geschlossenen Kreises maßgebenden Kenngrößen des offenen Kreises sowohl qualitativ wie quantitativ abzuschätzen.

Die Vereinfachungen, die das Frequenzkennlinien-Verfahren für die Stabilitätsanalyse mit sich bringt, wären allerdings nicht Grund genug, um sich mit der Bode-Diagramm-Darstellung von $-F_0(j\omega)$ in der Ausführlichkeit zu beschäftigen, wie wir es hier getan haben. Die Frequenzkennlinien-Darstellung eignet sich jedoch zu sehr viel weitergehenden Aussagen über das Regelkreisverhalten als nur seine Stabilität betreffend. Wir wollen im folgenden Kapitel darauf näher eingehen.

5 Entwurf des Regelkreisverhaltens

5.1 Vorbemerkungen

Unter Regelkreisentwurf verstehen wir die Festlegung von Reglerstruktur und -parameter im Hinblick auf ein gewünschtes, vorgegebenes Verhalten des geschlossenen Regelkreises. Bereits in Abschnitt 3.4 hatten wir uns mit der Reglerauswahl im Hinblick auf bestimmte stationäre wie dynamische Regelkreis-Eigenschaften beschäftigt. Für einfachere Regelstrecken mit P- oder I-Verhalten haben wir auch bereits in geringem Umfang Aussagen zur zweckmäßigen Festlegung der Reglerparameter machen können. In diesem Kapitel wollen wir nun einige grundsätzliche Wege zum systematischen Entwurf auch komplizierterer Regelkreise besprechen. Dabei werden wir zeigen, wie wir mit Hilfe des Frequenzkennlinien- und WOK-Verfahrens durch systematisches Probieren (trial-and-error) iterativ zu einem maßgeschneiderten Entwurf des Regelkreisverhaltens und insbesondere des zugehörigen Reglers gelangen. Wir werden beispielhaft erklären, wie auch mit Hilfe der mathematischen Optimierung ein Regelkreisentwurf möglich ist. Daran anschließend gehen wir noch auf sogenannte Einstellregeln für Reglerparameter ein, mit denen bei einfacheren Regelungen aufgrund mehr oder weniger guter Informationen über die Eigenschaften der Regelstrecke eine schnelle Dimensionierung der Reglerdaten möglich ist. Die aufgrund solcher Einstellregeln gewonnenen Daten können aber auch als Grundlage des detaillierteren Entwurfs mit einem der erstgenannten Verfahren dienen. Schließlich wollen wir zeigen, wie wir auch mit strukturellen Maßnahmen, die das Konzept der einschleifigen Regelung vielfältig erweitern, Verbesserungen des Regelkreisverhaltens erzielen können.

5.2 Anforderungen an den Regelkreisentwurf

Unabhängig von der speziellen regelungstechnischen Aufgabenstellung und dem gewählten Entwurfsverfahren hat die Regeleinrichtung stets die Aufgabe, bestimmte Forderungen an das Kreisverhalten zu realisieren.

Diese schon mehrfach erwähnten Forderungen lassen sich wie folgt zusammenfassen:

- Sicherstellen der Stabilität im Regelkreis auch bei möglichen Veränderungen der Daten der Regelstrecke;
- Erzielen eines definierten stationären und
- eines definierten dynamischen Verhaltens im Hinblick auf die für die Regelaufgabe typischen Führungs- oder/und Störgrößenanregungen;
- Minderung des Einflusses von Störungen im Rückführzweig, wie z.B. Meßrauschen etc.

5.3 Systematische Probierverfahren zum Regelkreisentwurf

5.3.1 Entwurf mittels Frequenzkennlinien

Bei diesem Verfahren gehen wir von den rechnerisch oder experimentell ermittelten Frequenzkennlinien einer Regelstrecke aus, die im Rahmen der bekannten Standard-Regelkreisstruktur, Bild 5.1, geregelt werden soll. Strecke und Regler ergeben zusammen die Frequenzgangfunktion des aufgeschnittenen Kreises

$$-F_o(j\omega) = \underbrace{F_R(j\omega)}_{\text{in Grenzen wählbar}} \cdot \underbrace{F_S(j\omega)}_{\text{fest vorgegeben}} \quad , \qquad (5.1)$$

die im Hinblick auf die oben aufgestellten Forderungen bestimmten Bedingungen genügen muß. Wir schließen also von der Frequenzgangfunktion des offenen Kreises auf die Eigenschaften des geschlossenen Regel-

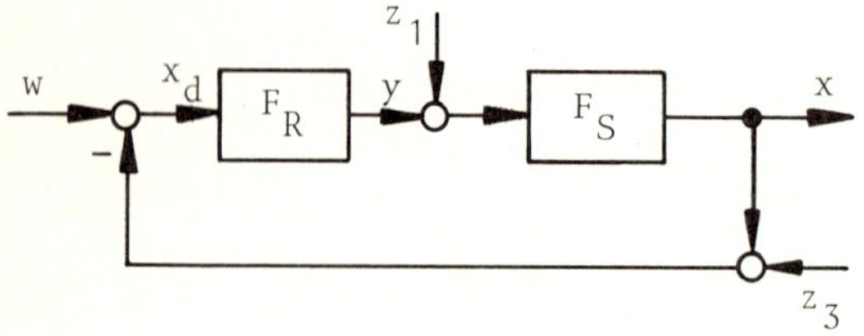

Bild 5.1: Einschleifiger linearer Standard-Regelkreis

kreises. Im folgenden wollen wir die für den Entwurf maßgebenden Bedingungen zusammenstellen und anhand von Bild 5.2 erläutern. Dabei gehen wir in der Regel von der Vorstellung aus, daß die in Bild 5.2 eingetragenen Frequenzkennlinien zunächst einmal die der Regelstrecke sind, die durch Hinzufügen von Regler-Frequenzkennlinien zu geeigneten Frequenzkennlinien von $-F_o(j\omega)$ ergänzt werden müssen.

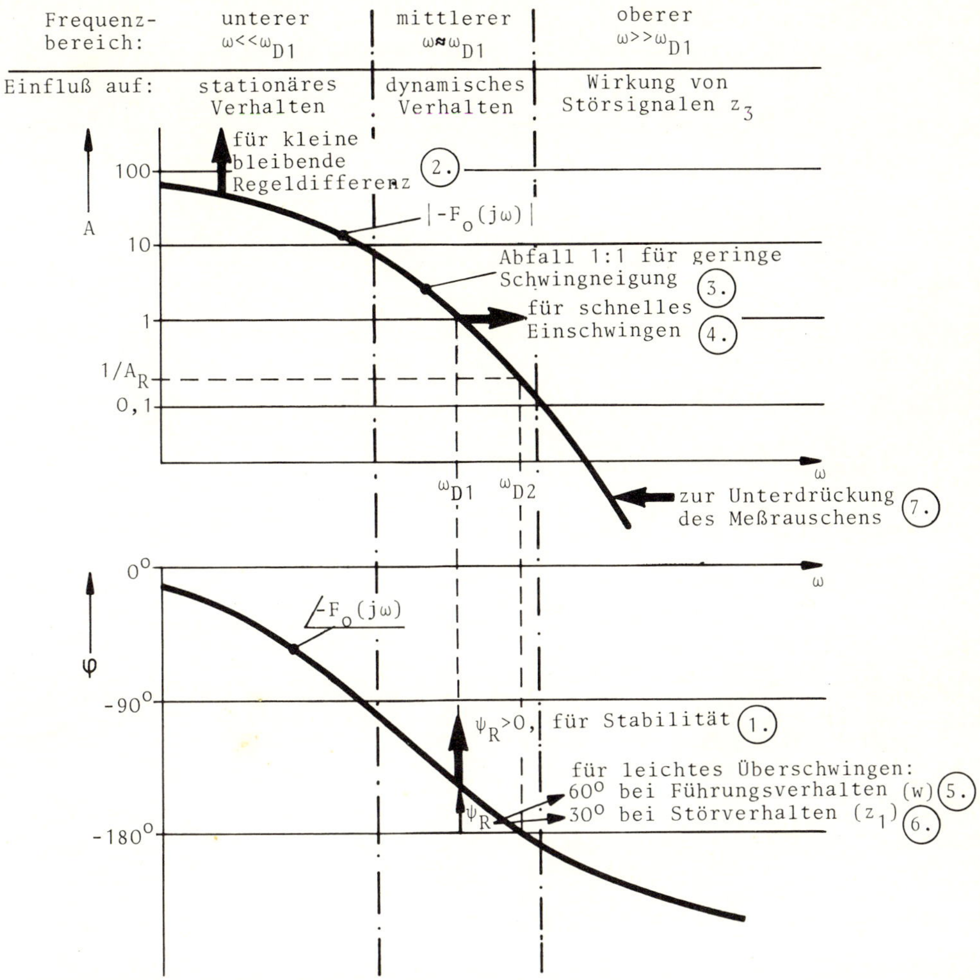

Bild 5.2: Reglerentwurf mit Frequenzkennlinien

Bezüglich $|-F_o(j\omega)|$ unterscheiden wir ferner die in Bild 5.2 markierten Frequenzbereiche, von denen jeder eine ganz spezifische Bedeutung für das Regelkreisverhalten hat.

a) Stabilität

Im Hinblick auf Stabilität muß, wie aus Abschnitt 4.6.2 bekannt, bei ω_{D1} die Phasenreserve $\psi_R > 0$ sein (siehe (1.) in Bild 5.2).

b) Gutes stationäres Verhalten

Allgemein gilt im Regelkreis gemäß Bild 5.1 folgender Zusammenhang

$$x_d(p) = \frac{1}{1-F_o}\, w(p) + \frac{-F_S}{1-F_o}\, z_1(p) + \frac{-1}{1-F_o}\, z_3(p) \quad . \qquad (5.2)$$

Ein gutes stationäres Verhalten, d.h.

$$x_d(t\to\infty) \to 0$$

erfordert bekanntlich ein

$$|-F_o(p=0)| = |-F_o(j0)| = |F_R F_S(j0)| >> 1 \ .$$

D.h. wir müssen, wie in Abschnitt 3.4.2 besprochen, durch Wahl eines geeigneten Reglers dafür sorgen, daß

$$|-F_o(j\omega)| >> 1 \quad \text{für } 0 \leq \omega << \omega_{D1} \tag{5.3}$$

wird (2.) .

c) Gutes dynamisches Verhalten

Ein Einschwingen mit geringer Schwingneigung auf Führungs- und Störgrößenänderungen (z_1) wird erreicht, wenn

$$|-F_o(j\omega)| \approx \frac{1}{\omega/\omega_{D1}} \quad \text{für } 0{,}5\omega_{D1} < \omega < 5\omega_{D1} \ , \tag{5.4}$$

d.h. $A(\omega) = |-F_o(j\omega)|$ sollte im Bereich der Amplitudendurchtrittsfrequenz einen 1:1-Abfall aufweisen, also weder zu steil noch zu flach abfallen (3.) . Erfüllt $F_S(j\omega)$ diese Bedingung nicht, so muß durch den Regler, also $F_R(j\omega)$, eine entsprechende Korrektur von $-F_o(j\omega)$ erfolgen.

Aus Bild 5.2 entnehmen wir ferner, daß ω_{D1} ein Maß für die Bandbreite von $-F_o(j\omega)$ ist, also die Breite des Frequenzbandes umreißt, für das $A(\omega) \geq 1$ ist. Zwischen Bandbreite und Einschwingzeit eines Systems bestehen enge Zusammenhänge. So kann, falls im Bereich ω_{D1} der oben erwähnte 1:1-Abfall von $A(\omega)$ vorliegt, das Einschwingverhalten des geschlossenen Regelkreises durch eine Ersatzzeitkonstante (Äquivalenz zu einem PT_1-System mit $T=1/\omega_E$)

$$\tilde{T} = \frac{1}{\omega_{D1}} \tag{5.5a}$$

abgeschätzt werden. Da die Einschwingzeit bei PT_1-Systemen 3T beträgt, läßt sie sich hier entsprechend zu

$$T_{Ein} \approx 3 \cdot \tilde{T} = \frac{3}{\omega_{D1}} \tag{5.5b}$$

angeben. Eine Beschleunigung des Einschwingens erfordert also ein Vergrößern von ω_{D1} durch Anheben von $|-F_o(j\omega)|$ im Bereich der Durchtrittsfrequenz (4.) . Da die Phasenreserve ein Maß für die Dämpfung von Einschwingvorgängen ist, sollte für ein überschwingungsarmes Führungsverhalten

$$50^o < \psi_R < 70^o \tag{5.6a}$$

gelten (5.) und für aperiodisches Verhalten sogar

$$\psi_R \geq 80^o \tag{5.6b}$$

angestrebt werden. Für ein befriedigendes Verhalten bei Störungen z_1 reicht dagegen bereits ein

$$\psi_R = 30^o \tag{5.7}$$

aus (6.) .

d) Minderung des Einflusses von Störsignalen z_3

In Abschnitt 3.3.3 hatten wir bereits ausführlich die nachteilige Wirkung von Störungen im Rückführzweig eines Regelkreises diskutiert. Ist jedoch $z_3(t)$ verglichen mit den Signalen $w(t)$ und $z_1(t)$ ein mehr oder weniger breitbandiges, aber "hochfrequentes" Störsignal, so kann sein Einfluß durch einen steilen Abfall von $A(\omega)$ im "oberen Frequenzbereich" $\omega >> \omega_{D1}$ wesentlich gemindert werden. Störsignale dieser Art treten häufig im Zusammenhang mit der Messung der Regelgröße auf und werden als Meßrauschen bezeichnet. Wir können sie vereinfacht als Gemisch sinusförmiger Signale

$$z_3(t) = \sum_i \hat{z}_{3i} \cdot \sin(\omega_i t + \varphi_i) \tag{5.8}$$

auffassen. Ihre Wirkung innerhalb des Regelkreises läßt sich ausgehend von der entsprechenden Übertragungsfunktion in Gl. (3.6b) durch die Beziehung

$$x_i^*(t) = \frac{+F_o(j\omega_i)}{1-F_o(j\omega_i)} \cdot z_{3i}^*(t) \tag{5.9}$$

beschreiben, wobei wir wieder wie in Gl. (2.109) statt reeller Sinussignale komplexe harmonische Signale verwenden. Liegen die Kreisfrequenzen der Störsignale im Bereich $\omega_i >> \omega_{D1}$, dann gilt, da hier sicher $|+F_o(j\omega_i)| = A(\omega_i) < 1$ ist, die Näherung

$$x_i^*(t) \approx +F_o(j\omega_i)\cdot z_{3i}^*(t)$$

bzw.

$$|x_i(t)| = |x_i^*(t)| \leq A(\omega_i)\cdot\hat{z}_{3i} \ . \tag{5.10}$$

Daraus entnehmen wir, daß der Störeinfluß von $z_3(t)$ umso wirkungsvoller bekämpft wird, je besser es uns gelingt, die Bedingung

$$A(\omega) << 1 \quad \text{für } \omega >> \omega_{D1} \tag{5.11}$$

zu erfüllen (7.) .

Wollen wir nun alle oben genannten Bedingungen simultan beim Regler- bzw. Regelkreisentwurf erfüllen, so ist dies immer nur im Rahmen eines Kompromisses möglich. So können wir einen Regler sicher nicht so auslegen, daß er gleichzeitig durch einen Phasenrand $\psi_R = 60^o$ gutes Führungsverhalten und durch $\psi_R = 30^o$ gutes Störverhalten garantiert. Vielmehr werden wir einen Kompromißwert von z.B. $\psi_R = 45^o$ wählen oder auf die Erfüllung der einen zugunsten der anderen möglicherweise wichtigeren Forderung verzichten müssen.

Anhand zweier einfacher Entwurfsbeispiele werden wir nun die Anwendung und Auswertung der verschiedenen Entwurfsbedingungen etwas genauer besprechen.

Beispiel 5.1: Ein hydraulischer Servoantrieb für eine Werkzeugmaschine mit

$$F_S(p) = \frac{1}{p(1+3p)} \tag{5.12}$$

soll ein gutes Führungsverhalten insbesondere bei rampenförmigen Signalen $w(t) = w_o\cdot t\cdot\sigma(t)$ aufweisen. Die bleibende Regeldifferenz bei Rampenanregung ist zu

$$x_d(\infty) \leq 0,1\ w_o \tag{5.13}$$

vorgeschrieben. Zur Spezifizierung der dynamischen Eigenschaften des Regelkreises sei ein $\psi_R \geq 45^o$ gefordert.

Verwenden wir einen einfachen P-Regler

$$F_R'(p) = K_P$$

zur Bewältigung der Regelaufgabe, dann dürfen wir gemäß Tabelle 3.1 bei sprungförmigem w mit $x_d(\infty) = 0$, bei rampenförmigem w mit einem Geschwindigkeitsfehler

$$x_d(\infty) = \frac{1}{K_S \cdot K_P} \cdot w_o \qquad (5.14)$$

rechnen. Wählen wir für das gegebene $K_S=1$ ein $K_P \geq 10$, so läßt sich $x_d(\infty)$ innerhalb der durch Gl. (5.13) spezifizierten Grenzen halten.

Skizzieren wir nun die Frequenzkennlinien von

$$-F_o'(p) = F_R' \; F_S(p) = 10 \cdot \frac{1}{p(1+3p)} \quad , \qquad (5.15)$$

so entnehmen wir Bild 5.3

$$\omega_{D1}' \approx 1{,}78 \;, \; \psi_R' \approx 14^o \;. \qquad (5.16)$$

Der sehr kleine positive Phasenrand zeigt zwar Stabilität an; er läßt jedoch auf ein relativ schlecht gedämpftes Einschwingverhalten schließen. Die Übergangsfunktionen dieses Regelkreises in Tabelle 3.5 bestätigen diese Erwartung, da bereits für $K_P=0{,}8$ ein erhebliches Überschwingen auf Führungssprünge zu verzeichnen ist.

Bild 5.3 zeigt ferner, daß ein I-Regler keine Abhilfe bringen kann, da die Phasenkennlinie $\varphi'(\omega)$ damit automatisch um -90° auf Werte $< -180^o$ verschoben würde, was strukturinstabiles Verhalten des Regelkreises anzeigt. Mit einem PI-Regler ließe sich eine gewisse Verbesserung erzielen, da er insbesondere die Forderung an das stationäre Verhalten bei Rampenanregung w automatisch erfüllt, d.h. $x_d(\infty) = 0$ gemäß Tabelle 3.1. Allerdings müssen wir aufgrund unserer früheren Ausführungen und den Ergebnissen aus Tabelle 3.5 mit einem insgesamt trägeren Einschwingverhalten rechnen.
Wir wollen deshalb einen PDT_1- oder phasenanhebenden Regler einsetzen, dessen Frequenzkennlinien uns bereits aus Bild 4.24b bekannt sind. Unser Bestreben ist es, die phasenanhebende Wirkung dieses Reglers so zu nutzen, daß bei etwa konstanter Durchtrittsfrequenz ω_{D1} der Phasenrand auf mindestens 45° gehoben wird.
Die eigentliche Entwurfsaufgabe besteht damit in der geeigneten Festlegung der Reglerparameter K_P, T_V und T. Ohne auf Einzelhei-

ten dieser Wahl einzugehen (hierzu ist ein systematisches Probieren erforderlich), wollen wir zeigen, daß ein Regler

$$F''_R(p) = 10 \cdot \frac{1+0{,}77p}{1+0{,}1p} = 10 \cdot \frac{1+p/1{,}3}{1+p/10} \tag{5.17}$$

in der Lage ist, das Regelkreisverhalten zu verbessern. Wir übertragen zu diesem Zweck die Frequenzkennlinien aus Bild 4.24b sinngemäß in Bild 5.3 und ermitteln die entsprechenden Verläufe von

$$-F''_o(j\omega) = F''_R F_S(j\omega) = \frac{1}{10} F''_R(j\omega) \cdot (-F'_o(j\omega)) \ . \tag{5.18}$$

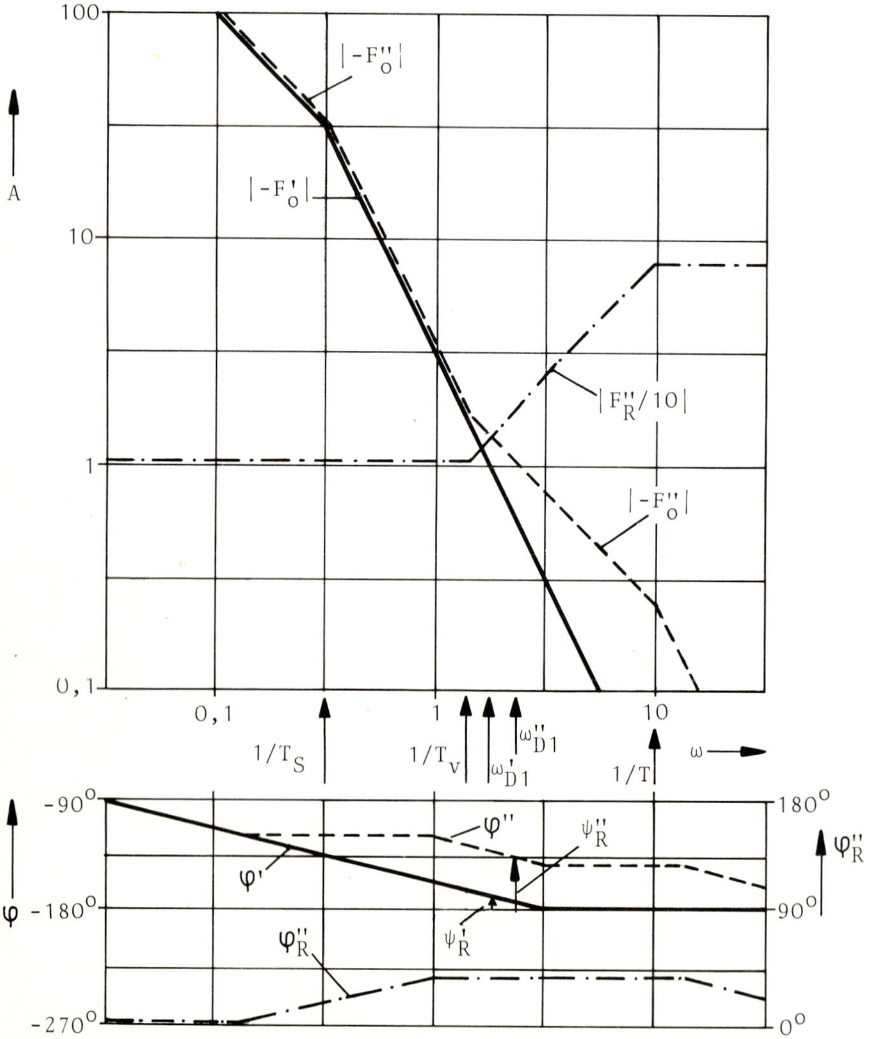

Bild 5.3: Frequenzkennlinien zu Beispiel 5.1

Insgesamt stellen wir neben der gewünschten Erhöhung von ψ_R'' auf ca. 45° eine geringe Verschiebung der Durchtrittsfrequenz auf $\omega_{D1}'' \approx 2$ fest. Ferner zeigt $|-F_o''(j\omega)|$ den gemäß (3.) gewünschten 1:1 Abfall im Bereich von ω_{D1}, was eine Ersatzeinschwingzeitkonstante $\tilde{T}=0,5$ erwarten läßt.

Beispiel 5.2: Zur Verminderung der Schadstoffemission von Verbrennungsmotoren bedient man sich des in Bild 5.4 gezeigten Regelkreises. Die Frequenzkennlinien der Regelstrecke

$$F_S(p) = 2 \cdot \frac{e^{-0,9p}}{1+0,25p} \tag{5.19}$$

haben wir in Bild 5.5 eingetragen.
Typische Anforderungen an das Regelkreisverhalten sind

- $x_d(\infty) = 0$ für sprungförmiges w und z,
- Einschwingzeit des geschlossenen Regelkreises $T_{Ein} \leq 3$,
- aperiodisches Einschwingen.

Das Verschwinden der Regeldifferenz setzt bei einer Strecke mit P-Verhalten einen Regler mit I-Anteil voraus. Zur Verbesserung der dynamischen Verhältnisse wählen wir einen PI-Regler, dessen Frequenzkennlinienverläufe uns bereits aus Bild 4.24a grundsätzlich bekannt sind. Die geforderte Einschwingzeit verlangt gemäß (4.) Bild 5.2 eine Zeitkonstante

$$\tilde{T} = \frac{1}{\omega_{D1}} = \frac{T_{Ein}}{3} \leq 1 \ . \tag{5.20}$$

Für aperiodisches Einschwingen muß der Phasenrand gemäß (5.) Bild 5.2 zu $\psi_R > 80^o$ gewählt werden, was ein $\varphi(\omega_{D1}) = \mathrm{arc}(-F_o(j\omega_{D1})) \geq -100^o$ bedingt.

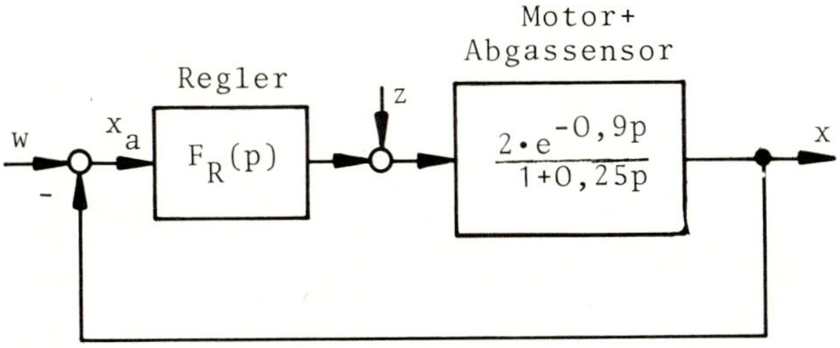

Bild 5.4: Regelkreis zu Beispiel 5.2

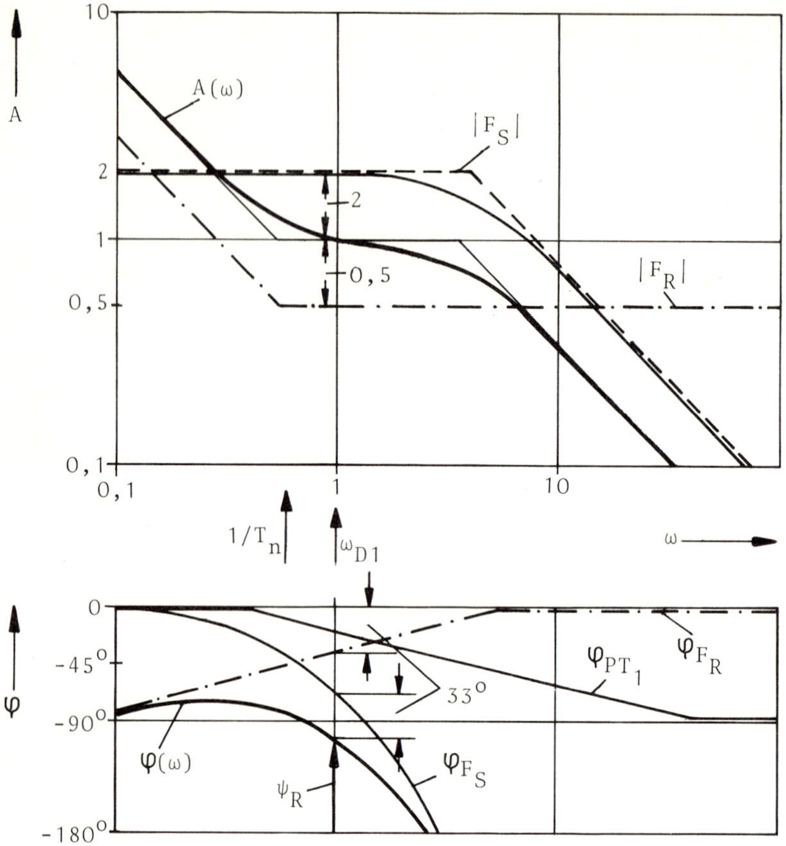

Bild 5.5: Frequenzkennlinien zu Beispiel 5.2

Da $\varphi_{F_S}(\omega_{D1})$ bereits -67° beträgt, darf der zusätzliche Phasenbeitrag des PI-Regers $\varphi_{F_R}(\omega_{D1})$ höchstens -33° betragen, damit ein $\psi_R = 80^\circ$ möglich ist. Schieben wir nun die aus Bild 4.24a bekannten Phasenkennlinien des PI-Reglers im Phasendiagramm von Bild 5.5 entlang der -90°-Linie in ω-Richtung, bis bei ω_{D1} ein $\varphi_{F_R}(\omega_{D1}) \approx -33^\circ$ entsteht, dann wird dadurch die Position der Phasenkennlinie φ_{F_R} in Bild 5.5 fixiert. Bei $\varphi_{F_R} = -45^\circ$ können wir die Frequenz $\omega = 1/T_n \approx 0{,}6$ ablesen und damit die Reglerkonstante zu

$$T_n = 1{,}67$$

festlegen. Der Wert des zweiten Reglerparameters K_P folgt aus dem Amplitudenwert bei der Durchtrittsfrequenz ω_{D1}

$$A(\omega_{D1}) = |-F_o(j\omega_{D1})| = |F_R(j\omega_{D1})| \cdot |F_S(j\omega_{D1})| = 1 \; . \qquad (5.21)$$

Da wir aus Bild 5.5 $|F_S(j\omega_{D1})| \approx 2$ ablesen, muß $|F_R(j\omega_{D1}|$ den Wert 0,5 annehmen, um Gl. (5.21) zu erfüllen. Nachdem aber bereits die Knickfrequenz des Amplitudenganges des Reglers bei $1/T_n = 0{,}6$ festliegt, muß nun durch "Verschieben" der Amplitudenkennlinie $|F_R(j\omega)|$ parallel zur A-Achse dafür gesorgt werden, daß $|F_R(j\omega)|$ bei ω_{D1} durch den A-Wert 0,5 geht. Ein Vergleich mit den Kennlinien in Bild 5.5 und Bild 4.24a zeigt, daß damit $K_p \approx 0{,}5$ wird, so daß wir den folgenden Regler entworfen haben

$$F_R(p) = 0{,}5(1+\frac{1}{1{,}67p}) \ . \tag{5.22}$$

Fügen wir nun noch die Frequenzkennlinien von Regler und Strecke zu $-F_o(j\omega) = F_R(j\omega)F_S(j\omega)$ zusammen, so erhalten wir für den Amplitudengang den skizzierten Geradenzug bzw. die an den Knickpunkten leicht verrundete exakte Kennlinie $A(\omega)$. Die Phasenkennlinie $\varphi(\omega)$ bilden wir als Summe des skizzierten φ_{F_R} und φ_{F_S}. Wir stellen fest, daß alle Forderungen an den Entwurf erfüllt sind, mit Ausnahme der Tatsache, daß wir bei der Amplitudendurchtrittsfrequenz ω_{D1} einen relativ flachen Amplitudendurchtritt zu verzeichnen haben, was Bedingung (3.) Bild 5.2 widerspricht. So müßte durch Simulation des Zeitverhaltens dieses Regelkreises endgültig geprüft werden, ob der entworfene Regler tatsächlich allen Ansprüchen genügt.

Fassen wir zusammen, so stellen wir fest, daß der Entwurf mittels Frequenzkennlinien verschiedene Vor- und Nachteile hat. Vorteilhaft ist sicherlich die Tatsache, daß die verschiedensten, teilweise auch widerstrebenden regelungstechnischen Forderungen innerhalb des gleichen Verfahrens simultan verarbeitet werden können; dies vereinfacht das Schließen von Kompromissen im Hinblick auf die gesuchte Reglerübertragungsfunktion. Liegt die Beschreibung der Regelstrecke erst einmal in Form von Frequenzkennlinien vor, macht es kaum einen Unterschied, ob der Entwurf für eine Regelstrecke hoher oder niedriger Ordnung bzw. mit oder ohne Totzeitanteil durchzuführen ist. Nachteilig ist die Tatsache, daß wir nur immer sehr indirekt aus Phasenrändern, Durchtrittsfrequenzen etc. auf das eigentlich interessierende zeitliche Regelkreisverhalten schließen können. Das Entwurfsergebnis sollte deshalb stets durch eine Überprüfung des tatsächlich erzielten Zeitverhaltens, z.B. durch Simulation, abgesichert werden.

5.3.2 Entwurf mit Hilfe von Wurzelortskurven in der p-Ebene

Erinnern wir uns der früher erworbenen Kenntnisse über die verschiedenen Zusammenhänge zwischen dem Zeitverhalten eines Übertragungsgliedes und den Polen und Nullstellen der zugehörigen Übertragungsfunktion, so können wir dieses Wissen zum gezielten Reglerentwurf in der p-Ebene heranziehen. Betrachten wir dazu die folgenden Beispiele.

Beispiel 5.3: Wir knüpfen an die Angaben zu Beispiel 5.1 an und wollen den dort mit Frequenzkennlinien entworfenen Regler $F_R''(p)$, Gl. (5.17), mit dem WOK-Verfahren überprüfen. Regler und Regelstrekke ergeben zusammen

$$-F_o(p) = K_P \frac{1+0,77p}{p(1+0,1p)(1+3p)} = K_P \cdot 2,57 \cdot \frac{p+1,3}{p(p+10)(p+0,33)}\,, \tag{5.23}$$

wobei wir im Hinblick auf das stationäre Regelkreisverhalten ein $K_P \geq 10$ wählen müssen. Ausgehend von der einzigen Nullstelle von $-F_o$ bei $q_1 = -1,3$ und den drei Polen $p_1 = 0$, $p_2 = -0,33$ und $p_3 = -10$ konstruieren oder berechnen wir mit Hilfe eines entsprechenden Rechenprogrammes die in Bild 5.6 skizzierte WOK mit K_P als Parameter. Mit Hilfe der Regeln aus Tabelle 4.1 vergewissern wir uns leicht der Äste der WOK auf der reellen Achse sowie der Asymptoten durch $p_w = -4,52$ unter den Winkeln $\varphi_{1,2} = \pm 90^o$. Für einige WOK-Punkte, so z.B. für $K_P = 10$, läßt sich leicht das Zutreffen der Phasen- und Betragsbeziehung überprüfen, was uns eine gewisse Sicherheit gibt, vom Rechenprogramm vernünftige Ergebnisse erhalten zu haben. Wir stellen fest, daß der Regelkreis zwar für alle $K_P > 0$ stabil ist, sein Verhalten sich aber entscheidend mit wachsendem K_P von sehr langsamem aperiodischen zu immer schwächer gedämpftem periodischen Verhalten verändert.

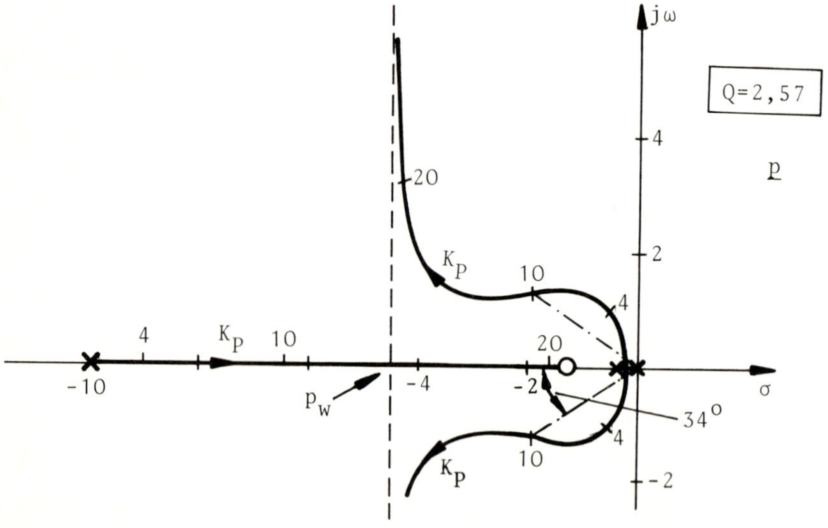

Bild 5.6: Wurzelortskurven zu Beispiel 5.3

Im Hinblick auf das im Rahmen des Beispiels 5.1 gewählte $K_p = 10$ sehen wir, daß der geschlossene Kreis die Pole bei

$$p_{1,2} \approx -1{,}9 \pm 1{,}2j; \quad p_3 = -6{,}5 \tag{5.24}$$

hat. Sie lassen im Sinne der früher definierten Stabilitätsreserven Einschwingvorgänge erwarten, die mit Zeitkonstanten

$$T \leq \frac{1}{|\sigma_{grenz}|} = \frac{1}{1{,}9} = 0{,}53$$

ablaufen und dabei ein

$$D \geq D_{grenz} = \cos 34^{o} = 0{,}83$$

aufweisen. Der Vergleich mit den Werten des Beispiels 5.1 zeigt ferner, daß wir mit dem dort ermittelten $\tilde{T} \approx 0{,}5$ für die bestimmende Zeitkonstante des Regelkreises fast den gleichen Wert wie oben erhalten haben. Der Dämpfungswert 0,83 erscheint allerdings relativ groß, gemessen an der in Beispiel 5.1 festgestellten Phasenreserve $\psi_R'' \approx 45^{o}$. Allerdings haben wir beim Führungsübertragungsverhalten $F_w(p)$ des vorliegenden Regelkreises zu berücksichtigen, daß neben dem komplexen Polpaar bei $p_{1,2}$ die Nullstelle des offenen Kreises bei q_1 dominierend wirkt. Passen wir Gl. (3.5) auf den hier vorliegenden Regelkreis mit $F_r=1$ und $F_v=-F_o$ an, so gilt mit den Polynomen Z_o und N_o von $-F_o$

$$F_w = \frac{Z_o}{N_o+Z_o}, \tag{5.25}$$

wobei wir das hier interessierende Z_o unmittelbar der Gl. (5.23) entnehmen und das Nennerpolynom von F_w aus den Linearfaktoren der mittels WOK für $K_p=10$ bestimmten Pole p_1, p_2 und p_3, Gl. (5.24), aufbauen können. Wir erhalten damit für

$$F_w(p) = 25{,}7 \cdot \frac{p+1{,}3}{(p-p_1)(p-p_2)(p-p_3)}. \tag{5.26}$$

Aus den Ergebnissen des Abschnittes 2.12.2.3 wissen wir jedoch, daß eine Nullstelle in der Nähe eines gut gedämpften Polpaares verstärkend auf das Überschwingen wirkt, was die scheinbare Diskrepanz zwischen $D=0{,}83$ und $\psi_R''=45^{o}$ verständlich macht.

Der WOK entnehmen wir ferner, daß eine Erhöhung von K_p über den Wert 10 den positiven Effekt hat, die Einschwingzeitkonstante $1/|\sigma_{grenz}|$ zu vergrößern, ohne dabei den Dämpfungsgrad zu verringern. Für $K_P \geq 20$ fällt die Polstelle p_3 praktisch mit der Nullstelle q_1 zusammen, so daß für F_w nur ein PT_2-Verhalten übrig bleibt, dessen Dämpfungsgrad dann allerdings mit wachsendem K_P abnimmt.

Beispiel 5.4: Für ein elektrisch angetriebenes Fahrzeug mit

$$F_S(p) = \frac{K_S}{(1+p)(1+0,1p)(1+0,05p)} \tag{5.27}$$

soll ein PI-Regler für die Geschwindigkeitsregelung entworfen werden. F_S ist durch eine "große" und zwei um eine Größenordnung "kleinere" Zeitkonstanten gekennzeichnet. Im ersten Entwurfsschritt kompensieren wir den zur größten Streckenzeitkonstanten gehörenden Pol bei p=-1 durch die Nullstelle des PI-Reglers, d.h.

$$F'_R(p) = K'_P(1+\frac{1}{T_n p}) = \frac{K'_P}{T_n p}(1+T_n p), \quad T_n = 1 . \tag{5.28}$$

Damit bleiben im offenen Kreis zwei "schnelle" reelle Streckenpole und der Reglerpol im Ursprung der p-Ebene übrig. Wir erhalten aus

$$-F'_o(p) = K'_P \frac{K_S}{p(1+0,1p)(1+0,05p)} = K'_P \cdot K_S \cdot 200 \cdot \frac{1}{p(p+10)(p+20)} \tag{5.29}$$

die im Bild 5.7 für ein nominales K_S=10 gestrichelt dargestellte WOK, deren 3 Äste für $K'_P \to \infty$ den unter $\pm\ 60^o$ und 180° durch p'_W=-10 verlaufenden Asymptoten zustreben. Das Verhalten des geschlossenen Kreises ist für $K_P > 0,18$ primär durch ein komplexes Polpaar bestimmt, so daß das Zeitverhalten dem eines PT_2-Gliedes entspricht. Für $K'_P \approx 0,3$ erhalten wir einen Dämpfungsgrad $D = \sqrt{2}\ /2$ (=cos 45°) und damit als minimale Einschwingzeit gemäß Gl. (2.166a)

$$T_{Ein} = \frac{3}{|\sigma_e|} = \frac{3}{3,8} = 0,79$$

Regelstrecken der hier vorliegenden Art haben die Eigenschaft, daß sich der Proportionalbeiwert K_S in gewissen Grenzen arbeitspunktabhängig vergrößert oder verkleinert. Während der Verlauf der WOK von diesen Änderungen unberührt bleibt, ändert sich jedoch die Parametrierung. So bewirkt bei festem K'_P=0,3 ein $K_S > 10$ eine Verschiebung der komplexen Pole nach außen und damit eine Reduzierung von D, während im umgekehrten Fall D vergrößert wird. Ist eine gewisse Invarianz der Eigenschaften des Regelkreisverhaltens gegenüber Parameteränderungen erwünscht, so müssen wir einen anderen Regler mit diesbezüglich günstigeren Eigenschaften entwerfen.

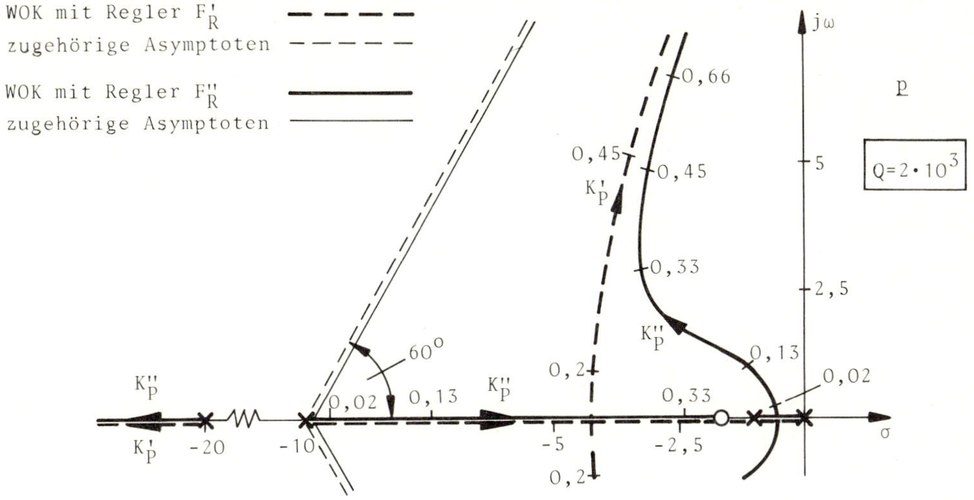

Bild 5.7: Wurzelortskurven zu Beispiel 5.4 für zwei verschiedene Regler

Wir verwenden als Alternative einen PI-Regler, dessen Daten gemäß den in Abschnitt 5.5.3 erklärten Einstellregeln des Symmetrischen Optimums für ein nominales $K_S=10$ dimensioniert wurden. Seine Übertragungsfunktion lautet gemäß Tabelle 5.3 und nach Umschreiben in die Standardform

$$F_R''(p) = K_p'' \frac{1+0,6p}{0,6p}\ , \quad K_p'' = 0,33\ . \tag{5.30}$$

Zusammen mit der Strecke gemäß Gl. (5.27) erhalten wir dann

$$\begin{aligned} -F_o''(p) &= \frac{K_p''\cdot K_S}{0,6}\cdot\frac{1+0,6p}{p(1+p)(1+0,1p)(1+0,05p)} \\ &= K_p''\cdot K_S\cdot 200\cdot\frac{p+1,67}{p(p+1)(p+10)(p+20)}\ . \end{aligned} \tag{5.31}$$

Wir stellen fest, daß dieser Regler zwar eine Nullstelle in der Nähe des "langsamsten" Streckenpoles bei p=-1 anordnet, ihn aber nicht kompensiert. Als Ergebnis erhalten wir die in Bild 5.7 dick ausgezogen eingetragene WOK. Ihre Parametrierung basiert auf dem nominalen $K_S=10$. Wir sehen, daß das Verhalten des geschlossenen Kreises nun durch drei dominierende Pole beherrscht wird, zu denen aus den gleichen Gründen wie im vorausgehenden Beispiel in F_W die Regler-Nullstelle hinzutritt. Für das nominale $K_p''=0,33$ haben wir folglich mit einem - ähnlich wie vorher - "optimal" gedämpften $(D \approx 0,7)$ Polpaar

$$p_{1,2} \approx -3,2 \pm j3$$

sowie jeweils einer reellen Pol- und Nullstelle bei

$$p_3 \approx -2{,}5, \quad q_1 = -1{,}67$$

zu rechnen. Die Nullstelle wird eine Beschleunigung des Einschwingvorganges, aber auch eine - zum Teil jedoch durch die Polstelle p_3 wieder abgeschwächte - Verstärkung des Überschwingens im Führungsverhalten zur Folge haben. Eine detailliertere Analyse - die wir hier nicht durchführen wollen - würde zeigen, daß der von F_R'' bestimmte spezielle WOK-Verlauf eine größere Invarianz des Führungsverhaltens gegenüber Änderungen im K_S der Strecke garantiert. Schließlich bewirkt die für das Einschwingverhalten zwar unwesentliche Polstelle $p_4 \leq -20$ im oberen Frequenzbereich einen steileren Abfall der Frequenzkennlinie $A(\omega)$, als wir es mit dem kompensierenden Regler F_R' erwarten konnten. Dies wirkt sich - wie wir aus entsprechenden Diskussionen im Zusammenhang mit dem Frequenzkennlinien-Verfahren wissen - positiv auf die Fähigkeit des Regelkreises aus, Meßrauschen und dgl. zu vermindern.

Fassen wir zusammen, so stellen wir fest, das uns der Entwurf mittels WOK in der p-Ebene eine Reihe zusätzlicher Informationen zu geben vermag, die im Frequenzkennlinien-Verfahren nicht so unmittelbar sichtbar werden. Dies ist eine Folge der Tatsache, daß mittels Angaben und Überlegungen in der p-Ebene direktere Schlüsse auf das Einschwingverhalten von Regelkreisen möglich sind. Andererseits stellen wir fest, daß wir uns beim Regelkreisentwurf selten auf ein einziges Entwurfsverfahren abstützen können. Vielmehr müssen wir versuchen, die gleiche Entwurfsaufgabe von den verschiedensten Seiten zu durchleuchten, um sie einer in jeder Beziehung befriedigenden Lösung zuführen zu können.

5.4 Entwurf durch Optimieren der Reglerparameter

Aus dem Problemkreis der Regelkreisoptimierung wollen wir hier ein sehr einfaches Problem herausgreifen, nämlich das der Reglerparameter-Optimierung. Nehmen wir dazu an, daß gewisse Vorüberlegungen bereits zur Auswahl eines bestimmten Reglertyps $F_R(p;\, \underline{\pi})$ für die Lösung eines Regelproblems geführt hat, dann bleibt uns die Aufgabe, die freien Reglerparameter $\underline{\pi}$ in geeigneter Weise festzulegen. Da wir stets bestrebt sind, die dynamische Regeldifferenz $x_d(t)$ während eines Regelvorganges für alle Zeiten $t \geq t_o = 0$ möglichst klein zu halten, können wir z.B. als Maß für die Güte einer Regelung die sogenannte quadratische Regelfläche

$$I(\underline{\pi}) = \int_0^\infty x_d^2(t;\ \underline{\pi})dt \tag{5.32}$$

heranziehen. I ist eine Zahl, die im Idealfall = 0, praktisch jedoch stets > 0 sein wird. Ihr absoluter Wert wird, wie wir Gl. (5.32) leicht entnehmen können, selbstverständlich von den freien Reglerparametern $\underline{\pi}$ abhängen. Wir können nun gerade eine solche Wahl von $\underline{\pi}$ anstreben, daß I unter den gegebenen Umständen möglichst klein oder minimal wird. Wir wollen das Vorgehen an Hand eines einfachen Beispiels verdeutlichen.

Beispiel 5.5: Eine Regelstrecke

$$F_S(p) = \frac{2}{p} \tag{5.33}$$

soll mittels eines Reglers

$$F_R(p;\ \underline{\pi}) = \frac{K}{p+\alpha}\ ; \quad \underline{\pi} = [K;\alpha] \tag{5.34}$$

so geregelt werden, daß die quadratische Regelfläche $I(\underline{\pi})$ bei Sprunganregung w möglichst klein wird. Für die Führungsübertragungsfunktion dieses Regelkreises gilt

$$F_w(p) = \frac{2K}{2K+p\alpha+p^2}\ . \tag{5.35}$$

Die L-Transformierte $x_d(p)$ bestimmen wir mit $w(p) = 1/p$ ($z_1=z_3=0$) und gemäß Gl. (5.2) zu

$$x_d(p) = \frac{\alpha+p}{2K+\alpha p+p^2}\ . \tag{5.36}$$

Aufgrund der Parsevalschen Beziehung [1] kann die quadratische Regelfläche I eines Signals

$$x_d(p) = \frac{c_o+c_1p}{d_o+d_1p+d_2p^2}\ , \tag{5.37}$$

dessen "Pole" alle in der linken p-Halbebene liegen (warum?), mit Hilfe der Formel

$$I = \frac{c_1^2 d_o + c_o^2 d_2}{2 d_o d_1 d_2} , \tag{5.38}$$

die eine Funktion der Koeffizienten des Zähler- und Nennerpolynoms von $x_d(p)$ ist, analytisch bestimmt werden. Im vorliegenden Fall führt dies zu

$$I(K,\alpha) = \frac{1^2 \cdot 2K + \alpha^2 \cdot 1}{2 \cdot 2K \cdot \alpha \cdot 1} = \frac{2K+\alpha^2}{4K\alpha} = \frac{1}{2\alpha} + \frac{\alpha}{4K} . \tag{5.39}$$

Wir entnehmen dieser Beziehung, daß ein möglichst großer K-Wert, im Grenzfall

$$K^* \to \infty , \tag{5.40a}$$

und ein endlicher Wert von α für das kleinstmögliche I sorgen. Dieses α bestimmen wir durch Minimisieren von $I(\alpha)$, d.h.

$$\frac{dI}{d\alpha} = -\frac{1}{2\alpha^2} + \frac{1}{4K} = 0$$

zu

$$\alpha^* = \sqrt{2K} . \tag{5.40b}$$

Damit sind die optimalen Reglerparameter im Sinne einer Minimisierung der quadratischen Regelfläche festgelegt. Wir wollen nun prüfen, was dieses Ergebnis, insbesondere die Forderung Gl. (5.40b) anschaulich bedeuten. Setzen wir die optimalen Reglerparameter in Gl. (5.35) ein, dann erhalten wir die Übertragungsfunktionen eines PT_2-Systems mit

$$\omega_o = \sqrt{2K}; \quad D = 0{,}5 . \tag{5.41}$$

Ziehen wir zur Veranschaulichung dieser Werte die Übergangsfunktionen von PT_2-Systemen aus Bild 2.48a heran, so sehen wir, daß diese für D = 0,5 ein deutliches Überschwingen und aufgrund von Bild 2.49a - bei Annahme eines festen ω_o - nicht ganz die minimale Einschwingzeit aufweisen. Allerdings besteht durch die Forderung Gl. (5.40a) die Möglichkeit, $1/\omega_o$ und damit die Einschwingzeit theoretisch beliebig zu verkleinern. Hier werden uns jedoch Probleme im Zusammenhang mit der gerätetechnischen Implementierung des Reglers und Stabilitätsprobleme bedingt durch zusätzliche, parasitäre Verzögerungszeitkonstanten der Strecke gewisse Grenzen setzen, so daß stets $K \leq K^* = \infty$ sein muß.

Dieses Beispiel hat uns einen ersten Einblick in die Möglichkeiten der Anwendung von Optimierungsverfahren zum Regelkreisentwurf gegeben. Für weiterführende Betrachtungen sei auf das speziellere Schrifttum, z.B. [1,12] verwiesen.

5.5 Dimensionierung der Reglerparameter mit Hilfe von Einstellregeln

Die hier genannten Einstellregeln stellen eine typische Auswahl dar. Weitere Einzelheiten können dem Schrifttum, z.B. [8] entnommen werden.

5.5.1 Einstellregeln nach Ziegler und Nichols

Dieses experimentelle Verfahren zur Reglerparameter-Bestimmung eignet sich besonders im Zusammenhang mit linearen Regelstrecken, die ein stark verzögertes, aperiodisches P-Verhalten (S-förmiger Verlauf der Übergangsfunktion) aufweisen, deren mathematische Systembeschreibung jedoch nicht bekannt ist.

Ziegler und Nichols geben eine in vier Schritte gegliederte Methodik zur Dimensionierung der Reglerparameter an:

(1) Die betreffende Regelstrecke betreiben wir (vgl. Bild 5.1) zunächst mit einem reinen P-Regler veränderbarer Verstärkung K_P.

(2) Die Reglerverstärkung K_P erhöhen wir im Experiment solange, bis der Regelkreis bei Erreichen eines Wertes $K_P = K_{Pkrit}$ Dauerschwingungen (konstanter Amplitude) ausführt, Bild 5.8a. Dies bedeutet theoretisch, daß - wie in Bild 5.8b angedeutet - das unbekannte $-F_o(j\omega)$ gerade die Schwingbedingung erfüllt und der Kreis mit der Frequenz ω_{krit} schwingt.

(3) An der entsprechenden Einstellskala des Reglers lesen wir das eingestellte

$$K_P = K_{Pkrit} \tag{5.42a}$$

ab und aus dem Zeitschrieb der Dauerschwingung x(t), Bild 5.8a, entnehmen wir die Periodendauer der Schwingung

$$T_{krit} = \frac{2\pi}{\omega_{krit}} . \tag{5.42b}$$

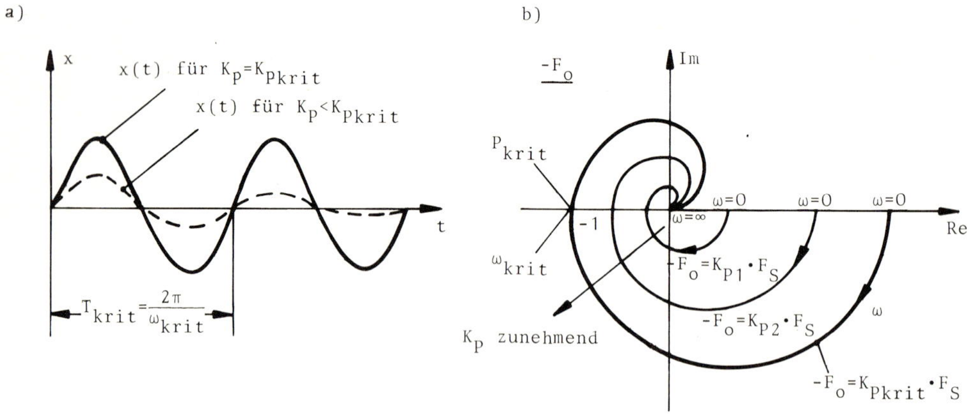

Bild 5.8: Erklärung des Schwingversuches nach Ziegler-Nichols anhand eines Zeitschriebes der Regelgröße (a) und mittels Schwingbedingung (b)

(4) Mit den beiden Kenngrößen K_{Pkrit} und T_{krit} können entsprechend der in Tabelle 5.1 angegebenen Regeln von Ziegler und Nichols die Parameter eines von uns auszuwählenden P-, PI- oder PID-Reglers dimensioniert werden.

Tabelle 5.1: Einstellregeln nach Ziegler-Nichols

Reglertyp	K_P	T_n	T_v
P	$0{,}5 \cdot K_{Pkrit}$	-	-
PI	$0{,}45 \cdot K_{Pkrit}$	$0{,}85 \cdot T_{krit}$	-
PID	$0{,}6 \cdot K_{Pkrit}$	$0{,}5 \cdot T_{krit}$	$0{,}12 \cdot T_{krit}$

Mit den Reglerparametern gemäß dieser Tabelle erhalten wir im allgemeinen ein schwach gedämpftes Regelkreisverhalten, das näherungsweise durch einen äquivalenten Dämpfungsgrad D zwischen 0,2 und 0,4 zu charakterisieren ist. Die Ziegler-Nichols-Regeln eignen sich besonders für die Einstellung von Festwertregelungen, deren Hauptaufgabe bekanntlich im Ausregeln von Störgrößen besteht.

Beispiel 5.6: Nehmen wir an, daß die Beschreibung der Regelstrecke bekannt ist, dann können wir die Ziegler-Nichols Regeln auch zum theoretischen - im Gegensatz zum oben geschilderten experimentell unterstützten - Entwurf heranziehen. Wir betrachten dazu die aus Beispiel 5.2 bekannte Regelstrecke mit ihren Frequenzkennlinien $|F_S|$ und $\varphi_{F_S}(\omega)$ in Bild 5.5. Die Regelstrecke selbst weist einen reziproken Amplitudenrand $1/A_R \approx 1{,}8$ bei einer Phasendurchtrittsfrequenz der Strecke $\omega_{D2} \approx 3$ auf. Da A_R der Verstärkungswert ist, den wir der Regelstrecke hinzufügen müssen, um sie im geschlossenen Kreis an die Stabilitätsgrenze zu bringen, gilt offenbar $K_{Pkrit} = A_R = 0{,}56$, $\omega_{krit} = \omega_{D2}$ bzw. $T_{krit} = \frac{2\pi}{\omega_{D2}} = 2{,}1$.

$$T_{krit} = \frac{2\pi}{\omega_{D2}} = 2{,}1 .$$

Für einen PI-Regler, wie wir ihn auch in Beispiel 5.2 mit dem Frequenzkennlinien-Verfahren dimensioniert hatten, finden nach den Ziegler-Nichols Regeln

$$K_P = 0{,}45 \cdot 0{,}56 = 0{,}25$$

$$T_n = 0{,}85 \cdot 2{,}1 = 1{,}8 .$$

Ein Vergleich mit den Werten in Gl. (5.22) zeigt hinreichende Übereinstimmung.

5.5.2 Reglerdimensionierung basierend auf Ersatzkenngrößen der Übergangsfunktion der Regelstrecke

Nicht jede Regelstrecke darf bzw. kann, wie es beim Verfahren von Ziegler-Nichols notwendig ist, innerhalb eines Regelkreises an die Stabilitätsgrenze gefahren werden. Dieser Tatsache trägt die in diesem Abschnitt geschilderte Methode Rechnung. Sie stützt sich auf die experimentell ermittelte Übergangsfunktion einer Strecke des unter 5.5.1 geschilderten Typs (S-förmiger Verlauf) und approximiert diese, wie in Bild 2.51 (Wendetangenten-Verfahren) gezeigt, durch ein PT_1T_t-Ersatzsystem

$$F_S(p) = \frac{K_S}{1+pT} e^{-pT_t} . \tag{5.43}$$

Mit Hilfe einer aus den Kenngrößen dieses Ersatzsystems gebildeten Hilfsgröße

$$K = K_S \cdot \frac{T_t}{T} \tag{5.44}$$

sowie der (Ersatz-)Totzeit T_t und (Ersatz-)Zeitkonstante T können nach Tabelle 5.2 Reglerparameter für günstiges Führungs- oder Störverhalten berechnet werden. Die angegebenen Parametersätze von Chien, Hrones und Reswick garantieren ein aperiodisches Einschwingen kürzester Dauer.

Tabelle 5.2: Einstellregeln basierend auf Ersatzkenngrößen der Strecken-Übergangsfunktion

Reglertyp	Führung			Störung		
	K_P	T_n	T_v	K_P	T_n	T_v
P	0,3/K	-	-	0,3/K	-	-
PI	0,35/K	$1,2 \cdot T_S$	-	0,6/K	$4 \cdot T_t$	-
PID	0,6/K	$1 \cdot T_S$	$0,5T_t$	0,95/K	$2,4 \cdot T_t$	$0,42 \cdot T_t$

5.5.3 Einstellregeln des Symmetrischen Optimums

Auf den Begriff des Symmetrischen Optimums, der sich auf bestimmte Eigenschaften von Frequenzkennlinien des zugehörigen Regelkreises bezieht, wollen wir hier nicht näher eingehen [6]. Vielmehr sei nur kurz das diesen Einstellregeln zugrundeliegende Prinzip erläutert. Sie sind überall da von Nutzen, wo eine Regelstrecke neben einigen großen (häufig mechanischen) auch mehrere kleine (häufig elektrische) Zeitkonstanten aufweist. Ein typisches Anwendungsfeld ist die Regelung elektrischer Antriebe.

Die Einstellregeln setzen die Kenntnis der Streckenübertragungsfunktion $F_S(p)$ voraus. Ähnlich wie in Abschnitt 2.12.2 besprochen, wird $F_S(p)$ durch ein Ersatzsystem niedrigerer Ordnung angenähert. Nehmen wir z.B. ein

$$F_S(p) = \frac{K_S}{(1+pT_1) \cdot \prod_{\nu=2}^{n} (1+pT_\nu)} \tag{5.45}$$

an mit einer "großen" Zeitkonstanten T_1 und (n-1) "kleinen" Zeitkonstanten T_ν , so nähern wir dieses PT_n-Verhalten durch ein PT_2-Verhalten derart an, daß wir die dominierende Zeitkonstante T_1 beibehalten und den Einfluß aller T_ν durch Bilden einer <u>Summenzeitkonstante</u>

$$T_\Sigma = \sum_{\nu=2}^{n} T_\nu \tag{5.46}$$

berücksichtigen. Das Ergebnis ist dann ein in der Ordnung reduziertes PT_2-Ersatzsystem

$$F_S^*(p) = \frac{K_S}{(1+pT_1)(1+pT_\Sigma)} , \tag{5.47}$$

das dem Reglerentwurf zugrundegelegt wird.

Diese etwas bessere Annäherung von F_S durch F_S^* ist hier erforderlich (vgl. Abschnitt 2.12.2), da die Stabilitätseigenschaften des geschlossenen Regelkreises auch wesentlich von den kleineren Zeitkonstanten T_ν mitbestimmt werden.

Bild 5.9 veranschaulicht die Approximation von F_S durch F_S^* im Rahmen einer p-Ebenen-Betrachtung, wobei Bild 5.9b auch den Pol und die Nullstelle des PI-Reglers ausweist, der in Beispiel 5.4 nach den Regeln des Symmetrischen Optimums, Tabelle 5.3, dimensioniert wurde. Wir stellen fest, daß die Regler-Nullstelle $-1/\tau$ in die Nähe des dominierenden Streckenpoles $-1/T_1$ rückt, diesen aber nur unvollständig kompensiert. Nehmen wir einmal stark vereinfachend eine exakte Kompensation an, so bleibt im aufgetrennten Regelkreis ein IT_1-Verhalten übrig. Über die Reaktionen des zugehörigen geschlossenen Regelkreises können wir uns bereits anhand von Tabelle 3.5 ein erstes Bild machen.

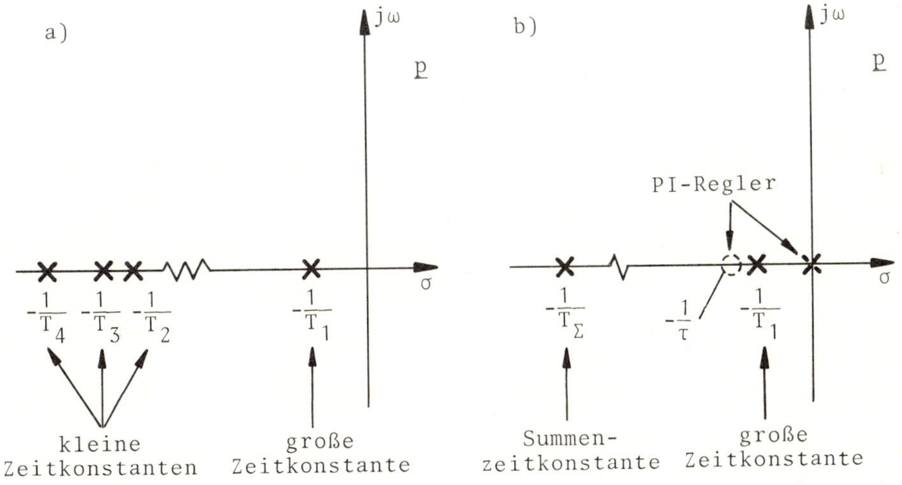

Bild 5.9: Approximation der Übertragungsfunktion einer Regelstrecke mit mehreren kleinen Zeitkonstanten

Tabelle 5.3: Einstellregeln zum Symmetrischen Optimum

Typ der Regelstrecke	Regler
<u>P-Regelstrecke</u> $F_S(p) = \dfrac{K_S}{(1+pT_1)\cdot\prod\limits_{\nu=2}^{n}(1+pT_\nu)}$ mit 1 "großen" Zeitkonstante $T_1 > 4\cdot\sum\limits_{\nu=2}^{n} T_\nu = 4\cdot T_\Sigma$ <u>I-Regelstrecke</u> $F_S(p) = \dfrac{K_S}{pT_1\cdot\prod\limits_{\nu=2}^{n}(1+pT_\nu)}$	Reglertyp: PI $F_R(p) = \dfrac{1+\tau p}{T_I p}$ Reglereinstellung: $\tau = 4\cdot T_\Sigma$ $T_I = 2\cdot K_S\cdot\dfrac{\tau}{T_1}\cdot T_\Sigma$
<u>P-Regelstrecke</u> $F_S(p) = \dfrac{K_S}{(1+pT_1)\cdot(1+pT_2)\cdot\prod\limits_{\nu=3}^{n}(1+pT_\nu)}$ mit 2 "großen" Zeitkonstanten $T_1 > T_2 > 8\cdot\sum\limits_{\nu=3}^{n} T_\nu = 8\cdot T_\Sigma$ <u>I-Regelstrecke</u> $F_S(p) = \dfrac{K_S}{pT_1\cdot(1+pT_2)\cdot\prod\limits_{\nu=3}^{n}(1+pT_\nu)}$ $T_2 > 8\cdot T_\Sigma$	Reglertyp: PID $F_R(p) = \dfrac{(1+p\tau_1)(1+p\tau_2)}{pT_I}$ Reglereinstellung: $\tau_1 = \tau_2 = 8\cdot T_\Sigma$ $T_I = 2\cdot K_S\cdot\dfrac{\tau_1\cdot\tau_2}{T_1\cdot T_2}\cdot T_\Sigma$

Die mit den Regeln des Symmetrischen Optimums dimensionierten Kreise zeigen häufig infolge der in der Führungsübertragungsfunktion enthaltenen Regler-Nullstelle ein starkes Überschwingen (siehe Beispiel 5.4). Das Störverhalten ist dagegen durch ein relativ schnelles Einschwingen gekennzeichnet. Eine Verbesserung des Führungsverhaltens unter Beibehaltung des günstigen Störverhaltens läßt sich z.B., wie in Bild 5.10

gezeigt, durch Vorfilterung des Führungssignals w' erreichen. Wählen wir

$$F_K(p) = \frac{w(p)}{w'(p)} = \frac{1}{1+\tau p} \,, \tag{5.48}$$

so wird dadurch in den Signalpfad von w' nach x ein zusätzlicher Pol eingeführt, der die Regler-Nullstelle in $F_w = x/w$ kompensiert und damit das oben erwähnte Überschwingen bei Führungsgrößensprüngen w' mildert.

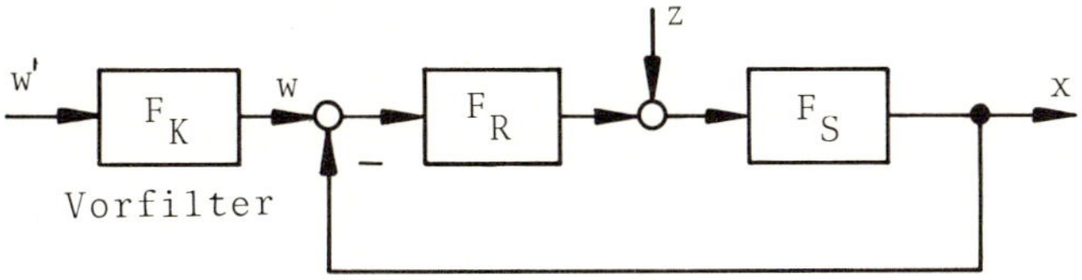

Bild 5.10: Serienkompensation der Regler-Nullstelle in F_w=x/w durch Vorfilter F_K

Das gleiche Prinzip der unvollkommenen "Kompensation" von dominierenden Streckenpolen durch Regler-Nullstellen wird auch im zweiten, in der unteren Hälfte von Tabelle 5.3 angeführten Fall angewandt.

Beispiel 5.7: Für die aus Beispiel 5.4 bekannte Regelstrecke Gl. (5.27) soll nach den Regeln des Symmetrischen Optimums ein Regler entworfen werden. Es gilt

$$K_S = 10, \; T_1 = 1, \; T_\Sigma = 0{,}15 < \frac{1}{4} \cdot T_1 \,.$$

Nach Tabelle 5.3 lautet die Übertragungsfunktion des Reglers

$$F_R(p) = \frac{1+0{,}6p}{1{,}8p} \,. \tag{5.49}$$

Fassen wir zusammen, so bieten die verschiedensten Sätze von Einstellregeln bei vielen Standardregelaufgaben zumindest einen ersten Anhaltspunkt für die Wahl der Reglerparameter. Eine weitere Verbesserung und Anpassung an die speziellen Gegebenheiten kann dann durch andere detailliertere Entwurfsverfahren erfolgen.

5.6 Maßnahmen zur Verbesserung des Regelungsverhaltens und Erweiterungen der Regelungsstruktur

Verzögerungs- und Totzeitverhalten von Regelstrecken verhindern häufig das schnelle Ausregeln von Störeinflüssen oder auch das rasche

Folgen auf Führungsgrößenänderungen. Die strikte Forderung nach Stabilität läßt andererseits eine Erhöhung der Kreisverstärkung als Abhilfemaßnahme nur in Grenzen zu.

Als gangbarer Weg aus dieser "Zwangslage" bietet es sich an, die Struktur des einschleifigen Standardregelkreises zu modifizieren. Wir wollen verschiedene Möglichkeiten der Modifikation und Erweiterung in den folgenden Abschnitten kennenlernen.

5.6.1 Störgrößen-Aufschaltung

Ist der signalmäßige Angriffsort einer Störung z bekannt und ist z(t) darüber hinaus meßbar (z.B. das mittlere Lastmoment einer Antriebsmaschine), so kann der Einfluß dieser Störgröße ohne Mithilfe der Regelschleife kompensiert werden.

Wie Bild 5.11 zeigt, wird im Signal x'(t) und damit auch in der Regelgröße x(t) die Wirkung der Störgröße beseitigt, wenn im Signalpfad von z auf das Stellglied ein Übertragungsglied mit der Übertragungsfunktion

$$F_{Rz}(p) = \frac{1}{F_{S1}(p)} \qquad (5.50)$$

eingefügt wird. Dieses Ergebnis folgt aus der Beziehung

$$x' = z + F_{S1} \cdot (F_R \cdot x_d - F_{Rz} \cdot z) \ , \qquad (5.51)$$

woraus nach Einsetzen von Gl. (5.50) $x' = F_{S1} \cdot F_R \cdot x_d$ folgt. Der steuernde Eingriff über F_R beeinflußt die Stabilitätseigenschaften des Regelkreises nicht; für dessen charakteristisches Polynom gilt nach wie vor die Definitionsgleichung

$$-F_o = F_R \cdot F_{S1} \cdot F_{S2} = -1 \ .$$

Besitzt $F_{S1}(p)$ reines Verzögerungsverhalten, so erhalten wir gemäß Gl. (5.50) für $F_{Rz}(p)$ ein technisch nicht realisierbares Übertragungsglied mit proportionalem und differenzierendem Verhalten ($m > n$!).
In diesem wie auch in anderen Fällen begnügen wir uns häufig mit der stationären Kompensation des Störeinflusses und wählen

$$F_{Rz}(p) = \frac{1}{F_{S1}(0)} = K_{Rz} \ . \qquad (5.52)$$

Ein wesentlicher Vorteil der sogenannten Störgrößenaufschaltung besteht darin, daß der Regelkreis von der Hauptstörgröße weitgehend entlastet wird, wodurch sich die Auslegung des Reglers und ggf. auch seine gerätetechnische Implementierung vereinfacht.

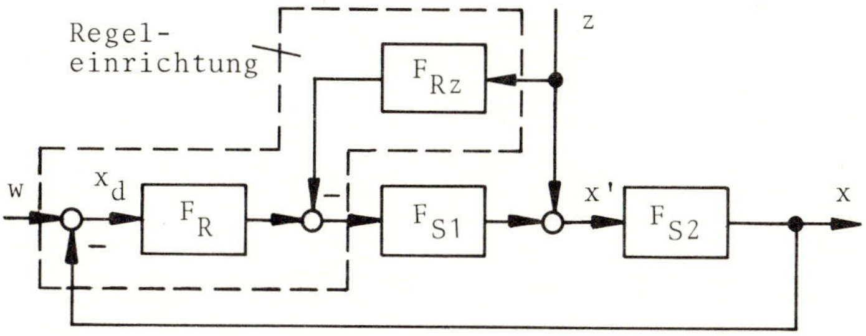

Bild 5.11: Störgrößenaufschaltung

5.6.2 Vorwärtssteuerung (Feedforward)

In manchen Anwendungen läßt sich eine Reglerdimensionierung für gutes Störverhalten nicht mit der gleichzeitigen Auslegung für gutes Folgeverhalten vereinbaren (Kompromiß!). Als Beispiel sei an die Positionsregelung einer Parabolantenne für die Satelliten-Kommunikation erinnert, wo neben der Forderung nach Ausregelung von Störungen durch Windböen ein hochgenaues Folgen auf die zeitveränderliche Satellitenposition verlangt wird. In solchen Fällen ist es zweckmäßig, die einfache Kreis-($\hat{=}$ Rückführungs- $\hat{=}$ feedback-)Struktur durch Einsatz eines zusätzlichen, steuernden Übertragungsgliedes (feedforward) F_{Rv} zu erweitern, Bild 5.12. Während mit dem Regler F_R im wesentlichen das Störverhalten des Kreises eingestellt wird, können wir $F_{Rv}(p)$ zu einer Beschleunigung des Folgens auf Führungssignale w(t) nutzen. Für das Führungsverhalten dieser Struktur ergibt sich insgesamt

$$F_w = \frac{x}{w} = \frac{F_R F_S}{1+F_R F_S} + \frac{F_{Rv} F_S}{1+F_R F_S} \; . \tag{5.53a}$$

Auch durch diese Maßnahme bleibt wie bei der Störgrößenaufschaltung das charakteristische Polynom des Kreises unberührt. Die Vorwärtssteuerung beeinflußt nicht das Störverhalten des Kreises, es gilt

$$F_z = \frac{x}{z} = \frac{1}{1+F_R F_S} \; . \tag{5.53b}$$

Durch die unterschiedliche Wirkung von F_R und F_{Rv} in den Übertragungsfunktionen, Gln. (5.53), lassen sich das Führungs- und Störverhalten in gewissen Grenzen unabhängig voneinander dimensionieren.

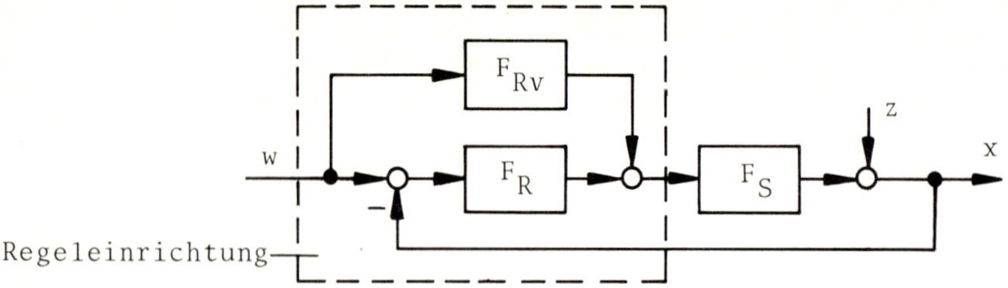

Bild 5.12: Vorwärtssteuerung (Feedforward)

5.6.3 Hilfsregelgrößen-Aufschaltung

Um den Einfluß nicht erfaßbarer Störungen so gering wie möglich zu halten, ist es zweckmäßig, geeignete Signalgrößen der Regelstrecke, Hilfsregelgrößen $x_H(t)$ genannt, nahe dem Angriffspunkt der Störgröße zu erfassen und gezielt mit in die Regelung einzubeziehen.

Bild 5.13 zeigt als Beispiel die Aufschaltung eines Signales x_H über ein zusätzliches Übertragungsglied F_{RH} auf den Reglereingang. Die Aufschaltung einer Hilfsregelgröße hat wesentlichen Einfluß auf die Stabilitätsverhältnisse der Kreisstruktur, wie auch der Nenner in der Beziehung

$$x = \frac{F_R F_{S1} F_{S2}}{1+F_R F_{S1}(F_{S2}+F_{RH})} \cdot w + \frac{F_{S2}}{1+F_R F_{S1}(F_{S2}+F_{RH})} \cdot z \qquad (5.54)$$

zeigt. Die frühzeitige, weil durch F_{S2} nicht verzögerte Erfassung des Störeinflusses z über die Hilfsregelgröße x_H bewirkt eine deutliche Verbesserung des Störverhaltens in diesem Regelkreis. Außerdem lassen sich durch Einbeziehung von x_H in die Regelung Stabilitätsprobleme bei stark verzögerten Regelstrecken entschärfen. Typische Anwendungsbeispiele finden wir bei Temperaturregelungen, wo etwa neben der Kesseltemperatur x eines Dampferzeugers die Feuerungstemperatur als x_H herangezogen wird.

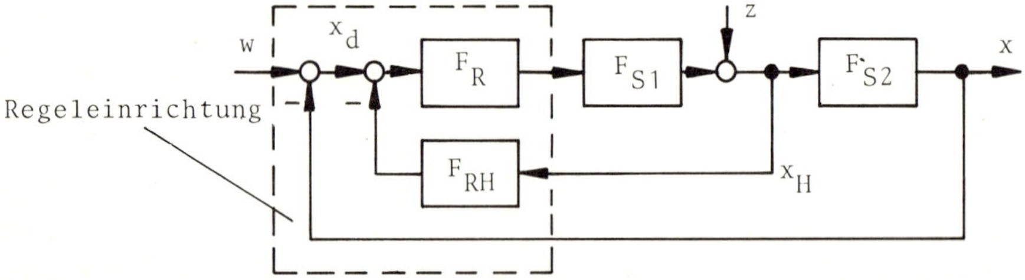

Bild 5.13: Hilfsregelgrößen-Aufschaltung

5.6.4 Verhältnisregelung

Ein Spezialfall der Folgeregelung ist die Verhältnisregelung, bei der, wie in Bild 5.14 angedeutet, eine Regelgröße x_1 in einem festen Verhältnis zu einer weiteren Größe x_2 des gleichen Prozesses eingestellt werden soll (z.B. Luftzufuhr $x_1(t)$ abhängig von der durch das Gaspedal $w_2(t)$ gesteuerten Kraftstoffzufuhr $x_2(t)$ in einen Verbrennungsmotor). Leiten wir x_2 über das proportionale Übertragungsglied mit dem Faktor V, d.h. $w_1 = V \cdot x_2$, so gilt im eingeschwungenen Zustand und bei $x_{d1}(\infty) = 0$

$$x_1 = V \cdot x_2 \, , \tag{5.55}$$

wobei V das gewünschte Verhältnis von x_1 und x_2 bestimmt.

Bei der Verhältnisregelung liegt also im Grunde eine Kettenschaltung von Steuer- und Regelsystemen vor, wobei jedes Teilsystem für sich regelungstechnisch vernünftig ausgelegt sein muß.

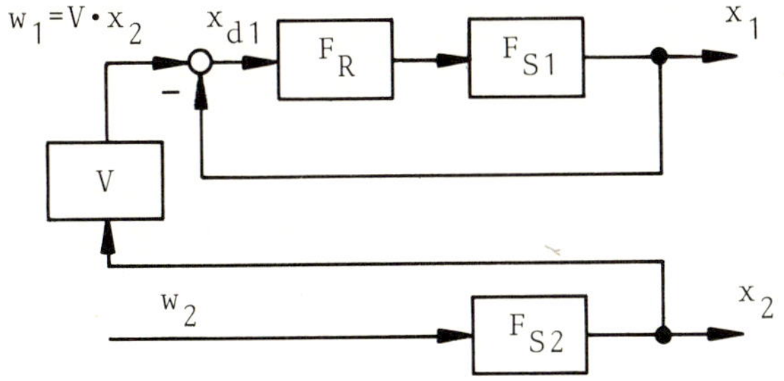

Bild 5.14: Verhältnisregelung

5.6.5 Kaskadenregelung

Bei Kaskadenregelungen haben wir es mit ineinander geschalteten Regelkreisen zu tun, wobei die Schachtelungstiefe auch größer,als in Bild 5.15 gezeigt, sein kann. Eine Kaskadierung erweist sich dann als zweckmäßig, wenn im Rahmen einer komplizierteren Regelaufgabe gewisse Größen in unterlagerten Regelkreisen vorgeregelt werden müssen, bevor wir sie in überlagerten Regelkreisen wirksam werden lassen. Ein typisches Beispiel ist die Positionsregelung eines U-Bahnzuges, wo eine Motorstromregelung die innerste Regelschleife bildet, der eine Drehzahlregelung überlagert wird, die selbst wieder in die eigentliche Positionsregelung als äußerster Regelkreis eingebunden ist. Jede dieser Regelungen verfügt über einen eigenen Regler, der, soweit es sich um innere

Regelkreise handelt, seine Führungsgröße jeweils von der "Stellgröße" des überlagerten Reglers empfängt. Für die Praxis hat die Kaskadenstruktur den Vorteil, daß die einzelnen Regelungen nacheinander von "innen" nach "außen" in Betrieb genommen werden können.

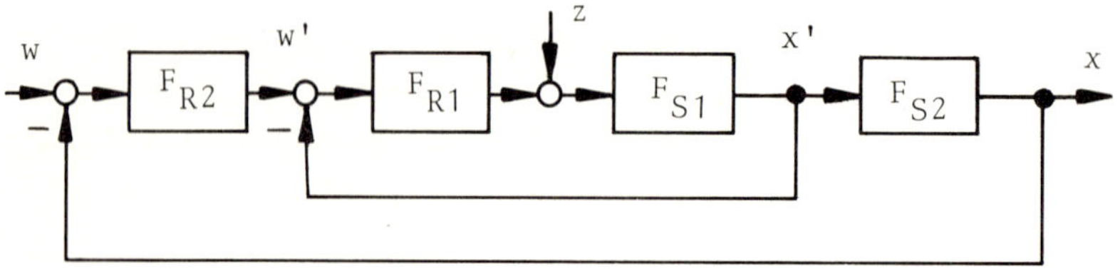

Bild 5.15: Kaskadenregelung

Im Grunde beeinflussen alle Rückführschleifen die Stabilitätsverhältnisse einer Kaskadenregelung. Die Dimensionierung der Einzelregler gestaltet sich jedoch dann besonders einfach, wenn die inneren Regelkreise der Kaskade dynamisch schneller reagieren als die ihnen überlagerten Regelungen. In diesen Fällen gelingt es häufig, das Führungsverhalten ($F_{w'}$) eines unterlagerten Kreises im Rahmen der Reglerauslegung für den überlagerten Regelkreis (F_w) näherungsweise als einfaches P- oder PT_1-Verhalten ($F^*_{w'}$) zu behandeln. Bezogen auf Bild 5.15 bedeutet dies

$$F_{w'} = \frac{x'}{w'} = \frac{F_{R1}F_{S1}}{1+F_{R1}F_{S1}} \approx F^*_{w'} \tag{5.56a}$$

$$F_w = \frac{x}{w} = \frac{F_{R2}F^*_{w'}F_{S2}}{1+F_{R2}F^*_{w'}F_{S2}} \,. \tag{5.56b}$$

In den beiden nachfolgenden Abschnitten wollen wir noch zwei Regelkreisstrukturen erwähnen, die hier nur zur Abrundung angeführt werden, im Grunde aber bereits den Rahmen dieser Einführung überschreiten.

5.6.6 Zwei- und Mehrgrößenregelungen

Spannung und Frequenz eines Drehstromgenerators sind zwei über den Turbogeneratorsatz als Regelstrecke miteinander verkoppelte Regelgrößen. Ihre getrennte Regelung, etwa durch einen Regler, der die Frischdampfzufuhr der antreibenden Turbine abhängig von der Frequenz f(t) einstellt und durch einen weiteren Regler, der die Erregerspannung des Generators abhängig von der Generatorausgangsspannung U(t) beeinflußt, führt nicht unbedingt zu einem befriedigenden Gesamtergebnis.

Wie Bild 5.16 zeigt, bestehen nämlich im allgemeinen zwischen den Ein- und Ausgangsgrößen der Regelstrecke wesentliche signalmäßige Querverkopplungen (gestrichelt angedeutet), die bei der Reglerauslegung mitberücksichtigt werden müssen. Um bei einer Zweigrößenregelung befriedigende Regelergebnisse zu erzielen, muß u.U. die Regeleinrichtung, wie in Bild 5.16 angedeutet, sehr viel aufwendiger strukturiert werden als dies im Fall der Eingrößenregelung notwendig war.

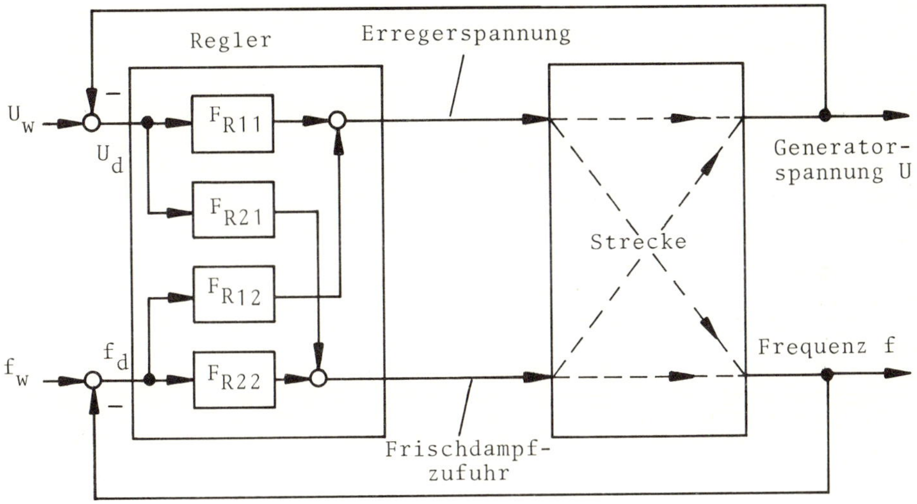

Bild 5.16: Zweigrößenregelung

Die Auslegung von Mehrgrößenregelungen erfordert umfangreichere regelungstheoretische Kenntnisse, den verstärkten Einsatz mathematischer Hilfsmittel (z.B. der Matrizenrechnung) und die Rechnerunterstützung bei regelungstechnischer Analyse und Entwurf.

5.6.7 Parameter/Struktur-adaptive Regelungen

Zur Veranschaulichung betrachten wir das folgende Beispiel: Beim Aufwickeln des Stahlbleches am Ende einer Walzenstraße wächst das Trägheitsmoment $\Theta(t)$ der entstehenden Stahlblechrolle mit zunehmendem Rollendurchmesser. Möchten wir die Wickelgeschwindigkeit der Rolle regeln, so müssen wir im Hinblick auf ein befriedigendes dynamisches Verhalten dieser Drehzahlregelung (Stabilitätsprobleme etc.) die Reglerparameter den sich langsam zeitlich ändernden Parametern der Regelstrecke (Trägheitsmoment $\Theta(t)$, siehe auch Gl. (2.10)) anpassen. Wir sprechen in diesem Fall von einer "Parameteradaptiven Regelung". Sinngemäß bezeichnen wir eine automatische Anpassung der Reglerstruktur (und -parameter) an sich ändernde Streckenverhältnisse als "Strukturadaptive Regelung".

Die bei einer adaptiven Regelung grundsätzlich zu bewältigenden Teilaufgaben sind in Bild 5.17 schematisch skizziert: Unter "Identifikation" verstehen wir dabei die fortlaufende automatische Erfassung der sich ändernden Streckeneigenschaften. Abhängig vom Ergebnis der Identifikation müssen in einem "Entscheidungsprozeß" die geeigneten Reglerparameter oder/und die geeignete Reglerstruktur ermittelt werden. Der tatsächliche Regler wird dann dementsprechend automatisch modifiziert ("Modifikation").

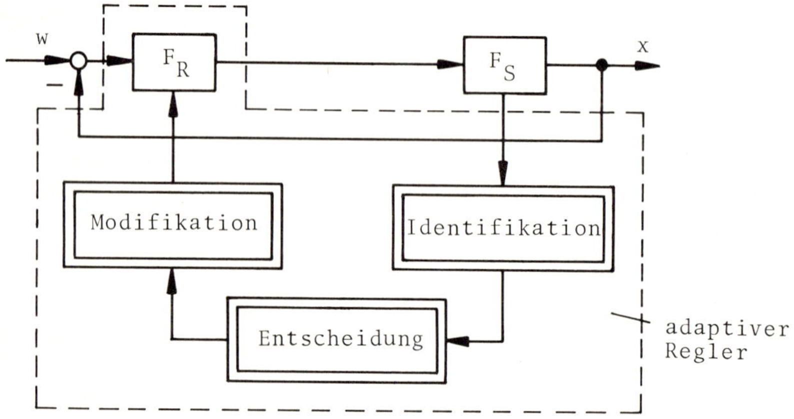

Bild 5.17: Adaptive Regelung

Adaptive Regelungen sind nichtlineare, zeitvariable Regelungen, für die zum gegenwärtigen Zeitpunkt noch keine allgemein-gültigen Entwurfsmethoden existieren. Adaptive Regler sind fast immer auf die speziellen Eigenschaften einer bestimmten Regelstrecke und Regelaufgabe zugeschnitten; sie werden üblicherweise mit Hilfe von Prozeß- und Mikrorechnern realisiert.

6 Einfache nichtlineare Regelungen

6.1 Einführung und Abgrenzung

In Abschnitt 2.4.2 hatten wir uns bereits mit Voraussetzungen und Möglichkeiten einer Linearisierung nichtlinearer Übertragungsglieder um einen festen Betriebspunkt beschäftigt. In diesem Kapitel wollen wir uns nun gerade Regelkreisen zuwenden, deren nichtlineare Eigenschaften entscheidend das Kreisverhalten bestimmen, bei denen also eine Linearisierung wenig sinnvoll wäre. Wie kommen solche wesentlichen nichtlinearen Effekte zustande?

- Zum einen führen wir sie mit dem Einsatz sogenannter Zwei- oder Mehrpunkt-Schaltregler in Regelkreisen ein. Solche technisch einfachen, preiswerten und zuverlässigen Regler sind z.B. im Bereich der Haus- und Automobiltechnik weit verbreitet.
- Ferner kommt es vor, daß lineare Regler durch bestimmte Zusatzfunktionen, wie z.B. durch eine automatische Stellgrößenbegrenzung oder durch Parameteradaption, zu nichtlinearen Reglern erweitert werden.
- Schließlich zeigen auch auf den ersten Blick lineare Regelungen in extremen Betriebszuständen nichtlineares Verhalten. So kann es unter dem Einfluß hoher Störgrößenamplituden passieren, daß das Stellglied eine Begrenzung erreicht und der Regelkreis in einen nichtlinearen Betriebszustand gerät. Aber auch bei sehr kleinen Signalamplituden können nichtlineare Effekte hervortreten, nämlich dann, wenn etwa eine Reglervergleichsstelle im Nullpunkt eine unstetige Charakteristik aufweist.

Wir wollen aus der Vielfalt nichtlinearer Regelungen eine einfache, aber besonders wichtige Klasse herausgreifen, die durch folgende Merkmale gekennzeichnet ist:

a) Die behandelten Regelkreise seien einschleifig, wobei, wie in Bild 6.1 dargestellt, eine Aufteilung der Regelkreisglieder in <u>ein</u> nichtlineares und <u>ein</u> lineares Teilsystem möglich ist. Eine solche Struktur kann auch aus einer geeigneten Zusammenfassung linearer und nichtlinearer Übertragungsglieder eines komplizierteren mathematischen Blockschaltplans hervorgehen. Die beiden in Bild 6.1 skizzierten Teilsysteme müssen somit nicht zwingend Regler und Regelstrecke bedeuten, was wir u.a. auch dadurch andeuten wollen, daß wir das Eingangssignal des nichtlinearen Elements allgemein als e bezeichnen.

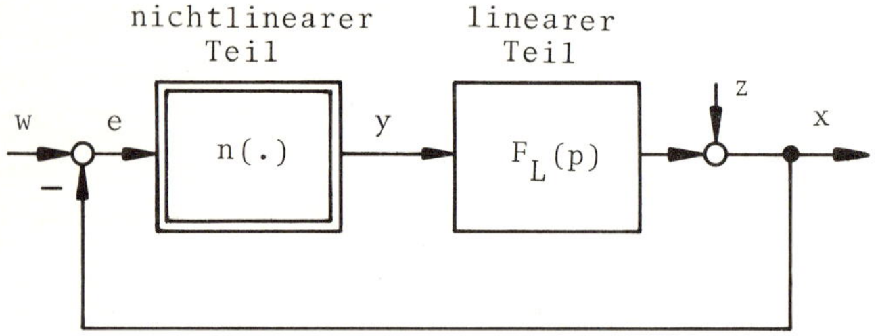

Bild 6.1: Nichtlinearer Standardregelkreis

b) Das nichtlineare Übertragungsglied sei von rein statischer Natur und werde durch algebraische Beziehungen oder eine Kennlinie beschrieben. In der Regel werden wir vereinfachend von ungeraden, zum Nullpunkt symmetrischen nichtlinearen Kennlinien, wie in Bild 6.2 dargestellt, ausgehen; es gilt also

$$y = n(e) = -n(-e) \ . \tag{6.1}$$

Während "schwache" Nichtlinearitäten zumindest im Normalarbeitsbereich linearisierbar sind, ist dies wegen Unstetigkeiten im Normalarbeitsbereich "starker" Nichtlinearitäten nicht möglich.

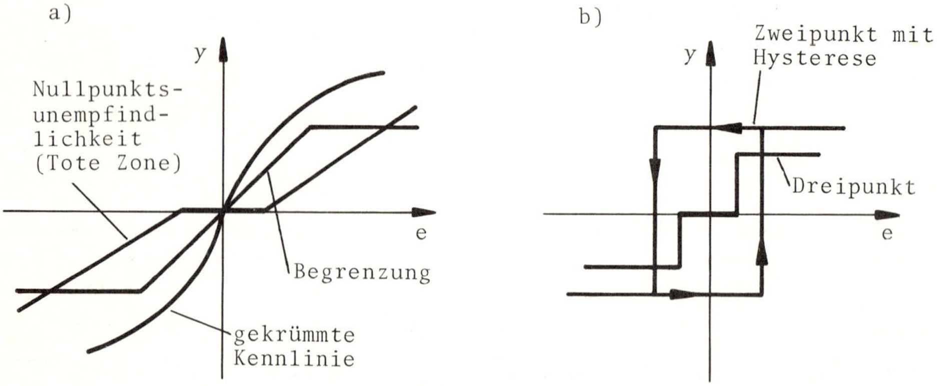

Bild 6.2: Schwache (a) und starke (b) statische Nichtlinearitäten y=n(e)

c) Der lineare Teil des Regelkreises werde durch lineare Differentialgleichungen oder die zugehörige Übertragungsfunktion

$$F_L(p) = \frac{Z_L(p)}{N_L(p)} \cdot e^{-pT_t}, \quad T_t \geq 0 \tag{6.2}$$

beschrieben.

Wir wollen im folgenden die Besonderheiten des stationären und dynamischen Verhaltens dieser Klasse von nichtlinearen Regelungen besprechen und einfache, aber für die praktische Arbeit nützliche Verfahren zur Erklärung und Analyse bestimmter nichtlinearer Phänomene, wie etwa das Auftreten von Arbeitsbewegungen oder Grenzschwingungen, kennenlernen. Dabei werden wir weitgehend auf bereits für lineare Systeme erarbeitete Methoden zurückgreifen und diese sinngemäß an die spezifischen Fragestellungen nichtlinearer Regelungen anpassen. Eine detaillierte Behandlung nichtlinearer Regelungen finden wir z.B. in [4].

6.2 Analyse des Einschwingverhaltens eines nichtlinearen Regelkreises mittels Zeitbereichsmethoden

Wir betrachten in diesem Zusammenhang beispielhaft das in Bild 6.3a skizzierte, einfache elektromechanische Nachlaufsystem, wie es etwa zur Winkellageregelung eines Schiffsruders mit Vorgabe entsprechender Sollwerte von der Brücke aus eingesetzt werden könnte. Das Ruder wird über einen elektrischen Stellmotor mit Getriebe angetrieben. Bei Vernachlässigung aller elektrischen und mechanischen Verzögerungszeitkonstanten können wir das Übertragungsglied Motor mit dem Eingangssignal Ankerspannung y und dem Ausgangssignal Spannung u_x am Widerstandsabgriff als I-Glied behandeln, d.h.

$$F_S(p) = \frac{x(p)}{y(p)} = \frac{K_S}{p} \,. \tag{6.3}$$

Das von der Differenz der Spannungen u_w und u_x gesteuerte Schaltorgan (z.B. Relais) zieht zeitlich gering verzögert (u.a. bedingt durch den Aufbau des magnetischen Feldes) an, wenn $u_d = u_w - u_x > 0$ wird und fällt ab, wenn $u_d < 0$ wird. Vernachlässigen wir die sehr kleine Umschaltzeit und nehmen gleiche und konstante Anzugs- und Abfallverzögerungszeiten an, dann läßt sich das Signal-Verhalten des realen Umschalters durch die Kettenschaltung eines (linearen) Totzeitgliedes und der (nichtlinearen) Kennlinie eines idealen Zweipunktschalters annähern. Zur weiteren Analyse der Arbeitsweise dieses nichtlinearen Regelkreises legen wir den in Bild 6.3b skizzierten Signalflußplan zugrunde und nehmen an, daß der Steuermann zum Zeitpunkt t=0 den Sollwert sprunghaft um w_o verändert, d.h.

$$w_1(t) = w_o \cdot \sigma(t) = 2 \cdot \sigma(t) \;. \tag{6.4}$$

a)

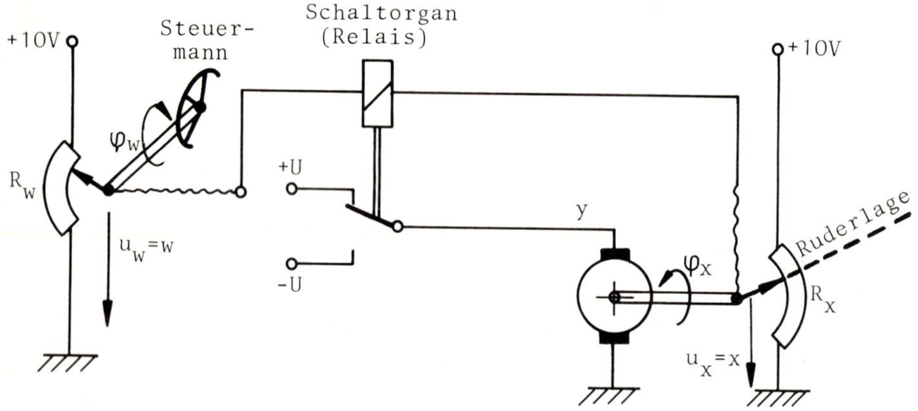

b)

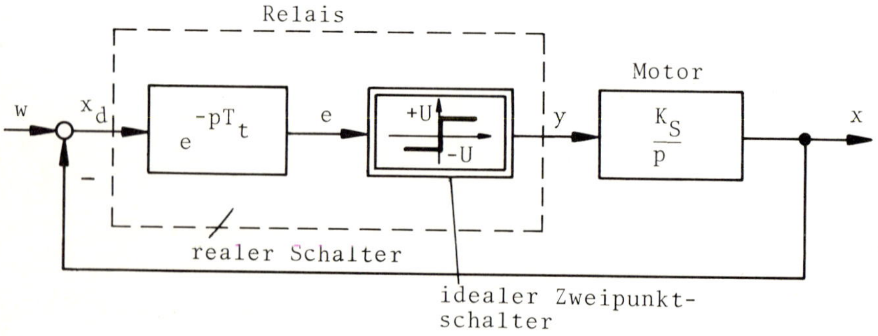

Bild 6.3: Wirkschaltplan (a) und Signalflußplan (b) eines elektromechanischen Nachlaufsystems

Die Zeitverläufe in Bild 6.4 zeigen dafür den Einschwingvorgang und den Einlauf des Regelkreises in den stationären Zustand. Bevor wir auf die Besonderheiten dieser Vorgänge im einzelnen eingehen, wollen wir kurz ihre Entstehung diskutieren.

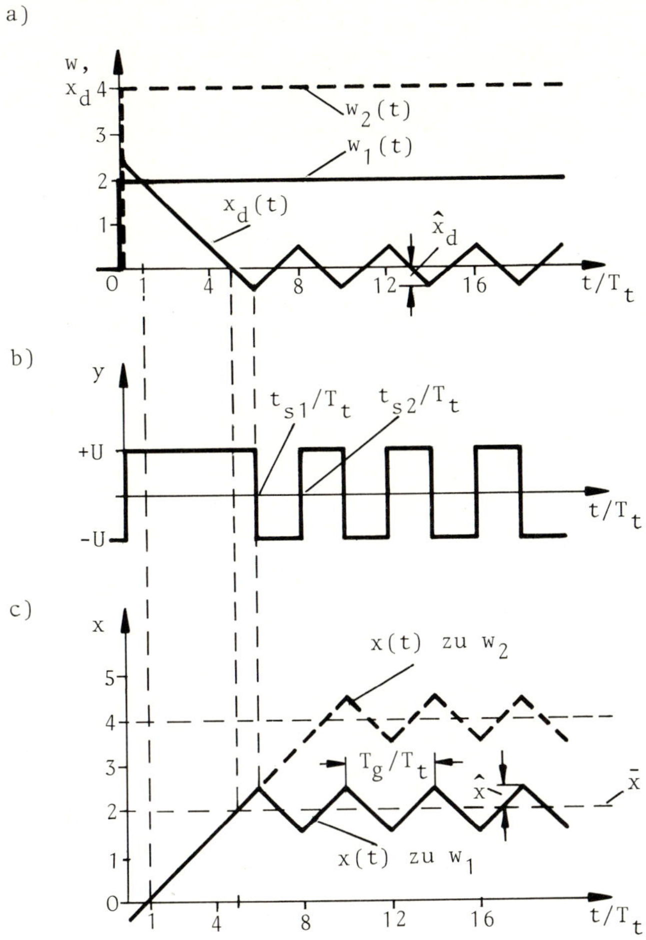

Bild 6.4: Zeitverläufe der Signalgrößen im Regelkreis, Bild 6.3

Da das Schaltorgan den Motor nur mit zwei konstanten Spannungswerten +U oder -U ansteuert und somit die Veränderungen von y(t) sprunghaft erfolgen müssen, reagiert der Motor als I-Glied mit einer zeitlinearen Sprungantwort der Steigung

$$\dot{x}(t) = \pm U \cdot K_S \; . \tag{6.5}$$

Gehen wir von den in Bild 6.4 angenommenen Anfangsbedingungen aus, d.h. $x(0) < 0$, $e(0) > 0$ und somit $y(0) = +U$, so wird sich x(t) zunächst wie folgt ändern

$$x'(t) = x(0) + U \cdot K_S \cdot t \cdot \sigma(t), \quad t \geq 0 \; . \tag{6.6a}$$

Erreicht x(t) den Sollwert 2, findet ein Vorzeichenwechsel in $x_d(t)$ von + nach - statt, der allerdings erst um die Totzeit T_t verspätet, nämlich bei $t=t_{s1}$, ein Umschalten von y(t) von +U auf -U auslöst. Ergebnis dieses Sprunges um -2U ist eine bei t_{s1} angeregte zusätzliche Sprungantwort

$$x''(t) = -2U \cdot K_S \cdot (t-t_{s1}) \cdot \sigma(t-t_{s1}), \quad t_{s1} > 0 \, , \tag{6.6b}$$

die sich dem anfänglichen Verlauf x'(t) in der Folge überlagert (Superposition!). Es gilt also

$$x(t) = x'(t) + x''(t), \quad 0 \leq t \leq t_{s2} \, . \tag{6.7}$$

Anschaulich bedeutet dieses Ergebnis, daß x(t) bis t_{s1} mit der Änderungsgeschwindigkeit

$$\frac{\Delta x}{\Delta t} = K_S \cdot U \tag{6.8}$$

ansteigt und ab t_{s1} mit gleicher Geschwindigkeit absinkt, bis sich bei t_{s2} ein erneutes Umschalten ereignet. Bild 6.4 läßt erkennen, daß der Regelkreis damit in einen eingeschwungenen Zustand, gekennzeichnet durch eine symmetrische Dreiecksschwingung x(t) bzw. eine gleichfrequente Rechteckschwingung y(t), einmündet. Wir bezeichnen diese Regelkreisschwingung als Arbeitsbewegung, Grenzschwingung oder Grenzzyklus. Sie ist eine typische Erscheinung in bestimmten nichtlinearen Regelkreisen und hängt im speziellen Beispiel ursächlich mit den Eigenschaften des nichtlinearen (Schalter-)Übertragungsgliedes zusammen. Sie darf keinesfalls mit einer Dauerschwingung in linearen Regelkreisen an der Stabilitätsgrenze verwechselt werden. Auf einen Sollwertsprung

$$w_2(t) = 4 \cdot \sigma(t) \tag{6.9}$$

erfolgt nämlich, wie aus Bild 6.4c ersichtlich, ein Einschwingvorgang mit gleicher Anstiegsgeschwindigkeit wie vorher und eine Grenzschwingung gleicher Amplitude, Periodendauer und Frequenz.

Aus den Zeitverläufen entnehmen wir für die Kenngrößen dieser stabilen, weder auf- noch abklingenden Grenzschwingung

$$\hat{x}_d = \hat{e} = \hat{x} = K_S \cdot U \cdot T_t \tag{6.10}$$

$$T_g = 4 \cdot T_t; \quad \omega_g = \frac{\pi}{2T_t} \, .$$

Wir stellen ferner fest, daß die Regelgröße x(t) den eingestellten Sollwert - wegen des I-Gliedes im Kreis - zwar im zeitlichen Mittel erreicht, d.h.

$$\bar{x} = w_o ,$$

daß aber $\bar{x}$ stets eine Arbeitsbewegung überlagert ist, deren Amplitude und Frequenz gemäß den Gln. (6.10) durch die Totzeit des Schalters T_t und die Schaltamplitude $\hat{y} = U$ bestimmt werden. Ob diese Arbeitsbewegung toleriert werden kann, hängt von der jeweiligen Regelaufgabe ab. Gelingt es uns, ihre Amplituden klein zu halten, wird die mit diesem Schaltregler erzielbare stationäre Regelgenauigkeit in machen Fällen ausreichen. Andererseits kann jedoch das periodische Umschalten in Regelkreisen mit mechanischen Teilen zu erhöhter Materialermüdung und schnellem Verschleiß führen, so daß sich eine Anwendung dieses nichtlinearen Regelverfahrens möglicherweise verbietet. Schließlich noch ein Wort zum Einschwingvorgang von x(t), der ebenfalls von der Nichtlinearität geprägt ist. Wir entnehmen Bild 6.4c, daß x(t) anfänglich stets mit der gleichen in Gl. (6.8)angegebenen Stellgeschwindigkeit $K_S \cdot U$ verläuft. Eine Beschleunigung des Einschwingens ist somit nur durch Vergrößern von U bzw. $K_S \cdot U$ möglich, was sich automatisch auch auf die Amplitude der Grenzschwingung, Gl. (6.10),auswirkt. So müssen wir auch bei der Dimensionierung eines solchen nichtlinearen Regelkreises ähnlich wie bei linearen Regelungen auf einen Kompromiß zwischen günstigem Einschwingen und stationärem Verhalten hinarbeiten.

Anhand dieses einfachen Beispiels haben wir bereits einige wesentliche Erscheinungen in nichtlinearen Regelkreisen kennengelernt, von denen das Auftreten von Grenzschwingungen sicher die interessanteste und für die Praxis auch bedeutsamste ist. So geht es in vielen Anwendungen darum, Grenzschwingungen zu vermeiden oder zumindest ihre Amplituden und Frequenzen in gewissen Grenzen zu halten. In anderen Fällen wiederum setzt man Grenzschwingungen sogar gezielt dazu ein, um z.B. die Reibung von mechanischen Komponenten in Regelkreisgliedern zu reduzieren.

Das bisher angewandte Zeitbereichsverfahren ist jedoch sicher nur in einfachen Fällen zur Analyse von Grenzschwingungen geeignet. So hatten wir es im behandelten Beispiel mit einer stückweise konstanten Steuergröße y(t) zu tun, die im übrigen auf eine lineare Regelstrecke wirkte und damit eine Superposition der Teilverläufe von x(t), Gl.(6.7), erlaubte. In komplizierten Fällen bleibt uns zur Untersuchung von Grenzschwingungserscheinungen nur die Simulation des nichtlinearen Regelkreises mit einem Rechner oder die Anwendung eines geeigneten theoretischen Verfahrens.

Wir wollen dazu das folgende, auf dem Prinzip der Harmonischen Balance und der sogenannten Beschreibungsfunktion eines nichtlinearen Übertragungsgliedes beruhende, Näherungsverfahren kennenlernen.

6.3 Die Harmonische Balance

6.3.1 Herleitung der Gleichung der Harmonischen Balance

Wir gehen von dem in Bild 6.1 skizzierten nichtlinearen Standardregelkreis aus und nehmen zunächst alle Eingangssignale wie w und z zu Null an. Treten in einem solchen Kreis Dauerschwingungen auf, so wie wir dies etwa im vorausgegangenen Abschnitt kennengelernt hatten, dann können wir die verschiedenen periodischen Signalverläufe innerhalb des Regelkreises in Fourierreihen entwickeln. So gilt z.B. im Falle des Signals y(t)

$$\begin{aligned} y(t) &= b_o + \sum_{\nu=1}^{\infty} (a_\nu \cdot \sin \nu\omega_s t + b_\nu \cdot \cos \nu\omega_s t) \\ &= b_o + \sum_{\nu=1}^{\infty} c_\nu \cdot \sin(\nu\omega_s t + \varphi_\nu) \ , \end{aligned} \tag{6.11}$$

wobei $\omega_s = 2\pi/T_s$ die noch unbekannte Grundwellenfrequenz der Schwingung bezeichnet; die Entwicklungs-Koeffizienten a_ν, b_ν gehen aus den bekannten Fourier-Integralen hervor, d.h.

$$a_\nu = \frac{2}{T_s} \int_{t_o}^{t_o+T_s} y(t)\cdot \sin \nu\omega_s t \; dt = c_\nu \cdot \cos\varphi_\nu$$

$$b_\nu = \frac{2}{T_s} \int_{t_o}^{t_o+T_s} y(t)\cdot \cos \nu\omega_s t \; dt = c_\nu \cdot \sin\varphi_\nu \tag{6.12}$$

$$c_\nu = \sqrt{a_\nu^2 + b_\nu^2} \ , \quad \tan\varphi_\nu = \frac{b_\nu}{a_\nu} \ .$$

Entsprechend wie mit y(t) können wir auch mit dem Signal x(t) = -e(t) (w=z=0) verfahren, wobei sich selbstverständlich der jeweiligen Signalform entsprechende neue Fourier-Koeffizienten a'_ν, b'_ν oder c'_ν ergeben.

Nehmen wir nun an, daß sich die periodischen Signale y(t) und e(t) näherungsweise durch die ersten Glieder der Fourier-Reihen beschreiben lassen, dann folgt

$$y(t) \approx b_o + c_1 \cdot \sin(\omega_s t + \varphi_1)$$
$$e(t) \approx b_o' + c_1' \cdot \sin(\omega_s t + \varphi_1') \; . \qquad (6.13)$$

Wir vereinfachen unsere grundlegenden Betrachtungen noch ein wenig, wenn wir uns auf die Betrachtung nichtlinearer Übertragungsglieder mit symmetrischer Kennlinie, Gl. (6.1), beschränken. Dadurch verschwindet auch der "Gleichanteil" in den Signalen, d.h.

$$b_o = b_o' = 0 \; . \qquad (6.14)$$

Da wir bei Fourier-Zerlegung der Signale y(t) und e(t) den Startzeitpunkt t_o in Gl. (6.12) so wählen können, daß $\varphi'_1 = 0$ ist und wir ferner c_1' durch $\hat{e}_1$, die Amplitude der Fourier-Grundwelle $e_1(t)$ von e(t), ersetzen dürfen, erhalten wir schließlich als Näherung für die Signale

$$y(t) \approx y_1(t) = c_1 \cdot \sin(\omega_s t + \varphi_1)$$
$$e(t) \approx e_1(t) = \hat{e}_1 \cdot \sin \omega_s t \; . \qquad (6.15)$$

Gehen wir nun zu der üblichen komplexen Darstellung der in Gl. (6.15) verbliebenen sinusförmigen Schwingungen der Grundwelle über, d.h.

$$y_1^*(t) = c_1 \cdot e^{j(\omega_s t + \varphi_1)}$$
$$e_1^*(t) = \hat{e}_1 \cdot e^{j\omega_s t} \; , \qquad (6.16)$$

dann folgt für das Verhältnis des komplexen Ausgangs- zum Eingangssignal des nichtlinearen Gliedes die von der Zeit unabhängige Beziehung

$$\frac{y_1^*(t)}{e_1^*(t)} = \frac{c_1}{\hat{e}_1} \cdot e^{j\varphi_1} = \frac{c_1 \cos\varphi_1}{\hat{e}_1} + j\frac{c_1 \sin\varphi_1}{\hat{e}_1} \; . \qquad (6.17)$$

Wir bezeichnen dieses nur für die Grundwellen von y und e gültige Verhältnis als Beschreibungsfunktion $N(\hat{e}_1)$ des nichtlinearen Gliedes y=n(e). Führen wir nun noch gemäß den Gln. (6.12) wieder die Fourier-Koeffizienten a_1 und b_1 des Signales y(t) in Gl. (6.17) ein, dann erhalten wir schließlich

$$N(\hat{e}_1) = \frac{y_1^*(t)}{e_1^*(t)} = \frac{a_1}{\hat{e}_1} + j\frac{b_1}{\hat{e}_1} . \tag{6.18}$$

Wie Bild 6.5 zeigt, stellt die Beschreibungsfunktion eine der Frequenzgangfunktion linearer (!) Systeme ähnliche Beziehung im Falle eines nichtlinearen Übertragungsgliedes dar. Sie ist im allgemeinen eine komplexe Funktion, die von der Amplitude der Grundwelle des Eingangssignals $\hat{e}_1$ des nichtlinearen Systemteils abhängt.

Bevor wir die Beschreibungsfunktion spezieller nichtlinearer Elemente berechnen, wollen wir zunächst auf eine wichtige Konsequenz aus den bisherigen Betrachtungen in Bezug auf die Existenz von Dauerschwingungen innerhalb einer nichtlinearen Kreisstruktur eingehen.

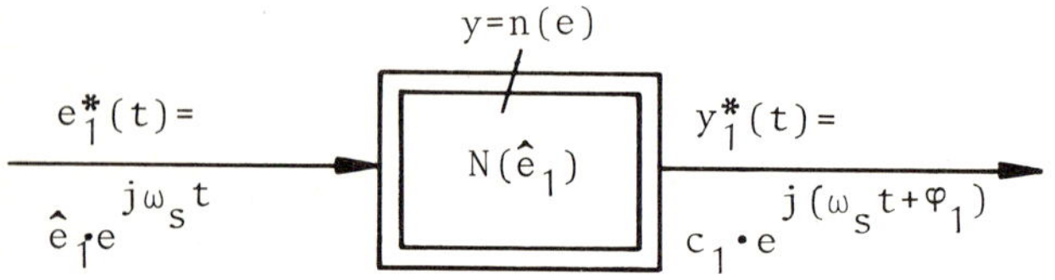

Bild 6.5: Harmonisch linearisiertes, nichtlineares Übertragungsglied

Nehmen wir an, daß eine näherungsweise Beschreibung der nichtlinearen Schwingungen durch Sinusgrundwellen gerechtfertigt ist, so müssen im Regelkreis des Bildes 6.1 für w=z=0 folgende drei Beziehungen gelten

$$x_1^*(t) = F_L(j\omega_s)\cdot y_1^*(t)$$

$$y_1^*(t) = N(\hat{e}_1)\cdot e_1^*(t)$$

$$e_1^*(t) = -x_1^*(t) ,$$

woraus sich nach Elimination der Signale die Beziehung

$$N(\hat{e}_1)\cdot F_L(j\omega_s) = -1 \tag{6.19}$$

ergibt. Sie wird als <u>Gleichung der Harmonischen Balance (GHB)</u> bezeichnet, die offenbar erfüllt sein muß, wenn sich eine Kreisstruktur im sogenannten Schwingungsgleichgewicht befindet und damit der Kreis

Dauerschwingungen mit der Frequenz ω_s und Amplitude $\hat{e}_1$ ausführt. Die Ähnlichkeit von Gl. (6.19) mit der Schwingbedingung linearer Regelkreise

$$-F_o(j\omega) = F_R F_S F_r(j\omega) = -1$$

liegt auf der Hand. Aus dem Vergleich beider Beziehungen können wir den Schluß ziehen, daß wir mit der Einführung der Beschreibungsfunktion eines nichtlinearen Übertragungsgliedes eine Art Linearisierung vorgenommen haben. Sie darf natürlich nicht mit einer Linearisierung von y=n(e) im Sinne der Analysis verwechselt werden (siehe Abschnitt 2.4.3), da sie, wie Gl. (6.18) zeigt, nur für den Fall harmonischer Ein- und Ausgangssignale definiert ist. Wir bezeichnen sie deshalb auch als Harmonische Linearisierung des Signalzusammenhanges y=n(e).

Zwischen der Schwingbedingung linearer Systeme und der GHB bestehen im übrigen die folgenden Unterschiede:

- Durch Gl. (6.19) werden Frequenz ω_s und Grundwellenamplitude $\hat{e}_1$ einer Dauerschwingung im Regelkreis festgelegt, während die Schwingbedingung linearer Regelkreise amplitudenunabhängig ist.
- Die Schwingbedingung gilt ohne Einschränkung. Die hergeleitete GHB ist dagegen eine Näherungsbeziehung, der folgende vereinfachende Annahmen zugrundeliegen:
  - die im Kreis auftretenden nichtlinearen Dauerschwingungen sind gleichfrequent;
  - n(e) ist eine symmetrische, statische Nichtlinearität;
  - zur Vermeidung von Gleichanteilen im Regelkreis (mit der Folge, daß b_0 und $b_0' \neq 0$ sind) müssen die Signale w und $z \equiv 0$ sein, falls F_L globales P-Verhalten hat; sie dürfen aber ungleich Null und konstant sein, wenn F_L ein D- oder I-Verhalten aufweist.

Während die Überprüfung des Zutreffens der beiden letztgenannten Annahmen bereits vor Anwendung von Gl. (6.19) möglich ist, kann die Sinus-Ähnlichkeit der nichtlinearen Schwingungen erst nach Anwendung der GHB und nach dem Bestimmen der Grundfrequenz ω_s mit Hilfe der sogenannten Tiefpaßbedingung geprüft werden.

6.3.2 Tiefpaßbedingung

Hatten wir bisher Sinusähnlichkeit der Signale im nichtlinearen Regelkreis vorausgesetzt, so wollen wir nun zeigen, wie wir diese indirekt nachweisen können. Wir gehen noch einmal zum Fourier-zerlegten Signal y(t) in Gl. (6.11) zurück und erinnern uns, daß es eine Summe von Sinuswellen mit der Frequenz $\nu\cdot\omega_s$ ist. Jede dieser Teilschwingungen wird im Regelkreis, Bild 6.1, über den linearen Systemteil $F_L(p)$ geleitet und erfährt dabei folgende Modifikation

$$x_\nu^*(t) = F_L(j\nu\omega_s)\cdot y_\nu^*(t), \quad \nu = 1,2,... \tag{6.20}$$

mit

$$y_\nu^*(t) = c_\nu\cdot e^{j(\nu\omega_s t+\varphi_\nu)} \quad .$$

Wegen der bei linearen Systemen geltenden Eigenschaften der Superposition baut sich x(t) aus der Summe aller $x_\nu^*(t)$ auf. x(t) wird also um so besser durch $x_1(t)$ bzw. $x_1^*(t)$ angenähert, je kräftiger die höheren Harmonischen (ν=2,3,...) gegenüber der Grundwelle ω_s durch das lineare Übertragungsglied bzw. dem Betrag seiner Frequenzgangfunktion $|F_L(j\omega)|$ gedämpft werden. Aus Gl. (6.20) folgt damit für Sinusähnlichkeit von x bzw. e(t) die Forderung, daß

$$|F_L(j\nu\omega_s)| < |F_L(j\omega_s)| \quad ; \quad \nu = 2,3,4,... \quad , \tag{6.21}$$

wobei ω_s die aus der GHB (6.19) bestimmbare Schwingfrequenz des Regelkreises ist. Wir bezeichnen die Beziehung (6.21) als Tiefpaßbedingung und können sie anschaulich, wie in Bild 6.6 schematisch angedeutet, interpretieren.

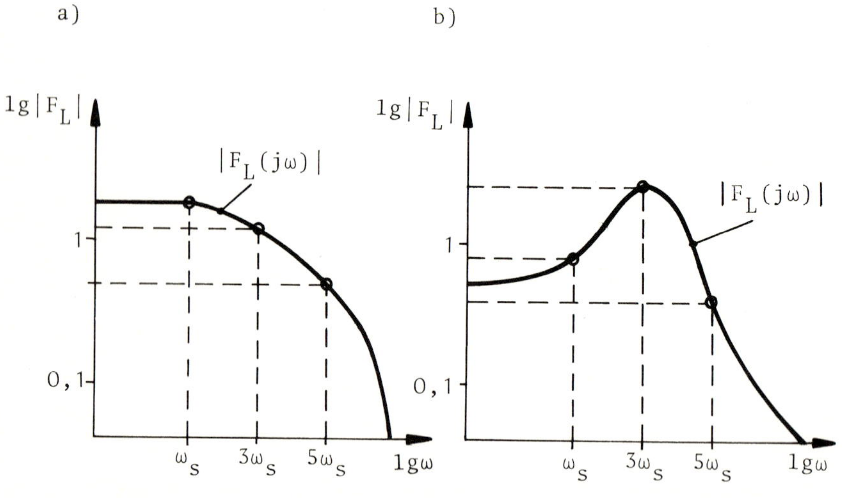

Bild 6.6: Prüfung der Tiefpaß**bedingung**: (a) erfüllt, (b) nicht erfüllt

Haben wir also ω_s durch Auswerten von Gl. (6.19) bestimmt, dann prüfen wir anhand des Amplitudenganges von $F_L(j\omega)$, ob Gl. (6.21) erfüllt ist. Bild 6.6a zeigt einen Fall, wo die Bedingung sicher zutrifft; das Übertragungsglied F_L hat ausgesprochenen Tiefpaßcharakter, d.h. Signale mit "tieferen" Frequenzen ω_s können gegenüber solchen mit höheren Frequenzen $(\nu\cdot\omega_s)$ das Übertragungsglied bevorzugt (d.h. relativ weniger gedämpft) "passieren". In Bild 6.6b liegt dagegen eine Situation vor, wo bedingt durch eine Überhöhung von $F_L(j\omega)$ (Resonanzstelle) die dritte Oberwelle $(3\omega_s)$ gegenüber der Grundwelle wesentlich verstärkt wird. Damit besteht die Gefahr, daß $\sin 3\omega_s t$ in $e(t) = -x(t)$ überwiegt, so daß das Eingangssignal der Nichtlinearität nicht mehr durch die Grundwelle angenähert werden kann. Damit wird aber eine wichtige Voraussetzung für die Herleitung der GHB verletzt, und wir müssen damit rechnen, daß das durch Auswerten von Gl. (6.19) gewonnene Ergebnis bedeutungslos ist.

Es ist schwierig, genauere Angaben darüber zu machen, um wieviel kleiner $|F_L(j\nu\omega_s)|$ gegenüber $|F_L(j\omega_s)|$ sein sollte. Die praktische Anwendung der GHB zeigt jedoch, daß die Tiefpaßbedingung in der Regel nicht besonders restriktiv gehandhabt werden muß und auch noch bei mangelhafter Sinusähnlichkeit der Kreissignale brauchbare Ergebnisse erzielt werden können.

6.3.3 Berechnung von Beschreibungsfunktionen

Gemäß der Definitionsgleichung der Beschreibungsfunktion, Gl. (6.18)

$$N(\hat{e}_1) = \frac{a_1}{\hat{e}_1} + j\frac{b_1}{\hat{e}_1} \tag{6.22}$$

benötigen wir die Fourier-Koeffizienten a_1 und b_1 des Ausgangssignals $y(t)$ eines von einem sinusförmigen Eingangssignal

$$e_1(t) = \hat{e}_1\cdot\sin\omega t$$

angesteuerten nichtlinearen Übertragungsgliedes $y=n(e)$. Wir wollen das Berechnungsverfahren an zwei typischen Fällen demonstrieren.

6.3.3.1 Idealer Zweipunktschalter

Wie in Bild 6.7 veranschaulicht, erzeugt der Zweipunktschalter als Antwort auf Sinusschwingungen $e_1(t)$ eine Rechteckschwingung. Gl. (6.12) liefert für $\nu=1$

$$a_1 = \frac{2}{T}\int_0^{T/2} m\cdot\sin\omega t\;dt + \frac{2}{T}\int_{T/2}^{T}(-m)\cdot\sin\omega t\;dt = \tag{6.23}$$

$$= 2\cdot\frac{2}{T}\cdot m\int_0^{T/2}\sin\omega t\;dt = \frac{4\cdot m}{\pi}\;.$$

Da es sich bei der skizzierten Rechteckschwingung um eine ungerade Funktion handelt, gilt $b_1=0$. Damit lautet die Beschreibungsfunktion des idealen Zweipunktschalters

$$N(\hat{e}_1) = \frac{a_1}{\hat{e}_1} = \frac{c_1}{\hat{e}_1} = \frac{4\cdot m}{\pi\cdot\hat{e}_1}\;. \tag{6.24}$$

Es handelt sich um eine reelle Funktion, deren Zustandekommen noch einmal anhand von Bild 6.7b anschaulich gedeutet werden soll. Die Zeitverläufe zeigen uns, daß die Amplitude der Grundwelle von $y(t)$, d.h. $\hat{y}_1 = a_1 = c_1$, wegen der festen Amplitude m der Rechteckschwingung unabhängig ist von $\hat{e}_1$. Damit müssen die Werte der Beschreibungsfunktion als Verhältnis von $\hat{y}_1$ und $\hat{e}_1$ mit wachsendem $\hat{e}_1$ monoton fallen, wie auch aus Gl. (6.24) und Bild 6.7c hervorgeht.

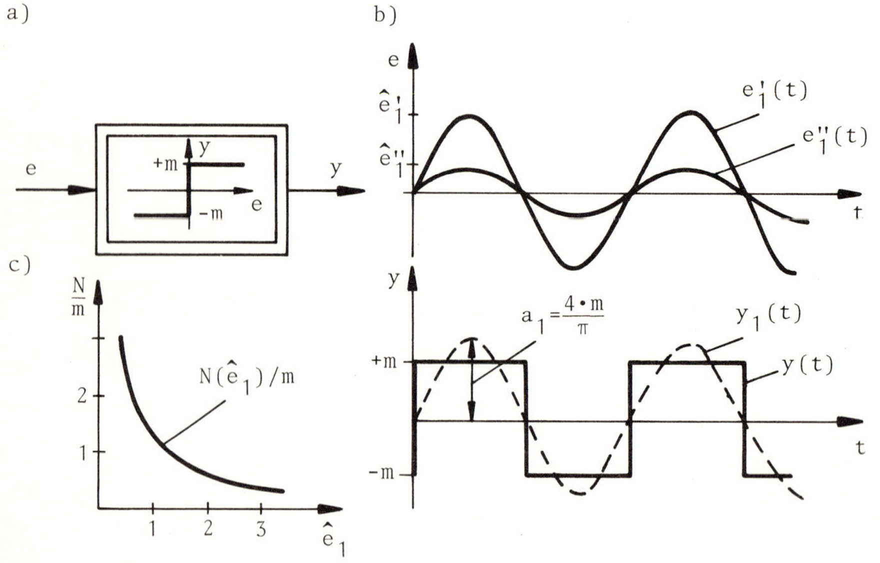

Bild 6.7: Zur Berechnung der Beschreibungsfunktion eines idealen Zweipunktschalters

6.3.3.2 Zweipunktschalter mit Hysterese

Für das in Bild 6.8a skizzierte Übertragungsglied sind in Bild 6.8b die entsprechenden Zeitverläufe $e_1(t)$ und $y(t)$ aufgetragen. Sie entsprechen weitgehend den in Bild 6.7b für den idealen Schalter gezeigten. Allerdings eilt die Rechteckschwingung $y(t)$ dem Eingangssignal

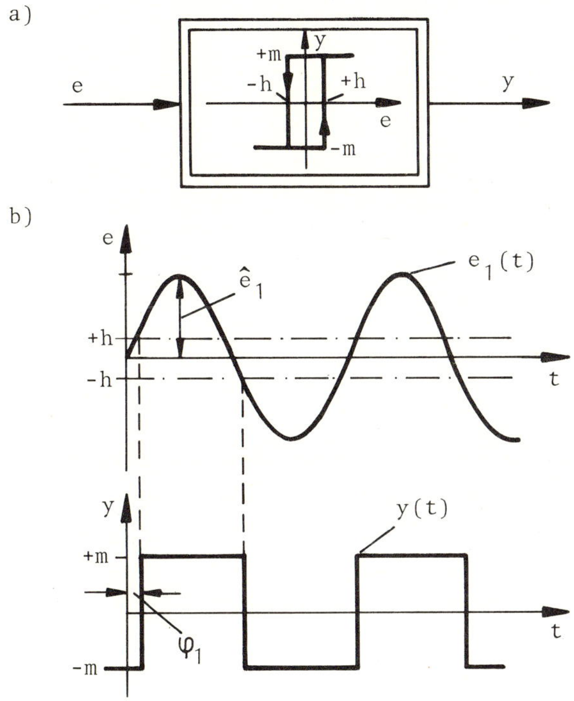

Bild 6.8: Zur Berechnung der Beschreibungsfunktion eines Zweipunktschalters mit Hysterese

$e_1(t)$ um φ_1 in der Phase nach und eine Ausgangssignalschwingung $y(t)$ kommt nur dann zustande, wenn

$$\hat{e}_1 > h$$

erfüllt ist, wobei $2 \cdot h$ die Hysteresebreite des Schalters bedeutet. Die Phasennacheilung kann leicht aus der Beziehung

$$\hat{e}_1 \cdot \sin(-\varphi_1) = h$$

ermittelt werden, woraus

$$\sin\varphi_1 = -\frac{h}{\hat{e}_1}, \qquad \cos\varphi_1 = \sqrt{1-\left(\frac{h}{\hat{e}_1}\right)^2} \tag{6.25}$$

folgt. Die Grundwellenamplitude $a_1 = c_1$ der Rechteckschwingung ist bereits aus Gl. (6.24) bekannt, so daß bei komplexer Schreibweise

$$y_1^*(t) = a_1 \cdot e^{j(\omega t + \varphi_1)} .$$

$$e_1^*(t) = \hat{e}_1 \cdot e^{j\omega t}$$

gilt. Aus dem Verhältnis beider Signale und unter Verwendung der Gln. (6.25) erhalten wir schließlich

$$N(\hat{e}_1) = \frac{4 \cdot m}{\pi \hat{e}_1} \left(\sqrt{1 - \left(\frac{h}{\hat{e}_1}\right)^2} - j\frac{h}{\hat{e}_1}\right), \quad \hat{e}_1 \geq h . \qquad (6.26)$$

Diese komplexe Beschreibungsfunktion umfaßt für $h=0$ den Sonderfall des idealen Zweipunktschalters Gl. (6.24).

6.3.3.3 Weitere Beschreibungsfunktionen

Beschreibungsfunktionen anderer schaltender und nicht-schaltender nichtlinearer Übertragungsglieder sind in Tabelle 6.1 zusammengestellt. Wir entnehmen daraus, daß die Beschreibungsfunktionen immer dann komplexwertig sind, wenn es sich um statische Kennlinien mit "Gedächtnis" handelt, die - wie im Falle des Zweipunktschalters mit Hysterese - eine Phasenverschiebung zwischen Ein- und Ausgangssignal bewirken.

Tabelle 6.1: Beschreibungsfunktionen nichtlinearer statischer Übertragungsglieder

Kennlinie $y=n(e)$	Beschreibungsfunktion $N(\hat{e}_1)$	Ortskurve $-\frac{1}{N(\hat{e}_1)}$
Zweipunktschalter 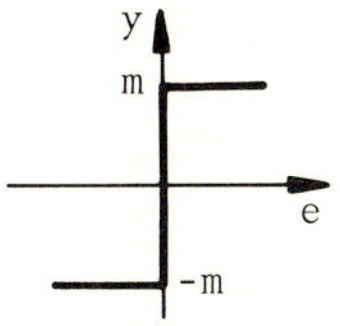	$= \frac{4\cdot m}{\pi}\cdot\frac{1}{\hat{e}_1}$ $\hat{e}_1 \geq 0$	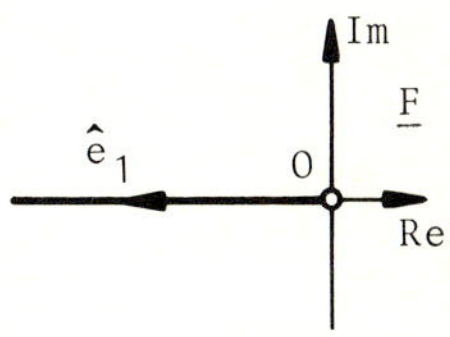
Zweipunktschalter mit Hysterese 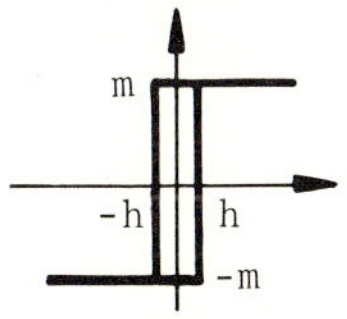	$= \frac{4\cdot m}{\pi\cdot\hat{e}_1}\cdot\left[\sqrt{1-(\frac{h}{\hat{e}_1})^2}-j\cdot(\frac{h}{\hat{e}_1})\right]$ $\hat{e}_1 \geq h$	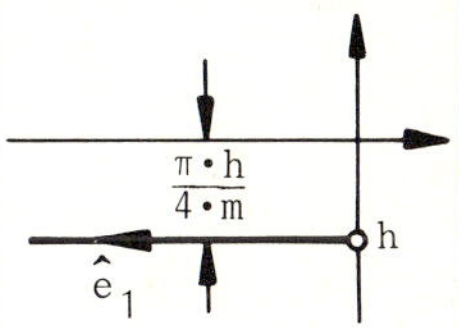
Dreipunktschalter 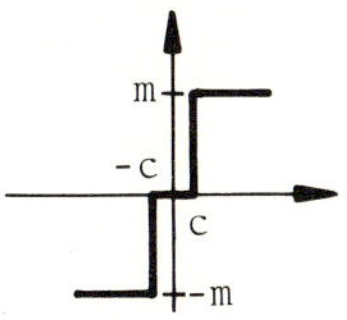	$= \frac{4\cdot m}{\pi\cdot\hat{e}_1}\cdot\sqrt{1-(\frac{c}{\hat{e}_1})^2}$ $\hat{e}_1 \geq c$	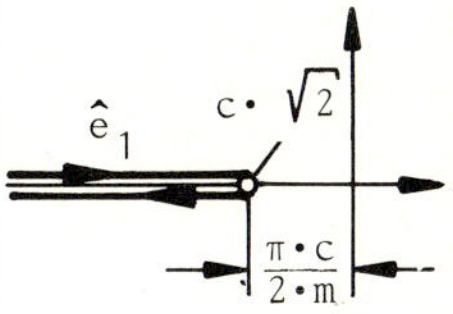
Linear mit Begrenzung 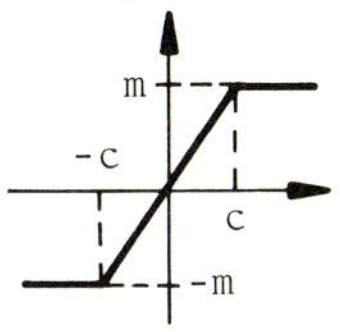	$= \frac{2\cdot m}{\pi\cdot c}\left[\arcsin(\frac{c}{\hat{e}_1}) + \frac{c}{\hat{e}_1}\cdot\sqrt{1-(\frac{c}{\hat{e}_1})^2}\right]$ $\hat{e}_1 \geq c$	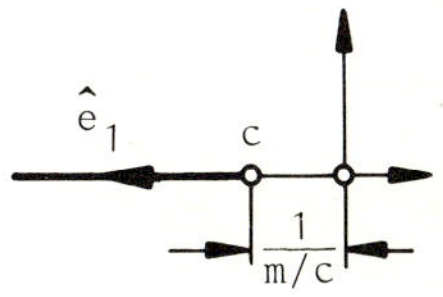
Linear mit Toter Zone 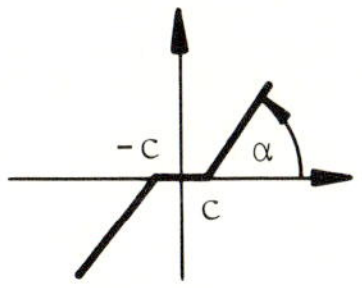	$= \tan\alpha\cdot\left[1-\frac{2}{\pi}\cdot\left[\arcsin(\frac{c}{\hat{e}_1}) + \frac{c}{\hat{e}_1}\sqrt{1-(\frac{c}{\hat{e}_1})^2}\right]\right]$ $\hat{e}_1 \geq c$	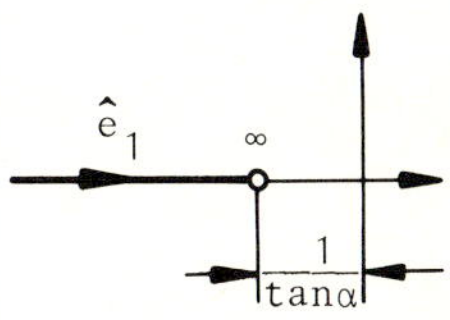

6.4 Analyse von Grenzschwingungen mit Hilfe der Beschreibungsfunktion

Im Schwingungsgleichgewicht gehen die Kenngrößen $\hat{e}_1$ und ω_s der am Eingang des nichtlinearen Teils in Bild 6.1 wirksamen Schwingung

$$e(t) \approx e_1(t) = \hat{e}_1 \cdot \sin\omega_s t \tag{6.27}$$

aus der Lösung der GHB, d.h.

$$N(\hat{e}_1) \cdot F_L(j\omega_s) = -1 \tag{6.28}$$

hervor. Diese komplexe Gleichung können wir entweder analytisch oder, was häufig einfacher und anschaulicher ist, grafisch auflösen. Zur grafischen Auflösung eignet sich insbesondere ein <u>Zwei-Ortskurven-Verfahren</u>, auf das wir etwas genauer eingehen wollen.

Stellen wir die GHB (6.28) in die Form

$$F_L(j\omega_s) = -\frac{1}{N(\hat{e}_1)} \tag{6.29}$$

um, dann erhalten wir die gesuchten Lösungswerte ω_s und $\hat{e}_1$ an den Schnittpunkten der beiden in die F-Ebene eingetragenen Ortskurven $F_L(j\omega)$ und $-1/N(\hat{e}_1)$. Da die Beschreibungsfunktion häufig eine reellwertige Funktion ist, erstreckt sich die Ortskurve der negativ inversen Beschreibungsfunktion $-1/N$ mit $\hat{e}_1$ als Parameter entlang der negativ reellen Achse der F-Ebene. Tabelle 6.1 zeigt in der letzten Spalte entsprechende Beispiele.

Mit Hilfe des nun bekannten ω_s läßt sich anschließend leicht die Tiefpaßbedingung überprüfen.

Im folgenden Beispiel wollen wir mit Hilfe dieses Verfahrens die Parameter der Grenzschwingung des in Abschnitt 6.1 analysierten elektromechanischen Nachlaufsystems ermitteln.

<u>Beispiel 6.1:</u> Wir fassen in Bild 6.3b Totzeit- und I-Glied zu

$$F_L(j\omega) = \frac{K_S}{j\omega} \cdot e^{-j\omega T_t} = \frac{K_S}{\omega} \cdot (-\sin\omega T_t - j \cdot \cos\omega T_t) \tag{6.30}$$

zusammen. Zur Zweipunkt-Kennlinie gehört die aus Tabelle 6.1/1 entnehmbare Ortskurve zu

$$-\frac{1}{N(\hat{e}_1)} = -\frac{\pi \cdot \hat{e}_1}{4 \cdot m} \tag{6.31}$$

Die Ortskurven der linken und rechten Seite von Gl. (6.29) sind in Bild 6.9 für die Werte

$$K_S = 1; \quad T_t = 0{,}5; \quad m = U = 1 \tag{6.32}$$

aufgetragen. Da $F_L(j\omega)$ den Ursprung der F-Ebene unendlich oft umschlingt, erhalten wir unendlich viele Schnittpunkte S_1, S_2, ... zwischen beiden Ortskurven, von denen uns allerdings aus Stabilitätsgründen (siehe Abschnitt 6.5) nur S_1 interessiert. Wir lesen bei S_1 die Lösungswerte

$$\omega_s \approx 3{,}1, \quad \hat{e}_1 \approx 0{,}4$$

ab. Zeichnen wir nun in Bild 6.9 einen Kreis mit dem Radius $|F_L(j\omega_s)|$ ein, dann überzeugen wir uns leicht, daß im vorliegenden Regelkreis die Tiefpaßbedingung, Gl. (6.21), erfüllt ist: Alle höheren Harmonischen in y(t) mit der Frequenz $3\omega_s$, $5\omega_s$, ... (nur ungeradzahlige Vielfache spielen in der Rechteckwelle gemäß Bild 6.7b eine Rolle) werden wegen der monotonen Abnahme von $|F_L(j\omega)|$ mit wachsendem ω stärker gedämpft als die Grundwelle.

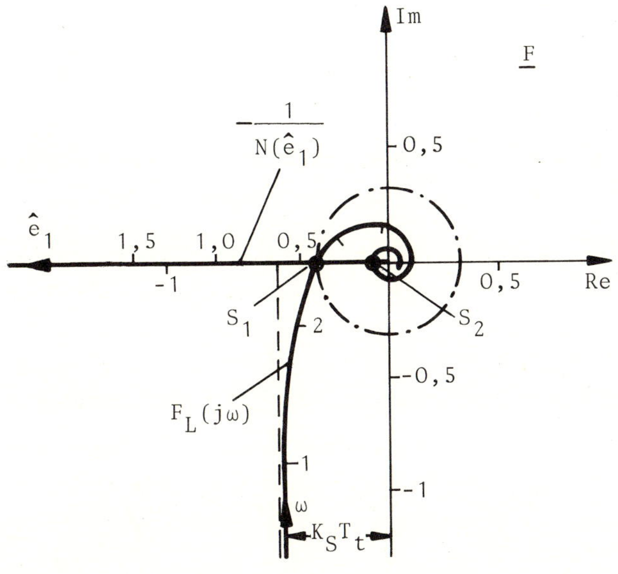

Bild 6.9: Ortskurve $F_L(j\omega)$ und negativ-inverse Beschreibungsfunktion zum Regelkreis in Beispiel 6.1

Wegen der Einfachheit der Beziehungen in den Gln. (6.30) und (6.31) ist es im vorliegenden Fall auch leicht möglich, die GHB in der Form von Gl. (6.29) analytisch auszuwerten. Es gilt nämlich

$$\frac{K_S}{\omega_s}\cdot(-\sin\omega_s T_t - j\cos\omega_s T_t) = -\frac{\pi\cdot\hat{e}_1}{4\cdot U}\,, \tag{6.33}$$

so daß aus der Gleichheit der Imaginärteile auf der linken und rechten Gleichungsseite folgt

$$\frac{K_S}{\omega_s}\cdot\cos\omega_s T_t = 0\ ;$$

dies verlangt, daß

$$\omega_s T_t = (2n+1)\cdot\frac{\pi}{2}\,, \qquad n = 0,1,2,\ldots\ .$$

Da wir uns nur für den Schnittpunkt S_1 in Bild 6.9 interessieren, erhalten wir allgemein für die Schwingfrequenz

$$\omega_s = \frac{\pi}{2T_t}\ . \tag{6.34a}$$

Aus der Gleichheit der Realteile in Gl. (6.33) folgt mit Gl. (6.34a)

$$\frac{K_S}{\omega_s}\cdot 1 = \frac{\pi\cdot\hat{e}_1}{4\cdot U}\,,$$

was umgeformt zur allgemeinen Amplitudenbeziehung

$$\hat{e}_1 = \frac{4\cdot K_S\cdot U}{\omega_s\cdot\pi} = \frac{8}{\pi^2}\,K_S\cdot U\cdot T_t = 0{,}81\cdot K_S\cdot U\cdot T_t \tag{6.34b}$$

führt. Mit den Zahlenwerten in Gl. (6.32) ergeben sich aus den Gln. (6.34) in etwa die gleichen bereits in Bild 6.9 grafisch ermittelten Werte.

Interessanter und aussagekräftiger ist der Vergleich zwischen den in Abschnitt 6.2 durch Zeitbereichsbetrachtungen für Frequenz und Amplitude der Grenzschwingungen hergeleiteten exakten Formeln und den hier bestimmten Näherungsbeziehungen. Tabelle 6.2 demonstriert die hervorragende Qualität der Näherungsbeziehungen. Die Formeln für ω_s und ω_g stimmen exakt überein, die Amplitudenformeln $\hat{e}$ und $\hat{e}_1$ weisen die gleichen Abhängigkeiten von den Regelkreiskenngrößen auf, differieren aber in den Zahlenwerten um ca. 20%. Obwohl dieser Fehler zunächst relativ hoch erscheint, ist er im Grunde bedeutungslos. Zunächst einmal ist

Tabelle 6.2: Vergleich der Kennwerte von Grenzschwingungen

	Kreisfrequenz	Amplitude
exakte Gln.	$\omega_g = \pi/2T_t$	$\hat{e} = K_S \cdot U \cdot T_t$
näherungsweise Gln.	$\omega_s = \pi/2T_t$	$\hat{e}_1 = 0{,}81 \cdot K_S \cdot U \cdot T_t$

entscheidend, daß die Näherungsformeln die Einflüsse der Kenngrößen K_S, U, T_t korrekt wiedergeben. Damit sind Entwurfsüberlegungen, bezüglich Amplitude und Frequenz der Grenzschwingung, anhand des Zwei-Ortskurven-Verfahrens durchführbar, was im allgemeinen sehr viel einfacher ist, als die in Abschnitt 6.2 praktizierte Zeitbereichsanalyse. Ferner ist beim Vergleich von $\hat{e}$ und $\hat{e}_1$ zu berücksichtigen, daß im speziellen Fall $\hat{e} = \hat{x}$ die Amplitude der Dreieckschwingung in Bild 6.4 bezeichnete, während $\hat{e}_1$ nur die Amplitude ihrer Grundwelle darstellt. Da wir leicht aus Tabellen der Fourierentwicklungen entnehmen können, daß die Grundwellenamplitude einer Dreieckswelle mit $\hat{e} = K_S U T_t$ den Wert $\hat{e}_1 = (8/\pi^2) \cdot K_S U T_t$ aufweist, können wir im Grunde auch Übereinstimmung zwischen Näherungs- und exakter Formel in dieser Hinsicht feststellen. Dieses Ergebnis ist um so überraschender, als im behandelten Beispiel $F_L(j\omega)$ die Tiefpaßbedingung zwar erfüllt, aber ein Integralverhalten nicht unbedingt eine sehr ausgeprägte Dämpfung der höheren Harmonischen gegenüber der Grundwelle bewirkt. Insgesamt stützt die Untersuchung also unsere frühere Feststellung, daß die Beschreibungsfunktionsanalyse ein sehr robustes Näherungsverfahren zur Untersuchung von Grenzschwingungsphänomenen in nichtlinearen Regelkreisen ist.
Mit einem weiteren Beispiel zur Anwendung der Beschreibungsfunktionsanalyse wollen wir diesen Abschnitt beschließen.

Beispiel 6.2: Die Regelung der Innentemperatur eines Klimaschrankes erfolgt über einen elektronischen Zweipunktregler mit einstellbarer Hysterese h. Der Regler steuert Pumpen an, die entweder einen Kühl- oder einen Heizmittelstrom durch ein im Inneren des Schrankes verlegtes Rohrsystem treiben. Für alle linearen Übertragungsglieder, also im wesentlichen die Regelstrecke, wurde experimentell die in Bild 6.10 aufgetragene Ortskurve $F_L(j\omega)$ eines PT_n-gliedes ermittelt.

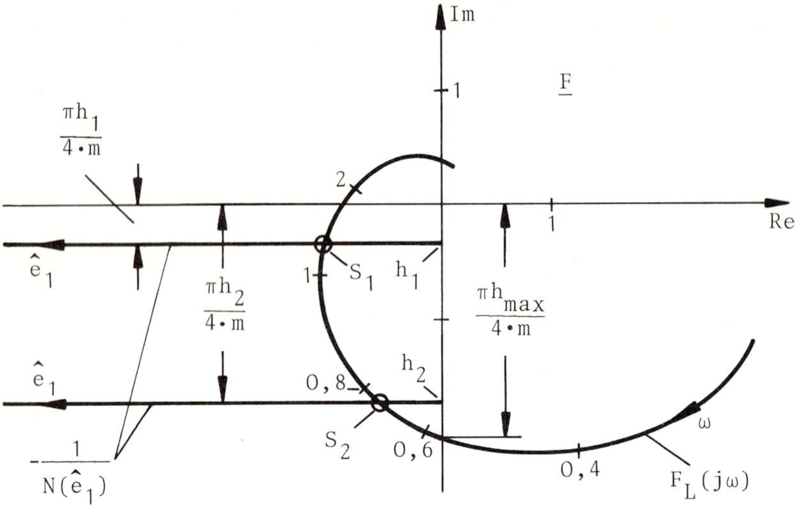

Bild 6.10: Zum Temperaturregelkreis mit hysteresebehaftetem Zweipunktregler in Beispiel 6.2

Die zur Grenzschwingungsanalyse benötigte negativ inverse Beschreibungsfunktion des Zweipunktreglers mit Hysterese gewinnen wir durch Invertieren von Gl. (6.26), d.h.

$$-\frac{1}{N(\hat{e}_1)} = -\frac{\pi\cdot\hat{e}_1}{4\cdot m}\cdot\left[\sqrt{1-\left(\frac{h}{\hat{e}_1}\right)^2} + j\frac{h}{\hat{e}_1}\right], \quad \hat{e}_1 \geq h \, . \tag{6.35}$$

Für feste Werte h_1, h_2 und m erhalten wir daraus die in Bild 6.10 ebenfalls eingetragenen Ortskurven $-1/N$, die Parallelen zur negativ-reellen Achse im Abstand $-\pi\cdot h_{1,2}/4\cdot m$ sind und $\hat{e}_1$ als Parameter tragen.

Wir erkennen unmittelbar, daß Werte $h > h_{max}$ die Ortskurven $-1/N$ soweit nach unten verschieben, daß überhaupt kein Schnittpunkt mehr mit $F_L(j\omega)$ zustandekommt; d.h. der Temperaturregelkreis führt in diesen Fällen keine Grenzschwingungen aus. Eine genauere Untersuchung im Zeitbereich, ähnlich der in Abschnitt 6.2, würde uns schnell zeigen, daß der Regelkreis damit auch nicht mehr in der Lage ist, die Temperaturregelaufgabe vernünftig wahrzunehmen. Für $0 < h < h_{max}$ treten dagegen Schnittpunkte beider Ortskurven auf, die die Existenz der für ein sinnvolles Funktionieren des nichtlinearen Regelkreises notwendigen Grenzschwingungen anzeigen. Dabei haben wir es über den Reglerparameter h in der Hand, eine mäßige Amplitude $\hat{e}_1$ bei einer niedrigeren (S_2) oder höheren (S_1)

Schwingfrequenz ω_S einzustellen. Daß die Tiefpaßbedingung stets erfüllt ist, entnehmen wir leicht dem Ortskurvenverlauf $F_L(j\omega)$ (abnehmender Betrag bei wachsender Frequenz).

6.5 Stabilität von Grenzschwingungen

Im Zusammenhang mit linearen Übertragungsgliedern und Systemen hatten wir die Begriffe der asymptotischen Stabilität oder der BIBO-Stabilität eingeführt. Diese Begriffe sind im Prinzip auch auf nichtlineare Systeme übertragbar, wenn auch die Formulierung von Stabilitätsbedingungen oder -kriterien wesentlich komplizierter ist. So ist ein grenzschwingendes nichtlineares System, wie wir es in Abschnitt 6.2 kennengelernt haben, sicher nicht asymptotisch stabil; dennoch lassen sich damit brauchbare Regelergebnisse erzielen. Wir wollen uns hier nicht mit Fragen der Systemstabilität weiterbeschäftigen, sondern die Stabilität von Grenzschwingungen untersuchen. Anschaulich gesprochen verstehen wir darunter die Eigenschaft, daß eine Grenzschwingung weder nach vorübergehenden Änderungen der Kreisparameter noch durch vorübergehenden Einfluß äußerer Signale ihre charakteristischen Merkmale wie Schwingkreisfrequenz oder -amplitude verliert. Diese Art der Stabilität einer Grenzschwingung wird auch als "orbitale Stabilität" bezeichnet. Zur weiteren Diskussion wollen wir uns wegen der Kompliziertheit der Fragestellung nicht eines streng mathematischen, sondern vielmehr eines mehr anschaulichen Vorgehens - in Anlehnung an gewisse Erkenntnisse im Zusammenhang mit der Schwingbedingung für lineare Regelkreise - bedienen.

Betrachten wir zu diesem Zweck die beiden in Bild 6.11a und b skizzierten Zwei-Ortskurven-Graphen zur Auswertung der GHB: Im Fall a) handelt es sich um einen Regelkreis mit einer symmetrisch begrenzten linearen Kennlinie (Tabelle 6.1/4); im Fall b) verwenden wir eine mit Nullpunktsunempfindlichkeit (Tote Zone) behaftete lineare Kennlinie (Tabelle 6.1/5). Für $F_L'(j\omega)$ ergeben sich in beiden Fällen keine Schnittpunkte mit den Ortskurven $-1/N$, so daß auch keine Grenzschwingungen zu erwarten sind.

Für

$$F_L''(j\omega) = K \cdot F_L'(j\omega), \quad K > 1$$

existieren dagegen scheinbar gleichwertige Schnittpunkte S, die sich doch in einem Punkt wesentlich unterscheiden: Während in a) die $-1/N$-Ortskurve für wachsendes $\hat{e}_1$ die Ortskurve F_L'' in S von rechts nach links durchstößt, geschieht dies in b) in umgekehrter Richtung.

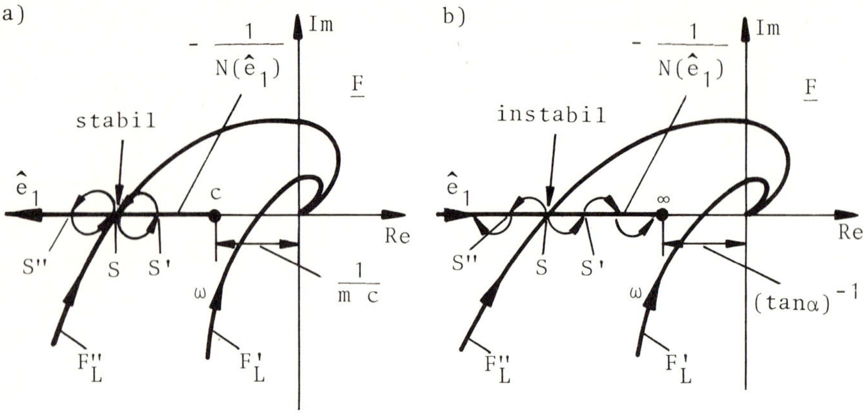

Bild 6.11: Zur Stabilität von Grenzschwingungen; Regelkreis mit Begrenzungs- (a) und Tote-Zone-Kennlinie (b)

Wir wollen nun kurz erläutern, was dieser Unterschied bedeutet. Denken wir uns dazu, wie bereits im Zusammenhang mit der Schwingbedingung bei linearen Systemen diskutiert, zu $F_L''(j\omega)$ im Bereich des Schnittpunktes S das aus Bild 4.11 bekannte begleitende Netz eingezeichnet, so kommt bekanntlich das "instabile" Teilnetz rechts, das "stabile" links von $F_L''(j\omega)$ zu liegen. Stellen wir uns weiterhin vor, daß sich in den nichtlinearen Regelkreisen durch irgendeinen Einfluß ein kurzzeitiges Schwingungsungleichgewicht ergibt, d.h. statt des stationären Gleichgewichtspunktes S stellt sich ein transienter Gleichgewichtspunkt S' ein. Im Fall a) bedeutet dies, da S' im instabilen Teilnetz liegt und dazu gemäß der Parametrierung $\hat{e}_1$ auf $-1/N$ ein $\hat{e}_1(S')<\hat{e}_1(S)$ gehört, daß der Regelkreis bedingt durch sein momentan instabiles Verhalten die Amplitude $\hat{e}_1(S')$ solange vergrößert, bis sich schließlich wieder der stationäre Gleichgewichtspunkt S einstellt. Im Fall b) ergibt sich dagegen durch die plötzliche Verschiebung von S nach S' neben dem lokal instabilen Verhalten eine Schwingungsamplitude $\hat{e}_1(S') > \hat{e}_1(S)$, die sich bedingt durch das instabile Kreisverhalten weiter vergrößert und dabei S' weiter auf $-1/N$ nach rechts verschiebt, bis der Endpunkt von $-1/N$ mit (theoretisch) unendlich großer Amplitude $\hat{e}_1$ erreicht wird.

Wir überzeugen uns leicht davon, daß eine anfängliche Verschiebung von S nach S'' (siehe Pfeile) zu entsprechenden Reaktionen führt: im Fall a) wieder zur Annäherung von S'' an S und Wiederherstellung der stabilen Grenzschwingung und im Fall b) zum Abwandern von S'' in Richtung abnehmender Schwingungsamplituden $\hat{e}_1(S'')$. Während uns also im Fall a) der Schnittpunkt S eine stabile Grenzschwingung anzeigt, haben wir es im Fall b) bei S mit einer instabilen - entweder auf- oder abklingenden - Schwingung zu tun.

Wir können aus dieser Betrachtung den Schluß ziehen, daß nicht jede Lösung der GHB eine stabile Grenzschwingung signalisiert. Vielmehr gilt - falls wir uns auf Übertragungsfunktionen $F_L(p)$ der in Gl. (4.78) definierten Art beschränken - folgendes Grenzschwingungs-Stabilitätskriterium:

"Ein Schnittpunkt S der Ortskurven $F_L(j\omega)$ und $-1/N(\hat{e}_1)$ zeigt nur dann eine stabile Grenzschwingung an, wenn die Ortskurve $-1/N(\hat{e}_1)$ für wachsendes $\hat{e}_1$ die $F_L(j\omega)$-Ortskurve von rechts nach links (Blick in Richtung wachsender ω-Werte) durchstößt."

Wir wollen diese Bedingung abschließend auf zwei Beispiele anwenden und daraus einige zusätzliche Schlußfolgerungen ziehen.

Beispiel 6.3: Wir stellen fest, daß es sich in Beispiel 6.1 beim Schnittpunkt S_1, Bild 6.9, um eine stabile Grenzschwingung handeln muß, was wir im Grunde ja auch anhand der Zeitbereichsanalyse in Abschnitt 6.2 bereits festgestellt hatten.

Die weiteren Schnittpunkte S_2, S_3,... scheinen auf den ersten Blick das gleiche oben formulierte Stabilitätskriterium zu erfüllen. Erinnern wir uns jedoch an das begleitende Netz, so sehen wir, daß die Punkte S_2, S_3 im Bereich des instabilen Teilnetzes von $F_L(j\omega)$ im Schnittpunkt S_1 liegen. Damit können S_2, S_3,... keine stabilen Grenzschwingungen anzeigen. Alleine die durch den Schnittpunkt S_1 markierte Grenzschwingung, die im übrigen den größten Amplitudenwert, nämlich $\hat{e}(S_1)$, aufweist, ist stabil und bildet sich somit im Regelkreis aus.

Beispiel 6.4: Nehmen wir nun für den gleichen in Beispiel 6.1 behandelten Regelkreis statt der Zweipunkt- eine Dreipunktkennlinie mit der Beschreibungsfunktion gemäß Tabelle 6.1/3 an. Wir erhalten im Prinzip die in Bild 6.12 skizzierte Zwei-Ortskurven-Darstellung, an der speziell der Verlauf der Ortskurve von $-1/N(\hat{e}_1)$ beachtenswert ist. Während für $F_L'(j\omega)$ keine Grenzschwingung, aber auch kein brauchbares Regelkreisverhalten zu erwarten ist, treten für $F_L''(j\omega)$ gleich zwei Schnittpunkte S_1 und S_2 auf. Zu beiden lesen wir die gleiche Schwingfrequenz ω_s, aber unterschiedliche Amplitudenwerte

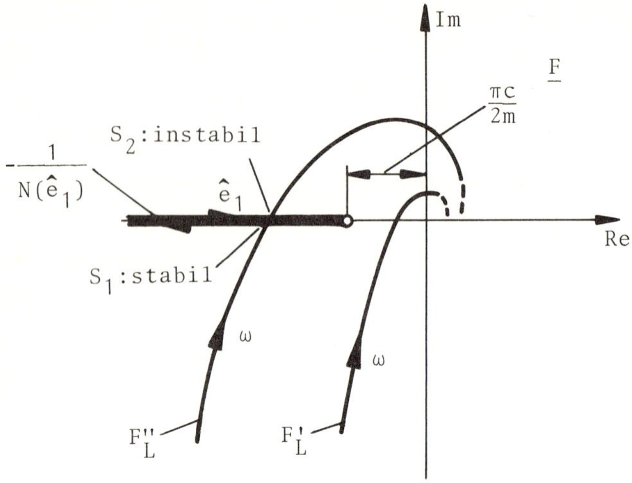

Bild 6.12: Zum Regelkreis mit Dreipunktschalter in Beispiel 6.4

$\hat{e}_1(S_1) > \hat{e}_1(S_2)$ ab. Mit Hilfe des Grenzschwingungs-Stabilitätskriteriums erkennen wir S_1 sofort als den entscheidenden, zur stabilen Grenzschwingung gehörigen Schnittpunkt, während S_2 eine instabile Grenzschwingung anzeigt.

6.6 Nichtlineare Effekte im Zusammenhang mit der Instabilität linearer Regelkreise

In jedem für kleine Signalamplituden linear reagierenden Regelkreis machen sich im Falle wachsender Signalamplituden neben anderen nichtlinearen Effekten insbesondere Begrenzungserscheinungen bemerkbar. Z.B. kann ein elektronischer Regler immer nur eine maximale positive oder negative Spannung abgeben; ein Ventil kann voll geöffnet oder ganz geschlossen werden; jedes mechanische oder elektrische System weist Anschläge oder Begrenzungen auf. Das bedeutet aber, daß der Blockschaltplan eines Regelkreises im Hinblick auf das Großsignalverhalten in die aus Bild 6.1 bekannte Struktur umgeordnet werden kann, wobei F_L alle linearen Glieder umfaßt und der nichtlineare Block die entscheidende nichtlineare Kennlinie mit - hier der Einfachheit halber als symmetrisch angenommenen - Begrenzung beinhaltet, Bild 6.13a. Solange die Begrenzungswerte nicht erreicht werden, d.h. $|e| < c$ ist, arbeitet der Regelkreis linear. Für seine (asymptotische und BIBO-) Stabilität ist bekanntlich die Frequenzgangfunktion

$$-F_o(j\omega) = K_B \cdot F_L(j\omega) \tag{6.36a}$$

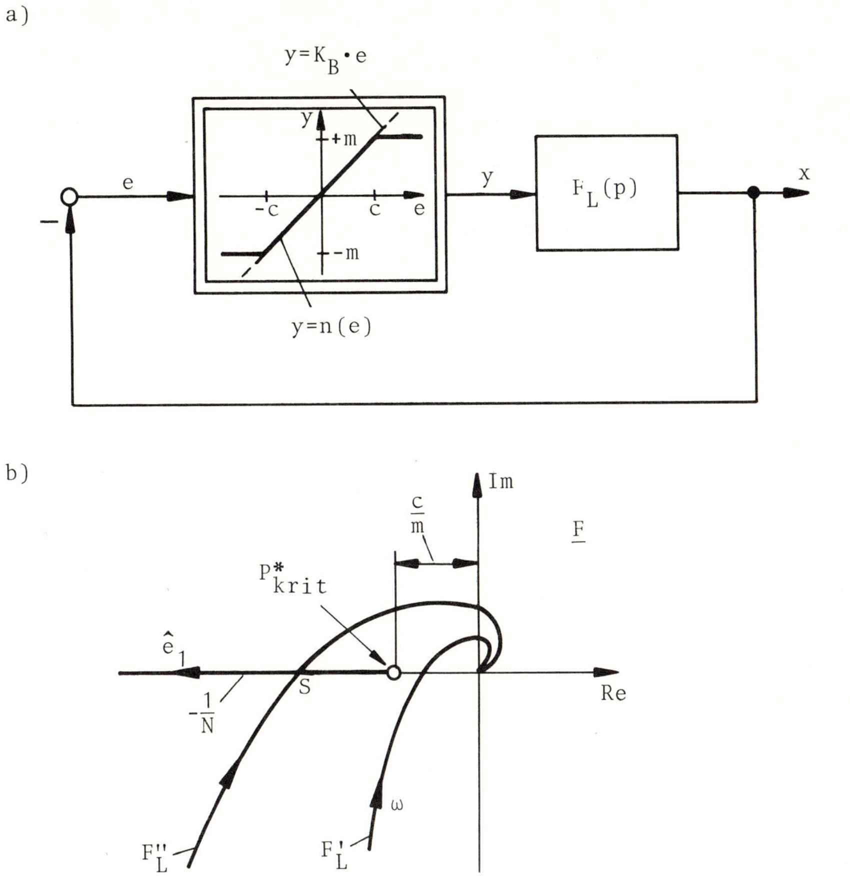

Bild 6.13: Wirkung von Begrenzungseffekten in instabilen Regelkreisen

maßgebend, wobei

$$K_B = \frac{m}{c} \tag{6.36b}$$

die Steigung der Begrenzungskennlinie im linearen Teil, also einen Verstärkungsgrad, bezeichnet. Wenden wir in diesem Fall das Nyquist-Stabilitätskriterium in der modifizierten Form von Gl. (4.51) an, so gilt hier sinngemäß, daß Stabilität dann vorliegt - wir verwenden der Einfachheit halber die Linke-Hand-Regel -, wenn der kritische Punkt

$$P^*_{krit} = -\frac{c}{m} + j0 \tag{6.37}$$

links der Ortskurve $F_L(j\omega)$ liegt. In diesem Sinne zeigen die in Bild 6.13b beispielhaft skizzierten Ortskurven F_L' stabiles, F_L'' instabiles Verhalten des <u>linearen</u> Regelkreises an. Instabiles Verhalten bedeutet aber automatisch ein rapides Anwachsen der Signalamplituden im Regelkreis mit der Folge, daß das Signal e(t) die Werte $\pm$ c erreicht und dabei y(t) auf $\pm$ m begrenzt wird; damit geht das lineare in ein nichtlineares Regelkreisverhalten über.

Jetzt dürfen wir die Begrenzungskennlinie nicht mehr wie oben linear, d.h. durch K_B beschreiben, sondern wir müssen die entsprechende Beschreibungsfunktion heranziehen und die Schwingbedingung durch die GHB

$$F_L(j\omega) = -\frac{1}{N(\hat{e}_1)} \tag{6.38}$$

ersetzen. Tragen wir also in Bild 6.13b zusätzlich die bereits bekannte, negativ inverse Beschreibungsfunktion der Begrenzungskennlinie ein, so erkennen wir, daß sie beim kritischen Punkt P^*_{krit} mit $\hat{e}_1 = 0$ beginnt und sich entlang der negativ reellen Achse nach links erstreckt. Sie schneidet F''_L in S und zeigt uns damit eine stabile Grenzschwingung an. Dieses Ergebnis besagt, daß Instabilität in linearen Regelkreisen praktisch niemals zu den theoretisch erwarteten unendlich großen Schwingungsamplituden $\hat{e}$ führt. Vielmehr münden die aufklingenden linearen Schwingungen bedingt durch Begrenzungseffekte in stabile (nichtlineare) Grenzschwingungen großer, aber fester Amplituden $\hat{e}_1$ und fester Frequenz ω_s ein. In der Praxis ist allerdings zu beachten, daß schon vorher oder dabei eine Zerstörung der Anlage auftreten kann.

7 Diskrete Steuerungen

7.1 Vorbemerkung

In den vorausgegangenen Kapiteln haben wir uns ausschließlich mit Steuerungen und Regelungen aus dem Blickwinkel eines (amplituden-) kontinuierlichen Prozeßgeschehens beschäftigt; Stell-, Regel- und Aufgabengrößen stellten zeitabhängige, kontinuierliche Signalgrößen dar. Bei der Automatisierung technischer Prozesse gibt es andererseits viele Aufgabenstellungen, bei denen primär ein (amplituden-) diskretes Prozeßgeschehen von Bedeutung ist. Dies trifft insbesondere für die große Klasse der sog. Stückgutprozesse zu, für die die Gepäckverteilanlage auf einem Flughafen einen typischen Vertreter darstellt. Ein diskretes Prozeßgeschehen kann aber auch im Zusammenhang mit der Führung, Überwachung und dem Schutz von bereits mit kontinuierlichen Steuerungen und Regelungen ausgerüsteten Prozessen auftreten (siehe hierzu Bild 1.13). In den genannten Fällen läßt sich der interessierende Prozeßablauf über das Auftreten diskreter (Prozeß-) Ereignisse erfassen; Veränderungen des Prozeßzustandes werden durch diskrete Stellaktionen ausgelöst. Automatisierungseinrichtungen, mit denen das zielorientierte Umsetzen von Ereignisinformationen in Aktionen erfolgt, bezeichnen wir als "diskrete Steuerungseinrichtungen" oder kurz "diskrete Steuerungen".

Zur Verdeutlichung ist in Bild 7.1 der bekannten Struktur eines einschleifigen konventionellen Regelungssystems die allgemeine Struktur eines diskreten Steuerungssystems gegenübergestellt. Beim Vergleich fällt auf, daß in beiden Fällen eine Strecke oder ein Prozeß gesteuert werden. Bei einer Regelung, wie in Bild 7.1a, erzeugt der analoge oder digitale Regler jedoch aufgrund kontinuierlicher Signalgrößen $w(t)$ und $x(t)$ die kontinuierlichen oder quasi-kontinuierlichen Stellgrößen $y(t)$ bzw. $\bar{y}(t)$; demgegenüber verarbeitet eine diskrete Steuerung gemäß Bild 7.1b die als Vektoren zusammengefaßten zeitkontinuierlich oder -diskret anfallenden diskreten Prozeß-Meßgrößen $\underline{q}$ und Bediengrößen $\underline{b}$ zu diskreten Stellgrößen $\underline{r}$ und Anzeigegrößen $\underline{a}$. Üblicherweise

a)

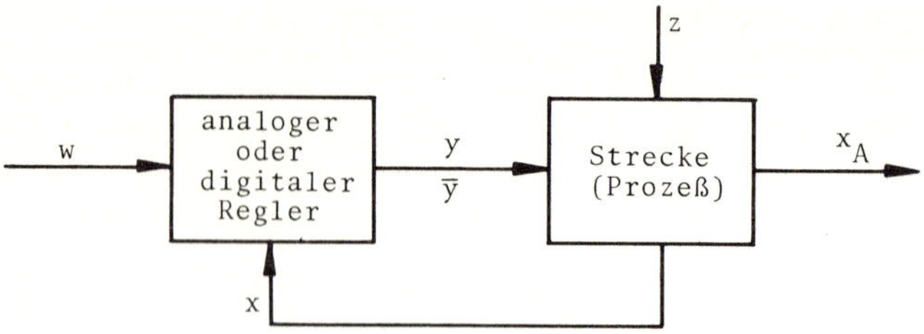

b)

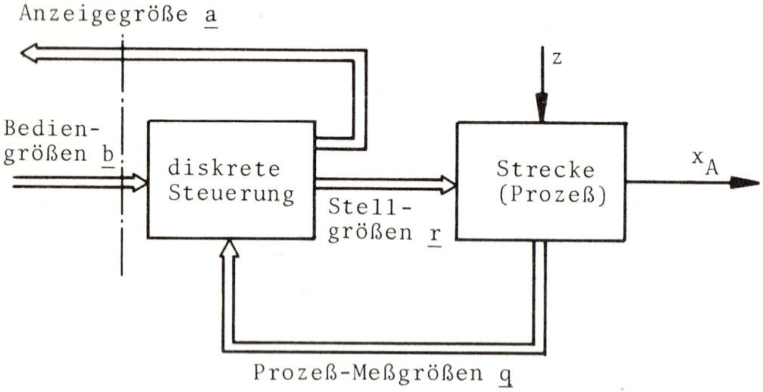

Bild 7.1: Grundstrukturen der Automatisierung, analoges oder digitales Regelungssystem (a) und diskretes Steuerungssystem (b)

sind diese diskreten Signalgrößen zwei- oder dreiwertige Variable, wobei diesen Werten - wie etwa im Falle einer Stellgröße r_i - konkrete technische Bedeutungen wie z.B. EIN/AUS bzw. AUF/HALT/AB zukommen. Obwohl bei diskreten Steuerungssystemen, ähnlich wie bei kontinuierlichen Regelungen, meistens geschlossene Signalkreisläufe vorliegen, sprechen wir - dem technischen Sprachgebrauch folgend - stets von diskreter Steuerung und nie von diskreter Regelung. Die in Bild 7.1b verwendeten Doppelpfeile weisen schließlich auf die Tatsache hin, daß selbst bei einfacheren Aufgaben der diskreten Steuerungstechnik stets mehrere Ein- und Ausgangsgrößen über die Steuerungseinrichtung miteinander verknüpft werden müssen.

Entsprechend ihrer Funktion werden diskrete Steuerungen grob eingeteilt, in Verknüpfungs- und Ablaufsteuerungen. Dabei realisiert eine Verknüpfungssteuerung eine mehr oder weniger umfangreiche statische Zuordnungsvorschrift zwischen momentanen diskreten Eingangsgrößenvektoren $\underline{q}$, $\underline{b}$ und Ausgangsgrößenvektoren $\underline{a}$, $\underline{r}$. Ein sehr einfaches Beispiel für eine Verknüpfungssteuerung finden wir in der Reihenschaltung zweier Schalter b_1 und b_2, die beide in EIN-Stellung stehen, also geschlossen sein müssen, um das Einschaltsignal r_1 für einen Motorschütz zu erzeugen.

Wie der Name bereits andeutet, haben Ablaufsteuerungen dynamischen Charakter. Sie stellen den ordnungsgemäßen Prozeßablauf in einer technischen Anlage sicher und bedürfen bei der Festlegung der jeweiligen Stellaktionen $\underline{r}$ neben den Momentanwerten der Prozeßmeßgrößen $\underline{q}$ auch der Kenntnis des momentanen diskreten Prozeßzustandes z_i. So ist beispielsweise beim Prozeß des Herunterschaltens eines Kraftfahrzeuggetriebes vereinfacht folgender Normalablauf einzuhalten:

"GAS WEG" ⟶ "KUPPLUNGSPEDAL TRETEN" ⟶ "HERUNTERSCHALTEN" ⟶
"GAS GEBEN" ⟶ "KUPPLUNGSPEDAL LOSLASSEN".

Dieses Beispiel zeigt deutlich, daß die Steuerung des Übergangs vom Vorgängerzustand "PEDAL TRETEN" zum Nachfolgerzustand "SCHALTEN" die Kenntnis des momentanen Prozeßzustandes ebenso voraussetzt wie die gewisser Prozeßmeßgrößen, die etwa den erfolgreichen Abschluß aller im Zustand "PEDAL TRETEN" im Getriebe veranlaßten Aktionen anzeigen.

Werden Zustandsübergänge alleine vom Auftreten bestimmter Prozeßereignisse ausgelöst, so sprechen wir von "prozeßgeführter Ablaufsteuerung", wie sie in obigem Beispiel vorliegen dürfte. Sind Zustandsübergänge dagegen ausschließlich eine Folge von Zeitereignissen, wie etwa einem Zeittakt, so liegt eine "zeitgeführte Ablaufsteuerung" vor, wofür die Phasensteuerung einer Verkehrsampel ein anschauliches Beispiel bietet.

In der Regel werden wir es allerdings mit "gemischt zeit- und prozeßgeführten Ablaufsteuerungen" zu tun haben, wofür hier die Steuerung einer Waschmaschine beispielhaft genannt sei.

Tabelle 7.1: Schritte bei der Lösung einer diskreten Steuerungsaufgabe

Lösungsschritt	Teilaufgaben
1	Beschreibung des zu steuernden Objektes durch Geräte-, Anlagenbild oder Wirkschaltplan
2	Entwicklung einer verbalen Funktionsbeschreibung der diskreten Steuerungsaufgabe und Spezifikation - des funktionellen und/oder technologischen Prozeßablaufs - der für dessen Beobachtung und gezielte Beeinflussung notwendigen Prozeßmeß- und Stellglieder
3	Entwurf (Synthese) der erforderlichen diskreten Steuerungsfunktionen unter Verwendung geeigneter formaler Beschreibungsmethodiken
4	Realisierung der Steuerungsfunktionen und -abläufe unter Verwendung geeigneter Hardware- oder Softwaretechniken
5	Experimentelle und simulative Überprüfung des kompletten diskreten Steuerungssystems
6	Inbetriebnahme vor Ort

Ähnlich wie in Tabelle 1.3 für Regelaufgaben dargestellt, vollzieht sich die systematische Aufbereitung und Behandlung diskreter Steuerungsaufgaben zweckmäßigerweise gemäß den in Tabelle 7.1 zusammengestellten typischen Arbeitsschritten.

7.2 Eine einfache Verknüpfungssteuerung

Zur Illustration der grundsätzlichen Vorgehensweise und Methodiken beim Entwurf von Verknüpfungssteuerungen wollen wir uns mit einem einfachen Schutzsystem für eine Fertigungszelle beschäftigen.

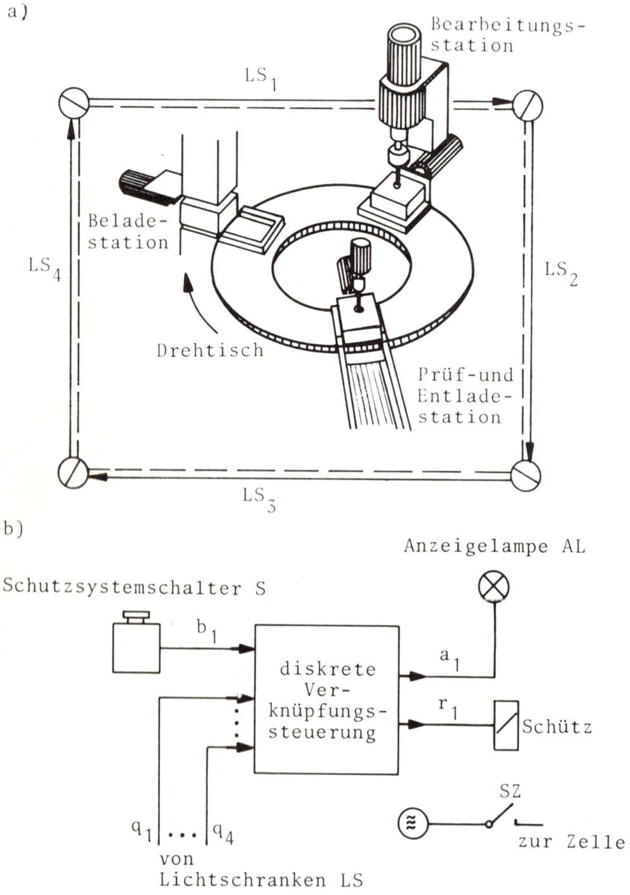

Bild 7.2: Fertigungszelle mit Schutzsystem, Anlagenbild mit Lichtschrankenstrecken um Gefahrenzone (a) und Signalschema des Schutzsystems (b)

7.2.1 Anlagenbeschreibung

Gemäß Bild 7.2a besteht diese Fertigungszelle aus einem Drehtisch, der Werkstücke in 120°-Schritten an einer Belade-, einer Bearbeitungs- und einer kombinierten Prüf-/Entladestation entlang bewegt. Die Steuerung und Regelung der Bewegungsabläufe innerhalb der Zelle sind jedoch zunächst nicht Gegenstand unserer Betrachtungen.

7.2.2 Verbale Funktionsbeschreibung

Die hier interessierende (diskrete) Steuerungsaufgabe besteht vielmehr darin, alle Bewegungsabläufe innerhalb der Zelle augenblicklich zur Ruhe zu setzen, wenn eine Person in die Gefahrenzone, d.h. in den in Bild 7.2a gestrichelt umrandeten Arbeitsbereich, eindringt. Wir wollen annehmen, daß die gewünschte Schutzfunktion von der (Prozeß-) Meßseite her durch vier ortsfest angebrachte Lichtschrankenstrecken LS als Signalgeber gelöst werden kann. Als Stellglied werde ein Schütz (Relais) im Stromversorgungsteil der Zelle vorgesehen, dessen Betätigung eine Totalabschaltung der elektrischen Energie und damit ein Anhalten aller Bewegungen bewirkt. Mit einem EIN/AUS-Schalter S sei es ferner möglich, die Schutzsystemfunktion zu aktivieren oder deaktivieren, wobei der inaktive Zustand durch eine Anzeigelampe AL signalisiert werden soll. Alle das Schutzsystem betreffenden Angaben sind noch einmal unter Verwendung symbolischer Bezeichnungen in Bild 7.2b zusammengefaßt. Aus dieser Skizze wird deutlich, welche Ein- und Ausgangsgrößen eine diskrete Steuerung zur Wahrnehmung der Schutzfunktion verknüpfen muß.

Für die weitere steuerungstechnische Behandlung seien alle Signalgrößen als zweiwertig, d.h. binär mit den logischen Werten Ø und L angenommen. Tabelle 7.2 zeigt die Zuordnung zwischen logischen Signalzuständen und

Tabelle 7.2: Logische Signalzustände und ihre Bedeutung

Signalzustände	Bedeutung
Meß- und Bediengrößen	
q_i = Ø	LS_i UNTERBROCHEN; i = 1,2,3,4
b_1 = L	S EIN
Stell- und Anzeigegrößen	
r_1 = Ø	SZ GESCHLOSSEN (ENERGIEVERSORGUNG EIN)
a_1 = L	AL EIN

ihrer physikalisch-technischen Bedeutung im Rahmen des Schutzsystems. Der Vollständigkeit halber sei erwähnt, daß etwa der zu $b_1 = L$ komplementäre Signalzustand $b_1 = \emptyset$ sinngemäß die Bedeutung "Schalter AUS" hat.

7.2.3 Formalisierte Beschreibung und Entwurf

Zur Formalisierung der verbalen Funktionsbeschreibung greifen wir auf elementare Kenntnisse aus der Beschreibung binärer Systeme [16] zurück. Wir charakterisieren zunächst die für das Schutzsystem erforderlichen Steuerungsfunktionen durch eine Funktionstabelle (Tabelle 7.3), in der wir der Menge aller möglichen Wertekombinationen der binären Eingangsgrößen die zugehörigen Werte der Ausgangsgrößen gegenüberstellen. Bei diskreten Steuerungsaufgaben haben wir es jedoch in der Regel mit sehr vielen Variablen zu tun, so daß wir uns auf das Anschreiben der für die jeweilige Aufgabe relevanten Wertekombinationen der Eingangsgrößen beschränken. Bei deren systematischer Auswahl lassen wir zweckmäßigerweise alles Vorwissen aus der verbalen Funktionsbeschreibung mit einfließen. So reicht es in vorliegendem Beispiel aus, von den $2^4 = 16$ möglichen Wertekombinationen der Variablen q_1 bis q_4 nur die in Zeile 1 bis 4 vermerkten anzuschreiben; sie führen nämlich zur Aktivierung des Schützes, also $r_1 = L$. Wir haben dabei von der Tatsache Gebrauch gemacht, daß bereits die Unterbrechung einer einzigen Lichtschranke LS_j (also $q_j = \emptyset$) zu $r_1 = L$ führen muß und demgemäß alle weiteren q_i-Werte mit $i \neq j$ durch das Irrelevanz-Symbol "x" gekennzeichnet werden können. Zur Abrundung der Wahrheitstabelle $\underline{q} \rightarrow r_1$ fügen wir schließlich noch die Zeile 5 hinzu; sie gibt an, für welche Eingangskombination von $\underline{q}$ die Variable r_1 den Wert $\emptyset$ annimmt.

Tabelle 7.3: Relevante Verknüpfungen der Ein- und Ausgangsgrößen des Schutzsystems

	Eingangsgrößen					Ausgangsgrößen	
Zeile	q_1	q_2	q_3	q_4	b_1	r_1	a_1
1	∅	x	x	x	L	L	∅
2	x	∅	x	x	L	L	∅
3	x	x	∅	x	L	L	∅
4	x	x	x	∅	L	L	∅
5	L	L	L	L	L	∅	∅
6	x	x	x	x	∅	∅	L

Da unsere verbale Funktionsbeschreibung außerdem fordert, daß eine Aktivierung der Schutzfunktion über S möglich sein und dabei eine Anzeigegröße a_1 erzeugt werden soll, ergänzen wir die Tabelle um die Spalten b_1 und a_1 mit sinngemäßen Werteeinträgen. Im Hinblick auf eine vollständige Funktionsbeschreibung fügen wir schließlich noch Zeile 6 hinzu.

Tabelle 7.4: Symbole und Funktionen Boolescher Verknüpfungen

Operation	Schaltsymbol	Funktion
UND	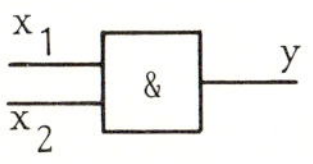	$y = x_1 \wedge x_2$
ODER	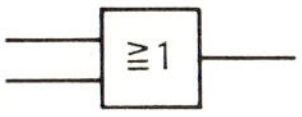	$y = x_1 \vee x_2$
Negation	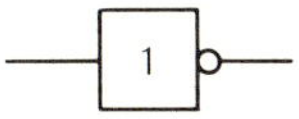	$y = \bar{x}_1$
NAND		$y = \overline{x_1 \wedge x_2} = \bar{x}_1 \vee \bar{x}_2$
NOR	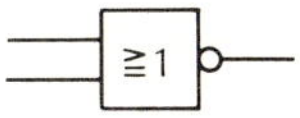	$y = \overline{x_1 \vee x_2} = \bar{x}_1 \wedge \bar{x}_2$

Die tabellarisch erfaßten Zusammenhänge können natürlich kompakter durch Boolesche Funktionen, die auf den in Tabelle 7.4 erklärten UND ($\wedge$)-, ODER ($\vee$)- und Negationsoperationen basieren, beschrieben werden.

Aus Tabelle 7.3 lesen wir dann ab, daß für das Auftreten des Wertes L bei r_1 bzw. a_1 folgende logische Ausdrücke maßgebend sind:

$$r_1 := (\bar{q}_1 \vee \bar{q}_2 \vee \bar{q}_3 \vee \bar{q}_4) \wedge b_1 \tag{7.1a}$$

$$a_1 := \bar{b}_1. \tag{7.1b}$$

Umgekehrt gelten für r_1 bzw a_1 gleich Ø die Ausdrücke

$$\bar{r}_1 := (q_1 \wedge q_2 \wedge q_3 \wedge q_4) \vee \bar{b}_1 \tag{7.2a}$$

$$\bar{a}_1 := b_1. \tag{7.2b}$$

Die Gln. (7.2) sind natürlich komplementär zu (7.1); sie hätten auch unmittelbar durch Anwenden der Inversionsgesetze (de-Morgansche Theoreme) aus den Gln. (7.1) hergeleitet werden können. In ihrer elementarsten

Form werden diese Inversionsgesetze auch in Tabelle 7.4 bei der Umformung der NAND- und NOR-Funktion angewandt.

7.2.4 Schritte zur Realisierung

Ohne hier auf Fragen nach möglichen Umformungen und Minimisierungen der entwickelten logischen Ausdrücke einzugehen - hierzu sei wiederum auf das einschlägige Schrifttum verwiesen [16] - wollen wir einige Anmerkungen zur Realisierung der Verknüpfungen im Sinne einer diskreten Steuerung machen.

Eine Realisierung kann z.B. softwaremäßig durch ein zyklisch durchlaufenes Rechnerprogramm ("Endlosschleife") erfolgen. Zu Beginn jedes Zyklus liest das Programm die momentan anliegenden Werte der Eingangsgrößen $\underline{q}$, b_1 ein, wertet sodann einen der Sätze von Ausdrücken (7.1) oder (7.2) aus und schreibt die momentan gültigen Werte der Ausgangsgrößen r_1, a_1 in entsprechende Ausgangsregister; sie bewirken die notwendigen Steueraktionen.

Bei umfangreicheren Aufgabenstellungen bieten die von der Industrie angebotenen sog. speicherprogrammierbaren Steuerungen (SPS) dem Anwender vielfältige Unterstützung bei der Implementierung auch komplexerer Steuerungsfunktionen.

Eine Alternative stellt eine Hardware-Realisierung der Gln. (7.1) bzw. (7.2) durch elektronische Logikbausteine, Logikfamilien oder Grundfunktionen von Zellenbibliotheken dar. Ebenso wie zur anschaulichen Darstellung und Dokumentation logischer Ausdrücke bedienen wir uns zu ihrer Umsetzung in eine hardware-nahe Form der in Tabelle 7.4 angegebenen Symbole für logische Grundfunktionen. Für die vorliegende diskrete Verknüpfungssteuerung erhalten wir so die in Bild 7.3 skizzierten alternativen

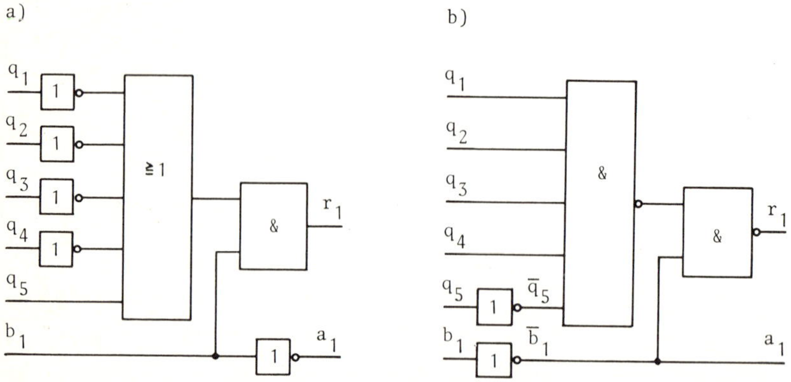

Bild 7.3: Logikpläne für Verknüpfungssteuerung im Schutzsystem

Logik- oder Signalflußpläne. Dabei haben wir in Bild 7.3a eine Lösung bestehend aus UND-, ODER- und Negationsgliedern verwendet, während der Logikplan in Bild 7.3b alleine auf NAND- und Negationsglieder zurückgreift.

7.2.5 Test des Schutzsystems

Zum Test des Schutzsystems müssen nacheinander alle 2^5 möglichen Wertekombinationen der Eingangsgrößen erzeugt und an die hard- oder softwaremäßig realisierte diskrete Steuerung angelegt werden; die Korrektheit der erzeugten Werte für die beiden Ausgangsgrößen wird dann unter Bezugnahme auf die vorab spezifizierten Funktionen überprüft.

7.2.6 Verallgemeinerung bisheriger Betrachtungen

Ausgehend von diesen beispielhaften Ausführungen können wir nun verallgemeinernd feststellen, daß die wesentliche Aufgabe beim Entwurf einer Verknüpfungssteuerung zunächst darin besteht, die zur Lösung der jeweiligen Steuerungsaufgabe notwendigen Beziehungen zwischen Ein- und Ausgangsgrößen zu analysieren. Für den Fall, daß diese Größen als binäre Variable abstrahiert werden können, führt dies zu folgenden allgemeinen Booleschen Ausdrücken für die Stell- und Anzeigegrößen

$$\underline{r} := \underline{f}_1(\underline{q}, \underline{b}) \tag{7.3a}$$

$$\underline{a} := \underline{f}_2(\underline{q}, \underline{b}) \; . \tag{7.3b}$$

Reine binäre Verknüpfungssteuerungen, die nur auf den in Tabelle 7.4 aufgeführten logischen Verknüpfungsgliedern beruhen, sind in der Automatisierungspraxis selten anzutreffen. In der Regel werden zusätzlich logische Speicherglieder (Flipflops) benötigt, mit denen z.B. die Speicherung eines binären Wertes (bistabiles Flipflop) oder die definierte Verzögerung der Auswirkung eines Wertewechsels (monostabiles Flipflop) möglich ist. Da diese Funktionen jedoch im Sinne unserer Einteilung der Steuerungen bereits in den Bereich der Ablaufsteuerungen hinüberreichen, wollen wir uns dort damit beschäftigen.

Als Ausblick sei auf eine andere software-orientierte Beschreibungsform für Verknüpfungssteuerungen eingegangen. Sind die Variablen, wie in der Automatisierungspraxis häufig der Fall, nur umständlich als Binärvariable abstrahierbar, so ist es einfacher, die Verknüpfungsbeziehungen durch Sätze von "Regeln", basierend auf der Grundform

Regel i : WENN bestimmte Bedingung(en) erfüllt (7.4)
DANN führe bestimmte Aktion(en) aus

zu formulieren.

Der auch als Prämissenteil bezeichnete WENN-Teil bezieht sich auf die relevanten Eingangsgrößen, während der DANN-Teil als Konklusions- oder Aktionsteil die zugehörigen Ausgangsgrößen der Steuerung wertemäßig festlegt. Beide Teile können mehrstellig aufgebaut sein, wobei die einzelnen Attribute (Bedingungen, Aktionen) jeweils durch UND bzw. ODER aussagenlogisch verknüpft werden. Für den durch Gl. (7.1a) beschriebenen Sachverhalt muß dann die zugehörige Regel wie folgt lauten:

Regel 1: WENN LS_1 = UNTERBROCHEN (7.5)
ODER LS_2 = UNTERBROCHEN
ODER LS_3 = UNTERBROCHEN
ODER LS_4 = UNTERBROCHEN
UND S = EIN
DANN SZ = AUS.

Dieser Ansatz einer regel-orientierten Formulierung bietet dem Anwender größere Flexibilität bei der Behandlung komplexerer Steuerungsaufgaben und gewährt ihm darüberhinaus eine sehr viel verständlichere Beschreibung der gewünschten Steuerungsfunktionen. Die Interpretation und Ausführung solcher Regeln setzt allerdings das Vorhandensein geeigneter Software-Hilfsmittel, wie Übersetzer, voraus.

7.3 Eine einfache Ablaufsteuerung

Die prinzipiellen Analyse- und Entwurfsschritte für eine Ablaufsteuerung wollen wir am Beispiel eines Chargenprozesses kennenlernen. Chargenprozesse laufen absatzweise, also in diskontinuierlich arbeitenden Anlagen ab. Sie sind in der chemischen Industrie ebenso vorzufinden wie bei Fertigungslinien z.B. für die Herstellung integrierter Schaltungen.

Wir betrachten hier den vereinfachten technologischen Prozeßablauf in einem Rührkesselreaktor, wo unter Wärmeeinwirkung aus einem Einsatzprodukt A ein Endprodukt B erzeugt wird, also folgende chemische Reaktion abläuft

$$A \xrightarrow{\text{Wärme}} B.$$

7.3.1 Anlagenbeschreibung

Der in Bild 7.4 schematisch dargestellte Reaktor wird über das Einlaßventil V1 mit einer vom Mengenzähler MZ erfaßten Produktmenge Q_A beschickt. Über Absperrschieber AS und Pumpe PU kann der Reaktor entleert werden. Füllstand h und Temperatur ϑ im Reaktor werden jeweils durch zwei Grenzwertmelder HO ($h \geqq h_o$), HU ($h \leqq h_u$), sowie TO ($\vartheta \geqq \vartheta_o$), TU ($\vartheta \leqq \vartheta_u$) überwacht. Der zwischen Reaktorgefäß und -mantel vorbeiströmende Heizdampf wird über das Ventil V2 gesteuert, der Rührwerksmotor RM über ein Schütz geschaltet. Ferner sind eine Starttaste ST und zwei Anzeigen für die Meldungen "Behälter leer" (AL) und "Reaktion läuft" (AR) vorgesehen.

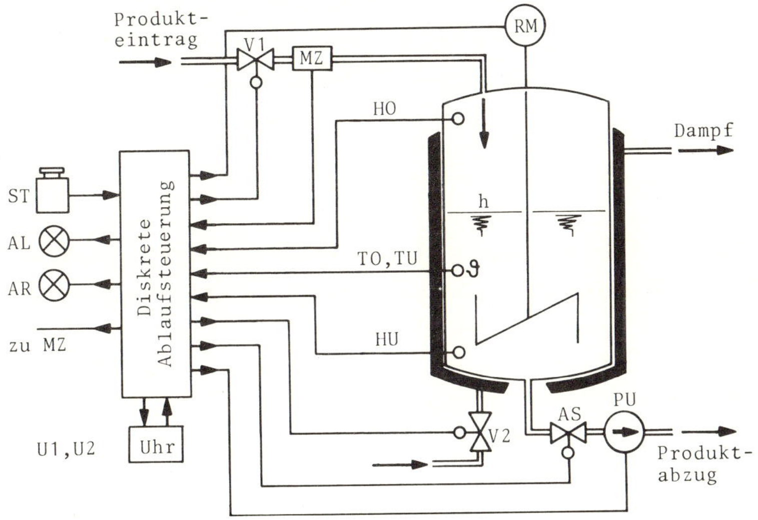

Bild 7.4: Rührkesselreaktor mit Signalschema der zugehörigen diskreten Ablaufsteuerung

7.3.2 Verbale Funktionsbeschreibung

Wir beschränken uns hier auf die knappe Beschreibung des technologischen Normalablaufes im Reaktor und verzichten auf die für die Praxis mindestens ebenso wichtige Behandlung der erforderlichen Prozeßabläufe bei Stör- und Notfällen. Vorausgesetzt sei dabei, daß die Energieversorgung der Steuerung bereits eingeschaltet und notwendige Initialisierungen in der Steuerung (z.B. Setzen der Uhren U1, U2) vorgenommen seien.

Der Prozeßablauf wird über die Starttaste ST in Gang gesetzt, wobei zunächst das leere Reaktorgefäß über V1 mit einer am Mengenzähler MZ voreinstellbaren Produktmenge Q_A gefüllt wird. Bei Erreichen von Q_A meldet dies MZ; der Zähler wird später wieder auf den Wert Null zurückgesetzt. Im Anschluß an den Füllvorgang muß das Heizdampfventil V2 öffnen und das Einsatzprodukt wird unter Rühren erhitzt. Bei Erreichen der Temperatur $\vartheta \geqq \vartheta_o$ springt die Reaktion an, das Dampfventil muß geschlossen werden. Die Reaktion läuft nun mindestens über die vorgebbare Reaktionszeit t_R bzw. bis sich der Reaktorinhalt auf $\vartheta \leqq \vartheta_u$ abgekühlt hat. Es schließt sich das Entleeren des Reaktors über Schieber und Pumpe an. Ist der Leerzustand erreicht, werden Rührer und Pumpe abgeschaltet, der Schieber AS geschlossen. Damit ist eine Charge fertig und ein Produktionszyklus beendet. Falls jedoch die Starttaste ST bereits betätigt ist oder wird, wiederholt sich der beschriebene technologische Ablauf - frühestens jedoch nach einer Wartezeit t_W.

Zur Präsizierung dieser verbalen Beschreibung des Normalablaufes empfiehlt es sich, zusätzlich ein sog. Schaltfolgediagramm zu entwickeln. Es umfaßt neben der Darstellung des qualitativen zeitlichen Verlaufs wesentlicher technologischer Variabler die Schaltfolge aller für die diskrete Steuerung relevanten Eingangs-, d.h. Prozeßmeß- und Bediengrössen sowie Ausgangs-, d.h. Stell- und Anzeigegrößen. Für die Darstellung der zugehörigen diskreten Variablen sei dabei vereinbart, daß das Vorhandensein eines dicken Balkens auf der zur jeweiligen Signalgröße gehörenden Zeitachse stets

"Signalgröße EIN bzw. AUF"

bedeutet, während sein Fehlen

"Signalgröße AUS bzw. ZU"

anzeigt. In der Folge verzichten wir auf das explizite Binärisieren der diskreten Variablen und behalten der Einfachheit halber eine Kennzeichnung durch physikalische Namen und Werte bei. Das für vorliegendes Beispiel entwickelte Schaltfolgediagramm, Bild 7.5, zeigt dann den zeitlichen Verlauf aller diskreten Signalgrößen und der Uhrensignale parallel zu den Veränderungen der technologischen Variablen Reaktorfüllstand h(t) und -temperatur $\vartheta(t)$. Im nächsten Schritt gilt es nun, daraus die für den Normalablauf erforderliche diskrete Ablaufsteuerung zu entwickeln.

7.3.3 Formalisierte Beschreibung und Entwurf der Ablaufsteuerung

Verglichen mit dem früher beispielhaft besprochenen Schutzsystem liegt im vorliegenden Fall offenbar ein sehr viel verwickelteres, dynamisches

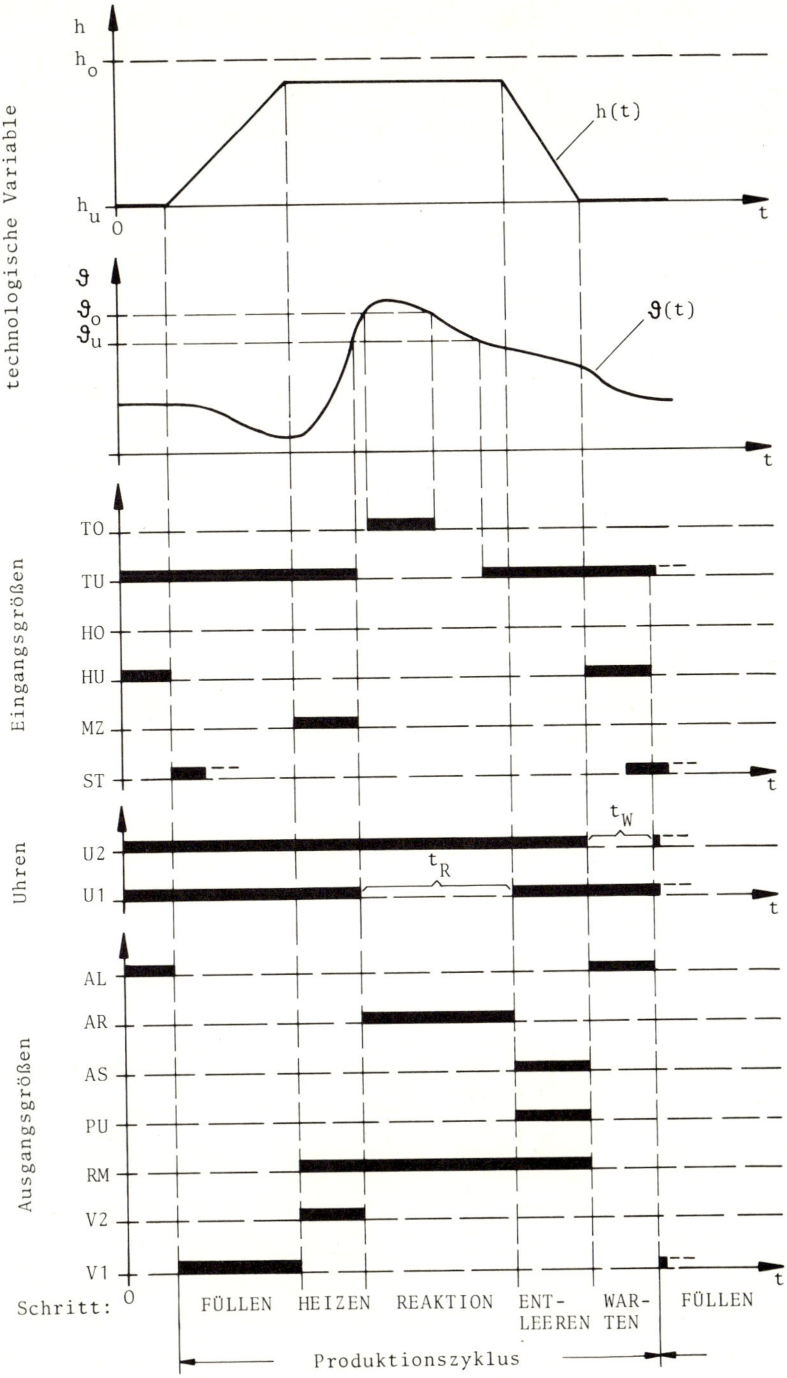

Bild 7.5: Schaltfolgediagramm für normalen Prozeßablauf im Rührkesselreaktor

Prozeßgeschehen vor. Es wird gedanklich in eine Abfolge von Phasen oder Schritten aufgeteilt. Zur gegenseitigen Abgrenzung dieser Schritte empfiehlt es sich, auf das Schaltfolgediagramm 7.5 zurückzugreifen. Dabei ordnen wir zweckmäßigerweise im zeitlichen Ablauf jeder unterscheidbaren Wertekombination der Menge aller Ausgangsgrößen jeweils einen individuellen Schritt zu. Jeder Schritt wird sodann durch einen geeigneten Namen wie FÜLLEN, HEIZEN etc. bezeichnet. In Bild 7.5 sind während eines Produktionszyklus fünf derartige Schritte erkennbar, wobei die Übergänge von einem zum anderen Schritt jeweils durch spezifische Veränderungen in den Eingangsgrößen der Steuerung angezeigt werden.

Zur Verbesserung der Übersicht wollen wir als nächstes die Schritt- oder Phasenfolge in einer Art Netzplan grafisch darstellen. Dazu markieren wir jeden Schritt durch einen Kreis (oder eine Ellipse) mit entsprechender Schrittbezeichnung. Den Kreissymbolen ordnen wir seitlich eine Liste der jeweils zu Schrittbeginn einzuleitenden Steuerungsaktionen zu, d.h. wir geben im Sinne der im Schaltfolgediagramm Bild 7.5 eingezeichneten Balken die nun zu aktivierenden Ausgangsgrößen an. Wir sehen ferner als vereinbart an, daß jeweils am Schrittende, d.h. beim Verlassen des Schrittes, die aktivierten Ausgangsgrößen stets automatisch deaktiviert werden. Die möglichen Schrittübergänge selbst kennzeichnen wir durch Pfeile, die jeweils von Querbalkensymbolen durchkreuzt werden. Seitlich an diesen Querbalken vermerken wir die zum Übergang gehörenden spezifischen Übergangsbedingungen, z.B. in Form logischer Verknüpfungen der Eingangsgrößen der Steuerung. Bei deren Formulierung können wir selbstverständlich an Vorgehensweisen anknüpfen, die in Abschnitt 7.2 bereits besprochen wurden.

Aus der verbalen Funktionsbeschreibung und dem Schaltfolgediagramm Bild 7.5 läßt sich nun der in Bild 7.6 skizzierte Graph, auch "Funktionsplan" genannt, entwickeln. Die Kombination aus Balken- mit nachfolgendem Kreissymbol wird in der Terminologie der Funktionspläne als "Schrittelement" bezeichnet. So umfaßt das Schrittelement für "REAKTION" neben der Angabe der Übergangsbedingung "TO EIN" auch die Anweisungen, daß die Steuerung bei Eintritt in diesen Schritt die Meldung AR neu einschalten und das Rührwerk wie im Vorläuferschritt HEIZEN eingeschaltet halten muß. Ferner sind der Mengenzähler MZ auf Null zurückzusetzen und die zur Ablaufsteuerung gehörende Uhr U1 mit t = 0 zu starten, nachdem zuvor der in < > stehende Parameterwert t_R voreingestellt wurde.

Der Übergang vom Schritt REAKTION nach ENTLEEREN hat dann als Vorbedingung, daß der Grenzwertmelder TU angesprochen hat <u>und</u> U1 den Ablauf der

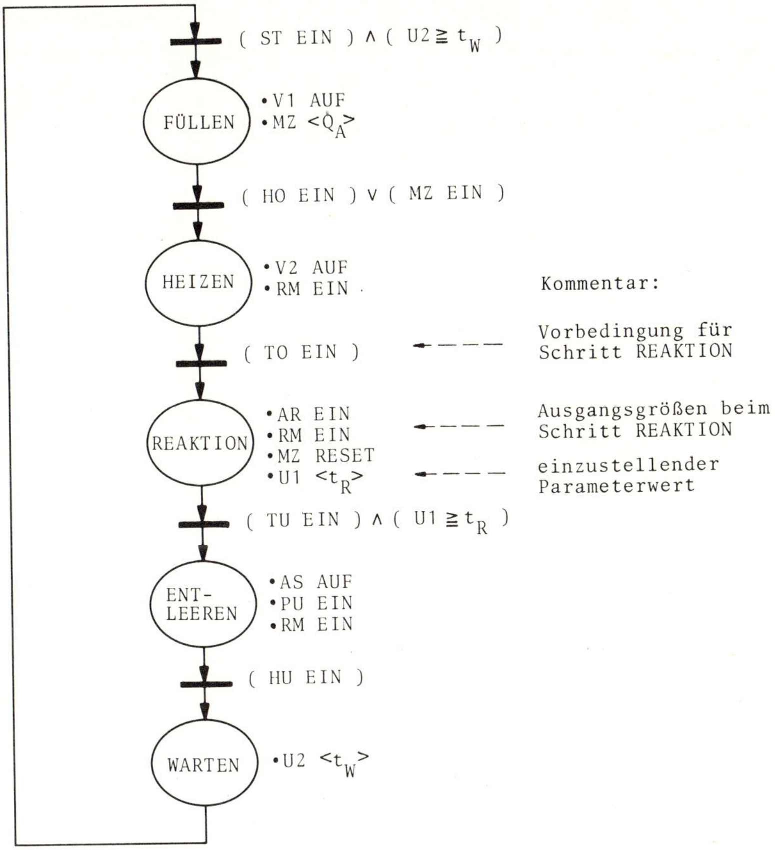

Bild 7.6: Funktionsplan zum Prozeßablauf im Rührkesselreaktor

Reaktionszeit anzeigt. Schließlich sei noch auf eine Besonderheit beim Übergang von FÜLLEN auf HEIZEN hingewiesen. Im Sinne einer Überfüllsicherung wurde hier nicht nur das Signal des Mengenzählers MZ sondern alternativ auch das Ansprechen des Grenzwertmelders HO mit in die Vorbedingung einbezogen. Letzteres geht aus dem Schaltfolgediagramm Bild 7.5 nicht hervor, da der Füllstand h_o im Normalfall gar nicht erreicht wird. Es zeigt sich also, daß im Hinblick auf ein vollständiges Erfassen aller Eventualitäten des Prozeßgeschehens ein einziges Schaltfolgediagramm gar nicht ausreichend ist. Zusätzliche steuerungstechnische Notwendigkeiten lassen sich jedoch leicht im Funktionsplan ergänzen.

7.3.4 Schritte zur Realisierung

Der vorliegende Funktionsplan für den Normalfall enthält letztendlich die vollständige Information über die notwendigen Ablaufsteuerungsfunktionen. Er kann damit unmittelbar zur Grundlage einer software-mäßigen

Realisierung der Ablaufsteuerung gemacht werden. Dies geschieht z.B. durch Schreiben eines wiederum in eine Endlosschleife eingebundenen Rechnerprogrammes, das Angaben darüber beinhaltet

- welche Bedingungen durch bestimmte Eingangsgrößen vor einem Schritt erfüllt sein müssen, damit umgehend der Übergang vom momentanen Schritt in den Nachfolgeschritt veranlaßt wird und
- welche Steueraktionen bei Eintritt in einen Schritt einzuleiten (Ausgangsgrößen aktivieren) sind, die in der Regel bei Verlassen des Schrittes wieder rückgängig gemacht werden müssen (Ausgangsgrößen deaktivieren).

Im Grunde wird jedoch die Programmierung von Ablaufsteuerungen von den auf dem Markt erhältlichen speicherprogrammierbaren Steuerungen (SPS) weitgehend unterstützt; eine Realisierung ausgehend vom Funktionsplan und den dort spezifizierten Schrittelementen ist damit mehr oder weniger eine Routineangelegenheit. Komfortablere SPS verfügen in der Regel über Übersetzer, die sogar eine bildschirmorientierte, graphische Eingabe des Funktionsplanes ermöglichen.

7.3.5 Test der Reaktorsteuerung

Für den Test der Ablaufsteuerung gilt ähnliches wie im Falle von Verknüpfungssteuerungen, allerdings mit dem Zusatz, daß das Anlegen der Testmuster der Eingangsgrößen für jeden Schritt und für jeden möglichen Übergang erfolgen muß.

7.4 Beschreibung von Ablaufsteuerungen durch Petri-Netze

7.4.1 Vorbemerkung

Eine Ablaufsteuerung, wie wir sie oben beispielhaft kennengelernt haben, kann als Schaltwerk oder endlicher Automat aufgefaßt werden, wobei der Funktionsplan als eine modellhafte Beschreibung der Ablaufstruktur dieses Automaten verstanden werden kann.

Diese aus der Automatentheorie oder Digitaltechnik bekannte Betrachtungsweise setzt jedoch für die Behandlung von Ablaufsteuerungen in der Automatisierungstechnik zu enge Grenzen. Sie rühren insbesondere daher, daß Ablaufsteuerungen nicht immer so einfach sind wie oben beispielhaft dargestellt. So besteht etwa im Rahmen umfangreicherer Automatisierungsaufgaben die Notwendigkeit, das Zusammenwirken verschiedener zeitlich paralleler oder allgemeiner gesprochen nebenläufiger Prozeßabläufe geeignet zu koordinieren.

Betrachten wir dazu etwa den Fall, daß statt eines Reaktors der beschriebenen Art zwei (oder mehrere) Reaktoren zu steuern sind, die zwar innerhalb ihrer Produktionszyklen weitgehend asynchron arbeiten, aber gleichzeitig in einen bereitstehenden Behälter oder Tankwagen entleeren sollen. In dieser Situation stellt sich für die Steuerung der parallelen Prozeßabläufe ein Synchronisierungsproblem, da der Übergang in die jeweiligen Schritte ENTLEEREN und ggf. auch das Verlassen dieser Schritte bei allen Reaktoren gleichzeitig erfolgen muß.

Aufgaben dieser Art lassen sich geschickter durch eine Erweiterung klassischer automatentheoretischer Betrachtungsweisen mittels der Methodik der Petri-Netze behandeln [14], [15].

7.4.2 Elementare Einführung in Petri-Netze

Aus Ingenieursicht sind Petri-Netze (PN) erweiterte Zustandsgraphen, die jedoch gemäß Bild 7.7 über zwei Arten von Knoten verfügen

- Zustandsknoten, auch Plätze, Stellen oder kurz Zustände genannt,
- Übergangsknoten, auch Transitionen, Zustandsübergänge oder kurz Übergänge genannt.

Zustandsknoten werden durch Kreise (oder Ellipsen) mit der abstrakten Bezeichnung z_i für den i-ten Zustands und Übergangsknoten durch Balken mit der Bezeichnung t_j für den j-ten Übergang symbolisiert. Aus beiden Knotentypen können Netze gebildet werden (Bild 7.8), wobei zu berücksichtigen ist, daß Zustandsknoten nur mit Übergangsknoten, Übergangsknoten nur mit Zustandsknoten verbunden sein dürfen. Gerichtete Kanten, auch

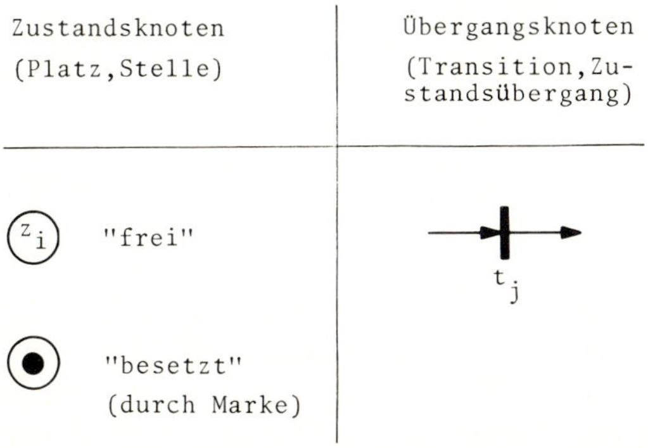

Bild 7.7: Knotenarten in Petri-Netzen

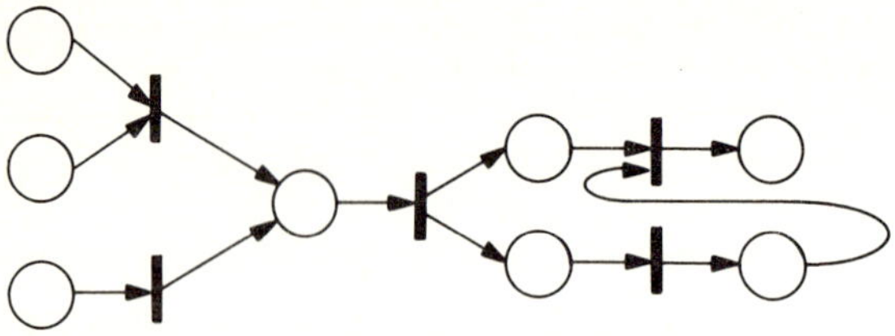

Bild 7.8: Beispielhaftes Petri-Netz

Pfeile oder Pfade genannt, stellen dabei die Verbindung her und bezeichnen die Ablaufrichtung im Netz.

Zustandsknoten sind zweiwertige Netzelemente; sie können durch Marken - auch Token genannt - markiert oder "besetzt" bzw. nicht markiert oder "frei" sein (Bild 7.7). Wir wollen uns im folgenden mit einer Sonderform der PN, sog. Ein-Marken-PN begnügen. Sie sind durch die Tatsache gekennzeichnet, daß jeder Zustandsknoten höchstens durch eine einzige Marke besetzt sein darf.

Während Zustandsknoten im Netz eher eine passive Rolle spielen, übernehmen Übergangsknoten im Zusammenhang mit der den Ablauf eines Prozeßgeschehens simulierenden Markenwanderung durch das PN (Dynamik!) eine aktive Rolle. So sprechen wir davon, daß ein Übergangsknoten zunächst "aktiviert" wird und später "schaltet":

- Ein Übergangsknoten ist "aktiviert", wenn alle einlaufenden Zustandsknoten markiert <u>und</u> keiner der auslaufenden Zustände belegt ist.
- Ein Übergangsknoten "schaltet" asynchron und ohne Zeitverzug, wenn er aktiviert ist und die zum Übergangsknoten gehörige Bedingung (das Ereignis) eintritt.

Aufgrund dieser Festlegungen sind also die für den Markendurchlauf möglicherweise spezifizierten Wartevorgänge stets in den entsprechenden Zustands- und nicht in den Übergangsknoten zu konzentrieren.

Für das Schalten und die dabei auftretende Markenwanderung sei schließlich folgende "Schaltregel" vereinbart:

> Marken aller einlaufenden Zustände eines Übergangs werden beim Schalten "entfernt" oder "gelöscht" und alle auslaufenden Zustände werden mit je einer Marke "besetzt".

Mit diesen Vereinbarungen und Vorschriften lassen sich PN auf einfache Weise "dynamisch durchspielen", wie das etwa mit Bild 7.9 gezeigt wird. Wir stellen an diesem elementaren Beispiel ferner fest, daß in einem

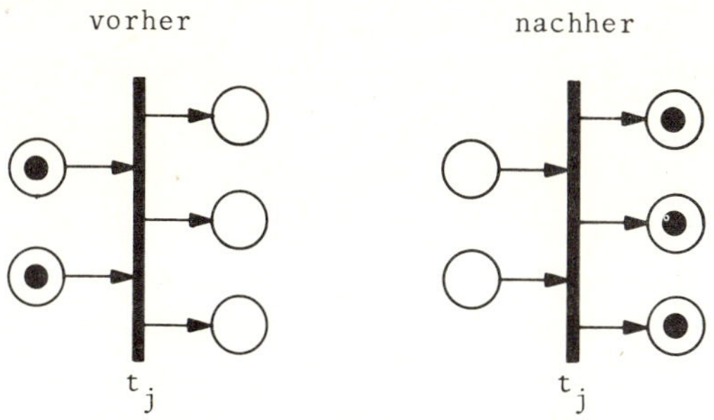

Bild 7.9: Markenwanderung gemäß Schaltregel

PN - im Gegensatz zu einem aus der Automatentheorie bekannten Zustandsgraphen - gleichzeitig mehrere Zustände markiert und aktiviert sein können. In Bild 7.10 sind einige typische Konstrukte von PN mit ihren Bezeichnungen festgehalten. Wir erkennen sie teilweise auch im Netzbeispiel 7.8 wieder. PN haben im übrigen eine einfache mathematische Notation, die es erlaubt, auch ohne Verwendung eines Netzgraphen typische Phänomene in PN wie etwa "Verklemmungen", auch "Blockierung" oder "Deadlock" genannt, analytisch zu untersuchen [14].

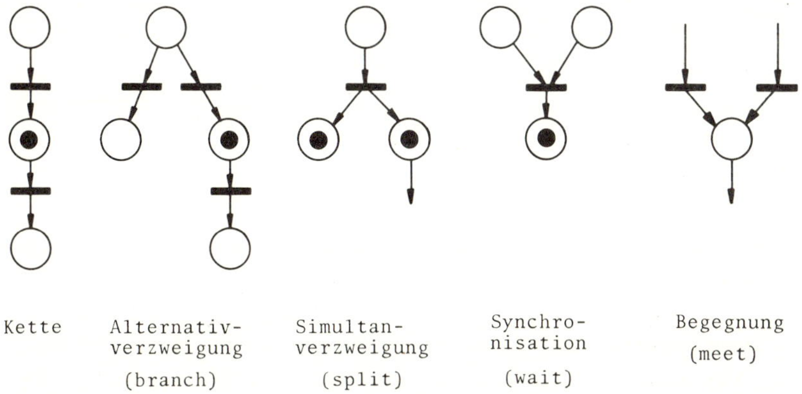

Bild 7.10: Wichtige Konstrukte von Petri-Netzen

Wir wollen jedoch die Einführung in die Methodik der PNe an dieser Stelle beenden und auf ihre Anwendung bei der Beschreibung von Ablaufsteuerungen eingehen.

7.4.3 Deutung des Funktionsplans als Petri-Netz

Dafür wenden wir uns noch einmal dem Funktionsplan Bild 7.6 zu und erkennen, daß dieser auch als einfaches PN mit geschlossener linearer Ablaufstruktur gedeutet werden kann. Nehmen wir z.B. an, daß von den 5

Zustandsknoten - im Funktionsplan "Schritte" genannt - nur der Zustand WARTEN anfänglich mit einer Marke belegt ist (≙ Anfangsbelegung des PN), so wandert diese - gemäß der oben vereinbarten Schaltregel - bei Eintritt des Ereignisses (ST EIN) $\wedge$ (U2 $\geqq t_W$) über den nachfolgenden Übergangsknoten zum Nachfolgerzustand FÜLLEN. Hier werden die zugehörigen Stell- und Anzeigeaktionen veranlaßt. Sinngemäß setzt sich dann die Markenwanderung und damit der gewünschte Steuerungsablauf fort.

Als nächstes wollen wir darauf eingehen, wie auf der Grundlage der erläuterten PN-Methodik und -Graphen leicht Erweiterungen der bis hier behandelten Ablaufsteuerungsaufgabe beschrieben werden können.

7.4.4 Behandlung der Synchronisation

Liegt etwa die Aufgabe vor, zwei asynchron arbeitende Reaktoren so zu steuern, daß sie simultan entleeren sollen, dann ist dazu eine Synchro-

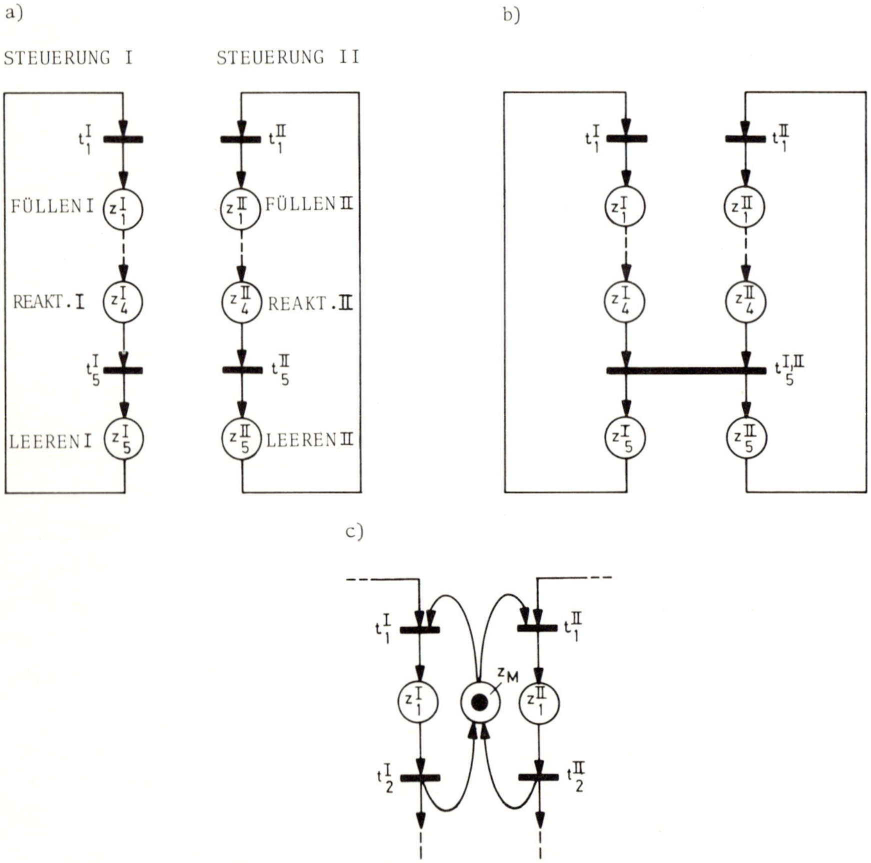

Bild 7.11: Petri-Netze zur Steuerung zweier Rührkesselreaktoren; unabhängige Steuerungen (a), Synchronisation beim LEEREN (b) und Verriegelung beim FÜLLEN (c)

nisation entsprechender Aktionen erforderlich. Wir entwickeln zunächst in bekannter Weise, wie in Bild 7.11a schematisch angedeutet, die unabhängigen Einzelsteuerungen I und II beider Reaktoren. In Bild 7.11b wird dann gezeigt, wie beide Steuerungen durch Einführen eines gemeinsamen synchronisierenden Zustandsüberganges koordiniert werden. Zum simultanen Übergang in die Zustände ENTLEEREN bei Reaktor I und II müssen die Zustände REAKTION I und II markiert und die zusammengesetzte Vorbedingung bei $t_5^{I,II}$, d.h.

$$[(\text{TU EIN}) \wedge (\text{U1} \geqq t_R)]_I \quad \wedge \quad [(\text{TU EIN}) \wedge (\text{U1} \geqq t_R)]_{II}$$

erfüllt sein.

7.4.5 Behandlung des wechselseitigen Ausschlusses

In ähnlicher Weise läßt sich eine Forderung, daß von beiden asynchron arbeitenden Reaktoren stets nur einer, also entweder I oder II, in den jeweiligen Zustand FÜLLEN gehen darf, in dem zur Ablaufsteuerung gehörenden PN darstellen.

Hierbei handelt es sich, allgemein gesprochen, um das Problem des "wechselseitigen Ausschlusses (zweier Zustände)" oder der "Ver- und Entriegelung" von Zugriffen beider Steuerungen auf ein gemeinsames Betriebsmittel, hier die Füllanlage. Die oben erhobene Forderung kann, wie in Bild 7.11c gezeigt, wie folgt beherrscht werden: Wir fügen den beiden zunächst wieder unabhängig entworfenen Einzelsteuerungen, Bild 7.11a, einen weiteren "Merkerzustandsknoten z_M" - auch Semaphor genannt - hinzu, den wir im übrigen mit einer zusätzlichen Marke vorbesetzen. Dieser Knoten wird gemäß Bild 7.11c durch vier Pfade mit entsprechenden Übergangsknoten der Ablaufsteuerungen I und II verbunden. Ist nun beispielsweise t_1^{II} aktiviert und die zugehörige Bedingung erfüllt, so erfolgt das Schalten mit der Konsequenz, daß die Marken von z_5^{II} und z_M entfernt werden ("Füllanlage verriegelt") und z_1^{II} markiert wird. Das Eintreten der Bedingung t_1^I kann nun solange nicht zum Übergang nach z_1^I führen, bis der Merkerzustand z_M wieder besetzt ist, was "Füllanlage entriegelt" bedeutet. Dies ist jedoch erst dann der Fall, wenn z_1^{II} durch Eintreten der Bedingung t_2^{II} verlassen und z_M als Folge wieder automatisch markiert wird. Symbolisch gesprochen hat die anfängliche Marke auf z_M die Funktion eines "Schlüssels", der zur Inanspruchnahme des gemeinsamen Betriebsmittels Füllanlage von der Ablaufsteuerung I oder II mitgenommen wird ("Verriegelung") und nach Abschluß des Füllvorganges wieder auf den Platz z_M zurückgelegt wird ("Entriegelung") und damit wieder dem nächsten Benutzer zur Verfügung steht. Durch Einführen des gemeinsamen Merkerzustands wurden also beide Einzelsteuerungen den Anforderungen entsprechend verkoppelt und koordiniert.

Die Vorteile der PN-Methodik zur Beschreibung von Ablaufsteuerungen zeigen sich sowohl bei der Behandlung komplizierterer Steuerungsmechanismen als auch bei der Bearbeitung komplexerer Steuerungsaufgaben. Die dazu entwickelten PN-Graphen sind jedoch nicht nur leicht zu verstehen und durchzuspielen; sie können neuerdings auch, nach bildschirmorientierter Eingabe, durch entsprechende Übersetzer in ablauffähige Steuerungsprogramme für SPS umgesetzt werden.

7.5 Eine komplexere Ablaufsteuerung

Zur Illustration der Leistungsfähigkeit der PN-Methodik wollen wir abschließend auf das bereits in Bild 7.2a erwähnte Beispiel der Fertigungszelle zurückkommen. Dabei interessiert uns jetzt die Ablaufsteuerung, die den in Abschnitt 7.2.1 grob skizzierten Funktionsablauf sicherstellt und dazu die Arbeitsweise der vier Betriebsmittel Beladestation, Bearbeitungsstation, Prüf- und Entladestation sowie der gemeinsamen Transporteinrichtung Drehtisch koordiniert. Beim Steuerungsentwurf gehen wir zweckmäßigerweise so vor, daß wir zunächst in groben Zügen die Einzelsteuerungen für die vier Teilsysteme der Zelle entwerfen und diese dann gemäß der gewünschten Funktion in geeigneter Weise zur Gesamtsteuerung zusammenfügen.

Bild 7.12 zeigt den Graphen der Zellen-Ablaufsteuerung. Wir erkennen darin die von einer Simultanverzweigung ausgehenden asynchron, aber zeitlich parallel verlaufenden Steuerungsmaßnahmen für drei der vier Betriebsmittel. Sie laufen alle über individuelle Wartezustände bei einem Synchronisationsknoten zusammen, der das Anstoßen der vierten Teilsteuerung für eine Drehtischbewegung um 120° veranlaßt. Nach deren erfolgreichen Abschluß geht die Gesamtsteuerung wieder in den START-Zustand über, um ggf. in einen neuen Ablaufzyklus einzutreten. Da der Graph weitgehend selbsterklärend ist, sei hier nur noch eine Besonderheit im Steuerungsablauf der Prüf- und Entladestation angesprochen. Abhängig vom Ergebnis des Prüfvorgangs verzweigt die Steuerung in zwei alternative Wege. Einer der Zweige erfordert einen MANUELLEN EINGRIFF, nach dessen erfolgreichen Abschluß durch Auslösen des Bediensignals "Teil manuell entladen" die Rückkehr zum Hauptzweig erfolgt.

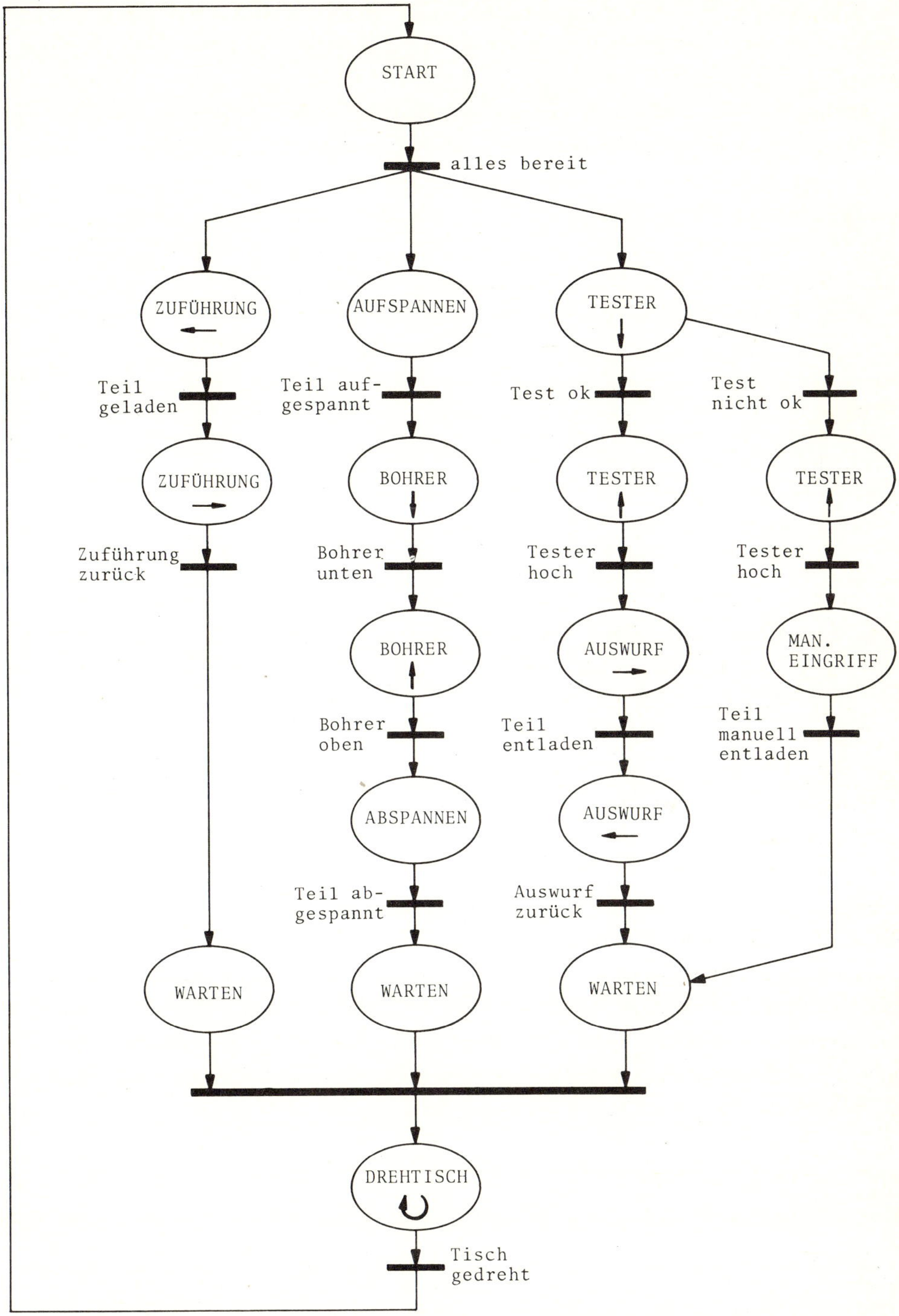

Bild 7.12: Qualitatives Petri-Netz zur Ablaufsteuerung der Fertigungszelle gemäß Bild 7.2

Zusammenfassend stellen wir fest, daß der entwickelte PN-Graph - im Hinblick auf die genaue Festlegung aller Details der Steuerung - nur einen ersten Entwurfsschritt darstellt, dem schrittweise Verfeinerungen folgen müssen. So sind etwa die Zustandsübergangsbedingungen, die bisher nur qualitativ vermerkt wurden, ähnlich wie in Bild 7.6, auf entsprechende logische Verknüpfungen von Prozeß-Meß- und Bediengrößen zurückzuführen. Entsprechend müssen Listen der in den Zuständen jeweils zu aktivierenden Stell- und Anzeigegrößen ergänzt werden. Schließlich kann es sich als notwendig erweisen, einen aggregierten Zustand, wie z.B. DREHTISCH↺, noch einmal in einen detaillierteren PN-Graphen für die Drehtischsteuerung aufzugliedern.

Wir wollen diese Einzelheiten hier nicht weiter verfolgen, erkennen jedoch an diesem Beispiel, daß sich die PN-Methodik als leistungsfähiges Hilfsmittel zur stufenweisen Bearbeitung auch komplexerer diskreter Ablaufsteuerungsprobleme erweist.

Literaturverzeichnis

[1] Drenick, R.F.: Die Optimierung linearer Regelsysteme. Oldenbourg-Verlag, München, 1967.

[2] Föllinger, O.: Neuere Verfahren der Regelungstechnik. Regelungstechnik 22(1974), S. 161-165.

[3] Föllinger, O.: Regelungstechnik. Elitera-Verlag, Berlin, 1980.

[4] Föllinger, O.: Nichtlineare Regelungen I, Grundlagen und Harmonische Balance. Oldenbourg-Verlag, München, 1982.

[5] Föllinger, O.: Laplace- und Fourier-Transformation. Elitera-Verlag, Berlin, 1982.

[6] Keßler, C.: Das Symmetrische Optimum. Regelungstechnik 6(1958), S. 395-400 und S. 432-436.

[7] Mayr, O.: Zur Frühgeschichte der technischen Regelungen. Oldenbourg-Verlag, München, 1969.

[8] Oppelt, W.: Kleines Handbuch technischer Regelvorgänge. Verlag Chemie, Weinheim, 1972.

[9] Rörentrop, K.: Entwicklung der modernen Regelungstechnik. Oldenbourg-Verlag, München, 1971.

[10] Schmidt, G.: Simulationstechnik. Oldenbourg-Verlag, München, 1980.

[11] Schmidt, H.: Regelungstechnik, die technische Aufgabe und ihre wirtschaftliche, sozialpolitische und kulturpolitische Auswirkung. Z-VDI 85(1941), S. 81-83.

[12] Weihrich, G.: Optimale Regelung linearer deterministischer Prozesse. Oldenbourg-Verlag, München, 1973.

[13] Willems, J.L.: Stabilität dynamischer Systeme. Oldenbourg-Verlag, München, 1973.

[14] Schaufelberger, W. u.a.: Echtzeit-Programmierung bei Automatisierungssystemen. Teubner-Verlag, Stuttgart, 1985.

[15] Peterson, J.L.: Petri Net Theory and the Modeling of Systems. Prentice-Hall, Englewood Cliffs, 1981.

[16] Zander, H.J.: Logischer Entwurf binärer Systeme. VEB Verlag Technik, Berlin, 1982.

Andere Lehrbücher:

1) Gilles, J.C; Pelegrin, M.; DeCaulne, P.: Lehrgang der Regelungstechnik. Band 1-3. Oldenbourg-Verlag, München, 1964-1967.

2) Föllinger, O.: Lineare Abtastsysteme. Oldenbourg-Verlag, München, 1982.

3) Leonhard, W.: Einführung in die Regelungstechnik. Vieweg-Verlag, Braunschweig, 1981.

4) Reinisch, K.: Kybernetische Grundlagen und Beschreibung kontinuierlicher Systeme. VEB Verlag Technik, Berlin, 1974.

5) Reinisch, K,; Analyse und Synthese kontinuierlicher Steuerungssysteme. VEB Verlag Technik, Berlin, 1979.

6) Unbehauen, H.: Regelungstechnik I-III. Vieweg-Verlag, Braunschweig, 1982-1984.

7) Takahashi, Y. u.a.: Control and Dynamic Systems. Addison-Wesley, Reading, 1980.

8) Töpfer, H.; Rudert, S.: Einführung in die Automatisierungstechnik. VEB Verlag Technik, Berlin, 1976.

Sachwortverzeichnis